普通高等教育本科轻化工程专业教材

造纸技术实用教程

Practical Textbook for Papermaking Technology

沙力争 主编

沙力争 胡志军 赵会芳 甄朝晖 杨海涛 陈 华 张学金 李 静 编

中国轻工业出版社

图书在版编目(CIP)数据

造纸技术实用教程/沙力争主编. —北京:中国轻工业出版社,2024.5
“十三五”普通高等教育本科规划教材
ISBN 978 - 7 - 5184 - 1270 - 9

Ⅰ.①造…　Ⅱ.①沙…　Ⅲ.①造纸—技术—高等学校—教材
Ⅳ.①TS75

中国版本图书馆 CIP 数据核字(2017)第 136699 号

策划编辑:林　媛
责任编辑:林　媛　　责任终审:滕炎福　　封面设计:锋尚设计
版式设计:姜　涛　　责任校对:吴大鹏　　责任监印:张　可

出版发行:中国轻工业出版社(北京鲁谷东街 5 号,邮编:100040)
印　　刷:三河市万龙印装有限公司
经　　销:各地新华书店
版　　次:2024 年 5 月第 1 版第 5 次印刷
开　　本:787 × 1092　1/16　印张:19
字　　数:474 千字
书　　号:ISBN 978 - 7 - 5184 - 1270 - 9　定价:60.00 元
邮购电话:010 - 85119873
发行电话:010 - 85119832　010 - 85119912
网　　址:http://www.chlip.com.cn
Email:club@chlip.com.cn

240803J1C105ZBW

前　言

造纸工业是国民经济的重要产业之一。近年来，得益于工程技术人员的辛勤付出，造纸科学技术的进步和发展迅速，我国已成为世界造纸产量最大的国家，造纸工业也正朝着科技创新型、资源节约型、环境友好型的现代化绿色产业方向持续发展。

为促进我国由工程教育大国迈向工程教育强国，培养造就创新能力强、适应经济社会发展需要的高质量工程技术人才，国家实施了“卓越工程师教育培养计划”，其中包括多所高校的轻化工程专业（制浆造纸工程方向）。《造纸技术实用教程》正是为配合“卓越工程师教育培养计划”的实施，为专门培养高素质的应用型工程技术人才而编写的应用型教材。本教材结合造纸工业现状，总结工厂经验，注重生产案例分析；本教材突出了应用型特色，专门设置了课内教学实验和项目式讨论教学，以帮助学生更好地理解掌握知识点。

本教材由浙江科技学院沙力争主编，齐鲁工业大学甄朝晖、湖北工业大学杨海涛、浙江科技学院胡志军、赵会芳、陈华、张学金、李静参编。第一章纸张基础知识由赵会芳编写，第二章打浆由张学金编写，第三章造纸辅料由李静编写，第四章纸料流送系统由沙力争编写，第五章纸页成形由杨海涛编写，第六章纸页的压榨与干燥由胡志军编写，第七章纸页的表面处理与卷取和完成由甄朝晖编写，第八章常见纸病的处理由陈华编写。

本教材可供轻化工程（制浆造纸工程方向）“卓越计划”试点专业本科生用于课程教学，也可供有关工程技术人员和高校师生参考。

在本教材编写过程中，得到许多高校同仁及造纸企业工程技术人员的支持，在此表示衷心的感谢！

由于编者水平有限，书中难免有缺点和疏漏之处，恳请各位读者批评指正。

编者

2016 年 10 月

目　录

第一章　纸张基础知识

纸是社会生活、经济和文化发展中的一个重要商品，纸和纸板是造纸生产的主要产品。这里先介绍一下与纸张有关的基本概念。

第一节　纸和纸板的基本概念

一、纸和纸板的定义

纸和纸板是由纤维（主要是植物纤维）和非纤维添加物（如胶料、填料、助剂等）借助水或空气等介质分散并交织结合而成的、具有多孔性网络结构的特殊薄层材料。通过纤维原料和非纤维添加物的选择、处理和调配，施以相应的加工制造，可制得满足多种用途的种类繁多的纸和纸板产品。

纸和纸板的主要区别在于它们的定量和厚度。定量是造纸工业上的一个专业名词，也称克重，指纸或纸板每平方米的质量，以 g/m^2 表示。一般情况下，定量在 $225g/m^2$ 以下的为纸，定量在 $225g/m^2$ 或以上的为纸板。在实际生产中，这个界线不是“一刀切”的，如被称为吸墨纸和图画纸的产品定量却大于 $225g/m^2$，而一些定量小于 $225g/m^2$ 的制盒纸板却被列入纸板类。因此，在实际划分时还要根据纸品的特征、用途和行业习惯等具体情况来定。但为了便于国际贸易和信息技术交流，按照国际标准化组织（简称 ISO）的建议，把区分纸张和纸板标准的定量确定为 $225g/m^2$。

二、纸和纸板的制造工艺

纸和纸板的制造工艺可分为两种：湿法造纸和干法造纸。

湿法造纸是传统的造纸工艺，以水为介质对纸浆纤维进行分散、输送和上网，借助造纸网的过滤脱水作用促进纤维相互结合形成纸页并赋予其强度。湿法造纸是目前造纸工业的主导工艺。

干法造纸是以空气作为纤维的载体，在成形网上形成纤维薄层，再用黏合剂黏合成纸的一种特殊的造纸方法。它与传统造纸方法不同之处在于纤维是在无水情况下形成纸幅。其最大的优点是不用水，不产生水和大气的污染。但因干纤维间没有结合力，需靠配加黏合剂将纤维黏合成纸，因此成本较湿法造纸高。目前，干法造纸主要用于某些特种纸品的抄造，如无尘纸等，其产量只占纸和纸板总产量的很小份额。

三、造纸技术发展历程

古代的纸全都由手工制成，而 19 世纪随着造纸机的发明和使用，机制纸逐渐取代了手工纸，现代生产的纸 99% 以上是机制纸。

随着纸的用途的不断扩大，纸机上生产的纸需经过一定方式的加工处理才能满足要求，如涂布、浸渍、层合、蒸镀等加工方法，这样就出现了一些纸张的衍生品种，即加工纸。

为了满足特殊用途，出现了用特殊原料、特殊制造方法或使用特殊化学药品生产具有特殊效果的纸张，如无碳复写纸、绝缘纸等，称为特种纸。特种纸的主要特点是针对性强、应用面窄，其生产或制造涉及多学科的知识。

第二节　纸和纸板的分类及规格

一、纸和纸板的分类

纸和纸板种类繁多，品种成千上万。根据纸和纸板的用途可将其分为4大类。

1. 文化用纸

文化用纸是指用于传播文化知识的书写、印刷纸张，主要包括新闻纸、铜版纸、书写纸、字典纸、双胶纸和轻涂纸等。文化用纸的消费量占我国纸和纸板消费量的25.32%（以产品重量计，为2015的数据，仅供参考，下同）。

2. 包装用纸

包装用纸是指用于各种商品包装的纸和纸板。包括各类包装纸和白纸板、箱纸板、瓦楞原纸等包装纸板。一般具有较高的物理强度及一定的防水、防油、防锈、防霉和保鲜以及防护功能。包装用纸的消费量占我国纸和纸板消费量的62.84%。

3. 技术用纸

技术用纸是指用于工业生产和科研领域的特种纸和纸板。包括电器工业的电绝缘纸、电容器纸、电缆纸和医疗卫生、电子计算机等领域的各种仪表记录纸及其他部门的专用纸等。技术用纸主要包括一些特种纸和纸板，其消费量占我国纸和纸板消费量的2.10%。

4. 生活用纸

生活用纸是指供人们日常生活卫生之用的纸产品。主要包括日常生活中使用的一次性纸品、卫生用纸等。生活用纸消费量占我国纸和纸板消费量的7.89%。

纸的主要分类和产品见表1-1。纸板主要分类和产品见表1-2。

表1-1　　纸的分类、主要品种和用途

纸的分类	主要品种和用途
文化用纸	1. 新闻纸：普通新闻纸、低定量薄页新闻纸和胶印新闻纸 2. 印刷纸：凸版印刷纸、凹版印刷纸、胶版印刷纸、书刊胶印纸、超级压光印刷纸、招贴纸、画报纸、证券纸、书皮纸、白卡纸、钞票纸、邮票纸、字典纸、坐标纸、扑克牌纸、地图纸、海图纸、玻璃卡等 3. 书写、制图及复印用纸：书写纸、罗纹书写纸、有光纸、打字纸、拷贝纸、誊印纸、复印纸、水写纸、商用薄页纸、蜡纸、图画纸、水彩画纸、素描画纸、油画坯纸、宣纸、连史纸、皮画纸、描图纸、制图纸、底图纸、晒图纸、热敏复印纸、静电复印纸、光电复印等
包装用纸	一般商用包装纸、茶叶包装纸、食品粮果包装纸、防霉包装纸、感光材料包装纸、水果保鲜纸、邮封纸、鸡皮纸、透明纸、牛皮纸、条纹牛皮纸、纸袋纸、仿羊皮纸、防潮纸、防锈纸、包药纸、中性防油纸、防油抗氧纸、毛纱纸、轮胎包装纸、渔用纸

续表

纸的分类	主要品种和用途
技术用纸	各种记录纸、传真纸、心电图纸、脑电图纸、磁带录音纸、光波纸、电声纸、声感纸、穿孔带纸、电子计算机用纸、碳素纸、打孔电报纸、打孔卡纸、各种定性定量和分析滤纸、离子交换纸、各种空气和油类滤纸、防菌滤纸、玻璃纤维过滤纸、电镀液滤纸、防毒面具过滤纸、气溶胶过滤纸、航天用矿物纤维纸、金属纤维纸、碳素纤维纸、电容器纸、电气绝缘纸、电话线纸、电缆、军用保密水溶纸、炮声记录纸、弹筒纸、纸粕辊原纸、水砂纸、代布轮抛光纸等
生活用纸	皱纹纸、卫生巾纸、卫生纸、面巾纸、尿布纸、消毒巾纸、药棉纸、纱布纸、水溶性药纸、采血试纸、医用测试纸、壁纸、植绒纸、贴花面纸、蜡光纸、卷烟纸等

表1－2　　纸板的分类、主要品种和用途

纸板的分类	主要品种和用途
包装用纸板	黄纸板、箱用纸板、牛皮纸板、牛皮箱纸板、茶纸板、灰纸板、中性纸板、浸渍衬垫纸板等
技术用纸板	标准纸板、提花纸板、钢纸纸板、衬垫纸板、封仓纸板、纺筒纸板、弹力丝管纸板、手风琴风箱纸板、制鞋纸板、沥青防水纸板、滤芯纸板、绝缘纸板、高温绝热纸板等
建筑用纸板	油毡纸、硬质纤维板、隔音纸板、防水纸板、石膏纸板、塑料贴面纸板、建港排水纸板等
印刷用纸板	字型纸板、封面纸板、封套纸板、火车票纸板等

二、纸和纸板的规格

从造纸机上卷取的纸是任意长度的，机制纸已基本规格化，单位以毫米（mm）表示。国家标准GB/T 147—1997对新闻纸、有光纸、印刷纸、书皮纸、打字纸、绘图纸、描图纸、晒图纸等卷筒纸和平板原纸尺寸规定见表1－3。

表1－3　　国家标准规定的原纸尺寸　　单位：mm

卷筒纸宽度尺寸	787，860，880，900，1000，1092，1220，1230，1280，1400，1562，1575，1760，3100，5100。宽度偏差±3
平板纸原纸宽度尺寸	1400×1000，1000×1400，1280×900，900×1280，1220×860，860×1220，1230×880，880×1230，1092×787，787×1092（横×纵）。幅面尺寸偏差±3
卷盘纸尺寸	卷烟纸宽29.0或29.5 电容器纸宽95、140、240和280 餐巾原纸宽320

卷筒纸的长度国家标准没有统一规定，不过行业内有一定的习惯，如卷筒新闻纸和印刷纸的长度为6000m。

第三节　纸张的原料

纸是由纤维、辅料和水分共同组成的。纸张的主要原料是植物纤维，当然，现在也有少量的特种纸是由矿物纤维（玻璃纤维、石棉纤维等）、动物纤维（蚕丝纤维、羊毛纤维）或合成纤维（芳纶、涤纶纤维等）制成的。为了赋予纸张不同的性质以满足不同的用途，或是为了改善造纸操作过程，在抄纸过程中添加一些辅料，包括填料、胶料、染料以及各种化学助剂等，辅料的比例与纸张的种类和用途有关。任何手感很干燥的纸和纸板，几乎都含有一定量的水分（5%～6%）。在纸张中，植物纤维占的比例最大。

植物纤维的主要来源是：木材原料、非木材原料和废纸。

1. 木材原料

木材纤维原料是造纸的主要原料。木材分为两种，针叶材和阔叶材。针叶材纤维较长，适宜生产优质纸浆，抄造高级纸张。阔叶材纤维比针叶材短，适合抄造匀度较好、强度适中的纸张。阔叶材最明显的优点是生长速度快，分布广，是制造机械浆的好原料。

我国常用的造纸木材约有20余种。其中针叶材主要有马尾松、红松、鱼鳞松、落叶松、冷杉、云南松等，阔叶材主要有白杨、桦木、椴木、栗木等。

2. 非木材原料

非木材纤维造纸原料主要有禾本科植物类的茎秆纤维、叶纤维、韧皮纤维和种毛纤维等。常见的有芦苇、竹子、蔗渣、稻麦草、高粱秆、玉米秆、芒秆、龙须草、红麻、树皮、棉花、破布等。

3. 废纸

随着我国造纸工业的快速发展，木材和非木材原料难以满足造纸工业的需求。为了解决造纸原料的短缺问题，废纸已被广泛用于造纸，成为重要的造纸原料。据统计，2013年全国纸浆消耗总量9147万t，木浆2378万t，占纸浆消耗总量的26%，非木浆829万t，占纸浆总消耗量的9%，而废纸浆5940万t，占纸浆总消耗量的65%。

废纸回用于造纸，既解决了造纸原料不足的问题，同时还可降低能源消耗，减轻环境污染，降低生产成本，是贯彻可持续发展国策、推动循环经济的有利之举。

第四节　纸张的结构与性能

一、纸张的结构

纸张是纤维随机排列的网状结构材料。纸张的结构属性来自于造纸纤维原料的固有结构和生产纸张过程的人为结构。纸张结构在宏观上可看作是由纤维复杂地缠绕交织而成的三维网络状结构。纸张中纤维并不是完全随机排列的，纸的结构具有不均一性。

在机制纸的抄造过程中，沿纸机运行方向为纸或纸板的纵向（MD），垂直于纸机运行方向的为横向（CD），而垂直于纸面方向为竖向（Z向）。通常纤维在纵横向的排列是不同的，通常沿纸机运行方向排列的纤维多于横向排列的纤维，使纸页的强度、尺寸稳定性和流变学特性都存在各向异性。纸张竖向强度较小，这主要是由于纸张中纤维竖向排列极少，实际上纤维竖向上是呈一层层叠积的状态，因而具有层结构的特点，纸张在此方向的强度几乎全来自纤维间结合力，在此方向上纸张的破坏最容易。纸张的网状结构中存在一些孔隙，使纸页具有一定的不透明度、松厚度和挺度，同时孔隙还决定了纸页的透气性、吸收性和液体渗透性等。

由于纸机类型不同，生产出来的纸张中纤维分布状态不同，形成的纵横向差的大小也不同。圆网纸机的纵横向差要大于长网纸机。这种纵横向差别，使得纸张的纵向和横向在物理性能方面产生了差异。一般抗张强度、耐折度、挺度等纵向大于横向，而伸长率、撕裂度横向大于纵向。因此，对纸或纸板进行物理性能测试时，要区别其纵横向。

纸张贴向网的一面为反面（或网面），另一面为正面。反面由于脱水时部分填料和细小纤维随水流失，比较粗糙、疏松，而正面相对比较紧密、表面细腻光滑。纸张的正反面除了对其表面性能有所影响外，还会影响其他性能，如在测定环压强度时正面向里还是向外弯成环，会对测定结果产生不同程度的影响。因此，对纸张的物理性能进行测试时，要区别正反面。

二、纸张的性质

（一）外观质量

纸张的外观质量是指纸张有无用肉眼或感触器官直接辨别，不需用仪器设备测量的、影响使用的缺陷。

①尘埃：是指纸页表面用肉眼可见与纸面颜色有显著区别的黑点、黄点、深黄点、黄棕点或棕色点等杂质。尘埃度是指每平方米面积的纸或纸板上暴露的具有一定面积的尘埃的个数（个/m^2），或尘埃的等值面积（mm^2），用以表示纸或纸板上具有尘埃的程度。

②斑点：纸面上肉眼可见的色泽明暗和反光不一致的点。包括许多种，如湿斑、汽斑、缸斑、浆斑、白点斑、纸片斑和压光暗斑等。

③鱼鳞斑和气泡斑：前者是一侧厚呈鱼鳞状的斑点，后者是周围较中间微厚的斑点。

④透光点和透帘：透光点和透帘都是指纸页上纤维层较薄但未完全穿透，其透光度较纸页其他部分为大的点子，小者叫透光点，大者叫透帘。

⑤孔眼和破洞：孔眼和破洞是指纸页上存在的完全穿透没有纤维的点子，小者称孔眼，大者叫破洞，针尖样小的孔眼则叫针眼。

⑥网痕、毛毯痕及条痕：网痕、毛毯痕是指纸面上留下的铜网或毛毯经纬线的痕迹；条痕则指纸页表面上光泽或颜色不同的条形痕迹。

⑦折子和皱折：折子是指纸页折叠或重叠的现象；纸页虽起皱但未折叠的叫皱折。

⑧翘曲、起拱：纸页表面较大部位呈现的中间拱起两边凹下，或中间凹下两边拱起的凸凹不平的纸病。出现在纸页中部叫起拱，出现在纸页边缘叫翘曲。

⑨鼓泡和泡泡纱：纸面上由于局部收缩而出现的凸起或凹下的泡，泡的周围或泡内有细曲皱纹。形状较大的称鼓泡，小而密集的叫泡泡纱。

⑩裂口和残缺：裂口是指纸页中部或边沿出现的破裂缝口；残缺是指纸页缺角、破烂等不完整状况。

⑪硬质块和砂子：硬质块是指纸面上存在的质地坚硬而高出纸面的块状或粒状物；砂子则指纸面上存在的河砂、炭渣等硬质颗粒。

⑫色调不一致：是指同一批产品或同一令纸中的白度或颜色不一致。

⑬纸的匀度不好和两面不一：纸张的匀度是指纸张在一定面积上的纤维和填料的分布状况，主要表现为定量、厚度在纸幅上的变化。匀度与纸张的质量关系密切，会影响纸张的其他性能。纸的匀度不好是指纸页内纤维等固体物料分布不均匀；两面不一是指纸页两面平滑程度不一致。

⑭掉毛掉粉：是指纸面上散出细小纤维和填料微粒。

（二）物理性能

纸张具有各种不同的物理性能指标，其中定量、厚度、紧度和松厚度等是纸张的基本性能指标，对纸张的性能影响较大。除了基本性能指标外，纸张还有一些其他的物理性能：机械强度性能（抗张强度、伸长率、耐破度、耐折度、撕裂度、环压强度、挺度和柔软度等）、尺寸稳定性、表面性能（平滑度和表面印刷强度等）、结构性能（透气度、透湿度和透油度等）、光学性能（白度、不透明度和光泽度等）、憎液性能（施胶度和表面吸水性等）和吸收性能（毛细吸液高度和表面吸收速度等）。

1. 一般性能

（1）定量

纸或纸板每平方米的质量，以 g/m^2 表示。定量是纸张最基本的性能指标，与纸或纸板的许多性能密切相关，如抗张强度、耐破度、不透明度等。

（2）厚度

在一定单位面积压力下，纸或纸板两个表面间的垂直距离，以毫米（mm）或微米（μm）表示。它是纸和纸板最基本的特性之一，也是影响纸和纸板物理性能的一项重要指标。

（3）紧度

单位体积纸或纸板的质量，以 g/cm^3 或 kg/m^3 表示，又称表观密度，是纸和纸板的一项重要性能指标。它对纸或纸板的各种光学性能和物理性能产生较大的影响，所以是比较各种纸或纸板强度和其他物理性能指标的基础。紧度可由纸或纸板的定量和厚度计算而得出。几种纸张紧度如表 1 - 4 所示。

表 1 - 4　　几种纸的紧度

纸种	电容器纸	拷贝纸	水松原纸	海图纸	口罩纸	胶印书刊纸	钢纸原纸
紧度/g/cm^3	1.00 ~ 1.20	≥0.60	≥0.50	≥0.90	≥0.38	≤0.85	≤0.55

（4）松厚度

一定质量纸或纸板的体积，即为紧度的倒数，以 cm^3/g 或 m^3/kg 表示。

2. 机械强度特性

（1）抗张强度

在规定的条件下，纸或纸板所能承受的最大张力，即测定试样承受纵向负荷而断裂时的最大负荷，单位是 kN/m。抗张强度有三种表示方法：

①拉力 ——将一定宽度的试样拉断所用的力，N；

②单位张力——试样单位横截面积所能承受的最大张力，N/m^2；

③裂断长——将试样所能经受的最大拉力换算成本身重量时的长度，m。

影响抗张强度最重要的因素是纤维间的结合力及纤维自身强度。由于大多数纸或纸板在使用过程中都难免受拉，所以抗张强度是一项很重要的物理性能指标，多数纸和纸板产品都对其有要求。在纸机上抄造的普通纸，其抗张强度纵向要比横向大。一般纸的横向伸长率比纵向的高，如表1－5所示。

表1－5　几种纸张的裂断长

纸种	胶印书刊纸	中速定性滤纸	海图纸	晒图原纸
裂断长/m	≥3500	≥1900	≥3500（各向）	≥5150（纵）
纸种	拷贝纸优等品	育果袋纸优等品	书画纸	书皮纸优等品
裂断长/m	≥5000（纵）	≥7100（纵）	≥2200	≥3000

（2）伸长率

纸或纸板试样因承受拉力而变形伸长，当试样裂断时即伸长达到极限时，其伸长的长度与试样原长度的百分比值。

（3）耐破度

纸或纸板在单位面积上所能承受的均匀增大的最大压力，以kPa表示。纤维的平均长度和纤维间的结合力是影响耐破度高低的主要因素。几种纸张的耐破度如表1－6所示。

表1－6　几种纸张的耐破度

纸种	白卡纸优等品	牛皮纸优等品	食品包装纸一等品	食品包装羊皮纸优等品	箱纸板优等品
耐破度/kPa	≥320（160g/m^2）	≥305（80g/m^2）	≥120（60g/m^2）	≥270（60g/m^2）	≥480（160g/m^2）

（4）耐折度

纸或纸板在一定张力条件下，经一定角度反复折叠而使其断裂的折叠次数。单位是（双折）次。耐折度主要取决于纤维本身的强度。几种纸张的耐折度如表1－7所示。

表1－7　几种纸张的耐折度

纸种	钞票纸	地图纸优等品	书皮纸	海图纸	白卡纸优等品	制图纸优等品
耐折度/次	≥1000	≥70	5～15	≥700	≥80	≥65
纸种	晒图原纸	餐盒原纸优等品	电力电缆纸优等品	鸡皮纸	涂布箱纸板优等品	信封用纸一等品
耐折度/次	≥55	≥40（横）	≥1200	≥80（纵）	≥80	≥20（横）

（5）撕裂度

撕裂纸或纸板时所做的功。通常分为两种：一种是指在规定的条件下，已被切口的纸或纸板试样沿切口撕开一定距离所需的力，称为内撕度，单位为mN；另一种是指撕裂预先没有切口的试样，从纸的边沿开始撕裂一定长度所需要的力，称为边撕裂度，单位为 N。几种纸张的内撕裂度如表 1 - 8 所示。纤维长度是影响撕裂度的重要因素，撕裂度随纤维长度的增加而增加。

表 1 - 8　几种纸张的内撕裂度

纸种	育果袋纸优等品	邮票纸	拷贝纸	壁纸原纸	牛皮纸优等品
撕裂度/mN	≥425（横） （50g/m²）	400 ~ 700（横）	≥59.0	≥520（横） （80g/m²）	≥900 （80g/m²）

（6） 环压强度

纸板压缩强度的一种评价方法。压缩强度是指纸板等材料受压后至压溃时所能承受的最大压力，是箱纸板、瓦楞纸板、瓦楞原纸等包装纸板的重要物理指标。纸板的环压强度是指一定尺寸的环形试样在一定的加压速度下平行受压，当压力增大至样品压溃时所能承受的最大压力，单位是 kN/m。

（7） 挺度

挺度是纸板的一项重要强度指标。纸板挺度是指其抗弯曲的强度性能。一般来说，纸板常被加工成包装用的纸盒及各种以卡片形式使用的卡纸、月票纸板等产品，需要有较好的挺度来保证在使用过程中不至于变形或被破坏。厚度是影响挺度的最重要的因素，纸和纸板的挺度与厚度的立方成正比。

（8） 柔软度

在一定作用力下，把一定宽度和长度的试样压入一定宽度的缝隙中一定深度时，试样本身抗弯曲力和试样与仪器之间摩擦阻力的矢量和。该值越小，说时试样越柔软。柔软度是各种皱纹卫生纸的重要性能。柔软度的大小不仅与纸浆种类有关，还与纸张的定量、厚度、挺度等有关。

（9） 戳穿强度

戳穿强度是纸板或瓦楞纸板的一个重要特性指标。是指用一定形状的角锥穿过纸板所需的功。这个功包括开始穿刺及使纸板撕裂弯折成孔所需的功，单位为 J。戳穿强度与耐破度不同之处在于前者是突然施加一个撞击力于纸板，并把纸板戳穿，属于动态强度，后者是均匀地施加力而把试样顶破，属于静态强度。打浆度对戳穿强度的影响很大。

3. 伸缩率（尺寸稳定性）

在浸水和干燥后纸张尺寸的相对变化，单位为%。纸张是一种纤维材料，它在一定的湿度和温度下会产生尺寸上的变化。印刷用纸要求有一定的尺寸稳定性，使纸张在印刷过程中不致产生很大变形，造成套印不准的质量问题。尺寸稳定性是印刷用纸的一项非常重要的性能指标。一般以伸缩率来衡量纸张的尺寸稳定性。几种纸张伸缩率如表 1 - 9 所示。

表 1 - 9　几种纸张伸缩率

纸种	海图纸	地图纸优等品	描图纸优等品	胶版印刷纸优等品	装饰原纸
伸缩率/%	≤0.5（横）	≤0.3（纵）	≤7.5（横）	≤2.2（横）	1.0 ~ 4.0（横）

4. 表面性能

（1）平滑度

评价纸或纸板表面凹凸程度的一个指标，通过测试在一定的真空度下，一定体积的空气，通过受一定压力、一定面积的试样表面与玻璃面之间的间隙所需的时间来获得，以秒表示。所有的印刷制品都要求纸张有一定的平滑度。纸张的平滑度与纸张的匀度、纤维的组织情况及纸浆的品种等因素有关。

（2）摩擦因数

纸张在印刷和制袋加工过程中，纸与纸之间或与某种材料接触时常会产生摩擦力，摩擦力的大小与两接触物体表面间的正压力成正比，比例因数称为摩擦因数，分静摩擦因数和动摩擦因数。无论是静摩擦因数还是动摩擦因数，都与两接触物体的构成材料及表面情况有关，对于固定的两种物体，其摩擦因数是固定的。因此通过测量纸张的摩擦因数，可预知生产实际当中所产生的摩擦力。

5. 印刷性能

纸张的印刷性能是各种性能的综合反映。涉及机械强度、白度、外观质量，特别是表面吸油墨性、平滑度、松软性、不透明度、挺度、表面结合强度、抗水性和尺寸稳定性等。这里主要讨论表面强度和表面吸收速度。

（1）印刷表面强度

又称拉毛速度，是指以连续增加的速度印刷纸面，直到纸面开始拉毛时的印刷速度，以m/s表示。拉毛是指在印刷过程中，当油墨作用于纸或纸板表面的外向拉力大于纸或纸板的内聚力时，引起表面的剥裂。对未涂布的纸或纸板，一般是表面起毛或撕破，对于涂布纸或纸板，主要是表面掉粉或起泡分层甚至纸层破裂。

（2）表面吸收速度

试样吸收一滴液体或水所需要的时间，适用于评价印刷纸吸收油墨的速度，单位为s。

6. 结构性能

（1）透气度

在单位压差作用下，在单位时间内，通过单位面积试样的平均空气流量，单位为μm/（Pa·s）或（mL/min）。几种纸张的透气度如表1-10所示。透气度反映了纸张结构中空隙的多少，是许多纸种重要的物理性能指标之一。如水泥袋纸、卷烟纸、拷贝纸、工业滤纸等。一般来说，紧度的增加会使透气度降低。

表1-10　几种纸张透气度

纸种	纸袋纸	水松原纸	卷烟纸	拷贝纸优等品	育果袋纸优等品
透气度/［μm/（Pa·s）］	≥3.5	≤4.00	≥7.5	≤3.2	≥5.0

（2）透湿度

纸或纸板的两个面在一定的蒸汽压力条件下，水蒸气从一面透到另一面，以单位表面积在一定的时间内透过的水蒸气量表示。材料的两面在规定的温度和湿度条件下，以每平方米每24 h透过的克数表示，单位为g/（m^2·d）。

（3）透油度

在一定温度和压力条件下，标准变压器油在一定时间内以一定面积的纸页上渗透过来的质量，以 mg 表示。纸张的透气度越小，孔隙越小，防油性就越好。纸张的透油度与透气度有良好的相关性。

7. 光学性能

（1）白度

纸或纸板表面对光线的反射和散射程度。测定纸或纸板的白度，通常把氧化镁的白度规定为 100%，以纸或纸板表面对蓝光的反射率相当于氧化镁反射率的百分数表示其白度，以% 表示。几种纸张的白度如表 1－11 所示。

表 1－11　几种纸张白度　单位：%

纸种	拷贝纸优等品	复印纸	制图纸优等品	胶版印刷纸优等品	卫生纸优等品
白度	80～90	≤95	≥80	≥87	≥83
纸种	铜版纸优等品	新闻纸	喷墨打印纸	书写纸优等品	字典纸
白度	≥88	>50	≥85	≥75	≥80

（2）不透明度

纸张的透明度和不透明度是指光束照射在纸面上透射的程度。不透明度是指带黑色衬垫时，对蓝光的反射因数 R_0 与厚度达到完全不透明的多层纸样的相应反射因数 R_∞ 之比。它是印刷用纸的主要指标。

（3）光泽度

纸或纸板表面在镜面反射的方向反射到规定孔径内的光通量与相同条件下标准镜面的反射光通量之比，单位为%。造纸上所讨论的光泽度就是镜面光泽度。当光照射到试样上，如没有镜面反射，则物体光泽度为零，如果对入射光全反射，则物体的光泽度为 100%。

8. 吸收性能

（1）施胶度

施胶是指对纸或纸板进行施胶处理，使其获得抗拒流体渗透、扩散的性能。纸或纸板的施胶度是评价这种憎液性能的重要指标。施胶度的测定方法很多，主要有墨水画线法、液体渗透法、Cobb 表面吸水质量法等。墨水画线法是采用标准墨水在纸上画线以风干后不渗透、不扩散时线条的最大宽度来表示纸或纸板抗水性能的方法，适用于大多数纸或纸板，尤其适用于一般书写、文化用纸。其单位为 mm。

（2）表面吸水性

又称 Cobb 表面吸水质量。是指一定时间内，单位面积的纸或纸板一面在 98 Pa · s（10mmH_2O）压力下与水接触时所吸收水的质量，以 g/m^2 表示。

（3）毛细吸液高度

又称克列姆法，是测定液体沿着与其垂直的纸面上升的速度，结果以一定时间内液体上升的高度（mm）或液体上升一定高度所用的时间（s）来表示，适用于滤纸、浸渍用纸等。

9. 电气性能

只有用于电器设备的纸张才要求具有规定的电气性能。纸和纸板的电气性能包括介电常数、介电强度、介电损失和介电质点等。

（1）介电常数

又称电容率或相对电容率。表征电介质或绝缘材料电性能的一个重要数据。是指在同一电容器中用某一物质为电介质和真空时的电容的比值。表示电介质在电场中贮存静电能的相对能力。介电常数越小，绝缘性能越好。

（2）介电损失

表示绝缘材料质量的指标之一。绝缘材料在电压作用下所引起的能量损耗。介电损失越小，绝缘材料的质量越高，绝缘性能也越好。

（3）介电强度

通常所说的电击穿强度。电介质或绝缘材料在两电极之间，增加电压，直至被击穿为止，此时的电压即为击穿电压，其值即为该材料的介电强度。

（4）介电质点

介电材料或绝缘材料中含有的电解质会影响它们的绝缘性能。介质点是指介电材料或绝缘材料受到比其本身介电强度数值低的电压而发生电火花击穿的次数。

10. 化学性能

一般纸张不强调化学性能，但对于某些特殊用途的纸张，则要注意其化学性能，如电气绝缘用纸和中性包装纸等。

通常所说的化学性能，一般指水分、灰分、酸碱度、金属离子含量和水溶性氯化物等。

（1）水分

纸中纤维与纤维之间的空隙部分含有的游离水。一般纸张中含有的水分是6%～8%。纸的水分随环境中相对湿度变化而变化。

（2）灰分

纸中所含有的无机物的多少。

（3）酸碱度

纸的酸碱度通常用pH，即氢离子的浓度来表示。是通过测定纸的水抽提液来进行测定的。机制纸的酸性主要来自造纸过程中加入的硫酸铝。酸性高的纸，其稳定性和耐久性变差，颜色变暗、强度变低。在印刷时还可能引起印版的腐蚀和沾污。现在纸张生产过程中，逐渐采用中性施胶剂取代松香胶，使造纸过程可在中性或偏碱性条件下进行，从而使生产的纸张呈中性或碱性。

（4）金属离子含量

大多数纸张中都含有少量的金属化合物，这些化合物来源于造纸原料、化学药剂、添加剂、生产用水、设备和管道磨损等。尽管这些金属化合物的含量很低，但对某些纸张，如照相纸、定量滤纸、食品包装纸、电绝缘纸等都会产生不良的影响。金属离子含量一般以其水抽出物导电率概括加以表示。

（5）水溶性氯化物

针对某些纸张，如防锈纸、中性纸、食品用纸和电绝缘纸等而确定的一个指标。用水抽提纸中的氯化物，采用电导滴定法分析氯化物的含量。氯化物将对这些纸的应用产生危害。

思考题

1. 纸和纸板的区别是什么?
2. 怎样区别手工纸和机制纸?
3. 怎样辨别纸张的正面、反面?
4. 怎样快速鉴别纸张的纵向和横向?
5. 为什么测定纸张物理强度时必须在恒温恒湿条件下进行?
6. 什么是干法造纸?
7. 什么是特种纸?
8. 针叶材纤维与阔叶材纤维的主要区别是什么?
9. 定量与纸或纸板强度之间有什么关系?
10. 为什么有的纸很薄却不透明?
11. 为什么有的纸会洇水?
12. 纸张的酸碱性是怎么产生的?
13. 纸张中的灰分来自哪里? 对纸张有何影响?

主要参考文献

[1] 刘仁庆. 纸张指南 [M]. 北京: 科学普及出版社, 1997.
[2] 卢谦和. 造纸原理与工程 (第二版) [M]. 北京: 中国轻工业出版社, 2008.
[3] 何北海. 造纸原理与工程 (第三版) [M]. 北京: 中国轻工业出版社, 2014.
[4] 中国造纸协会. 中国造纸工业 2015 年度报告 [J]. 中华纸业, 2016, 37 (11): 20 – 32.
[5] 刘书钗. 制浆造纸分析与检测 [M]. 北京: 化学工业出版社, 2004.
[6] 石淑兰. 制浆造纸分析与检测 [M]. 北京: 中国轻工业出版社, 2003.

第二章　打　　浆

经过漂白、净制和筛选以后的纸浆纤维，还不宜直接用于造纸。利用机械方法处理悬浮于水中的浆料纤维，使其具有满足造纸机生产上特定要求，生产出复合预期质量指标要求的纸张，这一工艺操作过程，称为打浆。

未经过打浆的浆料中含有很多纤维束，纤维表面挺硬光滑而富有弹性，缺少必要的分丝帚化，纤维比表面积小，结合性能差，如将未打浆的浆料直接用来抄纸，浆料纤维在网上均匀地分布的难度大，成纸疏松多孔，表面粗糙容易起毛，纤维间结合强度较低，纸页物理性能差，不能满足使用的要求。经过打浆处理的浆料纤维，具备一定的分丝帚化，纤维比表面积增加，其柔软性和可塑性增加。此时，纤维上网抄造而成的纸，组织紧密均匀，物理强度优良。

打浆主要有两大任务：

①获得良好的纸张性能。对一定浓度的纤维悬浮液进行机械等处理，通过剪切力、摩擦力等作用改变纤维的形态，赋予抄造纸张某些特殊的性能要求（如机械强度、物理性能等），满足后续加工或者使用的质量要求。

②获得良好的滤水特性。纸浆纤维通过一定的物理、化学、生物等处理，赋予纸浆纤维适宜的网上滤水性能，满足纸机生产的需要。

打浆是一个复杂而细致的生产过程。采用打浆设备、打浆方式、打浆工艺和操作等条件不同，同一种浆料可以获得性能差别很大的纸浆纤维，可以生产出多种不同性质的纸和纸板。反之，相同的纸和纸板，可以根据实际生产需要（原料来源、打浆设备等），采用不同的原料配比和不同的打浆方式抄造完成。可见，合理的打浆操作是纸浆造纸中最基本的环节。造纸工作者应根据纸张产品的具体需求，选择打浆设备的类型、原材料种类和配比、产品质量要求和纸机的生产实际等工艺条件，并在实际生产中不断优化、总结，以求更好地提高产品的质量、更低的消耗资源。此外，打浆还包含纸浆纤维、造纸过程助剂、造纸功能助剂等物料的混合之功用。经过打浆的纸浆纤维一般又称为成浆。

第一节　打浆原理

一、纤维细胞壁结构

打浆就是通过物理机械的作用使得纸浆纤维产生挤压、变形、切断、润胀、细纤维化等一系列的作用。打浆的结果使纤维发生弯曲、扭曲、卷曲、撕裂、压溃和切断。成浆纤维无论在纤维性质或者滤水性能都发生了显著的变化，这些变化对造纸机生产过程和成纸的质量指标都具有决定性的影响。为更好地学习纤维打浆的原理，首先需要对各种常用造纸纤维的细胞壁结构和组成进行简要的了解。

（一）纤维细胞壁的结构

1. 纤维细胞壁的层间结构

植物纤维细胞壁分为胞间层、初生壁和次生壁。木材纤维、棉纤维的细胞壁结构如图2－1、图2－2所示。

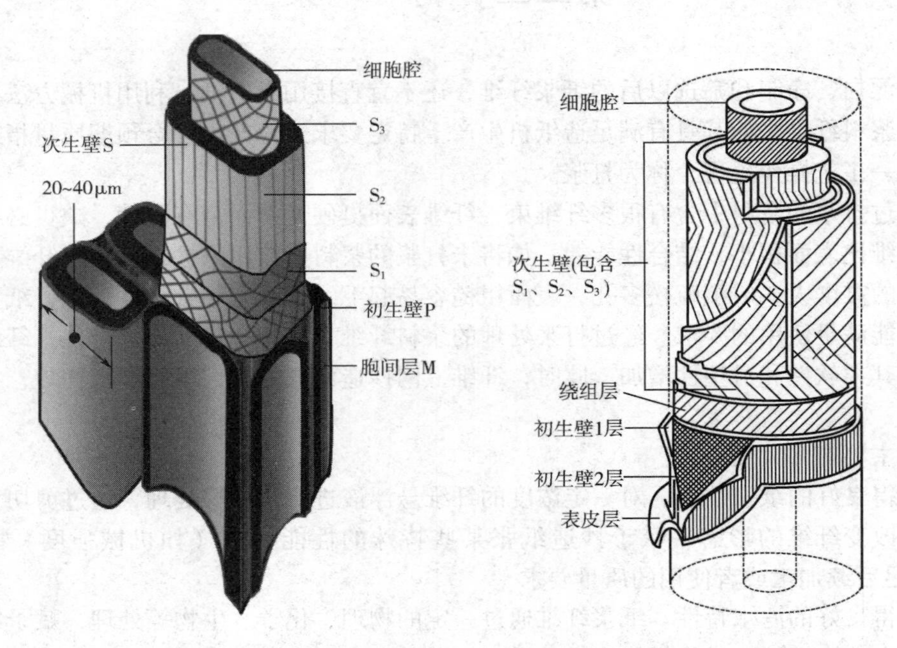

图2－1　木材纤维细胞壁结构示意图　　图2－2　棉纤维细胞壁结构示意图

胞间层（M）是细胞之间的连接层，厚度为1～2 μm，木素为主要成分，纤维素成分极少。

初生壁（P）是细胞壁的外层，与胞间层紧密相连，厚度很薄，为0.1～0.3 μm，主要成分为木素和半纤维素。

次生壁（S）是细胞壁的内层，次生壁由次生壁的外层（S_1）、中层（S_2）和内层（S_3）组成。

次生壁外层（S_1）由若干层细纤维的同心层所组成，厚度较薄，为0.1～1 μm，是纤维细胞P层向S_2层的过渡层，主要成分为木素和半纤维素。

次生壁中层（S_2）由许多细纤维的同心层所组成，是纤维细胞壁的主体，厚度最大，为3～10 μm，占细胞壁厚度的70%～80%，纤维素和半纤维素含量高，木素含量少。微纤维的排列呈螺旋单一取向，几乎和纤维轴向平行（缠绕角0°～45°）。S_2层是打浆的主要对象。

次生壁内层（S_3）由层数不多的细纤维的同心层所组成，厚度也很薄，约0.1 μm，在纤维壁中所占的比例不到10%，木素的含量低，纤维素含量高。

2. 纤维细胞壁的微细纤维

胞间层（M）主要由木素组成，微纤维很少，需打浆中破除此层。初生壁（P）含有微纤维，并含有大量的木素结构，致使初生壁不吸水而能透水，不易吸水润胀，微纤维在初生壁上做不规则的网状排列，像套筒那样束在次生壁（S）上，阻碍次生壁与外界接触，有碍纤维的润胀和细纤维化，故在打浆中需破除初生壁层。S_1层含有细纤维，并含有大量木素结构，同时微纤维排列的方向几乎与纤维的轴向垂直（缠绕角70°~90°），不规则地交织在纤维壁上；S_1层和P层结合较紧密，但S_1层的微纤维的结晶度更高，对化学和机械作用的阻力较大；S_1层和P层都会限制S_2层的润胀和细纤维化，打浆时需打碎此层。S_2层主要由微纤维组成，木素含量少，同时微纤维的排列呈螺旋单一取向，几乎和纤维轴向平行（缠绕角0°~45°），S_2层是打浆的主要对象。S_3层含有细纤维，木素含量低，化学性能稳定，微纤维的排列与S_1层相似，与纤维轴向的缠绕角约70°~90°。在打浆中一般不考虑S_3层。

细胞壁各层微纤维的排列以及细胞轴向的缠绕角大小，对纸浆纤维打浆的影响很大，缠绕角小的纤维容易分丝帚化，反之缠绕角大的分丝帚化困难。单根纤维的强度主要取决于S_2层微细纤维与细胞轴向的缠绕角，缠绕角越小，纤维越长，单根纤维的强度则越大，但伸长率则越小。

植物纤维细胞壁的层间结构，并非均一的结构，细胞壁各层是由细纤维以不同的排列所构成，细纤维又由微纤维所组成，微纤维又由次微纤维所组成，次微纤维可进一步水解分裂为原细纤维，原细纤维又由纤维素微晶体所组成，纤维素微晶体又由葡萄糖基经氧桥连接所构成，如图2－3所示。

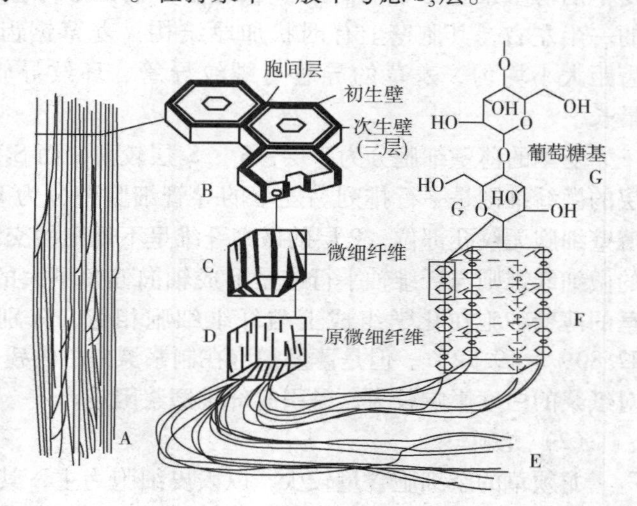

图2－3　植物纤维细胞壁的层间结构
A—纤维细胞束　B—纤维细胞　C—微细纤维　D—原微细纤维
E—亚原微细纤维　F—纤维素晶体　G—纤维二糖

（二）杂细胞的结构

不同种类的植物纤维原料的杂细胞在含量、种类和形状上存在很大的不同。同属木材纤维原料中的针叶木和阔叶木的杂细胞也存在很大的差异，不同的非木材原料杂细胞差异更大。

1. 针叶木杂细胞

一般而言，木材的杂细胞含量少，只有1.5%左右（面积法下同）。针叶木杂细胞包括木射线薄壁细胞和木射线管胞，两者形态相似，均为砖形。木射线薄壁细胞初生壁的微细纤维像纤维细胞那样，是网状结构，次生壁也分为3层，相当于S_1、S_2与S_3层，其中S_3层微细纤维的取向几乎平行于细胞轴。S_1层、S_2层微细纤维与细胞轴呈30°~60°角。

2. 阔叶木杂细胞

阔叶木杂细胞包括导管细胞、木薄壁细胞、木射线薄壁细胞等。杂细胞含量较多，在17%~27%（面积法）。阔叶木（水青冈树属一种）的横卧木射线薄壁细胞的细胞壁包含有P层、S_1、S_2和S_3层，其中S_2层最厚，其中S_1层与S_2层微细纤维的取向与细胞轴呈60°~80°

角，S_3层的微细纤维取向与轴平行。

3. 非木材类杂细胞

非木材类杂细胞如竹类接近20%～30%，其他草类一般在40%～60%。其中禾草类杂细胞包括有薄壁细胞、表皮细胞、导管细胞等。

(1) 麦草

麦草的杂细胞主要有薄壁细胞、表皮细胞、硅细胞、导管等，约是全部细胞的38%，薄壁细胞是草浆中主要的杂细胞，其特点是胞壁薄，容易变形破碎，壁上大多有纹孔。麦草的薄壁细胞形状有杆状、长方形、椭圆形等数种，其中以杆状为主，占杂细胞总数的一半左右，其胞壁上有网状加厚结构。麦草锯齿状的表皮细胞较稻草粗大、齿形尖、齿距大小均匀，麦草的导管有螺纹导管、环纹导管及纹孔导管3种，其中以纹孔导管最长。

麦草的薄壁细胞分为3层，S_1、S_3层较薄，而S_2层较厚，S_1层的微纤维呈网状排列，S_3层的微纤维则是平行排列。麦草的导管细胞壁分为P、S_1、S_2、S_3共计4层，S_3层很明显。薄壁细胞无纹孔部位，P层的微细纤维呈不规则的交织，S_1层微细纤维呈稍微地交叉，S_2层的微细纤维则与纤维轴平行或是形成轴向偏角不大的螺旋，而S_3层的微纤维呈交织状。麦草的薄壁细胞在化学组成上与纤维细胞相像，分别为综纤维素76.43%，76.70%；木素22.80%，19.52%。但是薄壁细胞在制浆漂白中的残余木素较难脱除，薄壁细胞的残余木素对纸浆的白度影响较大，易引起纤维磨浆困难。

(2) 龙须草

龙须草的杂细胞含量较少，以表皮细胞为主，其次是薄壁细胞、石细胞、导管细胞等，龙须草的纤维形态特征如表2-1所示。表皮细胞边缘为锯齿形、齿形短秃，或者一面有齿，或者两面有齿，茎秆中表皮细胞长为90～180 μm，宽约8 μm。表皮细胞壁较薄，与纤维细胞类似，为多层结构。

表2-1　　龙须草的纤维形态特征

原料种类		平均长度/mm	平均宽度/mm	长宽比	壁厚度/μm	胞腔直径/μm	壁腔比	杂细胞（面积比）/%
龙须草		2.1	10.4	202	3.30	3.1	2.13	29.4
荻苇		1.36	12.1	80	6.17	3.7	3.6	34.5
芦苇		1.12	9.7	115	3.0	3.4	1.77	35.5
蔗渣		1.73	22.5	77	3.26	17.9	0.36	35.7
马尾松	早材	3.61	50.0	72	3.8	33.3	0.23	1.5
	晚材				8.7	16.6	1.05	
火炬松	早材	2.56	41.7	61	3.5	41.6	0.17	—
	晚材				5.2	19.0	0.55	
湿地松	早材	2.93	40.9	72	2.8	37.5	0.15	—

（3）芦苇

芦苇的导管细胞和薄壁细胞其共同的特点是细胞壁薄。与纤维细胞类似，薄壁细胞壁分为3层，即初生层、次生壁外层、次生壁内层。其中初生壁很薄与胞间层合为一体。在细胞交角的区域常出现空隙，即无胞间层组织。次生壁外层与次生壁内层间有明显的界线，两层厚度相差不多。薄壁细胞上微纤维排列，P层呈乱网状，S_1、S_2层呈规则的网状，S_2层的微纤维角度较S_1层更近于轴向。由于微纤维呈网状排列收缩是各向同性的，因此存在于纸浆中的薄壁细胞在干燥时表面平坦，不出现起皱现象。导管细胞初生壁上微纤维亦是网状，次生壁上由于有许多纹孔，纹孔口附近的微纤维呈环状排列，其他部位的微纤维较紊乱。表皮细胞较厚，呈多层状态，胞腔较小，其中常填有内容物。

二、打浆作用

纤维打浆就是通过机械力、剪切力、摩擦力等作用，使得纤维的纤维细胞壁中的次生壁吸水，局部微纤维发生位移和变形；P层和S_1层的木素受到脱除，不规则排列的微纤维被切断，并定向排列，纤维的结晶结构受到破坏；纤维的吸水润胀和细纤维化随之产生，使得纤维产生扭曲、膨胀、伸长等变形过程，产生细纤维化；在机械挤压、切断和纤维揉搓作用下，纤维帚化，比表面积增加，纤维表面的游离羟基增加。实际上，纤维打浆是一个复杂的过程，纤维多种变化是同步交错进行，随着打浆条件的不同，纤维受到各种作用的程度不同，从而引起细胞壁各层的破坏，和纤维的变化趋势也不尽相同。

1. 细胞壁S_2层的位移和变形

位移主要是指次生壁中层（S_2）的微纤维在机械作用下发生位移和变形，用偏光显微镜即可观察到的微纤维的位移点（即纤维上的亮点），未打浆的纤维也有少量的位移亮点，随着打浆的进行，亮点逐步扩大并清晰可见，次生壁位移如图2－4所示。在打浆初期，S_2层纤维已有一定程度的吸水润胀，而打浆的机械作用可以引起S_2层部分微纤维弯曲，增加了微纤维之间的空隙，水分子渗入量增加，S_2层纤维的吸水润胀程度增加，位移点逐步扩大。当初生壁还没有被破除之前，S_2层发生的位移和润胀是有限的。但S_2层的这种位移和润胀会使纤维更加柔软，并促使初生壁破除。

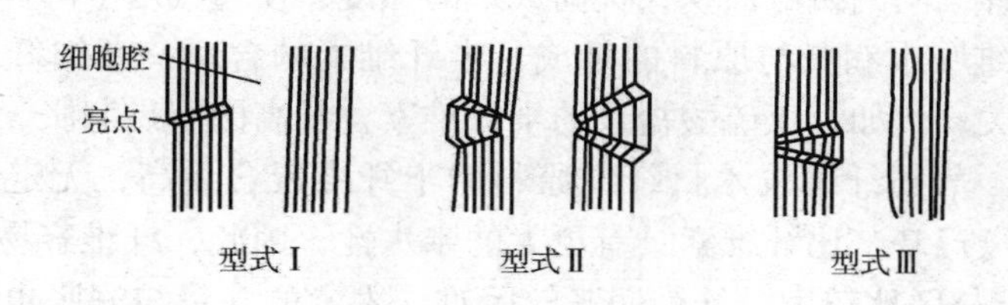

图2－4　次生壁位移示意图

2. P层和S_1层的破碎和去除

一般而言，植物纤维经过蒸煮和漂白工段后，植物纤维的P层、S_1层会受到不同程度的破坏，但残留的P层、S_1层仍然包覆着S_2层微细纤维，鉴于P层、S_1层的刚性结构和排列方式，不能吸水润胀，从而限制了纤维的吸水润胀和细纤维化。因此，在打浆过程中，尽量去除初生壁P层、S_1层的刚性木素，破坏其细纤维的排列方式，从而破除其对S_2层微细纤维的束缚，以利于S_2层纤维的润胀和细纤维化。

对于不同的纤维原料和制浆漂白方法，在保证S_2层纤维质量的条件下，P层和S_1层的破坏去除的难易程度和去除的数量质量也不尽相同的。例如，草浆与木浆相比，P层易破除，S_1层难破除。亚硫酸盐纸浆的P层、S_1层较硫酸盐纸浆的P层、S_1层的破坏去除容易，这可能是因为亚硫酸盐药液pH较低，药液的浸透和反应使得P层、S_1层的木素或者半纤维素结构受到一定的破坏，两层的整体结构表现为挺硬发脆而在打浆过程中容易被除去。

不同的制浆方法对P层和S_1层破除的难易程度是不尽相同的。如：亚硫酸盐纸浆的P层和S_1层比硫酸盐纸浆的容易破除。其原因：这两种蒸煮方法所用药液的化学性质不同（如pH）和药液进入纤维的途径不同。亚硫酸盐法使纸浆纤维的初生壁和次生壁外层受到较大的破坏，因而在打浆过程中较硫酸盐纸浆容易破除。对相同原料的化学浆而言，P层在强烈的制浆漂白过程中基本被破除，打浆的目标主要破除S_1层对S_2层的束缚，因此打浆能耗降低。

3. S_2层无定形区润胀

润胀是指高分子化合物在吸收液体的过程中，伴随着体积膨胀的一种物理现象。纤维容易在极性液体中极易发生润胀，特别是纤维中的无定形区（非结晶区），造纸工业中所谓的“吸水润胀”是一种物理现象。细胞壁S_2层的位移和变形过程中，纤维S_2层无定形区也能够发生吸水润胀，但是吸水润胀过程只发生在S_2层的位移点的区域，除此之外，很少润胀。当打浆至P层和S_1层部分或全部除去时，整个纤维S_2层无定形区发生润胀作用。据有关资料介绍，在细胞壁S_2层的位移和变形过程中，纤维的吸水润胀最大能够使得纤维直径增加20%～30%；实际上，纤维的S_2层无定形区的吸水润胀能够使得纤维直径增加两倍左右。

纤维能产生润胀的原因是由于纤维素和半纤维素的分子结构中所含的极性羟基与水分子产生极性吸引，使水分子进入细胞壁S_2层的无定形区，使纤维素分子链之间的距离增大，引起纤维变形，导致纤维素分子链之间的氢键结合受到破坏而游离出更多的羟基，由于羟基的作用，水分子被吸收到纤维的外表面，形成极性分子的胶体膜，促进纤维的吸水润胀和水化作用。纤维无定形区润胀以后，纤维内部的组织结构变得更为松弛，内聚力下降，使纤维的比容和表面积增加，纤维变得柔软可塑，更有利于打浆机械作用对纤维的进一步细纤维化，能有效地增加纤维间的接触面积，提高成纸的强度，使透气度下降。

细胞壁S_2层纤维吸水润胀与原料的组成、半纤维素的含量、微细纤维结晶区大小和制浆的方法等因素有关。例如，亚硫酸盐浆的半纤维素含量高的容易润胀，硫酸盐浆较亚硫酸盐浆的润胀程度小。草类纤维较木材纤维原料的半纤维素含量高，无定形区较大，支链较多，含有较多的游离羟基，比纤维素具有更大的亲水性，因此，纤维容易吸水润胀。棉浆的α－纤维含量高，结晶区比较大，纤维润胀较困难。木素的含量与润胀也有关系，因为木素是疏水性的物质，它会阻碍纤维吸水润胀，所以木素含量高的纸浆不易润胀，本色纸浆经漂白后能改进纤维的润胀的能力。

4. S_2层的细纤维化

纤维的细纤维化是在细胞壁P层和S_1层被部分破除时开始的，并在纤维S_2层吸水润胀以后大量产生。一般认为，细纤维化可分为外部细纤维化和内部细纤维化。外部细纤维化是指在打浆过程中纤维S_2层受到打浆设备的机械作用而产生纵向分裂，并分离出细纤维，而且使纤维表面产生起毛和两端分丝帚化的现象，进而分离出大量的细纤维、微细纤维和原细纤维。外部细纤维化极大地增加了纤维的外比表面积，在纸页成形时提高了纤维间的交织能力，促进了氢键结合，提高了纸页的强度性能。内部细纤维化是指在纤维吸水润胀之后，聚合力减弱，使得次生壁同心层之间彼此产生滑动，从而使纤维变得柔软可塑。

纤维的外部细纤维化和内部细纤维化均有利于产生有利羟基，有助于纤维的交织和结合，能够提高成纸的强度、紧度和匀度等性能。

5. 横向切断

横向切断是指纤维受到打浆设备的横向剪切力、挤压和纤维之间的摩擦作用而发生的横向断裂的现象。首先，纤维的横向切断主要是与各级纤维（系统中存在的细纤维、微细纤维、原细纤维以及纤维素大分子）自身的强度有关，主要发生在纤维润胀位移点上以及纤维与髓线细胞的交叉处，因为这些部位比较脆弱。其次，纤维的切断与润胀也存在很大的关系。如果纤维吸水润胀良好，纤维变得柔软，柔韧性增加，纤维就不容易被横向切断，而较容易纵向分丝帚化。反之，纤维吸水润胀不良时，纤维就比较硬而脆，也就容易被横问切断。通常在打浆过程中要适当地切断纤维，有利于纤维的分丝帚化和细纤维化。当纤维部分被切断时，纤维切断后在断口处留下许多锯齿形的末端，有利于水分的渗入，促进纤维的润胀作用，有利于纤维的分丝帚化和细纤维化。例如，长纤维经适当切断后，可以提高纸张的匀度和平滑度。但过度切短会降低纸张的强度，特别是撕裂度。因此，应根据纸种的要求和原料的特性，严格控制纤维切断的程度、保证纤维的吸水润胀和细纤维化。对于纤维较长的针叶木浆或者面麻浆，应根据生产的需要适当切断，以保证纤维吸水润胀、交织帚化和纤维强度的需要。对于二次纤维和草浆，由于纤维易润胀，不宜过多地切断，可以保证成纸的强度性能。

6. 打浆碎片

打浆过程中产生纤维碎片主要来源于以下 3 个部分：

（1）纤维的 P 层和 S_1层

植物纤维原料在打浆过程中，在 S_2层发生吸水润胀、位移和变形的同时，富含木素与半纤维素的 P 层和 S_1层纤维只能透水、不易润胀，因此，细胞壁的 P 层和 S_1层易受到机械剪切力和摩擦力的作用，磨碎脱落，成为碎片。

（2）非木材纤维原料中残留的杂细胞

木材纤维原料中的杂细胞经过制浆漂白过程的残留极少。非木材纤维原料中的杂细胞主要是薄壁细胞、表皮细胞、导管等，杂细胞一般较粗短，细胞壁较薄，在打浆过程中容易被打成碎片。其中薄壁细胞在打浆过程中容易破碎，表皮细胞则不易被打碎。

（3）S_2层的细小纤维

纤维在打浆过程中，横向切断作用如果发生在两端部，则被切断的部分成为碎片。不过这种碎片数量不多。打浆产生的碎片会悬浮在浆料体系中，一方面影响纸料的滤水性能，特别是非木材纤维，因杂细胞含量多，产生的碎片也多，所以滤水性能差。另一方面，这些碎片的富集存在会影响到纤维的结合，降低纸页的物理性能。

三、纤维结合力

一般而言，纸张强度主要取决于单根纤维的强度、纤维大分子之间的结合强度以及纤维之间的排列和交织。其中，纤维间的结合力决定着抄造纸张的物理强度性能。目前，常规认为纤维的结合力有4种：氢键结合力；化学主价键力，即纤维素分子链葡萄糖基之间的化学键力；极性键吸引力，即纤维素大分子之间的范德华吸引力；表面交织力，即长纤维分子链的空间交织力。其中，主价键力取决于纤维素大分子的聚合度，因为打浆不易引起纤维素大分子的降解，因此，主价键力基本保持不变；极性键吸引力来源于范德华力，键力较弱，对纤维结合力的影响很小；表面交织力，主要是通过纤维分子链之间的空间交织，增加分子链之间的氢键的数量，提高纤维之间的结合力；氢键结合力是影响纤维间结合力的关键因素，打浆的主要目的之一就是增加氢键结合力，从而提高抄造纸张的物理强度。

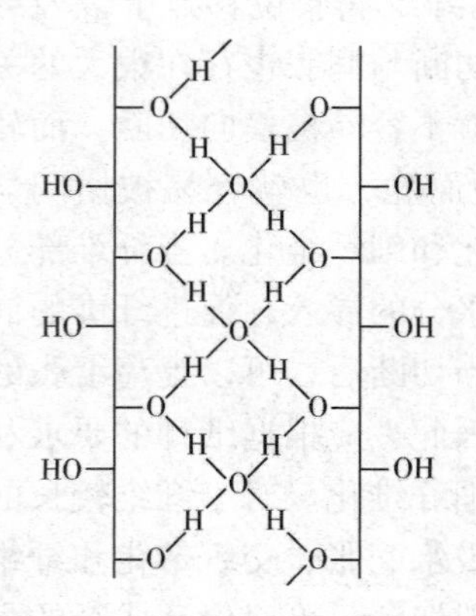

图2－5　水桥连接的单层水分子形成的氢键结合

氢键理论是目前普遍认同的氢键结合力的机理。氢键理论认为，水分子与纤维大分子中的羟基极易形成氢键。纤维细胞壁在机械剪切和摩擦力作用下，微细纤维、原细纤维的比表面积增加，纤维表面产生大量游离羟基，通过偶极性水分子与纤维形成纤维－水或者纤维－水－纤维的松散连接的氢键结合，促进了纤维表面的吸水性能。当纸料纤维体系的水分子含量较多时，单根纤维悬浮在水中，表面形成纤维羟基－水的强氢键结合；当纸料纤维体系的水分子含量减少到一定量时，纤维大分子间的距离缩短，逐渐形成纤维－水－纤维连接，并将羟基组成适当的排列，形成水桥，如图2－5所示。当纤维体系中的水分子进一步减少时，纤维受水的表面张力作用，使纸幅收缩，纤维之间进一步靠拢，当相邻的两根纤维的羟基距离缩小至0.26～0.28 nm时，纤维素分子中羟基的氢原子与相邻纤维羟基中的氧原子开始形成O—H…O连接，形成氢键结合，如图2－5所示。正是这种氢键结合力把纤维与纤维结合起来，使纸页具有了强度。

纤维素分子每个链接含有3个羟基，漂白浆的聚合度（DP）一般在800以上，即每个纤维素分子至少含有2400个游离羟基。但是，并不是所有的羟基都能形成分子间的氢键结合。实际上，纤维内部的羟基只有0.5%～2%能够形成分子间氢键结合，而98%以上的羟基是以结晶或定形区的形式组成氢键结合，它只能体现单根纤维的强度。而只有形成纤维之间的氢键结合，才能体现纸张或纸板的强度。

因此，一般认为，纤维在打浆过程中吸水润胀和细纤维化，都会使纤维的游离羟基增加，水化作用强，使纸页在干燥过程中，纤维收缩作用大，促进了纤维间的氢键结合，从而提高了纸张物理强度。而当形成纤维分子间氢键结合的干纸页侵入水中时，由于纤维分子间的氢键结合到水分子的水化作用，致使纤维间的氢键转化为单根纤维与水分子之间的水桥结合，所以纸张强度降低或消失。

四、纤维结合力的影响因素

打浆过程中，纸浆纤维受到的剪切力、摩擦力等作用力，影响纤维的游离羟基数量、纤维的表面形态，从而决定纤维结合力的大小。另外，纤维原料的种类、纸浆纤维的化学组成、纤维长度、分布、杂细胞的种类和数量、纤维在成形过程中的交织排列、化学助剂的种类和数量等因素也影响着纤维的结合力。

1. 纸浆种类的影响

不同纸浆原料或者是采用不同制浆漂白方法获得的纸浆纤维，无论细胞壁的层间结构，各层的纤维素与半纤维含量，以及单根纤维的聚合度、结晶度等均存在较大的差异，从而对纤维结合力会产生影响。一般而言，化学木浆的纤维结合力最大，半化学木浆次之，机械木浆最差。对不同的纸浆原料而言，针叶木的结合力最大，阔叶木次之，草类纤维和二次纤维的结合力较差。

2. 纤维素的影响

纤维素的含量和聚合度大小均影响纤维的结合力大小。对于同种纤维制得的纸浆，纤维素聚合度高的纸浆纤维，在打浆过程中不易被切断、压溃，单根纤维在打浆中易获得较大的游离羟基，纸页强度较高。反之，聚合度很低的纸浆纤维，在打浆中易被机械切断和压溃，各级纤维（细纤维、微细纤维、原细纤维等）的细纤维化程度不够，单根纤维含有的游离羟基少，抄纸过程中形成氢键结合的数量少，纸张强度较低。因此，高聚合度的纸浆适合生产高强度和高紧度的纸，如复写原纸、电容器纸、钞票纸等特种工业用纸；低聚合度的纸浆适合生产一般要求的松软的纸张，如普通印刷纸、新闻纸等。

3. 半纤维素的影响

半纤维素的分子链比纤维素短，有很多排列不整齐的支链，没有结晶结构，因此半纤维素含量高的纸浆，打浆时容易吸水润胀和细纤维化，纤维的比表面积增加，在打浆初期容易产生较多的游离羟基，提高纸张的强度。随着打浆的进行，半纤维支链的水合作用增加，纸浆的滤水性下降，单根纤维的游离羟基数量减少，成纸的强度将缓慢降低。

因此，对于纸浆中半纤维素含量应适中，一般而言，纸浆半纤维素含量不少于2.5%～3.0%，但也不宜超过20%，以满足纸浆抄造和纸张质量的要求。一般而言，抄造特种纸和高档薄页纸，半纤维素的含量不宜太多；而对于一般文化用纸可以采用半纤维素含量高的阔叶浆或者草浆，以降低成本。另外，对于抄造透明纸，为了增加纸张的透明度，减少打浆成本，半纤维素的含量应更高一些，故多选用含半纤维素多的阔叶木来抄造。

4. 木素的影响

化学纸浆纤维中的木素多分布P层或者S_1层，高得率浆中的木素结构单元可以分布在胞间层L以及P层或者S_1层，由于木素单元多为苯丙烷结构，亲水性差，在纤维打浆中会会妨碍纤维吸水润胀和细纤维化，从而影响纤维间的结合力。因此木素含量高的高得率浆不易生产物理强度高的纸张。

5. 打浆的影响

打浆过程中纤维受到剪切力和摩擦力的作用，可将纤维的P层或者S_1层除去，有助于纤维的润胀和细纤维化，增加了纤维的柔软性和可塑性，极大地增加了纤维的比表面积，不仅在造纸机网上能够定向排列，并且可以在纸页干燥时增加纤维分子链的交织，使得纤维的氢键结合更为紧密，增强了纤维之间的结合力，获得较高的纸张强度。

6. 纤维长度的影响

纸浆的纤维长度是影响结合力的因素之一，并且纸浆纤维的长度可以直接影响成纸的撕裂度、抗张强度和耐破度。通常。由于纤维较长时，纸张外界撕裂作用力时，纤维自身的强度占主导作用，纤维之间的结合力相对于纤维自身的强度较小，影响并不显著，因此纸张的撕裂度是随纤维长度的增加而增加的。

7. 添加助剂的影响

在纸浆纤维中添加亲水性助剂也可以显著增加纤维之间的结合力。如淀粉、蛋白质、羧甲基纤维素、植物胶等，这些物质的结构中含有极性羟基，能增强纤维之间的氢键结合，提高纤维之间结合力，增加纸页的物理强度。同时，在纸料中加入胶料、硫酸铝填料等物质，会妨碍纤维彼此间的接触，减少纤维之间氢键的形成数量，纤维之间的结合力降低。

五、打浆与纸张性质的关系

纤维打浆与纸张的质量有着密切的关系。随着打浆度的提高，纤维的长度、宽度逐渐减少，与此同时，扭结指数、细小纤维逐渐增加，纤维结合力增加。随着纤维形态的变化，抄造纸张的各种性能均发生相应的变化，并呈现一定的规律。

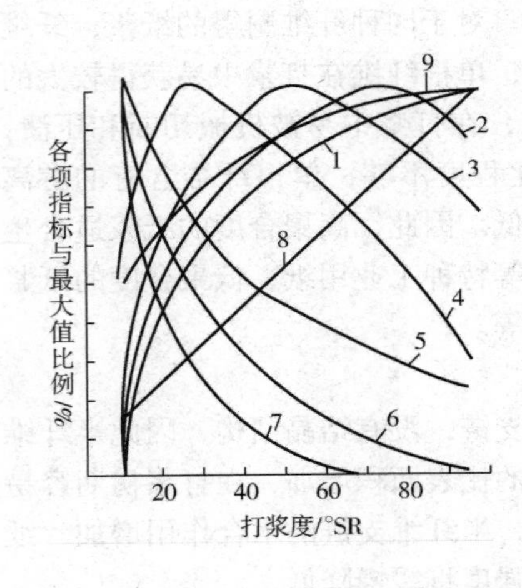

图 2－6　木浆打浆度与纸张物理强度之间关系

1—结合力　2—裂断长　3—耐折度　4—撕裂度　5—纤维平均长度　6—吸收性　7—透气度　8—收缩率　9—紧度

结合图 2－6 和表 2－2 至表 2－4 的相应曲线和数据分析，纤维打浆产生的影响呈现三种趋势。第一种，打浆性能指标随着打浆度的增加而不断增加，如纤维的扭结指数、结合力、纸张的紧度和收缩率等曲线。第二种，打浆性能指标随着打浆度的增加而不断降低，如纤维的平均长度、平均宽度、松厚度、透气度和吸收性等曲线。第三种，打浆性能指标随着打浆度的增加，先增加后减少，如抗张指数、撕裂指数、耐破指数、耐折指数等曲线。纤维打浆对纤维性能影响的内在成因取决于纤维自身强度和纤维结合强度的变化，与纤维自身强度显著影响的性能指标易随着打浆度的增加而下降，与纤维结合强度显著影响的性能指标易随着打浆度的增加而增加，而与纤维自身强度和纤维间结合强度显著相关的性能指标则取决于两种因素的协同作用，哪一种因素占主导地位，性能指标则受哪一种因素的影响最显著。为了更准确地量化各项性能指标与纤维打浆程度的行为规律，更好地指导生产，现做以下分析。

表 2－2　　不同游离度杨木 APMP 成纸性能的比较

游离度/ mL	白度/% ISO	抗张强度/（kN/m）	松厚度/（cm^3/g）	定量/（g/m^2）	撕裂指数/（$mN \cdot m^2/g$）	内结合强度/（J/m^2）
585	73.28	39	2.374	105.3	3.79	963.2
460	69.58	39.5	2.29	104.79	4.47	969.6
320	70.7	42.17	2.261	108.8	4.56	1281.6
230	68.72	54.83	2.258	106.3	4.63	1739.2
136	66.5	60	2.114	108.8	4.56	2176
100	59.1	61.5	2.095	100.25	4.53	2068.8

表 2－3　不同打浆度、打浆方式对云景思茅松料纤维形态的影响

打浆度/°SR	纤维平均长度/mm		纤维粗度/（μg/m）		扭结指数/（1/mm）		细小纤维含量/%	
	Valley	PFI	Valley	PFI	Valley	PFI	Valley	PFI
13	3.284	3.284	355.5	355.5	1.325	1.325	3.90%	3.90%
20	2.492	3.026	293.9	299.5	1.353	1.663	6.40%	4.90%
30	2.153	2.776	281.8	285.6	1.413	1.758	8.20%	6.50%
40	2.158	2.777	263.7	277.4	1.450	1.790	8.80%	6.80%
50	2.023	2.671	252.0	276.0	1.506	1.994	10.50%	7.50%
60	1.916	2.460	222.9	262.6	1.510	2.122	10.90%	8.30%

注：Valley：瓦利打浆机；PFI：立式磨浆机；打浆度 13°SR 是指未经过打浆的浆板经疏解后直接用于纤维分析。

表 2－4　不同打浆度、打浆方式对思茅松成纸物理强度的影响

打浆度/°SR	紧度/（g/cm^3）		抗张指数/（Nm/g）		撕裂指数/（$mN \cdot m^2/g$）		耐破指数/（$kPa \cdot m^2/g$）		静态弹性模量/MPa	
	Valley	PFI	Valley	PFI	Valley	PFI	Valley	PFI	Valley	PFI
13	0.414	0.414	15.05	15.05	17.13	17.13	0.858	0.858	1265	1265
20	0.522	0.546	47.97	61.18	21.90	19.15	3.201	4.550	3476	3890
30	0.566	0.567	55.74	66.86	17.38	16.40	3.907	5.106	3948	4203
40	0.592	0.607	59.02	71.20	16.07	14.59	4.170	5.486	4358	4765
50	0.600	0/583	59.29	72.97	15.48	15.19	4.227	5.229	4485	4828
60	0/598	0.577	60.12	67.51	15.15	14.54	3.677	5.023	4307	4512

1. 打浆对纤维形态的影响

随着打浆度的提高，纸浆纤维的平均长度和纤维粗度逐渐减小，扭结指数不断增大，细小纤维含量逐渐增多。打浆主要得益于盘齿的机械剪切和纤维的相互摩擦、挤压、揉搓、扭曲等作用，其中剪切作用可以降低纤维的平均长度，摩擦、挤压、揉搓则可以降低纤维的平均粗度。细纤维主要来源于纤维的切断、细纤维化，以及 P 层、S_1层纤维的压溃、剥落。纤维的扭结主要是源于纤维的切断和揉搓，使得纤维初生壁和次生壁外层脱落，细胞壁受挤压变薄，纤维呈带状存在，经过吸水润胀，分丝帚化，细纤维化，致使纤维缠绕、卷曲和扭结。

2. 打浆对纤维结合力的影响

随着打浆度的增加，纤维润胀和细纤维化增加，纤维的比表面积增大，游离出更多的羟基，促进纤维间的氢键结合，使纤维的结合力不断上升。

打浆初期纤维结合力曲线上升很快，说明此时纤维受切断和刚性揉搓作用强，细胞壁的 P 层、S_1层受到破坏，S_2层纤维的吸水润胀、分丝帚化、细纤维化增长的速度很快，纤维表面产生游离羟基的速度快；打浆至一定程度后，纤维结合力曲线上升渐慢，说明纤维的 P 层、S_1层的束缚层已经被去除，纤维 S_2层的吸水润胀和细纤维化趋势渐趋平缓，纤维表面的游离羟基数量趋于饱和，再进一步打浆不易显著提高纤维的游离羟基，纤维的结合力达到最大。

3. 打浆对纸张抗张强度的影响

一般而言，纸张的纵向抗张强度要大于横向抗张强度，并且水分含量在 5% 左右时，抗张强度最大。纸张的抗张强度主要取决于纤维结合力和纤维平均长度，同时也受纤维的交织排列和纤维自身强度等因素的影响。

纤维在开始打浆至一定程度内，初期纤维长度和自身强度变化不大，抄造纸张抗张强度主要受纤维结合力的显著影响，此时P层、S_1层受到剪切和摩擦力破坏，纤维的吸水润胀和细纤维化显著上升很快，纤维间结合力增加。当纤维打浆至一定程度后，一般而言，木浆打浆达到70°SR，稻草浆打浆度达到50°SR时，抗张强度达到最大值，继续打浆，纤维结合力虽然继续提高，但是纤维之间的结合力增加缓慢，反之此时纤维的平均长度的下降占主导地位，纸张的抗张强度开始下降。抗张强度的最大点与纤维原料的种类、采用的打浆方式有关。例如，木浆的抗张强度的最高点比草类纤维原料的最高点出现晚；采用重刀打浆相比轻刀打浆，纤维的切断多，抗张强度的最高点出现较早。

4. 打浆对纸张耐破度的影响

纸张耐破度的变化曲线属于与抗张强度相似，实际上耐破度是张抗强度和伸长量的复合函数。影响耐破度的主要因素是纤维平均长度和纤维结合力，同时也受纤维的交织排列和纤维自身的强度等因素的影响。

虽然纸张的抗张强度和耐破强度均受纤维结合力和纤维平均长度影响，但是耐破强度更依赖于纤维长度，因此，耐破强度的拐点相比抗张强度的拐点出现得更早一些。

5. 打浆对纸张耐折度的影响

影响耐折度的因素是纤维平均长度、纤维结合力、纤维吸水润胀和细纤维化，同时纤维在纸页中的排列、纤维本身的强度和弹性等也可以影响纸张的耐折度。同耐破度类似，纤维平均长度对耐折度的影响较大，因此耐折度曲线的转折点也比抗张强度出现早，即打浆度在达中等时，耐折度就开始下降。另外，相对于耐破度，耐折度除受纤维结合力和纤维平均长度影响外，还与纤维细纤维化有关，因此纸张耐折度曲线的拐点一般出现在耐破度的后面，抗张强度的前面。因此为了获得良好的润胀和细纤维化，同时避免纤维的切断作用，宜采用中高浓磨浆，或者加入一定量的表面活性剂，促进纸浆纤维的细纤维化，获得优良的耐折性。

6. 打浆对纸张撕裂度的影响

影响撕裂度的主要因素是纤维的平均长度，并受纤维结合力、纤维排列方向、纤维强度和纤维交织情况等因素的影响。对于长纤维而言，纸张的撕裂度主要取决于纤维平均长度，对于短纤维而言，纸张的撕裂度主要取决于纤维的长度和纤维间结合力。从图2-6中，可以看出撕裂度曲线的拐点出现得最早，说明撕裂度主要依赖于纤维的平均长度。

另外，纤维本身的强度和纤维的排列交织情况也影响撕裂度的大小。由于纸页纵向排列的纤维多于横向排列，所以纸张的横向撕裂度总是高于纵向的撕裂度。

7. 打浆对纸张紧度和松厚度的影响

纸张的紧度主要与纤维原料的种类、打浆程度、湿压榨以及压光程度和施胶度等多种因素相关。纸张紧度的大小直接影响着纸和纸板的光学性质和物理性能，提高纸张的紧度将直接引起纸张的透气度和吸收度的降低。打浆度对纸张紧度有显著影响，同时细小纤维的含量对紧度的影响较大，细小纤维可以填充在纤维交织的空隙中，提高纤维的密度，从而提高纸张的紧度。如图2-6所示，紧度曲线随打浆度的上升，没有出现转折点。对于不同的纤维原料，纸张的紧度有很大差异，例如针叶浆的紧度<阔叶浆的紧度<草类纤维原料的紧度。

8. 打浆对纸张伸长率和伸缩性的影响

纸张的伸长率和伸缩性都是随打浆度的提高而呈线性上升趋势。主要的影响因素有打浆方式、纸浆种类、半纤维素含量及纤维本身的强度和弹性、纤维的长度和纸页干燥时所受的张力大小等等。对于需要较高伸长率纸种，例如牛皮纸、伸缩性纸袋纸、手巾纸、工业包装用纸等，可以考虑选用高打浆度、半纤维素含量多、纤维长的纸浆原料以及纤维结合力大的纸浆，伸缩变形均较大。另外在纸机干燥时，应放松干网，减小纸页的张紧，使纸得到自由收缩，也可以提高纸张的伸长率。对于需要伸长率低纸种，例如印刷用纸等，需要在打浆时采用强力切断，尽量减少纤维的润胀水化，并添加适当的填料和胶料等，都可以减少纸页的伸缩变形；在纸张抄造时，将湿纸适度张紧，以减少纸页所受的张力，而干燥时将干网张紧，减少纸页收缩，从而降低纸页的伸缩性。

9. 打浆对纸张不透明度的影响

影响纸张不透明度的因素主要是纤维结合力。打浆度高的浆料，湿纸在干燥时因纤维结合紧密，纤维间隙少，使光线的散射光线减少，通过的光线较多，使纸张的透明性增加，不透明度降低。另外，纤维种类、纸张定量、紧度等均影响纸张的不透明度。例如，短纤维和厚壁纤维抄造的纸张的不透明度高；化机浆比化学浆的不透明度高；本色浆比漂白浆的不透明度高；半纤维素含量高时，会降低纸张的不透明度。另外，在纸张生产过程中，选用折射率大的填料，干燥时应适当增加纸的张力，减少压榨和压光的压力，以增加纸页对光的散射能力，增加不透明度。

10. 打浆对纸张吸收性和透气度的影响

纸张的吸收性、透气度随着打浆度的增加而降低，曲线接近于抛物线的形状。随着打浆度的提高，纤维的氢键结合和结合力增加，纤维表面积也逐渐增加，毛细管作用逐渐下降，减少了纸页中气孔的大小和数量，使纸页的吸收性和透气度下降。透气度曲线下降极快，下降的坡度比吸收性曲线更大。木浆的打浆度在70～90°SR时，如不加填料，纸张的透气度几乎等于零，即达到所谓的完全“羊皮化”。

影响吸收性和透气度的主要因素是打浆度、纤维的化学组成、半纤维素的含量等。若纤维的纯度高，分子链长，结晶区多，或用木素含量高的磨木浆，纤维不易吸水润胀，纤维间结合力低，成纸疏松多孔，透气度大、吸收性强。反之，纸浆中半纤维素含量多，打浆时易润胀水化，成纸紧密，成纸吸收性低，透气度小。例如阔叶木化学浆、漂白亚硫酸盐浆和高得率浆等，可以获得较好的吸收性能。因此，在生产吸墨纸、过滤纸等，应避免纤维的过多润胀和水化，选用纤维纯度高的纤维原料为宜；在生产描图纸、防油纸时，要求纤维充分润胀和水化，应选用含半纤维素多的原料。

第二节 打浆工艺

通过纤维打浆对纤维形态和纸张物理性能影响的学习，可以看出，针对不同的纤维原料，处理打浆度增加引起纤维长度减少和纤维结合力增加的矛盾，并考虑纤维滤水、打浆能耗、打浆效率等生产实践，最终实现纸张抄造过程的便利和不同纸张质量指标的多向兼顾。

一、打浆方式

（一）打浆方式

根据纸浆纤维在打浆中受到不同的切断、润胀及细纤维化的作用情况，可以将打浆方式分为四种类型：即长纤维游离状打浆、短纤维游离状打浆、长纤维黏状打浆、短纤维黏状打浆。

其中，以横向切断纤维、降低纤维长度为主的打浆称为游离状打浆，而以纵向分裂纤维（细纤维化），促进纤维分丝帚化为主的打浆称为黏状打浆。经过游离状打浆的纸料，滤水速度较快，纤维结合力小，成纸疏松多孔，透气度大。经过黏状打浆的纸料，纤维分丝帚化优良，细纤维化作用较好，网上滤水速度较慢，成纸的紧度较大。

在实际打浆过程中，横向切断和纵向分裂是同时存在，不易截然划分，即游离状打浆中纤维不可避免地有一定程度的润胀和细纤维化；而黏状打浆中以细纤维化为主，但纤维也不可能不受到切断。长纤维打浆的纸浆中，并不是没有短纤维；而短纤维打浆的纸浆中也有一些长纤维的存在。另外，不同的打浆方式只表明打浆的方向和打浆的主要作用，并不表示打浆的程度。打浆的程度主要是用打浆度来衡量。我国通常将打浆度低于30°SR以下的浆料称为游离浆。打浆度高于70°SR以上的浆料称为黏状浆。而介于30～70°SR的浆料则称为半游离半黏状浆。

另外，需要指出的是，游离状打浆和游离浆是两个不同的概念，前者表示打浆的方式，后者表示打浆的程度。Henschel根据打浆程度的差异提出了游离浆的概念，并指出打浆度小于30°SR称为高度游离浆；打浆度为30～50°SR，称为游离浆或中等浆；打浆度为50～70°SR，称为黏状浆；打浆度为70～85°SR或大于85°SR，称为高黏状浆。

换言之，游离浆不一定是游离状打浆而来的，反之，黏状打浆方式打出的纸浆并不一定是黏状浆，如硫酸盐木浆生产汽车滤纸时，往往需要高透气度和高强度。为了保证透气度和纸料上网脱水良好，成浆的打浆度不能高，属于游离浆。为了减少纤维的横线切断，赋予纸张优良的强度性能，故采用长纤维黏状打浆。

（二）浆料性能

四种打浆方式的浆料纤维形态示意图如图2－7所示。

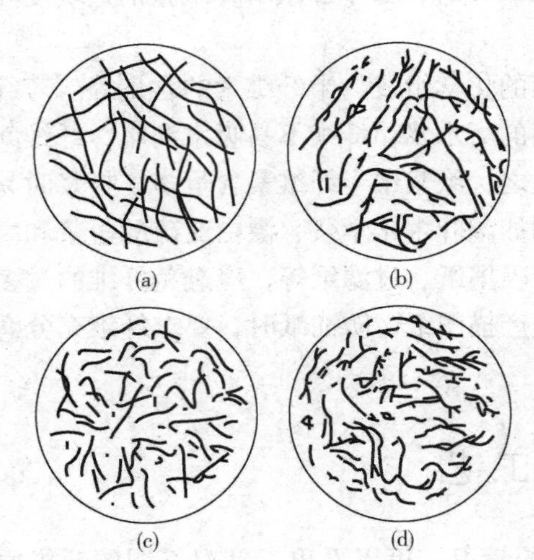

图2－7　不同打浆方式时的纤维形态
（a）长纤维游离状　（b）长纤维黏状　（c）短纤维游离状　（d）短纤维黏状

1. 长纤维游离状打浆

这种打浆方式以疏解为主。要求尽可能将纸浆中的纤维分散成为单根纤维，只需适当地加以切断，尽量保持纤维的长度，不要求过多的细纤维化。这种浆料打浆时间短，网上脱水性好，成纸具有一定的强度，吸收性好，透气度大。因纤维长，纤维分丝帚化和细纤维化不够，纤维表面的游离羟基较少，成纸的匀度欠佳，纸面粗糙，不透明度高，透气性好，纸张的尺寸稳定性好，变形性小。这种纸料多用于生产有较高机械强度的纸张，如工业用包装纸、胶版印刷纸、工业滤纸等。

2. 长纤维黏状打浆

要求纤维高度分丝帚化和细纤维化，纤维切断作用小，主要靠摩擦、揉搓和挤压作用，使纤维柔软可塑，有滑腻性，并保持一定的长度。这种纸料因打浆度高，脱水困难，纤维长，上网时容易絮聚，影响成纸的匀度，需上网浓度较低。成纸的强度大，耐折度大，吸收性小，可用来生产高级薄型纸，如钞票纸、字典纸、电解电容器纸、防油纸、描图纸等。

3. 短纤维游离状打浆

在纤维疏解的同时，要求纤维有较多的切断，避免纸浆润胀和细纤维化。这种纸料脱水容易，成纸的组织均匀，强度不大，吸收性强。这种浆适于抄造吸收性强、组织匀度要求高的纸种，如滤纸、吸墨纸、钢纸原纸、浸渍绝缘纸等。

4. 短纤维黏状打浆

要求纤维高度细纤维化，润胀水化，适当的切断，主要靠摩擦、揉搓和挤压作用，使纤维柔软可塑有滑腻感。这种纸料上网脱水困难，但成纸的组织均匀、吸收性小，有较大的强度，适合于抄造卷烟纸、邮票纸、电容器纸和证券纸等。

上述四种打浆方式并不是绝对的，在实际生产中，这四种打浆方式之间还有半游离状打浆或半黏状打浆等，应根据纸浆种类、产品的要求以及纸机情况等选择具体打浆方式。部分纸张对纤维长度和打浆度的要求如表2－5、表2－6所示。

表2－5　　几种不同纸张浆料的特性和打浆方式

纸种	定量/（g/m²）	纤维平均长度/mm	打浆度/°SR	打浆方式
纸袋纸	80	2.0～2.4	20～25	长纤维，黏状
牛皮纸	40～100	1.8～2.4	22～40	长纤维，游离状
滤纸	100	1.2～1.5	25～30	中等长，游离状
吸墨纸	100	0.7～1.0	20～30	短纤维，游离状
描图纸	50	1.2～1.6	85～90	中等长，黏状
防油纸	32	1.5～2.0	65～75	长纤维，黏状
电容器纸	8～10μm（厚度）	1.1～1.4	92～96	短纤维，高黏状
卷烟纸	22	0.9～1.4	88～92	短纤维，黏度
书写纸	80	1.5～1.8	48～55	中等长，半黏度
印刷纸	52	1.5～1.8	30～40	中等长，半游离
打字纸	28	0.95～1.1	56～60	短纤维，半黏状

表2－6　　部分纸张对纤维长度和打浆度的要求

纸类	浆料配比	纤维平均长度/mm	打浆度/°SR
电容器纸	硫酸盐高纯度绝缘木浆	0.9～1.1	94～96
描图纸	漂白亚硫酸盐木浆	1.2～1.3	90～94
拷贝纸	漂白亚硫酸盐木浆	1.1～1.2	88～90
防油纸	漂白硫酸盐木浆	1.1～1.2	87～89

续表

纸类		浆料配比	纤维平均长度/mm	打浆度/°SR
半透明纸		漂白硫酸盐木浆	1.1～1.2	87～89
普通滤纸	快速	漂白棉短绒浆	0.9～1.0	19～20
	中速	漂白棉短绒浆	0.8～1.0	24～25
	慢速	漂白棉短绒浆	0.8～0.9	28～29
水泥袋纸		未漂硫酸盐木浆		19～23
电缆纸		未漂硫酸盐木浆	2.2～2.3	21～24
条纹牛皮纸		未漂硫酸盐木浆	1.4～1.5	32～34
胶版印刷纸		漂白针叶木浆和阔叶木浆	1.1～1.2	32～35
胶版印刷纸		化学木浆和棉浆	0.9～1.0	38～40
胶版印刷纸		化学木浆和草浆	0.9～1.0	38～40
薄画报纸		漂白桦木浆和棉浆	0.8～0.9	43～48
地图纸		漂白亚硫酸盐木浆	1.0～1.1	30～32

二、打浆影响因素

不同的打浆方式，需采用不同的打浆工艺条件。影响打浆的因素很多，如打浆比压、刀间距、打浆时间、浆料浓度、浆料性质、刀的特性、打浆温度、纸料 pH 及添加物等。这些因素之间存在一定的规律和协同作用，并综合影响打浆的质量、效率和电耗。

（一）打浆比压

单位打浆面积上所受到的压力，称为打浆比压。其公式如下：

$$p = \frac{F}{A} \tag{2-1}$$

式中 p——打浆比压，Pa

F——盘磨磨区间或打浆机飞刀与底刀间的压力，N

A——盘磨磨区或打浆机飞刀与底刀接触面积，m^2

打浆比压是决定打浆效率的主要因素，准确的打浆比压是保证打浆质量、缩短打浆时间、节约电耗的关键。增加比压有利于纤维横向切断，打浆速度加快，纤维不易得到充分的吸水润胀，容易在高比压下发生压溃，纤维的平均长度降低。所以打游离状浆应迅速缩小刀距，提高比压，在纤维尚未充分润胀之前，用较高的比压，快速地将纤维切断。反之打黏状浆，应逐步提高比压，以较为温和的方式打浆，使纤维得到充分的润胀和细纤维化，如表 2－7 所示。

表 2－7　在不同比压下打浆对浆料质量的影响

打浆比压/MPa	浓度/%	通过量/（kg/h）	打浆度/°SR	纤维形态比例		
				整根	切断	压溃
0	2.78	817	30.5	58.4	40.7	0.9
0.2	3.22	817	36.6	34.1	61.5	4.4

续表

打浆比压/MPa	浓度/%	通过量/（kg/h）	打浆度/°SR	纤维形态比例		
				整根	切断	压溃
0.3	3.50	817	38.0	28.7	63.8	7.6
0.4	3.72	817	41.0	20.9	67.6	11.6

打浆的比压应根据原料的性质和纸种的要求确定，参见表2-8、表2-9。在一定范围内增加打浆比压，虽然动力消耗加大，但可以缩短打浆时间（间歇打浆），或增加打浆的通过量（连续打浆），从而增加产量，提高打浆效率，降低打浆的单位能耗。因此，生产中在保证产品质量的前提下，应让设备满负荷运行，以增加比压来满足打浆方式的要求，充分发挥设备的能力，达到低能耗。

表2-8　　各种原料品种的打浆比压

纤维原料种类	纸张品种	打浆比压/MPa
未漂亚硫酸盐木浆	书写纸、印刷纸	0.3~0.5
	薄型文化纸、有光纸	0.1~0.3
	80~100g/m² 卡片纸、书皮纸	0.5~0.7
漂白及半漂白亚硫酸盐木浆	防油纸	0.2~0.3
	卷烟纸、复写纸类薄纸	0.05~0.10
漂白亚硫酸盐木浆	书写纸、印刷纸	0.2~0.4
	绘图纸、地图纸、吸水纸	0.5~1.6
本色硫酸盐木浆	电气绝缘纸	0.4~0.8
	牛皮纸、纸袋纸	0.8~1.0
碎布浆（棉）	吸水纸	1.0~1.2
碎布浆（棉或麻）	高级书写纸等	0.3~0.6
漂白亚硫酸盐苇浆	印刷纸、有光纸	0.2~0.7
漂白碱法草浆	有光纸、印刷纸	0.2~0.5
麻浆	簿纸	0.05~0.3

表2-9　　打浆比压与纸张种类的关系

纤维原料种类	纸张种类	打浆比压/kPa
未漂亚硫酸盐木浆	2号及3号书写印刷纸	300~500
	中等紧度的薄型文化用纸	100~300
	80~100g/m² 的打孔卡片纸、书皮纸	500~700
漂白亚硫酸盐木浆	复写纸类薄纸	50~100
	1号及2号书写纸、印刷纸	200~400
	绘图纸、地图纸、图画纸、吸水纸	500~1600

续表

纤维原料种类	纸张种类	打浆比压/kPa
未漂硫酸盐木浆	电气绝缘纸	400～800
	牛皮纸、纸袋纸	1000～1200
破布浆	吸水纸	200～700
漂白亚硫酸盐苇浆	印刷纸	200～700
漂白碱法草浆	有光纸、印刷纸	200～500

（二）打浆浓度

纸浆的打浆质量不仅受打浆方式、打浆程度（打浆度）的影响，还受到浆料浓度的影响。根据浆料的浓度，纤维打浆可分为低浓打浆、中浓打浆和高浓打浆。一般而言，纸浆打浆浓度在10%以下，称为低浓打浆，纸浆打浆浓度在10%～20%的称为中浓打浆，纸浆打浆浓度在20%以上，称为高浓打浆。

1. 低浓打浆

当浆料浓度在10%以下，适当提高打浆浓度，进入转盘与定盘之间（或飞刀与底刀之间）的浆料增多，每根纤维所分担的压力相应减少，从而减少了纤维的切断和压溃作用，能促进纤维之间的挤压与揉搓作用，有利于纤维的分散、润胀和细纤维化。所以打浆浓度为6%～8%，适宜于打黏状浆。反之，打浆浓度为3%～5%，有利于纤维切断，适合于打游离状浆。

低浓打浆的机理：低浓打浆时刀片与纤维直接作用，由于纤维之间有大量水分，使纤维相互的距离增大，并起着润滑剂的作用，致使纤维间的摩擦和挤压作用很小，低浓打浆主要靠刀片直接对纤维进行冲击、剪切、压溃等作用。因此低浓打浆要求刀片间的间隙必须保持在单根纤维厚度左右，才能使纤维受到强烈的作用。但是由于打浆设备加工和安装的因素，或刀片在使用过程中所发生的不均匀，都会使刀片间的间隙不可能完全一致。在间隙太小处，纤维将受到强烈的压溃和切断。在间隙过大处，纤维又受不到必要的打浆处理。因此低浓打浆的均匀性比较差，并产生较多的切断，容易产生较多的细小纤维碎片，纤维长度下降。

在低浓范围内，提高打浆浓度，可以提高产浆量，降低每吨浆的动力消耗，从而降低生产成本。但是，提高打浆浓度往往受到打浆设备、浆泵和进浆装置的限制，提高浓度较困难，一般磨浆机打浆浓度为3%～4%，而高速磨浆机，浓度可达5%～6%。

2. 中浓打浆

中浓打浆（10%～20%），其打浆的原理与低浓打浆存在着显著地不同。中浓打浆时，盘磨的间隙易较大，较小则不易提高打浆的通量，因此靠刀片直接对纤维进行冲击、剪切、压溃等作用低，而占主导作用的主要是纤维与刀片之间的挤压，纤维与纤维之间的相互摩擦、揉搓、扭曲等作用，使纤维分丝帚化和细纤维化，并伴随少量纤维的切断。同时，中浓打浆时，由于水分子少，纤维摩擦强烈，容易产生大量的摩擦热，使纤维软化，有利于浆料的离解和细纤维化，减少了细小纤维产生的概率，保证了纤维平均长度。

华南理工大学研发了高效节能的中浓打浆技术及其装备，以代替传统的高能耗、低效率的低浓打浆工艺，达到大幅度降低电耗、水耗和提高纸张物理强度，从而降低纸的生产成本和提高纸产品的市场竞争力。研究了中浓打浆技术原理，提出了“内摩擦效应”打浆新理论。指出低浓打浆（3% ~4%浓度）主要依靠磨片齿纹对纸浆纤维的直接作用来打浆；而中浓打浆（6% ~12%浓度）主要是由纸浆纤维之间的内摩擦作用使纤维得到均匀而良好的分丝帚化，同时较好地保留了纤维的长度。这种中浓打浆效果称为中浓打浆的“内摩擦效应”。并研究成功适用于中浓磨浆区调节的液压系统；中浓浆塔并利用浆塔的高浆位和磨片产生的吸力，实现了自吸进浆；研发了6个型号规格的中浓液压盘磨机和4个中浓打浆系统以及50多种中浓磨片，广泛适用于我国大中小型造纸企业使用，取得了良好的经济效益和社会效益。

（1）未漂针叶木（马尾松）硫酸盐浆中浓打浆案例介绍

生产中使用的长纤维浆种主要为漂白针叶木浆和本色针叶木浆。针叶木浆特别是厚壁长纤维本色浆种，采用低浓预处理 + 中浓打浆的工艺方式是比较适宜的，该工艺流程为：长纤维浆→预处理段→浓缩工段→中浓打浆工段→配抄工段。

表2－10　两种打浆工艺处理马尾松本色浆生产牛皮箱纸板性能的比较

打浆类型	打浆度/°SR	定量/（g/m^2）	紧度/（g/cm^3）	耐破指数/（kPa·m^2/g）	环压指数/（N·m/g）	耐折度/次
低浓预处理 + 中浓打浆	35 ~38	125	0.70	3.4	20	>100
低浓打浆	35 ~38	125	0.67	3.1	5.40	>80

注：马尾松本色浆牛皮箱纸板中的面浆部分，底浆、芯浆为中浓打浆处理。

表2－11　两种打浆工艺处理马尾松本色浆生产纸袋纸性能的比较

打浆类型	打浆度/°SR	定量/（g/m^2）	透气度/［μm/（Pa·s）］	撕裂指数/（mN·m^2/g）	抗张能量吸收/（J/m^2）	伸缩率/%	等级
低浓预处理 + 中浓打浆	35 ~38	80	3.67	15.5	100.4	2.38	A
低浓打浆	35 ~38	80	5.67	12.5	81.6	2.28	B

表2－10、表2－11为华南理工大学所做的马尾松本色KP浆低浓预处理/中浓打浆与低浓打浆对比实验结果。低浓预处理主要是在较低的浓度下对针叶木浆进行适当的切断，这个处理段生产上以采用下重刀、大通过量为宜，主要目的是对过长的纤维进行匀整，然后在此基础上对浆料增浓后进行中浓打浆，中浓打浆段主要靠纤维之间的“摩擦形变效应”来提高纤维表面的分丝、起毛和帚化能力。结果显示，对于马尾松未漂硫酸盐浆来说，对抄造牛皮箱纸板的面浆（马尾松本色浆）进行低浓预处理/中浓打浆处理后，生产的纸张比传统低浓打浆生产的纸张具有更高的紧度和更好的强度指标；对于抄造纸袋纸成纸的撕裂指数、抗张能量吸收等，均产生很大提升作用。

（2）阔叶木硫酸盐浆中浓打浆的案例介绍

表2－12和表2－13为阔叶木硫酸盐浆中浓打浆与低浓打浆的打浆效果对比实验结果。表2－12和表2－13可见，阔叶木商品浆的中浓打浆与低浓打浆相比，在打浆至相近的打浆

度时，中浓打浆成浆湿重较大，这说明短纤维阔叶木浆自身长度保留较好，纤维的固有强度损失较少。

表 2 - 12　　阔叶木商品浆中、低浓打浆后浆料的筛分分析

打浆类型	浆浓/%	湿重/g	打浆度/°SR	各筛分所占比例/%				
				R16	P16/R30	P30/R50	P50/R100	P100
中浓打浆	9.0	4.4	40	3.3	14.0	19.0	49.5	14.2
低浓打浆	3.5	3.2	40	1.2	10.0	12.3	40.5	36.0

表 2 - 13　　阔叶木商品浆中、低浓打浆抄造纸页性能和磨浆能耗的比较

打浆类型	打浆浓度/%	打浆度/°SR	定量/(g/m^2)	紧度/(g/cm^3)	尘埃度/(个/m^2)	裂断长/km	撕裂指数/($mN \cdot m^2/g$)	伸缩率/%	打浆电耗/($kW \cdot h/t$)
中浓打浆	9.0	40	80	0.76	6	4.25	6.40	4.0	170
低浓打浆	3.5	41	80	0.68	15	3.66	4.20	3.4	268

与低浓打浆相比，虽然中浓打浆的打浆度值稍低，但抄造出来的纸张强度指标仍有较大幅度的提高，对于阔叶木商品浆的统计来说，纸张强度指标如裂断长、撕裂指数提高范围为16% ~53%。纸张强度指标的提高，一方面说明了纤维表面结合能力大大改善，另一方面也说明纤维的固有强度保留较好。对于阔叶木浆种而言，这两方面性能的提高无疑可以提高该浆种的使用范围和使用品质，因而使得部分或完全取代针叶木浆抄造高档纸种成为可能。此外，从尘埃度的变化也不难推断，中浓打浆对纤维束有很强的疏解能力，这也有利于改善纸张的匀度；另外，从打浆能耗来看，中浓打浆比低浓打浆能耗降低36%左右，具有显著的节能优势。

此外，中浓打浆在提高成纸强度，从而实现阔叶木浆替代针叶木浆有很大的促进作用。与低浓打浆相比，在成浆打浆度相同，针、阔叶木纤维配比由5:1 降至 1:1 的情况下，中浓打浆抄造的防黏原纸的强度指标仍有一定提高，如纸张裂断长由低浓打浆时的 4.35 km 提高到4.78km，撕裂指数从6.05 $mN \cdot m^2/g$ 提高到6.98 $mN \cdot m^2/g$，这种纤维配比的改变可以大大降低造纸企业的生产成本，对提高造纸企业的市场竞争力很有裨益。

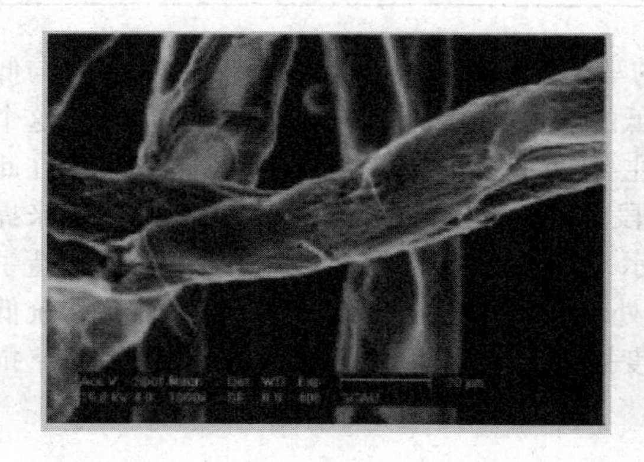

图 2 - 8　阔叶木浆低浓打浆纤维形态

注：纤维初生壁未完全破除，纤维轻微撕裂。

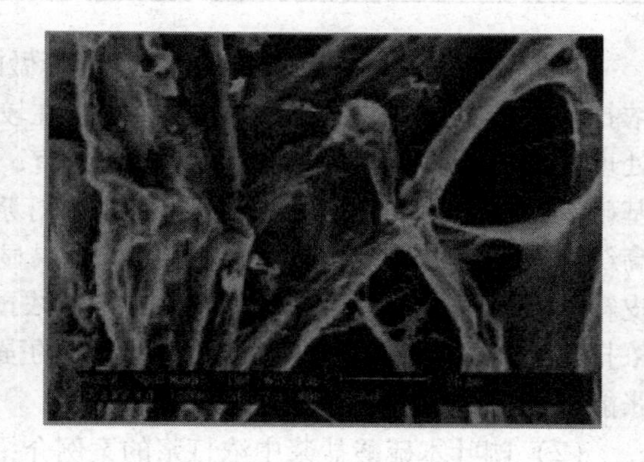

图 2 - 9　阔叶木浆中浓打浆纤维形态

注：细纤维化现象显著，结合面积大。

另外，由中、低浓打浆成浆的纤维扫描电镜观察图2－8、图2－9可见，较之于低浓打浆，中浓打浆成浆表面起毛、分丝现象显著，纤维的次生壁侧缘爆裂，次生壁纤维溢出成须状，这种现象称之为“溢出效应”。溢出效应产生的原因与不同的打浆方式有关。中浓打浆（8%～10%）时的浆料可视为一种拟塑性流态的强度较大的网络体，在中浓打浆过程中，就单根纤维而言，在其纵向纤维长度上有多处纤维交叠现象；另一方面，纤维在齿间所受剪切力不是线压力而是面压力，在高转速中浓打浆时，纤维所受的周期性剪切应力近似可看作是一种瞬间周期性的面压力，由于该力的作用时间极短，切在单根纤维纵向长度上由于纤维相互交织而形成多个块区，则造成在若干块区中纤维细胞腔瞬时受力，而该力由于纤维交织而无法及时传递给整根纤维，使得纤维侧缘即纤维在动定盘间隙处爆裂，次生壁纤维离解挤出而成须状排列，即产生“溢出效应”。低浓打浆时极少发生这种现象，在较高浓度下打浆时，该现象则占有较大比例，且随浆浓的增加而增加。可以预见，中浓打浆具有优越的增加游离羟基的能力，从而可赋予纸页较好裂断长、撕裂度等物理强度指标。

（3）二次纤维的中浓打浆案例介绍

当废纸回收利用时，碎解使得许多纤维的外围细小纤维损失掉，纤维变得光滑僵硬；另外，由于纸页在干燥过程中细胞壁内的水分逐渐脱除而引起树脂外移到纤维表面，这种作用使得二次纤维的吸水润胀能力大大降低；另外，在纸页在干燥过程中，纤维细胞腔被封闭使得纤维呈现出一种所谓的“硬壳现象”。这种现象的发生使得回用纤维较之于原生纤维无论是外部结构还是内部结构都产生了不利于抄造的种种现象，这样的纤维如果不进行适宜的处理就直接用于抄造则会造成成纸疏松、粗糙、纸页强度较差。因此，华南理工大学对废纸采用中浓磨浆技术，强化中浓打浆过程中的“内摩擦效应”及“溢出效应”，使得纤维主要在这两种作用下，从外部剥除二次纤维表面的角质层，使纤维表面分丝、帚化，从而激活纤维游离出更多的羟基；从内部改善细胞腔封闭现象，增加纤维润胀能力，两者结合使得二次纤维结合能力得到再生。

废纸浆的低浓磨浆和中浓磨浆参数比较，如表2－14所示，中浓打浆较之于低浓打浆能在较低的打浆度值、较高的湿重下抄造出高强牛皮箱纸板，同时纤维湿重有了很大程度上的增加，提高了成纸的物理强度性能。表2－15为废纸浆中、低浓打浆的效果比较。可以看出，采用中浓打浆处理废纸浆，与传统的低浓打浆相比，成纸物理强度指标提高15%～35%，打浆能耗节省30%～50%，纤维长度保留较好且能减少网部纤维流失、提高抄纸车速。

表2－14　　中浓打浆与低浓打浆参数比较

	芯浆			底浆		
	浆浓/%	打浆度/°SR	湿重/g	浆浓/%	打浆度/°SR	湿重/g
中浓打浆前	9.0	19	11	9.5	25	10.5
中浓打浆后	9.0	32	9.5	9.5	35	9.2
低浓打浆前	3.5	20	11	4.0	24	10
低浓打浆后	3.5	37	6.2	4.0	39	5.5

表 2－15 废纸浆中、低浓打浆效果的比较

打浆类型	打浆度/°SR	湿重/g	打浆能耗/（kW·h/t）	裂断长/m	环压指数/（N·m/g）	撕裂指数/（mN·m²/g）
低浓打浆	28～30	3.5～3.7	90～110	3500～3600	4.5～5.0	6.5～7.5
中浓打浆	28～30	4.3～4.5	40～60	4000～4300	6.5～7.5	9～9.5

注：表中数字为一段时间内的生产统计数据。

3. 高浓打浆

高浓打浆不仅能保留纤维长度，并能有效、充分、均匀地进行打浆，能赋予纸张优良的特性，如有较高的撕裂度、伸长率和耐破度等。所制成的浆料，纤维切断少，纤维束少，滤水性能较好。高浓打浆适用于处理马尾松、落叶松等厚壁纤维和短纤维的阔叶木浆及草浆，为利用短纤维浆料、增加生产的纸种、提高质量、生产高强度的纸张开辟了新的途径。

（1）高浓打浆原理

低浓打浆时，刀片与纤维直接作用。而高浓打浆时，靠纤维之间的相互摩擦作用进行打浆，这是高浓与低浓打浆的主要区别。低浓打浆时，由于纤维之间有大量的水分，使纤维相互的距离增大，并起着润滑剂的作用，致使纤维间的摩擦和挤压作用很少，不足以影响纤维的性质，所以低浓打浆主要靠刀片直接对纤维进行冲击、剪切、压溃和摩擦，因此，低浓打浆要求刀片间的缝隙必须保持单根纤维厚度左右。才能使纤维受到强烈的作用。但是由于打浆设备加工和安装的原因，或刀片在使用过程中所发生的不均匀磨损，都会使刀片间的间隙不可能完全一致，在间隙太小处，纤维将受到强烈的压溃和切断。在间隙过大处，纤维又受不到必要的打浆处理。因此低浓打浆的均匀性比较差，并产生较多的切断。高浓打浆，由于浆料的浓度高，磨盘的间隙较大，磨浆作用不是靠磨盘直接和纤维作用，而是依靠磨盘间高浓浆料的相互摩擦、挤压、揉搓、扭曲等作用。使纤维受到了打浆，与此同时产生大量的摩擦热，使浆料软化，有利于浆料的离解。所以，高浓打浆与低浓打浆相比，纤维的长度下降不大，短纤维和细小纤维碎片减少。高浓打浆，打浆度上升较慢，浆料的滤水性能好。在纤维的形态上与低浓打浆也有显著的区别，高浓打浆的纤维纵向压溃多呈扭曲状，而低浓打浆的纤维呈宽带状。

（2）高浓打浆的浆料特性

马尾松机械浆及杨木化机浆的不同浓度磨浆工艺的研究，如表 2－16 和表 2－17 所示。不同磨浆工艺对纸浆强度性能影响较大。随着磨浆浓度由低浓向高浓增加，磨浆至相同打浆度，纸浆强度大幅度提高；抗张指数、耐破指数、撕裂指数、抗张能量吸收等均有所增加，其中纸浆的撕裂指数和抗张能量吸收增幅较大。高浓磨浆可以有效地提高纸浆纤维之间的结合强度，同时较好地保留了纤维的长度。但与低浓度磨浆相比，高浓磨浆至相同打浆度，磨浆能耗有所增加。

表 2－16 马尾松机械浆不同浓度磨浆性能

磨浆工艺		高/中浓	高浓	中浓	低浓	磨浆工艺	高/中浓	高浓	中浓	低浓
一段磨浆	浓度/%	25	25	15	8	紧度/（g/cm^3）	0.295	0.307	0.322	0.312
	打浆度/°SR	35	34	46.5	31.5	抗张指数/（N·m/g）	14.65	14.07	13.39	11.01
	能耗/（kW·h/kg）	1.50	1.52	1.08	1.00	耐破指数/（$kPa·m^2/g$）	0.67	0.62	0.55	0.43
二段磨浆	浓度/%	15	25	15	8	撕裂指数/（$mN·m^2/g$）	3.57	3.14	2.46	2.00
	打浆度/°SR	50	50	50	50	抗张能量吸收/（J/m^2）	7.19	6.84	5.73	3.51
	能耗/（kW·h/kg）	0.30	0.37	0.03	0.16	白度/% ISO	41.7	40.2	40.0	39.3
磨浆能耗合计/（kW·h/kg）		1.80	1.89	1.11	1.16	不透明度/%	92.1	94.5	94.3	93.6

表 2－17 杨木碱性亚钠化机浆不同浓度磨浆性能比较

打浆度/°SR	磨浆浓度/%		磨浆能耗/（kW·h/kg）	紧度/（g/cm^3）	抗张指数/（N·m/g）	抗张能量吸收指数/（J/g）	撕裂指数/（$mN·m^2/g$）	耐破指数/（$kPa·m^2/g$）	光散射系数/（kg/m^2）
30	低浓	8	1.34	0.297	10.9	0.106	2.30	0.456	45.5
	中浓	15	2.64	0.312	13.8	0.162	2.51	0.663	44.1
	高浓	20	2.33	0.335	15.0	0.184	2.85	0.734	44.4
		25	3.22	0.351	16.5	0.210	3.24	0.845	46.0
40	低浓	8	1.53	0.335	12.3	0.116	2.22	0.486	45.7
	中浓	15	3.00	0.360	18.9	0.209	2.88	0.979	47.6
	高浓	20	3.24	0.371	20.9	0.271	3.32	1.05	48.5
		25	3.98	0.387	20.4	0.298	3.40	1.20	47.2

一般而言，高浓磨浆具有以下特点：a. 高浓磨浆更多的保留纤维的长度，较少增加细小纤维组分，使纤维帚化及纵向撕裂更明显，纤维柔软可塑，润胀程度大；b. 高浓磨浆更能使纤维得到更大的撕裂度和纤维冲击强度；c. 高浓磨浆适宜于短纤维、强度低的阔叶木和草浆纤维原料的磨浆，为生产高强度、高性能的纸品提供了新的途径。同时，高浓打浆也存在一些问题，如设备较复杂，动力消耗大，成纸紧度大，不透明度大，尺寸的稳定性、纸的刚性和挺度均较差。实际生产中并不是任何纸种都可以采用高浓打浆的，而应根据原料和纸种的需要来确定是否采用。

（三）浆料通过量

在间歇操作的打浆机中，打浆时间是控制和调节打浆质量的一个重要因素。在连续打浆设备中，当串联的台数一定时，控制纸浆的通过量，可以在一定程度上控制打浆的作用。在打浆浓度和打浆负荷不变的条件下，打浆时浆料通过量增加，浆料通过磨区的速度加快，即意味着每根纤维在磨区的停留时间缩短，受到打浆作用的机会少，因而打浆质量有所下降。如图 2－10 和图 2－11 所示，随着浆料通过量增加，打浆度逐渐下降，纤维湿重则逐渐增加。为了保证打浆质量而降低通过量，则会相应增加电耗。因此，在实际生产中，是在满足产量的情况下，以打浆负荷的大小作为控制打浆质量的主要依据，而以小范围内适度调节浆料通过量作为控制打浆质量的辅助因素。

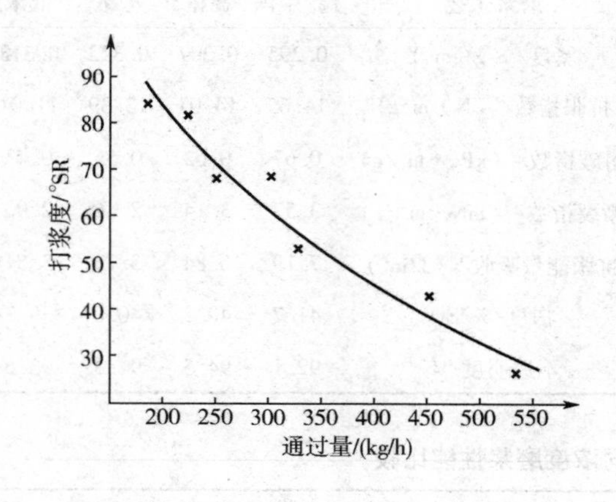

图 2-10　通过量与打浆度的关系

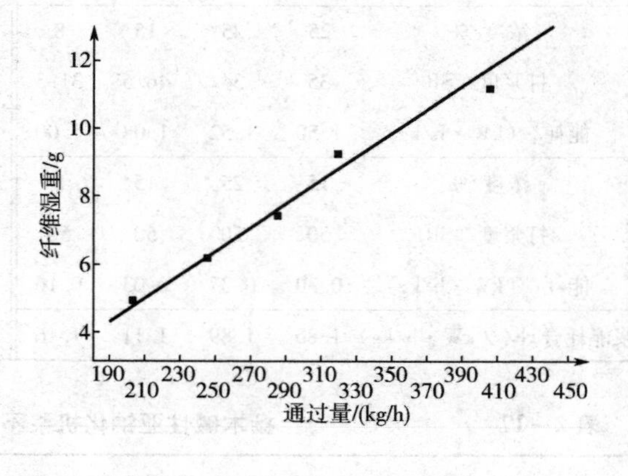

图 2-11　通过量与纤维湿重的关系

（四）打浆温度

在打浆过程中，特别是中、高浓磨浆，由于纤维与纤维、纤维与磨片之间相互摩擦产生摩擦热，引起浆料温度上升。摩擦热的产生和打浆方式有很大关系。游离状打浆由于打浆时间较短，摩擦热的产生不大；黏状打浆，打浆时间较长，摩擦热的产生较多，体系温度易产生较大上升。

纸料温度过高，可能产生以下几种副作用：a. 亚硫酸盐木浆在温度较高时，易溶出树脂，增加树脂障碍；b. 降低纤维的吸水润胀，降低打浆效率，增加磨浆能耗；c. 影响纸料施胶效果、影响纸张的物理强度。这主要是由于浆料的温度过高，会引起纸料脱水，纸料的润胀程度大大降低，在打浆过程中机械切断作用增加，分丝作用下降，最终引起了纸张中纤维结合力的降低。

因此，在实际生产过程中，一般要求打浆温度不超过45℃，温度过高时应考虑采取降温措施。通常发现夏季温度高而给打浆工序带来一些麻烦，严重时还需采取降温措施。冬季温度较低，则不存在浆温过高的问题。

（五）纤维性质和纸料化学组成

不同种类的纤维原料，经不同制浆方法处理，其纤维的物理性质、结构形态和化学组成均不相同，打浆的难易和成纸的性质也各有差异。

在纤维形态方面，主要有纤维的长度、宽度、长宽比、壁腔比和筛分等对打浆和纸料性质影响较大，纤维长度对纸张撕裂度的影响尤甚，纤维长度对纸张的其他强度性质也有较大的影响。一般认为，纤维细长，长宽比值大，打浆后纤维有较大的结合面积，成纸强度高。若纤维短而粗，长宽比小于45，则打浆较困难，成纸的强度也较差。适当的细小纤维含量，能增加纤维的结合力和纸的匀度及抗张强度。杂细胞含量过多，打浆时容易破裂形成碎片，不但影响到成纸的强度而且使浆料滤水性能下降，造成打浆度上升，使纸机操作性能恶化。

纤维细胞的壁腔比是衡量纤维优劣的另一个重要指标。壁腔比小，即胞腔直径大，细胞壁薄，纤维柔软。如木材原料中早材比例较大，则打浆时容易被压溃、分丝帚化，成纸强度高。反之，当木材原料中晚材比例较大，即胞腔小、胞壁厚的纤维比例较大，则纤维挺硬、打浆分丝困难，在网上抄纸成形时容易滑动，纤维结合力低，但纤维的刚性大，不易变形，成纸的挺度好。一般认为，壁腔比小于1是优等原料，等于1是中等原料，大于1是次等原料。但评价一种原料的优劣，不能只看某一指标，必须全面进行分析，采用综合对比的方法来评定，如针叶木是比较优良的造纸原料，不能因为针叶木纤维长宽比比草类纤维小而得出草类纤维的质量优于针叶木纤维的结论，还必须看到草类原料纤维短，纤维平均宽度过小，并含有大量杂细胞，这对成纸的性质是不利的。

从纤维的微观结构来看，P层和S_1层的厚薄，S_1层与S_2层的结合紧密程度，各层微细纤维的排列与纤维轴缠绕角的大小等，都影响打浆的难易程度。如亚麻纤维的细纤维与纤维轴向较平行，打浆时容易纵向分丝帚化。而草浆纤维S_1层厚，与S_2层结合紧密，微细纤维呈横向交叉螺旋状排列，与纤维轴的缠绕角大，打浆时很难分丝帚化。

纸浆的化学组成对打浆的影响也很大。纸浆中α纤维素含量高，半纤维素含量低，打浆困难。半纤维素分子链短，有支链，并含有大量羟基，容易吸水润胀，因此，半纤维素含量高的浆料容易打浆。实践证明，多戊糖含量不少于3.5%～4.0%的浆料，打浆性能良好。若多戊糖含量低于2.5%～3.0%时，纤维不易吸水润胀，成纸的强度也低。若半纤维素含量过高，因本身的强度差，也会影响成纸的强度。浆中木素含量高，也有碍纤维的润胀，纤维硬而脆，成纸的强度低。

（六）pH对打浆的影响

打浆的pH主要取决于用水的质量和浆料的洗涤情况，在实际生产中一般不调节pH。若在酸性条件下打浆，成纸强度低，易发脆，对打浆不利。而在碱性条件下打浆，对纸张的耐破度有所提高，这是因为碱性条件下，纤维素中低分子部分容易发生剥皮反应而被除去，使水容易扩散到纤维内部，促进纤维润胀作用，降低纤维的内聚力，增加纤维的柔韧性，因而减少了打浆机械作用对纤维的损伤。纤维润胀以后，更容易细纤维化，从而使成纸的强度有所提高。另外，打浆过程中添加NaOH会引起浆中残余木素溶出，也可能对提高纸张的强度有好处。

（七）表面活性剂处理对打浆的影响

在水溶液中加入少量表面活性剂，能显著降低其表面张力，改变体系的表面状态。表面活性剂的加入能够改善纤维表面水溶液的铺展状况，加速水分子的渗透。羧甲基纤维素钠（CMC）是一种重要的纤维素醚，是天然纤维经过化学改性后所获得的一种水溶性好的聚阴离子化合物。有采用羧甲基纤维素钠（CMC）辅助草类硫酸盐化学浆打浆或采用改性纤维素酶对硫酸盐化学木浆打浆，可以改善纤维之间的润滑性，减少杂细胞破裂及纤维切断，促进打浆中苇浆纤维的细纤维化，从而有利于获得更高撕裂指数及裂断长的浆料。同时，CMC辅助草类硫酸盐化学浆打浆可节约能耗，添加0.125%的CMC，可节约30%能耗，而且，通过改性纤维素酶对硫酸盐木浆进行预处理，可有效地提高成纸强度，可节约30%以上能耗。CMC辅助竹浆打浆对成纸性能的影响，如图2－12所示。其中曲线A为CMC辅助打浆对成纸性能的影响，曲线B为CMC作为纸张增强剂（在打浆后加入不同用量的CMC浸泡10 min后抄纸）对成纸性能的影响。研究发现，添加CMC打浆，更易促进竹纤维初生壁的剥离和次生壁的开裂，从而暴露出更多的羟基和羧基。添加CMC辅助打浆对纸张性能的提高不是由于 CMC 本身的增强作用造成的，而是由于 CMC 作为打浆助剂对打浆效果的改善引起的。CMC 辅助打浆可以提高竹子纤维间的结合力与结合面积，提高成纸的抗张指数和耐破指数。另外，在打浆过程中选择性添加改性木素、壳聚糖磺酸酯等均可降低磨浆能耗，提高成纸物理强度。

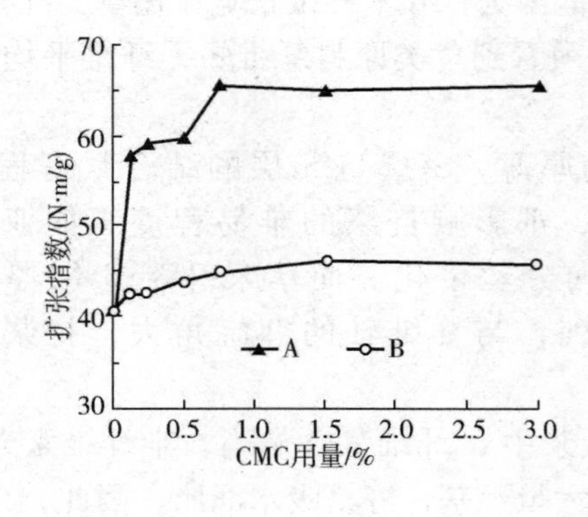

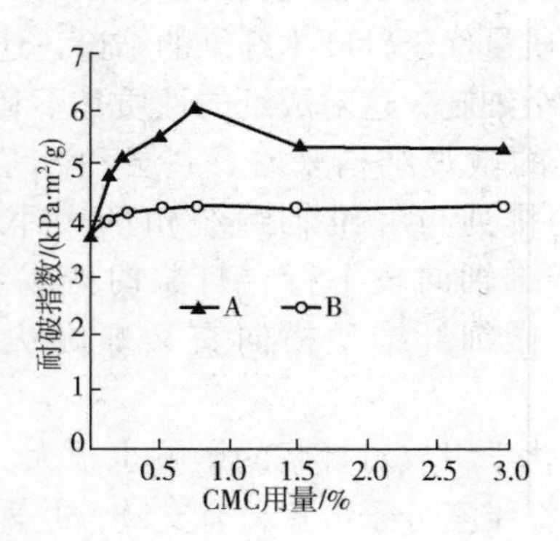

图 2－12　CMC 辅助竹浆打浆对成纸强度的影响

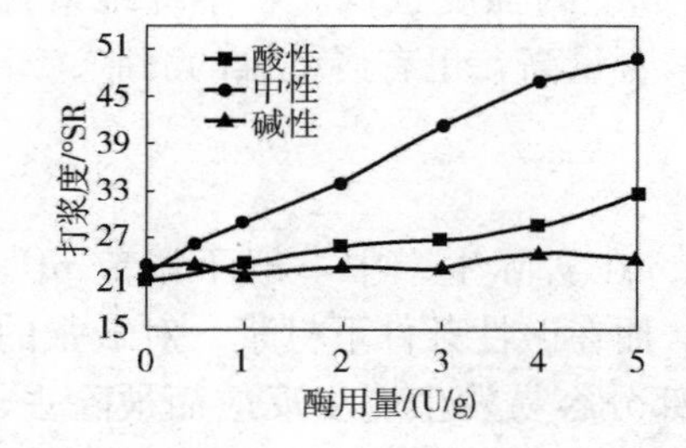

图 2－13　纤维素酶用量对纸浆打浆度的影响

（八）生物酶处理对打浆的影响

利用酶（主要是纤维素酶和半纤维素酶）对纸浆纤维进行改性，可以在不损害纤维强度的前提下改善纸浆的滤水性能，降低打浆能耗，还可以改善成纸的某些强度性能。用纤维素酶、半纤维素酶、纤维素酶与半纤维素酶的复合酶在打浆前对未漂硫酸盐针叶木浆进行处理可以提高打浆度、降低打浆能耗。在提高打浆度方面，含外切酶的内切酶和多组分复合酶比单一组分内切酶更有效。

表 2－18　中性纤维素酶用量对纸张强度性能的影响

酶用量/（U/g）	抗张指数/（N·m/g）	伸长率/%	抗张能量吸收指数/（J/g）	耐破指数/（kPa·m²/g）	撕裂指数/（mN·m²/g）
0	45.5	264	857	3.59	18.38
0.5	44.8	259	851	3.53	14.7
1.0	44.7	264	844	3.39	13.4
2.0	41.9	256	761	3.10	11.4
3.0	42.7	240	751	3.04	9.17
4.0	40.0	247	726	2.72	9.51
5.0	37.8	238	663	2.48	7.75

1. 纤维素酶

天津科技大学的张正健等，采用酸性、中性及碱性纤维素酶对漂白硫酸盐思茅松浆的酶促打浆进行研究，碱性纤维素酶预处理对纸浆的打浆度提高不明显，而用适量酸性和中性纤维素酶预处理后，纸浆物理性能有所降低，但打浆度得到明显提高，可降低打浆能耗，如表2－18、图2－13所示。

表2－19　　酶处理对纸浆光学性能和物理性能的影响

浆样	白度/%ISO	不透明度/%	裂断长/km	撕裂指数/(mN·m²/g)	耐破指数/(kPa·m²/g)	耐折次数/次（135°）	纸浆得率/%
未经过酶处理打浆	76.7	81.3	239	3.49	1.32	3	
纤维素酶处理打浆	77.4	81.1	283	3.97	1.53	6	99.3
木聚糖酶处理打浆	78.4	80.9	257	3.54	1.39	4	98.9

注　纸浆打浆度为45°SR，纤维素酶用量25 IU/g，木聚糖酶用量25 IU/g。

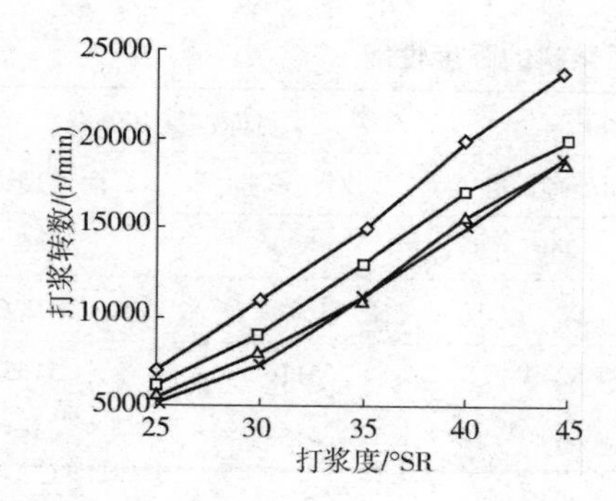

图2－14　纤维素酶用量对纸浆打浆度的影响

注　酶用量/（IU/g）：—◇—0；—□—20；—△—25；—×—30

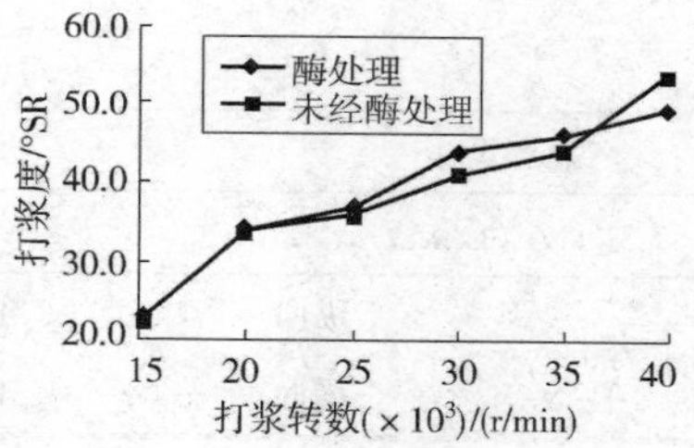

图2－15　单组分纤维素内切酶对纸浆打浆度的影响

齐鲁工业大学研究表明，纤维素酶处理可以显著改善混合杨木温和预处理和盘磨化学处理的碱性过氧化氢机械浆（P－RCAPMP）的打浆性能和打浆能耗，研究表明，纤维素酶处理可以使纸浆打浆度提高1.0～6.5°SR，或在相同打浆度下打浆能耗降低10%～25%，同时，纤维素酶处理纸浆裂断长提高18%，撕裂指数提高14%，耐破指数提高16%，耐折度提高100%，如图2－14、表2－19所示。

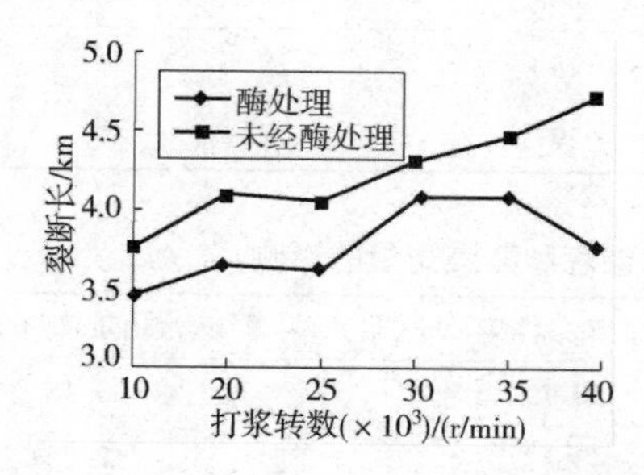

图2－16　单组分纤维素内切酶对纸浆裂断长的影响

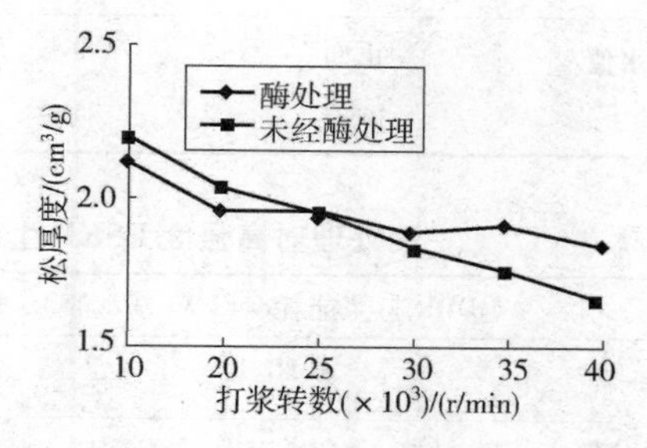

图2－17　单组分纤维素内切酶对纸浆松厚度的影响

陕西科技大学采用含有纤维素吸附区的单组分纤维素内切酶 Novozym476 处理阔叶木浆。研究表明，纸浆打浆度有所提高，但成纸裂断长、伸长率、撕裂指数、耐破指数都有所降低，而白度和松厚度有所增加。纸浆裂断长是纤维间结合力、纤维内在强度和纤维长度综合影响的结果。随着打浆度的增加，纤维间结合力增大，从而表现出裂断长增加。但纤维素酶处理引起纤维强度和长度有较大下降时，裂断长不再增加而有所下降，说明酶处理可能导致纤维长度的下降，如图 2 - 15 至图 2 - 17 所示。

在采用硫酸盐浆生产纸袋纸（以高强度可伸缩性纸袋纸 ESKP 为原料）的工厂实践，如表 2 - 20、表 2 - 21 所示。两段酶处理可使打浆能耗减少 25 kWh/t 浆，并且在生产过程中蒸汽用量节约 20%。当使用 60% 的未漂白硫酸盐竹浆（长纤维组分）和 40% 的双层硫酸盐纸板新裁切片（NDLKC）来生产普通的硫酸盐浆纸袋纸（以普通 ESKP 为原料）时，可以省去双盘磨打浆这一步骤。在此过程中，每吨纸的打浆能耗和蒸汽用量分别减少 54 kWh 和 8%，且成纸透气度较低，强度性能较好。

表 2 - 20　　高强度 ESKP 生产中酶处理后浆料的强度性能

		目标定量 90g/m²		目标定量 100g/m²	
		对比试验	酶处理试验	对比试验	酶处理试验
总产量/t		880	240	590	86
定量/（g/m²）		91.8	91.3	101.7	102.0
裂断长/m	纵向	4979	5240	5116	5163
	横向	4190	4597	4158	4495
伸长率/%	纵向	8.6	8.7	8.5	8.7
	横向	7.0	6.7	6.6	6.4
抗张能量吸收/（J/m²）	纵向	241	246	269	264
	横向	189	192	197	201
撕裂因子	纵向	103	100	109	108
	横向	121	116	129	123
耐破因子		42.0	42.6	41.7	41.3
透气度/[s/(100mL)]	正面	10	8	11	8
	网面	11	9	12	9
Cobb 吸水值/（g/m²）	正面	27	28	28	28
	网面	28	29	29	29

表 2 - 21　　酶处理对高强度 ESKP 生产中打浆能耗和蒸汽用量的影响

	DDR 打浆能耗/（kW·h/t 浆）	DDR 设备能耗/（kW·h/t 浆）	蒸汽用量/（t/t 纸）
对比试验	80.12	50.79	3.18
酶处理试验	62.34	43.57	2.55
节省	17.78	7.22	0.63

注　温度 40 ~ 45℃，pH6.8 ~ 7.5，酶用量 145 mL/t 浆，在碎浆池中加入酶。

在生产涂布原纸的工厂中使用两段纤维素酶处理，针叶木浆打浆能耗减少 70 kWh/t 浆，阔叶木浆打浆能耗减少 30 kWh/t 浆，生产过程中蒸汽用量可以节省 0.5 t/t 纸。

在生产高定量原纸的工厂中，使用纤维素酶对打浆前后的浆料进行两段处理，不再需要三盘磨（额定功率 180 kW）进行打浆，从而降低了生产成本。当打浆前后纤维素酶用量均为 75 g/t 浆时，打浆前酶处理可以使打浆能耗降低 16%，打浆后酶处理可以使浆料滤水性能（CSF 为 500 mL）提高 20.2%，并且使浆料的强度性能得到一定程度的提高。当两段纤维素酶的用量均为 50 g/t 浆时，酶处理可以使打浆能耗降低 12%，滤水性能提高 14.5%。

2. 半纤维素酶

表 2-22　酶处理打浆对混合废纸浆性质的影响

酶处理方式	转数/（r/min）	打浆度/°SR	抗张指数/（N·m/g）	撕裂指数/（mN·m²/g）	耐破指数/（kPa·m²/g）
对照浆	0	42.5	30.8	7.27	2.23
	500	45.0	36.2	8.52	2.43
	1000	48.0	37.0	8.21	2.67
Unif 加入量/（5IU/g）	0	34.0	27.9	7.16	1.95
	500	44.0	36.4	6.77	2.61
	1000	49.5	39.6	6.25	2.89
PulpZ 加入量/（0.4AXU/g）	0	38.5	31.1	7.94	2.35
	500	40.0	40.0	8.17	2.70
	1000	46.0	42.3	7.44	2.91

注　pulpZ 为诺维信半纤维素酶。

半纤维素酶处理混合废纸浆（70% 旧报纸，30% 旧杂志纸、旧书刊纸和部分办公废纸）后，纸浆滤水性得到了改善，但打浆后滤水性有所下降，然而仍优于同等转数下纤维素酶处理的纸浆。半纤维素酶处理/打浆对强度的改善也优于纤维素酶处理/打浆组合。半纤维素酶单独处理提高了纸浆抄片的各强度指数，打浆后，纸浆抄片的抗张指数及耐破指数进一步提高，而撕裂指数则随打浆度的提高先上升后下降。如表 2-22 所示。

3. 木素酶

采用锰过氧化物酶处理杨木碱性过氧化氢机械浆，达到相同游离度时可降低 25% 的磨浆能耗。在预汽蒸和挤压之后，第一段磨浆之前用漆酶处理 1～2 h，在盘磨机磨至相同游离度的情况下，可降低能耗 5%～10%。

4. 混合酶

Pergalase 是一种纤维素酶和半纤维素酶的混合酶。近年来在研究酶改性废纸浆滤水性能时发现，打浆前加入酶，能够显著降低打浆能耗。Heise 等在墨西哥和美国的工厂试验中使用 Pergalase A40，使纸浆打浆能耗降低 14%～20%。Yamaguchi 等用 Pergalase A40 处理已漂白、未漂白的针叶木或阔叶木硫酸盐浆，打浆能耗降低约 10%～15%。隋晓飞等研究了纤维素酶协同木聚糖酶预处理一段常压磨浆后的浆料，对二段磨浆能耗的影响。一段磨浆后的杨木浆经过55℃混合酶液处理后，在PFI磨中进行二段磨浆，与对照浆相比，55℃混合酶液处理的杨木机械浆，打浆度提高了12～14°SR左右。

三、浆料特性

（一）化学木浆打浆

1. 针叶木浆和阔叶木浆的打浆

木材纤维一般分为针叶木纤维和阔叶木纤维两大类。对同一种制浆方法，阔叶木浆比针叶木浆需要打到更高的打浆度，才能取得相近的物理强度。但是，阔叶木纤维较短，既要提高其打浆度，又要尽量避免过多切断，因而要获得相近的物理强度很难做到。因此，阔叶木浆一般只能经受轻度打浆，取得不太高的物理强度。一般阔叶木浆不宜单独用来抄造较高质量的纸张，通常与针叶木浆或棉麻浆等长纤维浆配合进行抄纸，以提高纸张的物理强度。针叶木浆的纤维较长，其平均长度为2～3.5 mm，在打浆时通常需要切断至0.6～1.5 mm，以保证抄得匀度较好的纸张。

在木浆中，早材与晚材的比例不同，也会影响到打浆的性质。晚材细胞壁厚而且硬，初生壁不易被破坏，打浆时纤维容易遭到切断，且吸水润胀和细纤维化比较困难。早材细胞壁较薄，又柔软，打浆时容易分离成单根纤维，也容易分丝帚化。

2. 硫酸盐木浆和亚硫酸盐木浆的打浆

未漂硫酸盐落叶松浆、马尾松浆与红松浆、鱼鳞松浆相比，前两者难于打浆，成纸的强度也较差。落叶松、马尾松硫酸盐浆的打浆较困难，成纸强度差，主要是由于落叶松、马尾松的晚材比例大。为了改善落叶松、马尾松硫酸盐浆的成纸强度，在打浆时宜用逐渐加重的下刀方法，打浆浓度适当增高，打浆时间适当延长，成浆打浆度也可适当提高，这些均有利于增强纤维间的结合力，提高成纸的物理强度。

不同硬度的未漂硫酸盐木浆的质量指标如表2－23所示。未漂硫酸盐硬浆非常强韧，适用于生产水泥袋纸、电缆纸等。这种浆难于打浆，如采用普通浓度（如4%～6%）进行打浆，往往需要下重刀进行切断和疏解，但打浆度提高缓慢，纤维也不易细纤维化。如采用高浓（如20%～30%）打浆，则可适当增加纤维的润胀程度和柔软性，从而提高成纸的弹性。未漂硫酸盐软浆的强度也较大，适用于生产电容器纸、电话纸等。其打浆方法可采取轻刀慢打、多次落刀、较长时间的方法打成黏状浆。

表2－23　不同硬度未漂硫酸盐木浆的质量指标

浆种	硬度（贝克曼价）	木素含量/%	树脂含量/%	纤维素含量/%
硬牛皮浆	133	7.7	0.26	92.1
软牛皮浆	112	4.7	—	—
硬漂白浆	92	3.1	0.20	88.3
软漂白浆	75	1.7	0.19	89.8

对于亚硫酸盐木浆，一些研究者认为，硬浆比软浆容易打浆，这主要是由于硬浆中含有较多的半纤维素，易于吸水润胀，打浆度上升较快。另外，硬浆中较多的木素，在打浆初期也易于疏解和切断。由于软浆中半纤维素和木素含量均较少，吸水润胀程度较低，打浆度上升较慢，而下重刀又容易切断纤维，为此所需打浆时间较长。

硫酸盐木浆比亚硫酸盐木浆的打浆速度慢，但能发展至较高的机械强度。一般认为，其原因是残留木素的分布在硫酸盐浆和亚硫酸盐浆中是不同的，硫酸盐浆的木素分布在整个细胞壁中较为均匀，而亚硫酸盐浆的木素分布是集中于纤维的外层。半纤维素的分布也相似，此外，硫酸盐浆纤维的纤维素平均聚合度的分布也比亚硫酸盐浆纤维中的较为均匀。

此外需要注意的是，硫酸盐木浆的糖醛酸含量较低，而非硫酸盐木浆的糖醛酸含量较高。糖醛酸含有大量可电离的羟基，为极性基团，能促进打浆作用。总游离羟基含量越高，吸水作用越大，打浆也越容易。

（二）化学机械浆磨浆

一般化学机械浆不打浆，购买商品化学机械浆的纸厂，一般是用盘磨（多采用锥形磨）对纸浆进行疏解调整，使之适合上网抄造；自制浆工厂，则是在制浆过程中，采用高浓磨直接磨至目标游离度。

1. 打浆（磨浆）对化学机械浆纤维形态的影响

由于化学机械浆在制浆过程中的预处理时，纤维原料受到化学药品及较高温度的作用，胞间层得到软化，因此，在高浓磨浆时，纤维细胞主要是在胞间层发生分离，保留了较完整的初生壁（即P层）以及次生壁外层（即S_1层）。化学机械浆的浆料中，原木材中的纤维细胞主要以3种形态存在：完整纤维、纤维束和纤维碎片。

另外，化学机械浆制浆得率一般在85%～90%，因此，这种制浆方法保留了纤维原料中的大部分木素，而高的木素含量阻碍了纤维的吸水润胀，使化学机械浆纤维硬而脆。由此可见，化学机械浆在打浆过程中不易发生吸水润胀、细纤维化，而易发生断裂及碎片化。

化学机械浆制浆过程中，良好的化学预浸尤为重要。提高药液浓度或延长浸渍时间、提高温度等均可以改善浸渍效果，有助于提高成浆的强度性能。但是，纸浆的光散射系数、不透明度、纸浆得率会相应降低。一般来说，在磨浆条件一定的前提下，木片预浸化学品用量，对化学机械浆磨浆过程中纤维的吸水润胀、细纤维化，减少碎片化等作用呈正相关关系。

图2－18为小叶桉P－RCAPMP纸浆在不同加拿大游离度下的光学显微镜照片。由图2－18可见，小叶桉P－RC APMP浆在游离度470 mL时，纸浆中纤维束含量较高，甚至某些薄壁组织还没有分离，纸浆中碎片较少，但含有细胞壁剥离组分（可能是ML＋S_1＋部分S_2）和少量纤维细胞壁碎片，见图2－18（a）。磨浆至加拿大游离度340 mL时，纤维形态仍然较为完整，桉木导管较为完整，部分纤维细胞有损伤情况，纤维表面出现微纤丝，细胞壁较薄的纤维出现纵裂帚化现象。随着磨浆程度的提高（加拿大游离度120 mL时），纸浆游离度逐步降低，纤维发生润胀，纤维细胞壁中次生壁层次之间发生错位，出现所谓的“内帚化”现象，同时纤维切断情况有所增加，浆料中纤维细胞壁碎片逐渐增多，大部分薄壁细胞破碎，见图2－18（c）。

图2－19（a）为高游离度（470 mL）小叶桉P－RC APMP纸浆电镜照片，图片清晰的显示出纸浆中存在较多的纤维束，导管形状较为完整，纤维细胞较为挺硬，纤维间结合性能差，形成的纸页松厚，透气性高，强度低。纤维存在分丝帚化现象。

图2－19（b）为低游离度（120 mL）小叶桉P－RC APMP纸浆电镜照片，图片显示纸浆中纤维束消失，导管碎片化，纤维细胞壁分丝帚化显著，纤维碎片增加，由于细胞壁的润胀作用，纤维细胞挺度下降，干燥过程中，细胞壁产生扁平形变的趋势，纤维交织致密，微

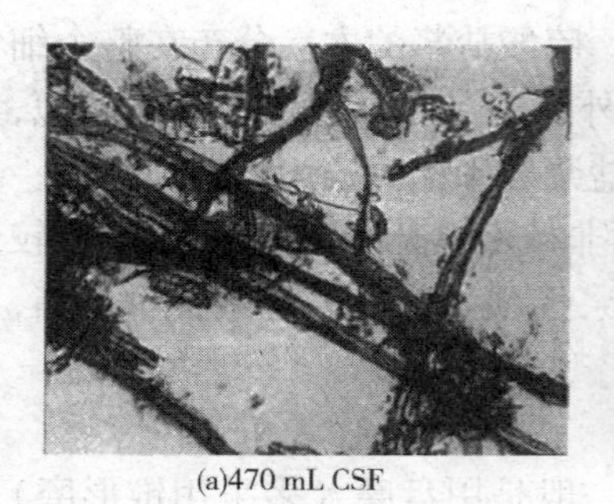
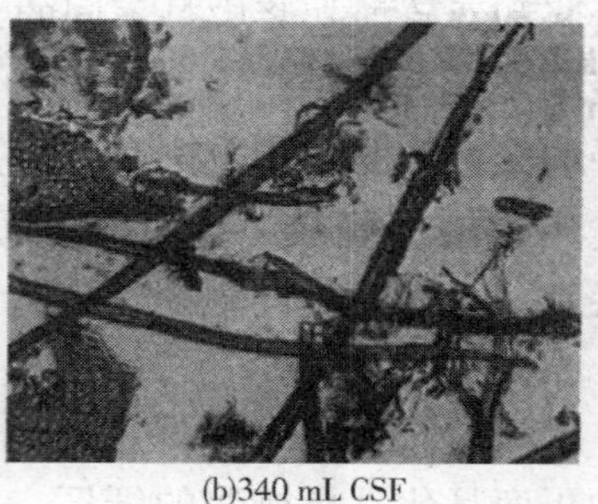
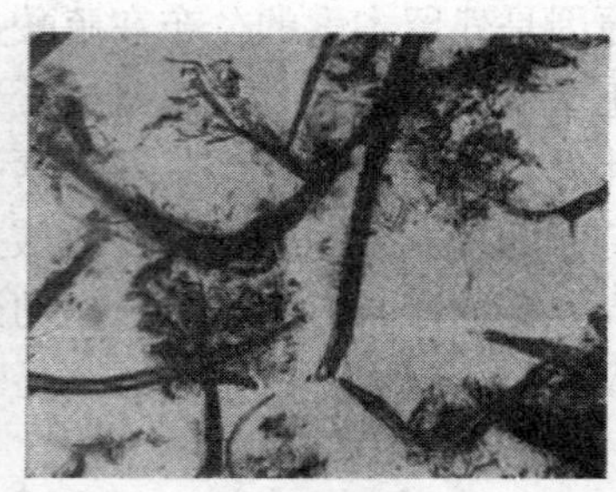

(a)470 mL CSF　(b)340 mL CSF　(c)120 mL CSF

图 2－18　不同游离度 P－RC AMPM 纸浆纤维形貌（×100 倍）

纤丝和纤维碎片填充于网络空格之间，纸页强度提高。

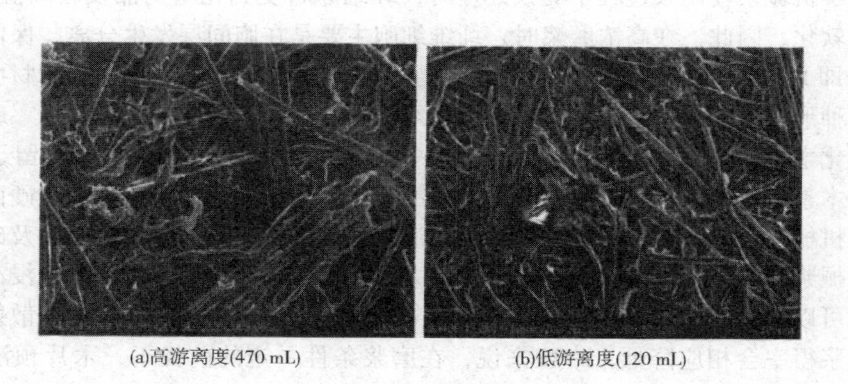

(a)高游离度(470 mL)　(b)低游离度(120 mL)

图 2－19　不同游离度 P－RC AMPM 纸浆纤维形貌（×200 倍）

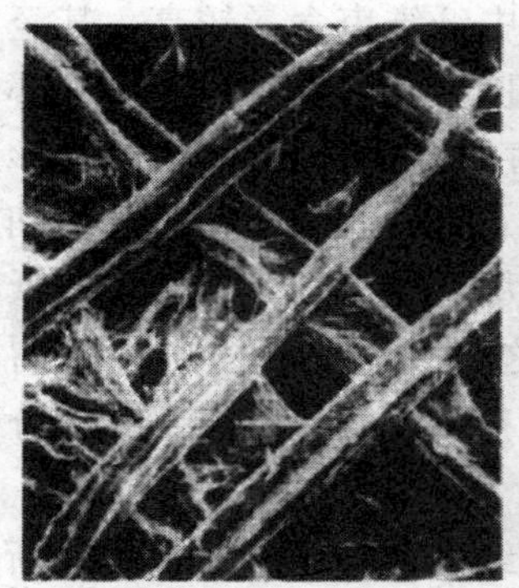
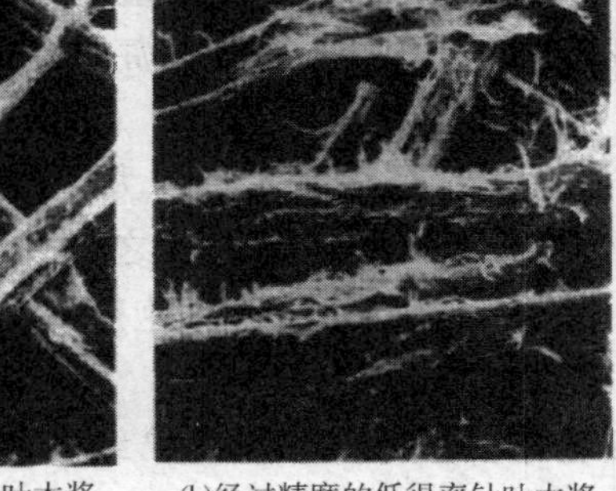

(a)经过精磨的高得率针叶木浆　(b)经过精磨的低得率针叶木浆

图 2－20　化学机械浆精磨纸浆纤维的表面形貌

图 2－20 为一种针叶木化学机械浆精磨后的扫描电镜照片，其中图 2－20（a）为经过精磨的高得率针叶木浆图片，由图可见，高得率浆经过精磨后纤维分丝帚化很少，这是由于高得率浆保留了大量的木素，纤维细胞吸水润胀困难，同时，打浆过程初生壁和次生壁外层也很难脱除，所以，高得率浆打浆时难以发生吸水润胀和分丝帚化现象。由图 2－20（b）可见，低得率浆由于脱除了大量木素，因此，纤维精磨后产生了良好的分丝帚化现象。

2. 化学机械浆打浆对成纸性能的影响

图2-21为杨木APMP浆打浆与纸张物理性能的关系。由图2-21可见，纸张的裂断长随着打浆度升高而增加，在打浆度70°SR时裂断长还有继续增加的趋势，这是因为APMP浆在打浆过程中虽然基本上不发生吸水润胀、细纤维化，纤维与纤维之间的结合强度不会有明显的增加，但是，APMP浆在打浆过程中产生了大量的纤维碎片，这些碎片在纸张干燥后附着在纤维上，与纤维形成良好的氢键结合，在纤维与纤维之间起到了架桥连接的作用，从而在纤维之间产生了大量的氢键连接。所以，随着打浆度的增加，纸张的裂断长不断增加，并且，打浆度越高时，裂断长增加的幅度越大。

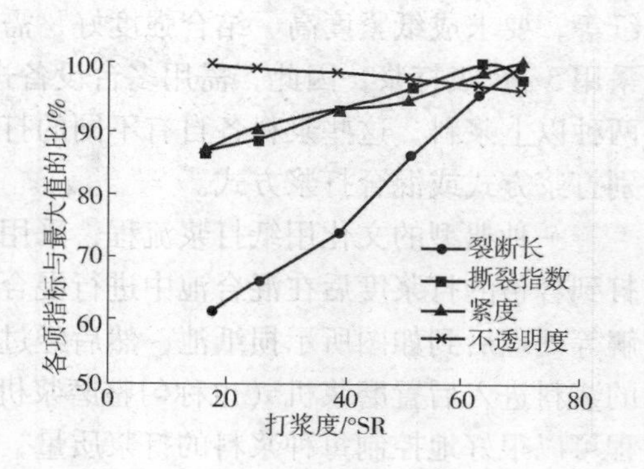

图2-21　杨木APMP浆磨浆对纸张物理性能的影响

杨木APMP浆抄制的纸张的撕裂度随着打浆度升高先增加，达到最大值后开始下降。与化学木浆的打浆对比而言，化学木浆在打浆度25°SR左右时撕裂度达到最大值，而APMP浆在打浆度61°SR左右时才出现最大值。由此可见，两者有很大区别，究其原因，撕裂度主要受到纤维结合力和纤维平均长度的影响，对于化学木浆来说，纤维柔软，纤维在打浆过程中容易吸水润胀及细纤维化，相互交织好，因此，影响纸张撕裂度的第一要素是纤维平均长度，其次是纤维结合力；而对于高得率浆来说，由于纤维挺硬，纤维之间难以交织，纤维间的结合力差，因此，纤维结合力是影响纸张撕裂度的第一要素，其次才是纤维平均长度。所以，高得率浆在打浆度较高时，纸张的撕裂度才达到最大值。

成纸的紧度随着打浆度的升高而增大。这是由于随着打浆度的升高，产生的纤维碎片越来越多，纤维碎片填充在长纤维之间，使得纤维间的结合更加紧密，从而使紧度不断增加。

成纸的不透明度随着打浆度的升高而缓慢降低，但降低的幅度较小。这是由于影响纸张不透明度的因素主要是纤维间的结合力，随着打浆度的升高，纸幅在干燥时因纤维间结合紧密，纤维间空隙减少，使光线的散射光减少，通过的光线较多，从而使纸张的透明度增加，不透明度降低。但是，打浆度从17 °SR升高到70°SR，不透明度只降低了4%左右，下降的幅度很小。这是由于APMP浆纤维挺硬，打浆后的纤维交织形成的纸张仍存有大量的空隙，因此，其不透明度下降幅度较小。

四、常用工艺流程

打浆连续化是打浆设备的发展方向，间歇式打浆方式已很少使用，现在，绝大部分纸厂已使用连续化的打浆设备，如盘磨、锥形磨浆机等。随着造纸生产规模的增大，纸机车速的提高，一般一台打浆设备已很难满足打浆的质量要求，往往需要多台设备进行串联打浆。

打浆工艺流程的确定与生产的纸种、选用的浆料及生产规模等有关。如生产卫生纸，要求成纸松软、吸水性好，但对成纸强度要求不高，因此，其浆料以疏解为主，只需轻度打浆，一般只要一级打浆就可，因此，可以选用单台打浆设备一次打浆。而生产防油纸、描图纸等，要求成纸紧度高、结合强度好，需要浆料有很高的打浆度，需采用多级打浆方式，如采用5~6级打浆，因此，需用多台设备进行串联打浆。另外，生产很多纸种都需要两种或两种以上浆料，这些浆料各自有不同的打浆特性，因此，根据生产的纸种、规模等可选择分别打浆方式或混合打浆方式。

一种典型的文化用纸打浆流程，采用漂白针叶木化学浆和漂白阔叶木化学浆分别打浆，打到合格的打浆度后在混合池中进行混合，如图2-22所示。生产过程中产生的损纸经过碎解等处理后到如图所示损纸池，然后经过疏解机疏解处理，进入混合池。混合池混合均匀后的浆料进入后置磨浆机（也称匀整磨浆机），使几种不同的浆料混合更加均一。这种打浆流程可以很好地控制每种浆料的打浆质量，但是投资成本较大。

另一种常用的文化用纸的打浆流程，采用漂白针叶木化学浆与漂白阔叶木化学浆先按工艺要求的比例混合，然后进行打浆，如图2-23所示。由于打浆时阔叶木浆比针叶木浆容易分丝帚化，因此，这种打浆方式可能会造成阔叶木浆已过度分丝帚化和切断，而针叶木浆却仍很少分丝帚化及切断。因此，这种打浆流程打浆质量不均匀，但生产动力消耗低，投资小，适合于生产规模较小、对成纸质量要求不高的纸厂。

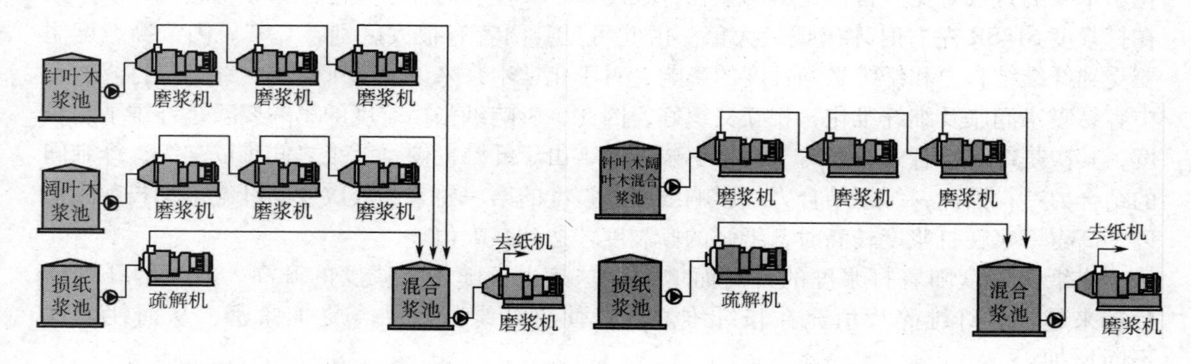

图2-22　一种分别打浆工艺流程

图2-23　一种混合打浆工艺流程

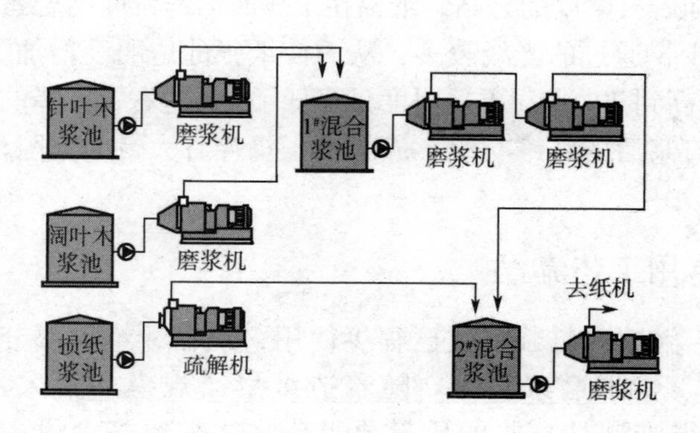

图2-24　一种联合打浆工艺流程

在分别打浆和混合打浆的基础上，联合打浆随之出现，其综合了分别打浆流程和混合打浆流程的优点，成为打浆流程的一种新的发展方向，如图2-24所示。

图2-25是生产挂面牛皮箱板纸常用的一种联合打浆流程。挂面牛皮箱板纸一般分面、芯、底3层，面层用漂白针叶木化学浆和漂白阔叶木化学浆，可以提高纸面的白度和纸板的强度；芯层用未漂针叶木化学浆和CTMP，可以提高纸板的挺度，以及降低成本；底层用未漂针叶木化学浆，可以提高纸板的强度，用

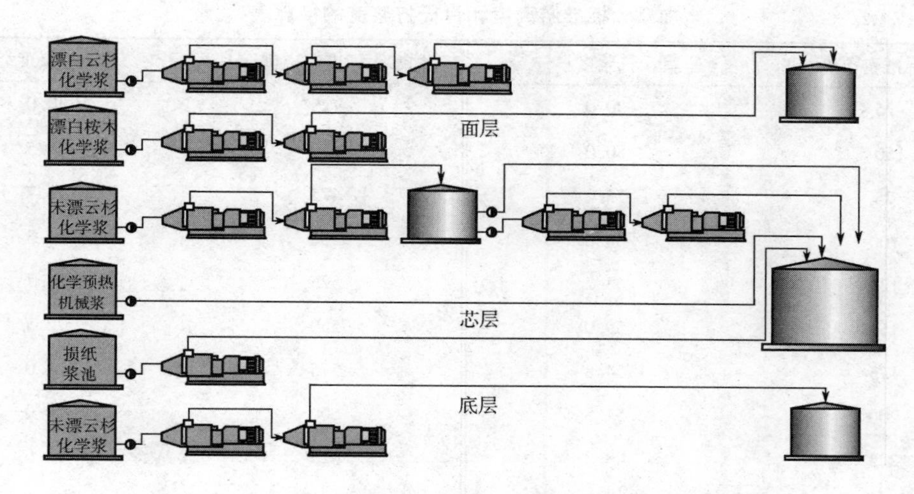

图 2-25 挂面牛皮箱板纸生产常用的一种联合打浆流程

未漂浆同时还可以降低成本。如图 2-25 所示，面层的漂白针叶木浆和阔叶木浆分开打浆，打到合格的打浆度后混合；损纸打浆处理后加入芯层混合池，与经过打浆的未漂针叶木化学浆和 CTMP 混合；底层的未漂针叶木浆打到工艺要求的打浆度后进入底层成浆池。

五、打浆质量检测

为了掌握浆料在打浆过程中的变化情况，控制好成浆质量，必须进行打浆质量的检查。在生产中一般检查的项目是浆料的浓度、打浆度和湿重。为了进行实验研究或者更准确的了解浆料的质量情况，常检查纤维的长度、水化度、保水值、筛分等，有的还进行纤维外比表面积、纤维结合面积、粗度和纤维结晶度等的测定。下面介绍几个主要的打浆质量指标。

1. 打浆度

打浆度俗称叩解度，反映浆料脱水的难易程度，综合的表示纤维被切断、分裂、润胀和水化等打浆作用的效果。打浆度这一指标主要的缺点是不能确切地反映浆料的性质，因为影响浆料脱水的因素很多，而这些因素对纸页性质的影响并不是都呈线性关系。如纤维的细纤维化，会影响浆料的脱水性，并有利于改善纸页的强度。而纤维的切断也会影响浆料的脱水性，但会降低纸页的强度，因此，可以采用纤维的切断或细纤维化两种不同的打浆方式达到相同的打浆度，但浆料的性质和强度却完全不同。所以，在生产中只凭打浆度控制生产是不够的，还应测定纤维的长度或其他指标。

对纸浆打浆程度的测定有很多方法，其中以打浆度和游离度获得最为广泛的应用。国外多选用加拿大标准游离度（CSF），而我国则多用肖伯尔打浆度（°SR），游离度与打浆度测定原理及仪器相似，但两者检测所用浆量和表示方法不同。打浆度越高，浆料的游离度则越小。游离度与打浆度可以互为换算，其换算如表 2-24 所示。

表 2－24　　加拿大标准游离度和肖氏打浆度的换算表

加拿大标准游离度/mL	肖氏打浆度/°SR	加拿大标准游离度/mL	肖氏打浆度/°SR
25	90.0	425	30.0
50	80.0	450	28.5
75	73.2	475	26.7
100	68.0	500	25.3
125	63.2	525	23.7
150	59.0	550	22.5
175	54.8	575	21.0
200	51.5	600	20.0
225	48.3	625	18.6
250	45.4	650	17.5
275	43.0	675	16.5
300	40.3	700	15.5
325	38.0	725	14.5
350	36.0	750	13.5
375	34.0	775	12.5
400	32.0	800	11.5

2. 纤维长度

纤维长度测定常用的方法有显微镜法和纤维湿重法。

（1）显微镜法

将纤维染色稀释后制片，用显微镜在显微测微尺下测量纤维的长度。这种方法不仅准确，还可以测量纤维的宽度和直接观察纤维的形态及浆料的组成等，能够较全面地鉴定浆料的质量。其缺点是花费的时间长，不适于生产中使用。

现在，纤维长度测定已经越来越多的使用 Kajaani 纤维分析仪或 FQA 纤维质量分析仪，这些仪器测定纤维长度和粗度既快速又准确，并且可以检测纤维长度和粗度的分布情况。

（2）纤维湿重法

这是一种适于生产中使用的测定纤维长度的快速方法。它是利用纤维越长，在框架上挂住的纤维越多，称重越大的原理，以质量间接的表示纤维的长度，单位用克（g）表示。框架挂在打浆度仪上，测定打浆度的同时，进行纤维湿重的测定。

因影响纤维挂浆量的因素很多，所以这种方法不够准确，也只能用于相同的稳定的生产条件，通过对比的方法反映出打浆的情况和浆料性质的变化。由于纤维湿重法仪器简单，操作简便快速，使用很广泛。

（3）纤维质量分析仪

准确称取相当于0.1 g绝干浆量（准确至0.1 mg）的待测试样，加水分散均匀并稀释至1000 mL，准确量取上述纤维悬浮液 100 mL 稀释至 1000 mL，从中均匀取出 100 mL 作为测试试样，按照 ISO 16065 测试标准，使用加拿大 Optest 公司产纤维质量分析仪测定纤维的长度、宽度、细小纤维含量等纤维特性指标。

3. 保水值（WRV）

浆料的保水值可以反映纤维的润胀程度及细纤维化程度。其测定方法如下：把一定质量的纸料放入小玻管中（现多已改用镍网），将小玻管放入高速离心机内，经高速离心处理后把游离水甩出，使纤维只保存润胀水，然后取出称量至恒质量，即为纤维保留水分的能力。

保水值按下式计算：

$$保水值 = (湿浆质量 - 干浆质量) \times 100 / 干浆质量 \quad (2-2)$$

4. 筛分析

纤维长度是衡量浆料质量的一个重要指标，除了测量纤维的平均长度外，还通过筛分析，使纤维按长度得到分级，测出各级纤维的长度和所占的比例。如通过低目筛板分离出长纤维的含量，通过高目筛板分离出细小纤维和杂细胞的含量。筛分析是鉴别浆料性能的一种较好的分析方法，对研究浆料性质与成纸性能具有重要的作用。但筛分析法测定所需时间长，不适用于生产现场，多用于研究。

5. 比表面积

打浆使纤维润胀和细纤维化，从而增加了纤维的比表面积。比表面积的大小对纤维的滤水速度、絮聚情况、纤维结合以及成纸的强度、透明度、多孔性等都有着重要的影响。

一般所讲的纤维比表面积是指每克绝干纤维本身所暴露的面积，用 cm^2/g 表示。

6. 浆料浓度

浆料浓度是每 100 mL（或 g）液体浆料中所含有绝干浆的质量（g），通常用质量分数表示。一些测定纸浆浓度的方法见表 2 - 25。

表 2 - 25　浆料浓度的检测方法

项目	实验方法和说明
烘箱干燥法	用已知质量的烧杯，在粗天平上称取液体浆料 100 ~ 200 g，用滤布或已知质量的滤纸过滤除去水分，将浆料连同滤纸一起放在烘箱内，在温度 105 ~ 110℃下，烘干至恒质量，这一方法的缺点是所需的时间较长
红外线干燥法	将过滤后的浆料用红外线灯泡加热干燥，温度在 110℃左右，由于红外线有较强的穿透能，干燥所需时间可大为缩短
离心分离法	取一定量具有代表性的浆料，放入离心机内离心脱水 2min，离心机转速为 1000 r/min 以上，脱水后取出，称取浆料的质量，再乘以 1 个系数，该系数是预先经过多次测定求得的，需经常校正
拧干法	取 100 ~ 200mL 纸浆用滤布包好后，用手将其拧干直至没有水流出为止，拧干后浆料不必干燥，立即称其湿质量，这一方法随操作者不同而有差异，是一近似值

7. 纤维形态分析

将纸浆用 30%、50%、70%、100% 的乙醇分级脱水，然后放入冷冻升华干燥机中干燥 48 h，喷金后，在扫描电镜上观察并照相，可呈现纤维表面形貌和特点。

第三节 打浆设备

打浆设备可分为间歇式和连续式两大类。间歇式主要是槽式打浆机，连续式主要有锥形磨浆机、圆柱磨浆机、圆盘磨浆机，另外，还有高浓磨浆设备等。

现代打浆技术正朝着连续化、大型化、高浓化、多用化、高效率和集中自动控制的方向发展。

一、间歇式打浆设备

从18世纪荷兰人发明打浆机以来，经过不断的改进，派生出了多种基本组成相同，但又各具特点的槽式打浆机。按其作用分类，主要有两种类型：一种是用于切断纤维、处理半料的半浆机；另一种是用于处理成浆的打浆机。按结构分类，有改良荷兰式、伏特式、华格纳式等，而我国通用的槽式打浆机有ZPC1、ZPC2、ZPC3等形式。

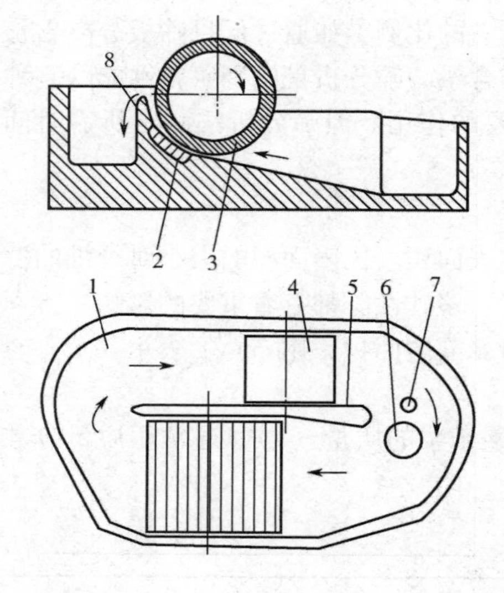

图2－26　打浆机结构原理示意图
1—浆槽　2—底刀　3—飞刀辊　4—洗鼓　5—隔墙　6—放浆口　7—排污口　8—山形部

槽式打浆机的特点是：占地面积大、电耗高、打浆效率低、间歇作业、操作不够方便、劳动强度较大等，但由于具有很强的适应性能，能处理各种不同性质的浆料，尤其适宜于处理棉、麻、破布等长纤维浆料，并能灵活地改变工艺操作条件，获得不同性质的纸料，无论打高游离浆或高黏状浆都比较容易掌握。除此之外，还可以处理半浆，并兼有洗涤、浓缩、配料等作用。由于打浆机有一机多用、工艺适应性很强的特点，至今在我国还有少量使用，特别是在使用棉、麻等浆料和品种多变的中小型纸厂。

槽式打浆机主要由浆槽、飞刀辊、底刀、刀辊升降加压装置等组成。飞刀辊与底刀相对应，飞刀辊的转动推动浆料通过飞刀与底刀之间的间隙进行打浆，并推动浆料流动。浆槽中装有洗鼓，用于浆料洗涤和浓度调节，其结构原理示意如图2－26所示。

槽式打浆机要求浆料循环良好，没有停浆、沉浆和浆料循环混合不均匀等现象。以便提高打浆的质量、打浆浓度，节省电力消耗，提高打浆效率。

二、连续式打浆设备

打浆连续化是打浆设备的发展方向。与间歇式打浆机相比，其优越性表现在：打浆效率高、能耗低、设备外形小、占地面积小，便于高浓化、专用化和集中自动控制等。随着打浆技术的发展，出现了各式各样的连续打浆设备，现主要介绍盘磨机连续打浆设备。

1. 概述

盘磨机也称圆盘磨浆机，简称盘磨，是最常见的打浆设备之一。盘磨机体积小，重量轻，占地小，结构简单，拆装和操作较方便，打浆质量均一，稳定性好，生产效率高，单位产量电耗小，与圆柱打浆机相比，可节约电耗25%～30%。近年来盘磨机的结构不断改善，新的类型不断出现，并向大型化、高浓化、专用化、高效率和自动化的方向发展。随着类型的变化和进料装置的改进，盘磨机的使用范围不断扩大，不仅可以用于各种浆料和各种纸种的打浆，还可以用来处理半化学浆、木片磨木浆和化学机械浆等。所以，盘磨机已成为一种具有制浆和打浆双功能的磨浆设备。

盘磨机型号是按圆盘直径（mm）大小来表示。我国使用的盘磨机的主要规格有：ϕ300、ϕ330、ϕ350、ϕ360、ϕ380、ϕ400、ϕ450、ϕ500、ϕ600、ϕ800、ϕ915、ϕ1250等，可进行疏解、打浆、精浆，还可以进行废纸处理。盘磨机对纤维的分丝、帚化和压溃作用较显著，切断较少，可用于各种文化用纸、生活用纸、纸板和多种工业用纸的生产。

2. 盘磨机的类型和结构

盘磨机在结构上按旋转磨盘数目可分为：①单盘磨，即一个磨盘固定，另一个磨盘旋转；②双盘磨，即两个磨盘同时转动，但旋转方向相反，如图2－27所示；③三盘磨，总共有3个磨盘，两边两个磨盘固定。中间磨盘转动，形成两个磨区，用螺旋移动定盘，以调节磨盘间隙进行加压。因浆流的方式不同，三盘磨可分为单流式和双流式，如图2－28，单流式有如两台串联的单盘磨，而第二个磨区，浆料逆离心力的方向流动。双流式相当于两台并联的单盘磨，因此，三盘磨生产能力大，单位电耗低，结构紧凑，占地少、设备费用低，是一种较好的打浆设备。

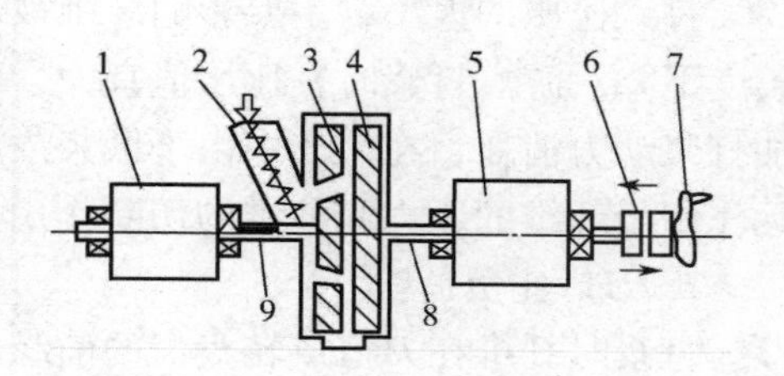

图2－27　双盘盘磨机示意图
1—转盘电动机　2—进料螺旋　3—转盘1　4—转盘2　5—转盘2电动机　6—油缸　7—手轮　8—转盘2主轴　9—转盘1主轴

3. 盘磨机的打浆原理

盘磨机的打浆作用是依靠转盘高速旋转产生的离心力。其打浆特性可以从流体力学性能和对纤维机械处理作用两个方面来认识。从流体力学性能来看，盘磨可视为一种低速、低效的离心泵；从盘磨对纤维的机械处理来看，是依靠转盘与定盘对纤维的摩擦和纤维间的相互摩擦。当转盘旋转时，浆料的质点受到进浆压力和离心力的作用，使浆料从磨盘中心径向地向四周运动。另一方面，浆料随磨盘转动，受力的方向为沿着磨盘同心圆上任何一点的切线方向。而浆料质点在此两力的作用下，从磨盘中心进入，沿螺旋渐开线走向圆周。另外，为了使磨浆均匀，在定盘和转盘上交叉设置几层挡坝（封闭圈），当浆料从磨盘中心向外运动时，碰到挡坝，将迫使浆料由定盘

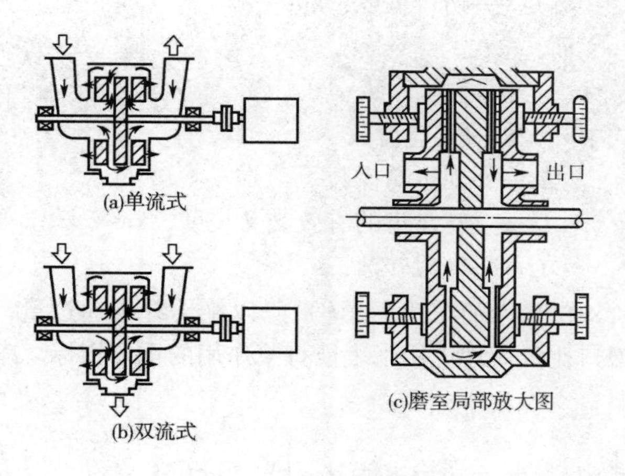

图2－28　三盘盘磨机示意图

转向动盘，然后再由动盘转人定盘，依次反复折向。在浆料运行过程中。由于动盘的高速转动，不断地把齿沟中激烈湍动的浆料抛向磨浆而形成浆膜，在此过程中，纤维受到摩擦力、冲击力、揉搓力、扭曲力、剪切力和水力等多种力的综合作用，并使纤维受热润胀和软化，使纤维的初生壁和次生壁外层破除，使纤维被撕裂、切断、分丝、帚化、压溃和扭曲，最后从浆管排出。虽然浆料在磨盘中只停留几秒钟，但已能很好地完成打浆的作用。

三、打浆设备的性能指标及其计算

打浆设备的主要性能指标有：打浆比压、刀口比负荷、打浆能耗及打浆效率等，现分别说明如下：

1. 打浆比压

单位打浆面积上纸浆所承受的压力，称为打浆比压 p，计算公式见式（2－1）。

打浆比压的大小，主要影响纤维被切断的程度。比压越大，切断能力越强，纤维的平均长度下降。游离打浆时，比压值宜大，黏状打浆比压值宜小。比压过小会延长打浆时间，增加打浆动力消耗，在生产中由于纸浆浓度、浆层厚度、飞刀与底刀的距离等因素的不同，实际作用于纤维的压力和纤维的切断作用也不同。

2. 刀口比负荷

打浆时纤维在刀口或转盘齿的前缘聚集，打浆设备与打浆特性之间的关系与对该纤维所做的功和切刃长度有关，现在用刀口比负荷来反映打浆的作用和切断与撕裂能力之间的关系。刀口比负荷计算公式为：

$$E = \frac{P}{L} \quad (2-3)$$

式中 E——刀口比负荷，W·s/m

P——施加的净功率，kW

L——切口长度，km/s

而：

$$L = n_1 \cdot n_2 \cdot L' \cdot \Omega \quad (2-4)$$

式中 n_1——转盘齿数

n_2——固定盘齿数

L'——转盘齿的有效交叉长度，km

Ω——磨浆转数，s^{-1}

由输入的净功率（P）除以绝干纤维通过量（q_m）得到打浆的净输入能量（E），这是刀口比负荷理论用来表征打浆作用的重要指标。净输入能量的计算公式为：

$$E = \frac{P}{q_m} \quad (2-5)$$

式中 E——净输入能量，kW·h/t 浆

q_m——绝干纤维通过量，t/h

3. 打浆的能耗和效率

（1）磨浆的能耗

盘磨机打浆单位能耗是指每吨纸浆打浆时打浆度每提高 1°SR 时所消耗的电量。其计算

公式为：

$$E_w = \frac{\sqrt{3} \cdot I \cdot V \cdot \cos\varphi \eta_m}{q_m(g_2 - g_1)} \times 1000 \tag{2-6}$$

式中　E_w——打浆单位能耗，kW·h/（t·°SR）

I——打浆时盘磨机的操作电流，A

V——打浆时主电机的工作电压，V

q_m——每小时绝干纤维通过量，t/h

$\cos\varphi$——电机功率因素，查手册为0.89

η_m——电机效率，查手册为0.915

g_1，g_2——浆料通过前后的打浆度，°SR

磨浆单位电耗 E_w 由浆料性质和磨浆机的形式而定，如处理亚硫酸盐草浆时，各类打浆设备单位电耗如表2-26所示。

就同一种盘磨机，不同的磨盘和材质，其单位电耗也不一样，如用陶瓷磨盘作为定盘、金属磨盘作为转盘，装入 ϕ400 液压单盘磨浆机中，对甘蔗渣浆进行打浆实验，与两个磨盘都是金属磨盘进行比较，如图2-29所示，陶瓷磨盘的打浆质量有所提高而单位电耗下降。

表2-26　不同打浆设备的单位电耗

设备型号	单位电耗/［kW·h/（t浆·°SR）］
Φ1250 单盘磨浆机	6.5~7.0
圆柱磨浆机	7~10
双盘磨浆机	12
高速锥形磨浆机	16.6

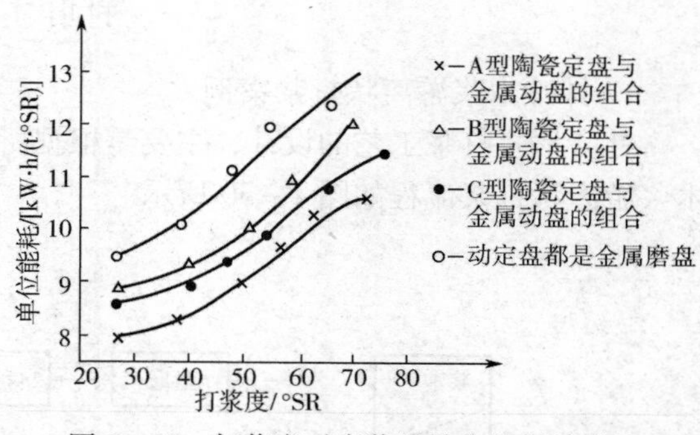

图2-29　打浆度对磨浆机单位能耗的影响

从上述实验可知，动定盘均为金属材质，与陶瓷磨盘作为定盘、金属磨盘作为动盘组合进行磨浆对比。在相同的打浆度时，纯金属质的磨盘单位能量消耗最高。另外，用同一种具有圆弧封闭圈的斜放射形齿纹的 ϕ400 冷硬铸铁磨盘作为动盘，与具有斜放射形齿纹的 ϕ400 陶瓷磨盘作为定盘组合进行磨浆，定盘结构稍有不同，其单位能量消耗也不一样。定盘没有周边封闭圈（图中的×）比设有周边封闭圈（图中的△）单位能量消耗低，而周边开有均布小槽的（图中的○）居中。由此可知，同质不同结构，其单位能量消耗也不一样。

（2）磨浆效率

磨浆效率是评价磨浆设备性能的重要指标，提高磨浆设备的有效功率，是改进磨浆设备的重要方向。

磨浆设备磨浆时所消耗的功率，分为有效功率和无效功率两部分。有效功率是指用于纤维切断、压溃、撕裂和帚化等打浆作用所消耗的功率。无效功率是由于输送浆料及设备磨损等所消耗的功率。

根据资料报道，有关打浆设备的有效功率如表2-27所示，从表2-27可见，双盘磨浆机打浆的有效功率最高，其次是大锥度磨浆机。然而，双盘磨浆机与大锥度磨浆机相比，虽然磨浆比压能耗相同时，盘磨磨浆浆料的游离度比锥形磨浆机磨浆下降得快，但是，锥形磨浆机打浆后的成纸和盘磨的比，有较好的抗张强度和韧性，在纸张强度相同的条件下，锥形磨浆机的能耗低于盘磨。

表2-27　两种常用打浆设备的有效功率

设备形式	有效功率/%
荷兰式打浆机	50
圆柱磨浆机	50
大锥度磨浆机	80
双盘磨浆机	85

第四节　纸浆打浆案例

纤维打浆可以赋予纸张纤维特定的疏水性、纤维交织和良好的成纸强度，纤维打浆的方式和打浆程度随纸张品种、纸料种类、生产规模、设备等不同而有所差异，下面列举出几种有代表性的典型纸种的纸浆打浆系统。

一、针叶木浆打浆案例

1. 针叶木浆游离状打浆案例

针叶木浆打浆工艺的设计，主要是根据所选浆料种类和抄造纸张的性质进行设计，针叶木浆游离状打浆流程如图2-30所示。

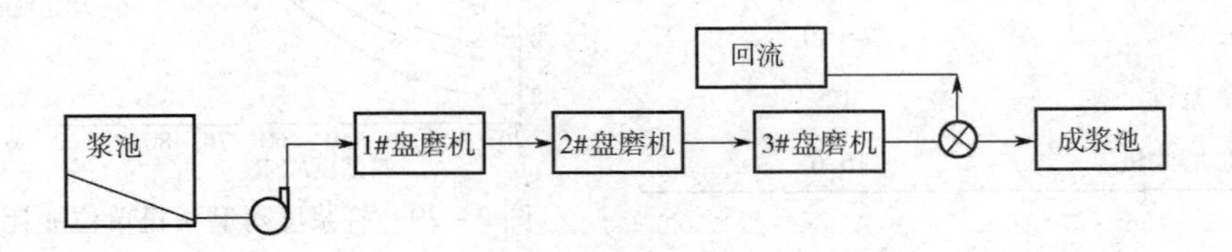

图2-30　针叶木浆的ϕ450 mm双盘磨游离状打浆案例

（1）打浆设备流程

针叶木浆原料落叶松、辐射松，磨浆设备采用1-3串联的双盘磨浆机，功率选配110 kW。

（2）选配磨片齿形

1#盘磨机配齿形磨片、2#盘磨机配具形磨片、3#盘磨机配齿形磨片，见图2-31。1#盘磨机配齿形磨片，齿宽5 mm，齿槽宽8 mm，齿槽深7 mm（以下各齿槽深均为7 mm），切断作用强，湿重下降6~8 g，打浆度提高6~8°SR，打浆能力800~1000 kg/h绝干浆，工作噪声100~103dB（A）。2#盘磨机配具形磨片，磨片采用双磨区结构，磨片切断性强，内区齿宽4.5 mm，齿槽宽8.5 mm，外区齿宽3.5 mm，齿槽宽6 mm，湿重下降3~5 g，打浆度提高8~10°SR，打浆能力1000 kg/h绝干浆，工作噪声92~93dB（A）。盘磨机磨片内磨区齿宽5 mm，齿槽宽7 mm，外磨区齿宽5 mm，齿槽宽4.5 mm，有一定的帚化能力，湿重下降3~9g，打浆度提高10~15°SR，打浆能力1000 kg/h绝干浆，工作噪声92dB（A）。

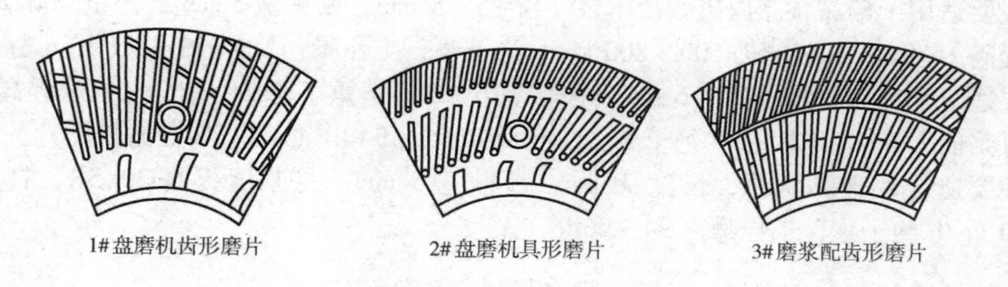

图 2－31　双盘磨的磨片选型

（3）打浆工艺技术要求

①进浆浓度 3.8% ~4.0%；

②进浆压力 0.15 ~ 0.20 MPa；

③打浆能力（流量）1000 ~1200 kg/h（绝干浆计）；

④进刀电流：1#磨浆机 195 ~200 A，2#磨浆机 195 ~205A，3#磨浆机 190 ~195A；

⑤单位电耗，打浆度每提高 1°SR 耗电 11.64kW · h。

2. 针叶浆粘状打浆案例

（1）打浆设备流程

针叶木浆黏状打浆流程如图 2－32 所示。

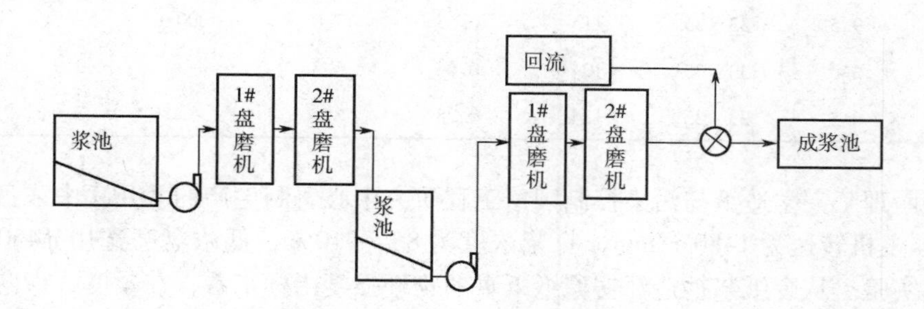

图 2－32　针叶木浆的 ϕ450 mm 双盘磨黏状打浆案例

（2）选配磨片齿形

1#盘磨机配齿形磨片、2#盘磨机配斜直齿磨片、3#盘磨机配齿形磨片，见图 2－33。

1#盘磨机配齿形磨片，齿宽 5 mm，齿槽宽 8 mm，齿槽深 7 mm（以下各齿槽深均为 7 mm），切断作用强，湿重下降 6 ~8g，打浆度提高 6 ~8°SR，打浆能力 800 ~1000 kg/h 绝干浆，工作噪声 100 ~ 103 dB（A）。2#盘磨机磨片为斜直齿

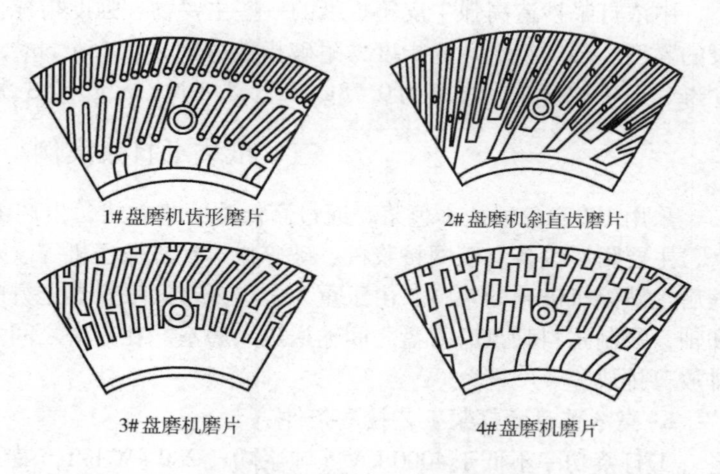

图 2－33　针叶木浆的 ϕ450 mm 双盘磨黏状打浆案例

磨片，主要适用于偏黏状漂白硫酸盐木浆，齿宽 5.5 mm，断槽宽 5 mm，湿重下降 2 ~3 g，打浆度提高 15°SR。打浆能力 600 ~800 kg/h 绝干浆，工作噪声 91 ~93 dB（A）。3#盘磨机磨片主要适于处理黏状浆，齿宽 6 mm，齿槽宽 6 mm，湿重下降 2 ~3g，打浆度提高 15°SR 以上，打浆能力 600 ~800 kg/h 绝干浆，工作噪声 92 ~94dB（A）。4#盘磨机磨片为全封闭齿形，主要适合处理黏状浆，齿宽 7 mm，齿槽宽 5 mm，打浆度提高 20°SR，打浆能力 400 ~600 kg/h 绝干浆，工作噪声 94 ~96dB（A）。

二、废纸浆打浆案例

近年来，废纸在造纸原料中所占的比例增长迅速。与原生浆相比，废纸浆具有众多不足，其中最为不利的就是废纸浆由于干燥、压榨过程中的“角质化”现象影响其回用过程中的纤维结合能力。而且随着废纸回用次数的增加，废纸纤维不仅变得更为短小、细碎、固有强度损失较大，而且废纸纤维的分丝、帚化能力更差。废纸浆纤维的传统的低浓打浆处理难以实现废纸纤维良好的分丝、帚化，而采用中浓打浆替代低浓打浆可以获得良好的成纸效果。

表 2 -28　中低浓打浆对废纸浆成纸物理强度的影响

纸种	打浆浓度/%	打浆度/°SR	定量/(m^2/g)	紧度/(g/cm^2)	环压指数/(N·m/g)	裂断长/m	耐破指数/(kPa·m^2/g)	耐折度/次
瓦楞原纸	3.2	33 ~35	115	0.55	5.6	2600	—	—
瓦楞原纸	9.5	33 ~35	115	0.65	7.0	4000	—	—
牛皮箱板纸	3.0	33 ~35	124	0.65	6.3	—	2.9	68
牛皮箱板纸	8.5	33 ~35	124	0.78	8.8	—	3.6	113

采用华南理工大学造纸与污染控制国家工程研究中心研制生产的 ZDPM 中浓盘磨，功率为 110 kW，主机转速为 1480 r/min，打浆浓度为 8% ~10%，低浓盘磨选用 ϕ450 mm 双盘磨进行对比实验。从废纸浆抄造瓦楞原纸纸页的物理强度指标来看，在紧度、横向环压指数和裂断长物等主要的理强度指标方面，中浓打浆均比低浓打浆有明显提高，分别提高 18.2%、25% 和 53.8%，见表 2 -28 所示。另外，较之于低浓打浆，在采用相同原料的情况下，中浓打浆抄造高强牛皮箱板纸的一些主要物理强度指标提高明显，例如：低浓打浆的纸页的紧度、环压指数、耐折度、耐破指数分别为 0.65g/cm^3、6.3N·m/g、68 次、2.9kPa·m^2/g，而中浓打浆则提高到 0.78g/cm^3、8.8 N·m/g、113 次、3.6 kPa·m^2/g。

三、纸袋纸打浆案例

采用 100% 硫酸盐本色浆，通过高低浓磨浆方式，生产纸袋纸。高浓磨浆采用单盘高浓磨，主要附属设备有双网挤浆机、破碎机、螺旋输送机等。双网挤浆机用于来浆的浓缩，浓缩后经破碎机破碎的浆料，由于重力，进入带式喂料器上方的进料端，通过旋转的带式螺旋和轴，强制浆料朝盘磨刀盘之间输送进入磨室。在盘磨之间蒸汽产生并穿过带式螺旋由蒸汽排放口排放。

1. 高浓单盘磨打浆工艺技术条件

①打浆功率不低于 4000 kW（吨浆功耗 280 kW h/t，最大功率 6000 kW），产量 420 t/d；

②盘磨间隙不小于 0.1 mm；打浆浓度 30% ~40%；

③成浆浓度 4.5% ~5.5%；

④消潜后打浆度 13 ~15°SR；

⑤稀释水喷水管压力 50 ~200 kPa，温度≤50℃；

⑥冷却水压力要高出精磨室 50 ~200 kPa，出口温度≤50℃；

⑦通向环滑的密封水压力 400 ~800 kPa；

⑧压缩空气压力≥400 kPa，最大压力 600 kPa；

⑨通向密封的空气压力≥120 kPa；

⑩润滑油系统压力 5600 kPa，进油温度 25 ~35℃，各轴承温度不超过 45℃。

2. 低浓双盘磨机打浆工艺技术条件

①打浆功率不低于 1000 kW（最大功率 1600 kW）；

②盘磨间隙不小于 0.5 ~1.0 mm；打浆浓度，入口浓度 4.5% ~5.5%，出口浓度 4.5% ~5.5%；

③打浆度：入口 13 ~15°SR，出口 18 ~23°SR；

④进浆压力≥200 kPa；

⑤喷水管压力≥550 kpa；

⑥冷却水压力要高出精磨室 50 ~200 kPa，出口温度≤50℃；

⑦通向环滑的密封水压力 400 ~600 kPa；

⑧压缩空气压力≥400 kPa，最大压力 600 kPa；

⑨通向密封的空气压力≥120 kPa；

⑩润滑油系统压力 250 ~400 kPa，油温，入口 30 ~350C，出口≤60℃，油箱温度≤55℃。

四、高透气度卷烟纸打浆案例

高透气度卷烟纸通常采用漂白硫酸盐针叶木浆和漂白硫酸盐阔叶木浆为原料，有时按用户要求，掺用部分麻浆（以亚麻浆为宜）。由于各种纸浆性能不同，打浆特性也有差别，应采用分别打浆以达到不同的质量要求。适当提高和确定各种浆的打浆度，既要满足纸张强度和纤维组织均匀的要求，又要尽量保持纤维交织时具有一定的孔隙度。达到成纸的高透气度，是成浆重要质量指标之一，参考图 2 -34。

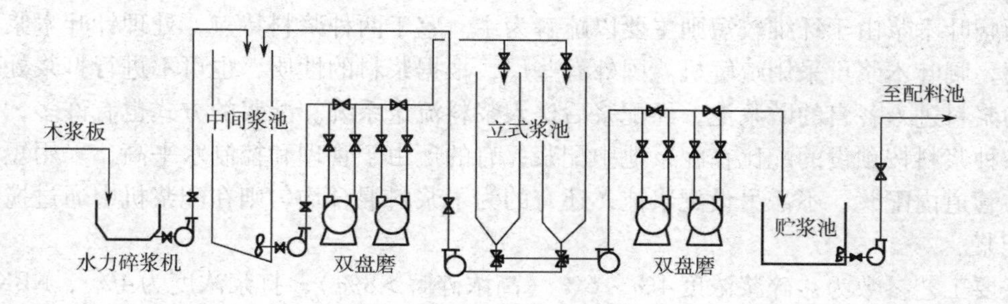

图 2 -34　针叶木浆打浆系统流程示意图

1. 针叶木浆打浆系统

针叶木浆板由水力碎浆机碎解后采用循环打浆至适当的纤维长度和打浆度，送入立式浆池再进行连续打浆。循环打浆可采用齿宽较小（3 mm）的双盘磨，连续打浆宜采用齿宽稍大的双盘磨（4mm）。为使浆料质量均匀，尽量避免部分纤维受打浆次数多，另一部分纤维受打浆次数少的不均匀性，浆料进入连续打浆前宜采用容积较小的两个立式圆筒形浆池轮流供浆。

2. 阔叶木浆打浆系统

阔叶木浆打浆强度较小，宜采用两台双盘磨串联打浆，磨盘齿宽较大（4 ~5 mm），尽量减少切断作用，保持原有纤维长度，而使纤维柔软化、起毛和适当提高打浆度。浆板经水力碎浆机处理后，送入中间浆池，再泵入两台立式浆池供双盘磨打浆，其打浆流程较针叶木浆打浆系统流程有所差别，参考图2 –34，前面采用两台循环打浆的双盘磨，其余相同。

3. 麻浆打浆系统

亚麻浆打浆强度大，经半浆打浆后，宜采用锥形精浆机循环打浆至适当纤维长度和打浆度，再经双盘磨打浆，打浆流程与针叶木浆相仿。参考图2 –34，前面2 台循环打浆的双盘磨改为锥形精浆机，以增强切断作用。

五、卫生纸打浆案例

目前，高档生活用纸多采用全木浆作为生产原料，当然，也有采用废纸浆作为主要原料生产高档生活用纸。现着重介绍采用全木浆的工艺情况。

由于液体吸收到纸中取决于纸幅结构的疏松性和液体与纤维表面之间的表面张力，接触角取决于纸中的抽提物含量，所以，漂白化学木浆比未漂机械木浆的吸收性更好，因此，采用漂白化学木浆更适合生活用纸的特点要求。通常是长、短纤维混合使用。长纤维一般采用漂白硫酸盐针叶木浆（NBKP），短纤维则采用漂白硫酸盐阔叶木浆（LBKP）或加入少量的化学机械浆（CTMP）等。配比是根据生产品种的不同而改变的，生产面巾纸时，长短纤维配比为5∶5；当生产卷筒纸时，长短纤维配比为3∶7。也有些企业在 LBKP 中掺配约 20% 的 CTMP 以降低原料成本，同时对产品质量又无甚影响。

其流程是针、阔叶木浆板经履带输送机分别进入各自水力碎浆机碎解（如果生产能力较小也可以采用1 套碎浆设备交替碎浆）后泵入卸料浆池，再经高浓除渣器除去运输或生产中不慎带入的尘砂等粗重杂质；除砂后的浆料进入打浆工序。根据生活用纸的特点，对浆料的处理应以疏解为主，切断为辅的原则，针叶木浆由于纤维较长，在打浆过程中应适当切断，而阔叶木浆由于纤维较短则主要以疏解为主。鉴于两种浆料特点，处理针叶木浆可采用双盘磨，阔叶木浆可采用疏解机。国外有些厂，根据浆料的性质，也可不进行打浆处理。打浆后的浆料进入各自的贮浆池，经配浆后送入浆料流送系统。配浆的方式也有许多，如：有的是各种浆料按预设的配比在配浆池中配浆；有的厂由于管理和控制水平高，采用短流程的方式在管道内配浆，不需另设配浆池；还有的为了浆料混合均匀则在配浆机中通过搅拌叶轮混合配浆。

主要工艺参数为：碎浆浓度4% ~6% （高浓碎解 >8%）；打浆浓度为4% ，NBKP 打浆度 28 ~ 30°SR，LBKP 打浆度 32 ~ 36°SR、成浆打浆度一般在 30 ~ 32°SR、成浆浓度为 3% ~4% 。

课内实验一：不同浆料的打浆实验

选择浆料（针叶木浆、阔叶木浆、禾本科浆、棉浆、废纸浆等），打浆并检测相关指标。实验可设计成不同原料、不同打浆方式的方案，在教师指导下，由学生分组完成实验方案、实验操作和实验报告等。

项目式讨论教学一：典型纸种的打浆工艺制订

教师设计典型纸种打浆工艺制订讨论的要求，并以小项目形式布置给学生，学生在课外以小组形式，通过收资、小组内部讨论、PPT制作等工作，完成一些典型纸种打浆工艺的制订，并在课堂上进行展示及讨论。

思考题

1. 结合造纸常见阔叶木纤维、针叶木纤维，简要说明纤维的基本结构特征。
2. 结合常见纤维阔叶木纤维、针叶木纤维的结构特点，简要说明打浆工艺的基本原理。
3. 以针叶木浆为例，简要说明磨浆对纤维形态、成纸物理性能的影响。
4. 以阔叶木浆为例，简要说明磨浆对成纸物理性能的促进作用。
5. 常见的打浆方式有哪几种？简要列举5～10种特种纸产品的打浆方式和技术特点。
6. 针对二次纤维回用中产生的角质化问题，请简要说明二次纤维磨浆方式和技术特点。
7. 评价打浆工艺优劣的手段有哪些？
8. 通过联合打浆的方式，请简要说明壁纸原纸的联合打浆工艺，以50%漂白阔叶木浆、20%漂白针叶浆、30%化学机械浆为例。
9. 简要说明电解电容器纸、水松原纸、高档卫生纸的打浆度控制范围和打浆的工艺参数。
10. 预处理可以改善纤维磨浆的能耗、纤维结合力等，以防油食品包装纸为例，请简要说明生物酶预处理工艺对化学浆纤维的影响。

主要参考文献

[1] 刘士亮．几种短纤维浆种的中浓打浆应用实践［J］．湖北造纸，2006（4）：18－24.

[2] 李世扬．高效节能中浓打浆技术及其生产应用—ZDPM中浓液压盘磨机及中浓打浆系统［J］．轻工机械，2001（3）：33－35.

[3] 沈葵忠，房桂干，刘明山，等．马尾松机械浆降低能耗提高强度的磨浆技术研究［J］．国际造纸，2000，19（4）：40－42.

[4] 刘士亮．阔叶木浆中浓磨浆技术的生产应用实践［J］．湖北造纸，2009（2）：16－18.

[5] 刘士亮．木浆中浓打浆技术应用效果研究［J］．中国造纸，2008，27（6）：41－44.

[6] 黄智文，雷利荣，李友明，等．南方杂木浆和竹浆混合浆中浓打浆生产试验［J］．造纸科学与技术，2010，29（3）：34－36.

[7] 李广胜，刘士亮．硬杂木浆、竹浆中浓打浆配抄静电复印纸的生产应用研究[J]．陕西科技大学学报，2005，23（4）：12－15.
[8] 刘士亮．中浓打浆新技术对各浆种的生产应用效果［J］．天津造纸，2009（2）：11－16.
[9] 刘士亮，曹国平，李世杨，等．中浓打浆用于高强包装用纸的生产实践［J］．陕西科技大学学报，2004，22（2）：13－18.
[10] 廖声科．采用高—低浓打浆技术提高纸袋纸产品质量［J］．湖北造纸，1997（1）：28－29.
[11] 黄伊靖，黄带涛．应用高—低浓打浆技术实现产品由箱纸板向纸袋纸成功转型［J］．中华纸业，2013，34（22）：62－65.
[12] 廖声科．用高—低浓打浆提高纸袋纸质量［J］．纸和造纸，1998（2）：15－16.
[13] 臧旺英．抄造高级纸的短纤维优化磨浆工艺［J］．国际造纸，2002，21（5）：1－2.
[14] 程小峰．高档生活用纸生产工艺［J］．中国造纸，2001（1）：28－32.
[15] 刘士亮．短纤维浆中浓打浆抄造静电复印纸的生产实践［J］．黑龙江造纸，2006（3）：13－14.
[16] 吴福骞．高透气度卷烟纸的打浆特性［J］．中国造纸，1994（2）：51－56.
[17] 陈盛平，郑胜川，罗明珠，等．生物酶预处理打浆技术在电容器纸生产中的应用探索［J］．中华纸业，2012，33（22）：64－67.
[18] 刘征怀．双圆盘磨浆机的打浆特性及工艺流程［J］．中国造纸，1992（4）：50－55.
[19] 黄伊婧，黄带涛．应用高—低浓打浆技术实现产品由箱纸板向纸袋纸成功转型［J］．中华纸业，2013，34（22）：62－65.
[20] 黄玉贤．并联磨浆代替串联磨浆生产瓦楞原纸［J］．造纸科学与技术，2004，23（6）：37－39.
[21] 陈红军．优化磨浆工艺提高轻型纸质量［J］．纸和造纸，2013，32（9）：9－10.
[22] 李策．纸张生产实用技术［M］．北京：中国轻工业出版社，1998.
[23] 周景辉．制浆造纸工艺设计手册［M］．北京：化学工业出版社，2004.
[24] 何北海．造纸原理与工程［M］．北京：中国轻工业出版社，2010.
[25] 隆言泉．造纸原理与工程［M］．北京：中国轻工业出版社，1994.

第三章　造 纸 辅 料

造纸辅料是造纸过程中必不可少的组分，按其用途大致可以分为两类，一类主要以提高产品质量或赋予纸张特殊性能为主要功能的，例如干强剂提高产品的强度，施胶剂提高产品抗水性能，染料赋予产品预期的光学性能等等，这类助剂统称为功能助剂；另一类用来优化过程抄造条件，提高纸机抄造速度、降低纸病和断纸发生频率，保证生产可以正常稳定的进行，例如助留助滤剂可以帮助高速纸机网部快速脱水，树脂障碍控制剂可以减少纸面脏斑的产生，进而减少纸机抄造过程中纸页压溃及纸页断头，这类助剂通称为过程助剂。当然，有的助剂在表现过程助剂性能的同时，又呈现出功能助剂的作用，如两性淀粉、高分子质量的阳离子聚丙烯酰胺（CPAM）等，在赋予纸张干强度的同时还兼有显著的助留助滤功能。

造纸辅料技术的发展为造纸产业的高速化、中/碱性化、低定量化、绿色化学等发展趋势提供了帮助，或者说造纸产业的发展趋势为造纸辅料的发展提出了更高的要求。譬如适用于中/碱性条件下的助留助滤剂、施胶性等助剂的研发成功和推广应用，才使纸机在中/碱性环境下生产成为可能，从而进一步助推了廉价填料在造纸工业的大量应用。再譬如高效的助留助滤剂的成功开发，才能为高速纸机网部有效的留着和滤水提供可行的方案，才能使高速纸机的生产得以正常运行。

近年来，随着人们环保意识的不断增强，以及国家法律、法规对环境治理要求的不断提高，造纸原料中二次纤维比例越来越高、造纸企业用水封闭循环程度越来越高，并且所排出废水各项指标越来越严格，但是人们对产品质量的要求却随着生活水平的提高越来越高。在解决这个矛盾的过程中，造纸工艺、设备、检测与控制等技术进步固然不可或缺，但是各种造纸辅料的开发和应用无异引起了造纸工作者的高度重视，之所以产生这种现象不仅仅是因为造纸辅料在纸张抄造过程中显示的神奇效果，另一个主要原因是由于不同的纸机，通常其硬件组合有差异，其使用工艺及原料也不尽相同，尤其是不同的客户对产品质量指标要求也有区别，那么如何在现有设备基础上，采用合理的辅料方案，生产出既能满足用户需求，成本又最为合理的产品，显然成为摆在每一家造纸企业面前的迫切问题。从系统的观点来看纸页抄造过程，其最优的辅料方案本质上是动态变化的。譬如，对于过程水循环回用程度比较高的企业来说，其开机生产第一天的辅料方案与连续生产两周之后的肯定有较大的区别；同样的机台生产同样的产品，冬季和夏季的个别化学品用量也可能存在较大的差别，之所以产生这样的现象是由于造纸生产过程由较多的环节组成，每个环节的变化都有可能引起与之相近、相关环节的反应，为了使整个体系重新达到平衡，需要对关键指标进行检测并做出相应变化。因此对造纸辅料进行深入了解，并掌握常见情况的控制方案对于指导纸张的生产有积极的帮助。本章主要就造纸辅料中施胶剂、填料、染色剂、助留助滤剂和其他助剂等进行重点阐述。

整个制浆造纸工业所用的化学品大部分都集中于造纸工段，其中绝大部分的填料、染料及特殊添加剂都用于了造纸工段。对于不同纸种而言，文化用纸所用的化学品为最多，并且其用量的增速仍比其他纸种要大，其原因在于对高平滑度和透明度的市场需求更大，从而对于填料、不透明剂及其他特殊化学品的需求量更大。对卫生用纸而言，其化学品消耗量在平均水平以上，原因在于卫生卷纸、面巾纸、餐巾纸及厕所用纸对化学品的需求量较大。而新闻纸对化学品的需求量则小得多，因其对光泽度及不透明度的需求较小。

第一节 浆内施胶

一、施胶的目的、方法及发展情况

纸张中纤维之间存在大量的毛细孔，而且构成纤维的纤维素和半纤维素含有亲水的羟基，能吸收水或其他液体。用仅由纤维抄成的纸张书写或印刷时，墨水或油墨会过度渗透、扩散，造成字迹不清或透印；另外纸张吸水后强度下降，会影响纸张的正常使用。为使纸张具有一定的抗液性能（主要是水）以满足其应用要求，需要在纸中加入一些具有抗液性能的胶体物质或成膜物质，以防止或降低液体对纸张的渗透和铺展，这一过程称之为施胶。施胶的目的就在于控制纸张的吸水性、涂布时原纸的涂料吸收性、印刷时的油墨吸收性，提高表面强度和挺度等，或改变纸张的摩擦因数等。

施胶的方法有内部施胶、表面施胶和双重施胶3种。内部施胶也称浆内施胶或纸内施胶（internal sizing），在纸或纸板的抄造过程中，将施胶剂加入纤维水悬浮液，混合均匀后再沉着到纤维表面上；表面施胶也叫纸面施胶（surface sizing），纸页形成后在半干或干燥后的纸页或纸板的表面均匀涂上胶料；双重施胶则是在浆内及纸面均进行施胶。浆内施胶的主要目的是通过添加疏水性物质，使纸张具有抗水性，从而可降低液体渗透至纸张内部的速度；表面施胶是减少纸张表面的孔隙度、起毛程度，改善纸张表面装饰度、表面掉毛度以及内在强度。在纸张中，液体的渗透有以下几种方式：纤维毛细管结构中的液体渗透；纤维表面的渗透；纤维内部的扩散；气相的传输。纸和纸板的内部施胶或是为了控制最终产品中的液体渗透，或是为了控制纸/纸板生产过程中施胶压榨或涂料拔起。施胶压榨时，纸页潮湿，纤维与纤维之间的连接键较弱，若不通过浆内施胶来控制液体渗透速度，会导致纸页断裂。

施胶剂的使用早在纸张的发明之初即已开始，最初是利用植物中的黏质物及淀粉进行施胶以改善纸页表面的抛光性能，从而可以进行书写。在公元1280年以后，动物胶成为主要的施胶剂。1807年出现了天然松香皂施胶剂，开始了浆内施胶的历史，持续至1955年，强化松香胶投入使用，之后施胶剂的研发进入高产期，1956年开发了烷基烯酮二聚体（AKD）反应型施胶剂，1968年则出现了烯基琥珀酸酐（ASA）树脂型反应型施胶剂，1971年起阴离子高分散松香胶得到应用，之后在1984年出现了阳离子高分散松香胶等。各类中/碱性施胶剂的开发促进发达国家造纸工艺迅速向中/碱性抄造环境转移。相比酸性抄造，中/碱性抄造具有显著的优势：①较大地改善了纸张的白度及机械强度，使其不因施胶而降低；②改善了纸张的耐久性和抗化学品性能；③可以使用成本低的填料；④降低抄纸系统设备的腐蚀程度。目前，最常用的浆内施胶剂是松香类产品与合成类施胶剂。

二、施胶机理

从液滴在纸面上构成三相状态三相交界处的受力情况（如图3-1所示）可以看出，当液滴在纸面上达到平衡时，附着力与内聚力的关系可以表示为：

$$\gamma_{SV} - \gamma_{SL} = \gamma_{LV}\cos\theta \tag{3-1}$$

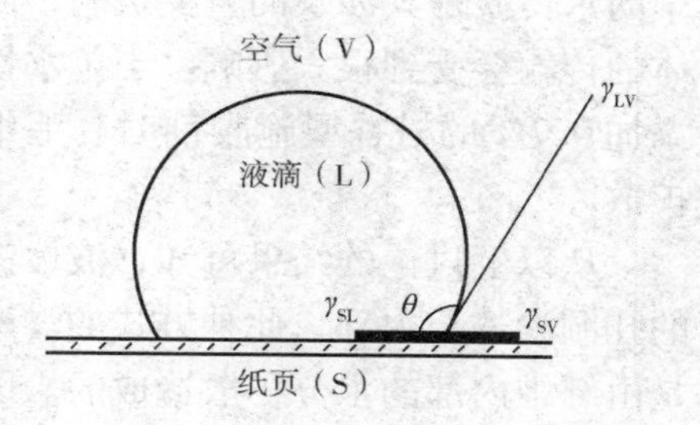

图3-1 液滴在纸面上三相交界面的受力情况

其中γ_{SV}为固气界面的表面张力，即纸面对液滴的附着力；γ_{SL}为固液界面的表面张力，γ_{LV}为液气界面的表面张力，θ为三相交界处液滴切线与纸面的夹角，即液固两相间的接触角。当θ小于90°时，液体即可润湿固体表面；当角度更大时，润湿现象不会或不易发生。在某些重施胶的状态下，接触角可达130°~140°。

式（3-1）为扬氏方程式（Young's equation），只适用于绝对平面的情况下，而此情况显然在自然界是不存在的，因此也不适用于纸张。实际情况中，接触角不易准确并且取决于测量方法。施胶过程就是用表面自由能较低的胶料定着在纤维表面以降低纸面与液滴间的表面张力，增加纸页与液滴间的界面接触角，以达到降低纸面附着力，而取得抗液性能的。

由于纸张表面的不平整，纸张的粗糙度对液体和纸张间的接触度有着重要影响。通过引入一个粗糙度的影响系数r，即所述对象的真实表面积对表观表面之比，可将实际接触角（θ）与表观接触角（$\theta_{表观}$）建立以下数学关系：

$$\cos\theta_{表观} = \cos\theta \cdot r \tag{3-2}$$

从式（3-2）可以看出，当实际接触角大于90°时，随着纸张粗糙度的增加，表观接触角也会相应增大，然而当实际接触角小于90°时，情况相反，如图3-2所示。

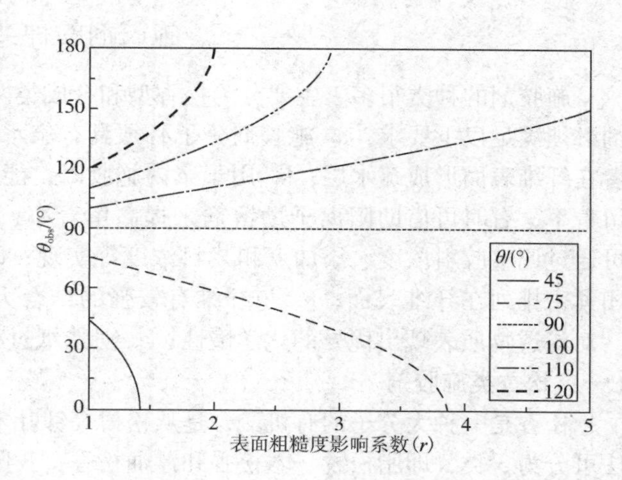

图3-2 表观接触角随纸张粗糙度影响系数变化的规律图

液滴能否在纸面产生扩散使纸面润湿主要取决于纸面对液滴的附着力和液滴本身的内聚力之间的平衡关系，当附着力大于内聚力则产生扩散，反之内聚力大于附着力则液滴不扩散而呈珠状。在液体渗透的过程中，纤维网状结构在开始会因为纤维键的断裂及纤维的润胀而扩张，接着纤维会吸附液体从而发生一系列的变化。促使毛细管传输的动力就是毛细管压力（p_c），根据Young-Laplace方程：

$$p_c = \frac{2\gamma_L\cos\theta}{r} \tag{3-3}$$

可知，当液体与纸张间的接触角大于90°时，毛细管压力为负值，此时会阻碍液体进入孔隙中，然而气相中的水传质是不受纸张与液体间表面张力影响的。对于抗水性纸张而言，气相中的水传质是其涉及的重要机制，同时也涵盖了纤维间的扩散及渗透。当纸张被施胶后，液体的传输会受到很大影响。当抗水性的施胶剂用量很高时，任何液态渗透过程都很难发生。添加0.7%的松香型施胶剂时，毛细管压力已经为负值，液体在纸页中的运输机制仅涉及扩散。

从以上讨论的结果可知，液体渗透至纸张内部主要有两个途径：通过纸张内部的纤维间的孔洞渗透至内部，此种方式的渗透是由毛细管压力促进的；另外是纤维内部的渗透过程，是由纤维内部的水分扩散造成的。因此，在未施胶或部分施胶的纸张中，液体传输是由多种因素决定的，如液体黏度、液体压力、纸张孔径以及纸张与液体的接触时间。通过可减小孔径的物理改性方式，如减少纸张孔隙率或增加纸张的表面密度，可降低纸浆润湿的速率并增大渗透阻力，而在未施胶的纸张中，纤维间和纤维内部的液体渗透速率都非常快。

在高施胶度的纸张中，液体的渗透过程仅取决于纤维内的液体传输，与液体的黏度无关，因此影响黏度的液态主体不能渗透至纤维细胞壁内，而水体的运输是由纤维与纤维之间的连接键所决定的。因此理论上，打浆程度高的纸浆应该可促进表面上的水溶解扩散至内部，然而实际上，由于纤维润胀打开了纤维间的空隙，从而可通过毛细管作用力促进液体传输。因此，孔径较小的纸张结构更为有利。

大多数施胶剂均可作为乳化剂和分散剂，从字面上来看，它在含有连接键的纤维间不可以扩散和迁移，而这些连接键是未被施胶的。当这些连接键断开时及当纤维开始润胀时，水会通过毛细管扩散至以上区域。比如在机械浆纸张中，其自身固有的纤维结构会造成难施胶，原因在于纤维与纤维间的连接键断开时，纤维结构释放出的残余压力会造成具有较高表面能的表面从而阻止了水的传输。在高施胶度的纸张中，加强湿强会有助于防止纤维润胀。

三、施胶剂的种类及性质

施胶剂的种类很多，主要分为松香型和合成类两大类。实验和经验表明，一种好的施胶剂必须满足以下要求：a. 施胶剂分子必须具有亲水和疏水基团，前者用于与纤维结合，后者在纤维表面形成疏水层；b. 用于浆内施胶时，能被纤维表面吸附并能在纤维中有较高的留着率，有时可借助阳离子助留剂来提高留着率；c. 施胶剂粒子在纤维表面能均匀分布，可通过调整胶料浓度、添加点和浆料浓度等实现；d. 施胶剂粒子具有定向的能力，疏水基团紧密排列在纤维表面；e. 与纤维有较强的结合力，定向胶粒分子必须锚定在纤维表面；f. 对渗透物质表现出优异的化学惰性；g. 对造纸过程和纸张性能没有不利影响。

（一）松香类施胶剂

松香是一种大分子的有机酸，是从松树等针叶木中提取的黄色至棕色固体。根据生产方法可分为3类，即脂松香、木松香和浮油松香，我国造纸工业多采用脂松香。松香中87%～90%是树脂酸的混合物，其他成分包括约10%的中性物质和少量（3%～5%）脂肪酸。树脂酸的分子式为 $C_{19}H_{29}COOH$，相对分子质量为302.04，典型的树脂酸为松脂酸和海松酸。松香是一种典型的两性分子，其施胶机理为，松香胶沉淀物通过水合铝离子的架桥作用将胶料的极性部分固着在纤维上，加上干燥过程水分的不断蒸发，可防止或阻滞胶料极性基团取向的逆转，另外，干燥过程胶料沉淀物的羟联反应以及熔融和软化作用都可使疏水基团得到更好的排列，使非极性基团向外而极性基团埋入纸页中，从而使纸面自由能降低，获得抗液性能。

松香型施胶剂以松香为主体，主要有松香胶、强化松香胶、石蜡松香胶和分散松香胶等，由于制胶工艺和方法的不同，松香胶又分为褐色松香胶、白色松香胶和高游离度松香胶。褐色松香胶、白色松香胶及石蜡松香胶制胶过程主要是将松香皂化并分散成水溶液或乳液，这类松香胶中以松香酸皂为主，松香分散体为辅，因此也叫皂型松香胶，而高游离型松香胶及分散体松香胶主要以松香分散体的形式存在于乳液中，也叫高分散体型松香胶。非松香型施胶剂主要有石蜡乳胶、硬脂酸钠、聚乙烯醇、羧甲基纤维素、动物胶、干酪素、淀粉、合成树脂等。

1. 皂型松香胶

皂型松香胶包括褐色松香胶、白色松香胶及石蜡松香胶。在制备过程中，先在熬胶锅中加入60%－80%的水（相对松香质量），然后在搅拌作用下加热到沸腾，再加放计量过的碱，待其完全溶解后，分批加入已事先砸碎的松香进行熬制。直到熬制样品能在80℃以上热水中可以完全分散成乳液为好，用时约4h。制备皂化松香胶所用的碱通常为Na_2CO_3，相对NaOH其反应较缓和，易于控制且反应中产生的CO_2气体有助于松香的分散。

褐色松香胶是指松香与皂化剂在一定温度下的反应过程中，全部松脂酸都被皂化成松脂酸钠，没有游离的松香酸存在，胶料呈褐色，故称褐色松香胶，此胶料易溶于水，其水溶液呈碱性。酸性松香胶或白色松香胶是指在松香胶熬制过程中只有部分松脂酸被皂化，从而其中仍含有游离松香酸的胶料，其水溶液也呈碱性。石蜡松香胶是用石蜡与松香混合熬胶并经乳化而成，石蜡用量约为松香用量的10%～15%。石蜡松香胶具有较好的施胶效果，不但施胶度稳定，而且能节约松香和硫酸铝。皂化松香胶为阴离子型，其本身对纤维没有亲和能力，使用时必须借助硫酸铝或其他能产生阳离子的铝化合物将其留着在纤维上。不过，由于这种施胶体系用量大，效率低，国内厂家已基本淘汰这类胶料。

2. 改性松香胶

为了克服天然松香存在的软化点低、易氧化等缺点，制得的皂化松香施胶效果差，研究人员通过增加松香分子中羧基的数量来增强松香的施胶效果，依据这个原理，开发出马来松香胶和富马松香胶。

马来松香主要由马来酸酐与松香制成，将天然松香与马来松香按比例混合成一定强化程度的马来松香，加入到预先加热到100℃左右碱液的皂化装置内，在此温度全皂化3h，再加入一定量的减黏剂、稳定剂、助溶剂等搅拌均匀，得到固含量30%或50%的红褐色液体。研究表明，该液体中松香的皂化程度越高，施胶效果越好。其产物单个分子内含有3个羧基，增加了与施胶剂反应的结合点，加硫酸铝后产生的带正电荷的粒子能更好地均匀分布在纤维表面，并具有较大的覆盖面积，施胶效果明显优于天然皂化松香，然而二者施胶机理基本相同。

富马酸是苯酐生产过程的副产品，其与马来酸为顺反异构体。由于富马酸与松香反应过程不能形成环状酸酐，富马松香的主要组成为松香酸和富马海松酸，而马来松香的主要组成是松香酸、马来海松酸和马来海松酸酐，前者皂化松香胶的稳定性和施胶效果比采用后者制备的皂化松香胶好。其施胶机理与皂化天然松香胶相似。

除了利用马来酸酐、富马酸改性松香制备强化胶料外，市场还有阳离子聚合物改性皂化胶、石蜡改性松香皂化胶等改性产品，这类施胶剂对于改善产品稳定性，提高施胶效果或施胶pH、降低助剂用量等方面具有显著促进作用。

3. 阳离子分散松香胶

美国 Hercule 公司 20 世纪 80 年代中期推出的阳离子分散松香胶是一种带有正电荷的高分散松香胶。该产品外观为白色乳液，固含量为 35% 左右，基本上均为游离松香，粒径为 0.2 ~0.5μm，可用水任意稀释，机械稳定性良好。由于阳离子分散松香胶自身的正电荷能自行留着于纤维上，所以有较高的留着率。施胶剂用量低，硫酸铝用量也显著下降，且不会与钙镁等金属离子产生结垢或生成沉积物。阳离子分散型松香胶是通过阳离子表面活性剂对松香进行乳化，或辅以高分子阳离子化剂，使胶乳微粒表面带有正电荷，即对通过对熔融松香进行乳化制备而成。自身阳离子化松香胶是利用松香分子中羧基的反应或通过松香与不饱和阳离子单体的共聚在松香分子上引入阳离子基以实现阳离子化，即把游离松香制备成带有正电性的表面活性剂。

阳离子分散松香胶自身或乳液颗粒带有中等电荷密度（Zeta 电位约为 20 mV），属弱阳电性，虽然可依靠静电引力自行留着在纤维表面，但是由于静电引力比较弱，仍需加入少量的阳离子型助留剂才能获得松香粒子的良好留着。当吸附有带阳电荷的松香粒子的湿纸幅进入纸机干燥部时，由于游离松香酸有较低的熔化温度，松香粒子比较容易软化，并和纤维上的铝离子反应，继而将松香分子定位，使疏水基转向纤维外侧，亲水基与纤维牢固结合，形成一层良好的疏水层，从而实现施胶作用。

4. 阴离子分散松香胶

阴离子分散松香胶制备方法有 3 种，即溶剂法、高压熔融法（高温高压法）和逆转乳化法（高温常压法）。制备原理大致是，首先将松香溶解或熔化，然后加入乳化剂进行乳化处理，接着除去溶剂或降温至常温得到分散均匀、粒度细小、固含量高的松香胶乳液。该体系中游离松香占总松香量的 95% ~100%。与皂化松香胶及强化松香胶相比，其施胶效果更好，不仅可节约施胶剂用量，还可以适应更加环保的抄造环境。

阴离子分散松香胶的施胶机理：在应用分散松香胶施胶时，也需要加入硫酸铝作为沉淀剂。硫酸铝仅与处在分散松香胶微粒表面的松香酸发生反应、并在其表面存留少量铝离子。相对于皂化胶与硫酸铝反应形成的絮状沉淀体积粗大，分散松香微粒体积微小，故能更加均匀地分布在已经吸附了正电铝离子或其他正电基团的纤维表面，此时胶料的分布是不连续的，如果不经加热，纸页实际上并没有施胶效果。当纸页被加热时，松香酸能够经过气相进行迁移，并且规则定向反应，形成均匀连续的施胶膜，产生相应的施胶效果。

酸性施胶需要加入硫酸铝，过多的硫酸铝会使纸张发脆、强度降低、保存性变差，还会导致设备腐蚀等问题。此外，碳酸钙作为高白度、高不透明度的填料不能在使用硫酸铝的抄造体系中使用。为克服酸性施胶的弊端及使用物美价廉的碳酸钙填料，逐步开发出中/碱性施胶系统。阴离子分散松香胶用于中性或偏酸性环境中施胶，需借助于特殊的助留剂，从而帮助松香微粒沉淀在纤维表面，以便发挥施胶作用。聚合氯化铝（PAC）、阳离子淀粉（CS）、阳离子或两性聚丙烯酰胺（PAM）、阳离子聚酰胺多胺 - 环氧氯丙烷树脂、聚胺等都可作为阴离子分散松香胶的助留剂。

5. 阴离子分散松香胶中性施胶时所需助留剂种类及性质

（1）聚合氯化铝

聚合氯化铝（PAC）也称作碱式氯化铝、聚羟基铝等，可通过氯化铝与碱反应、氢氧化铝与盐酸等反应制得，是一系列复杂铝聚合体的混合物，其中最简单的聚合氯化铝形式是二聚体。它是由两个呈正八面体的水合铝离子组成，其中两个共享的羟基取代了原有的四个水分子而将两个铝离子连接在一起，其化学式为：$[Al_2(OH)_2(H_2O)_{12}]^{4+}$。PAC 的水解速度较慢，在 pH 为中性、偏碱性介质中能够形成带有正电荷的多核络合物：$[Al_n(OH)_m]^{(3n-m)+}$。在中性或碱性条件下，松香酸被 PAC 吸附形成表面带正电荷的胶粒并沉淀于带负电荷的纤维上，利用静电引力与纤维上的羟基结合，疏水基则朝外排列形成抗水层，这样就可构成稳定的低自由能的膜而达到施胶的目的。

（2）改性淀粉

可用于阴离子分散松香胶施胶的改性淀粉主要有阳离子淀粉、多元变性淀粉及其接枝共聚产物。阳离子淀粉合成时由胺类化合物与淀粉分子的羟基反应生成具有氨基的淀粉醚，因氮原子上带有正电荷，故称为阳离子淀粉，其主要种类为叔胺烷基和季铵烷基变性淀粉。其中叔胺烷基淀粉只适用于酸性抄纸条件，季铵烷基淀粉可适用于酸性、中性或弱碱性抄纸条件。

多元变性淀粉是指在同一淀粉分子中既有阴离子、又有阳离子或非离子等两种或两种以上反应基团的淀粉。这类淀粉在不同的 pH 范围内可显示不同的电性，可在较宽 pH 范围内为阴离子分散松香胶提供较好留着效果。

（3）阳离子聚丙烯酰胺（CPAM）及两性聚丙烯酰胺

因为静电吸附作用，CPAM 及两性 PAM 可以将负电性的阴离子分散松香胶牢固地吸附在相同负电性的纤维上，显著提高了松香的留着率，从而可以明显减少硫酸铝的用量。

（4）聚胺

水溶性聚胺具有分子质量大和电荷密度高的特点，不但能有效地沉淀松香胶料，还具有助留助滤作用。传统分散松香胶与聚烷基乙烯胺（PAAM）配合使用的施胶体系在 pH 5～10 范围可赋予纸页良好的施胶性。通常聚胺结构单元的几何尺寸越小，其絮聚性能越好。如具有较大侧链的聚甲基丙烯酸二甲基氨基乙酯（PDEMAEM）或聚二烯丙基二甲基氯化铵（PDADMAC）与分散松香胶配用在中性抄纸条件下几乎没有施胶效果，而在相同的抄纸条件下，聚乙烯胺（PVAM）或聚烷基胺（PAAM）与阴离子松香胶一起使用都显示出良好的施胶作用。

（5）聚酰胺多胺－环氧氯丙烷（PAE）树脂

PAE 树脂在中性或碱性条件下均可以吸附到带负电荷的纸浆纤维表面上，还是一种优异的湿增强剂，有明显的助留助滤效果，还是很好的分散松香胶中性施胶的助留剂。因此，在高分散松香胶中加入 PAE，可使施胶质量得到明显改善，并能减少松香胶和硫酸铝的用量。

（二）合成类施胶剂

合成施胶剂按照其与纤维素作用的方式可分为反应型施胶剂和自定型施胶剂。反应型施胶剂主要包括烷基烯酮二聚体（AKD）、烯基琥珀酸酐（ASA）和硬脂酸酐，这类施胶剂通过与纤维素分子的羟基反应形成共价键而与纤维结合。自定型施胶剂主要是阳离子施胶剂，通过自身带有的正电荷吸附到带负电荷的纤维表面，不需硫酸铝作为留着剂。

1. 烷基烯酮二聚体（AKD）

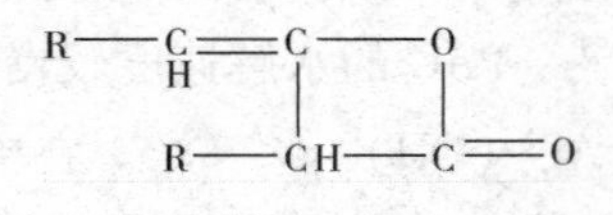

图 3－3　AKD 结构通式

（1）AKD 的结构特点

AKD 是一种不饱和的内脂，其结构通式如图 3－3 所示，外观为蜡状固体，AKD 不溶于水，65.5℃以上易水解生成酮。造纸生产线使用时，需制成乳液后使用，其乳化剂通常为阳离子淀粉。AKD 结构中 R 为烷基，适于用作造纸施胶剂的是 14 烷和 16 烷。

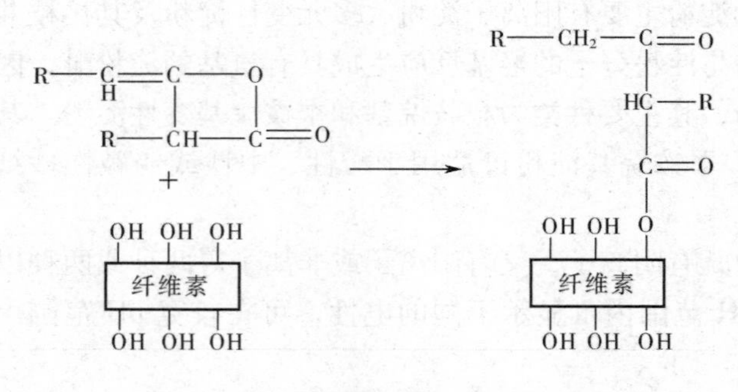

图 3－4　AKD 与纤维素的反应方程式

（2）AKD 的施胶机理

AKD 分子中存在疏水基团和反应活性基团。AKD 分子通过静电吸引留在纸页中，其吸附作用可由阳离子淀粉乳化产生或添加其他助留剂实现。AKD 进入干燥后受热熔化在纤维表面扩展，分子中反应活性基团朝向纤维，疏水基团向外，朝向纤维的反应基与纤维素的羟基发生不可逆的酯化反应，形成共价键结合，在纤维表面形成一层稳定的疏水薄膜，从而赋予纸张相应的抗水性能。AKD 与纤维素反应方程如图 3－4 所示。

（3）AKD 的施胶特点

AKD 是反应型施胶剂，浆内施胶或表面施胶都可使用。AKD 可以在中碱性条件下进行施胶，因此可以采用碳酸钙作为纸张填料，使得张的白度、不透明度、耐折度、表面强度、耐久性能和印刷性能均有明显提高。AKD 施胶可以有效控制纸板的边缘渗透，所以液体包装纸往往用其施胶。不过 AKD 施胶时胶粒与纤维熟化作用较为缓慢，通常成纸下机后两周左右时间才能完成熟化，通过使用施胶增效剂可适当提高 AKD 的熟化速度。AKD 在水中不稳定，在 65.5℃以上时极易水解生成酮而丧失施胶效果，因此胶液应保持在较低的温度下，通常在 20℃以下进行 AKD 乳液的贮存和运输，但是在冬季时应避免冷冻。为减少 AKD 发生水解，其加入点应靠近纸机上网处。

（4）AKD 施胶的影响因素

AKD 的施胶效率受许多因素影响，主要有用量、细小组分含量、助留剂、系统 pH、Zeta 电位、浆料种类、胶料加入方式、干燥条件等。

当 AKD 用量过小时，几乎没有施胶效果；用量过大时，AKD 留着率下降，使得纸面摩擦因数减小导致纸页打滑。AKD 用量一般应在 0.1% ~0.25%，重施胶时用量在 0.25% ~0.35%。AKD 施胶效率随填料和细小纤维含量的增加而降低。解决填料对 AKD 施胶不利影响的最好方法是将 AKD 先加入浆料，使 AKD 在填料加入之前已经吸附在纤维上。提高填料和细小纤维的留着率即可提高 AKD 的留着率，而只有使 AKD 尽量多地保留在纸页中，才能提高施胶效果，可见采用合适的助留体系是提高施胶效果的重要因素。不同纸浆对 AKD 施胶的影响各不相同，归纳而言：木浆的施胶性能好于草浆，阔叶木浆好于针叶木浆，化学浆好于化学机械浆，化学机械浆优于机械浆，纸浆可施胶性随其白度增加而降低，纸浆可施胶性随其 α－纤维素含量增加而降低。

当pH低于6时，AKD几乎不产生施胶作用。提高pH AKD的施胶效果也随之提高，当pH高于8时，施胶度上升速度开始缓慢。较高的pH有利于AKD的水解，实际生产中pH控制在7.5~8.5。纸浆纤维表面是带阴电荷的，加入阳离子型AKD乳液，可随*Zeta*电位向0靠近而提高其在纸浆中的留着率和施胶度。在实际生产中，流浆箱中浆料的*Zeta*电位应略小于0。

如果加入胶料过早，会使AKD还未留着或与纤维发生反应前已经水解，降低施胶效率。对于阴离子干扰物多的纸浆，在添加AKD之前，通常也要先加入阳离子聚合物以中和阴离子干扰物，减小其对AKD施胶的负面影响。干燥条件和温度均显著影响其施胶效率。AKD施胶时，当纸页进入干燥部后，应尽快提高干燥温度，以尽快降低纸页水分，促使施胶剂分子重排，加快施胶剂与纤维素羟基之间的化学反应。

2. 烯基琥珀酸酐（ASA）

（1）ASA的结构特点

ASA是一种带黄色的油状产品，其化学结构通式如图3－5所示。这种活性物能贮存很长时间，但是必须防止水或潮湿。ASA分子结构烯烃碳氢骨架和与之相连的琥珀酸酐，α－烯烃中的碳原子数通常为14~20，一般来说，较长的链长和线性度能够生产更有效的ASA施胶剂。如果线性烯烃中的碳原子数超过20，ASA在室温下将成为固体，不太适合乳化。ASA不溶于水，乳化时加入少量的活化剂，还加入阳离子淀粉和合成阳离子聚合物作为稳定剂，为降低ASA水解的影响，必须在纸厂现场乳化并尽快使用。

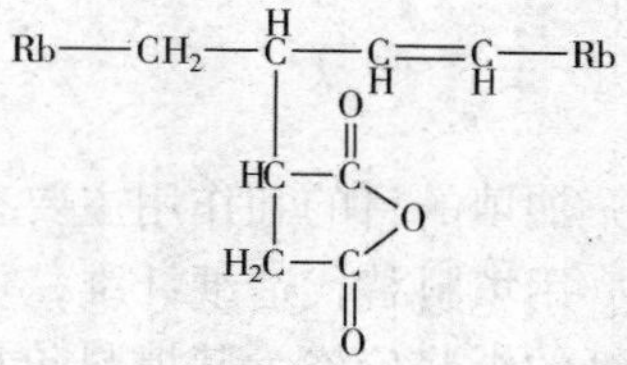

图3－5　ASA的化学结构通式

（2）ASA的施胶机理

ASA分子结构中的酸酐是该施胶剂的活性基团，长链烯烃基是憎水基团。在抄纸条件下，ASA分子中的酸酐具有很高的反应活性，能与纤维素和半纤维素的羟基反应形成酯键，使ASA分子定向排列，憎水的长链烯烃基指向纸页外面，从而赋予纸页抗水性。ASA与纤维素的反应方程式见图3－6。

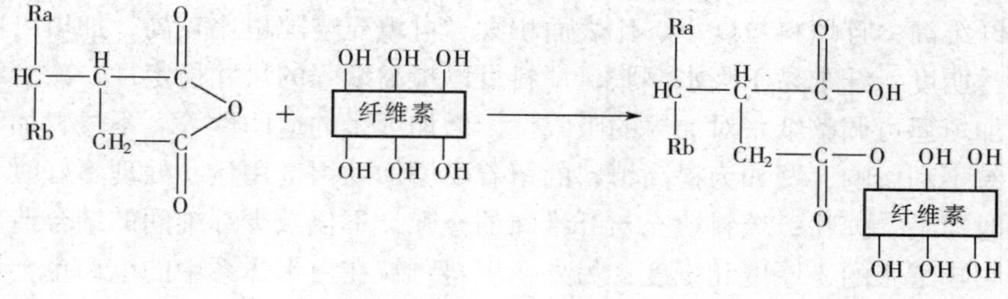

图3－6　ASA与纤维素的反应方程式

（3）ASA的施胶特点

ASA与纤维反应速度快，可在常温下与纤维形成稳定的结合而体现施胶效果，在常见纸机干燥条件下下机即可达到90%的施胶度，无须熟化。ASA合成工艺简单，环境污染小，其常温下呈液态乳化方便，并与硫酸铝相容性好，适用pH范围宽，施胶体系转换容易。

ASA易水解引起黏辊、结垢等现象，需在纸厂现场乳化并立即用。

（4）ASA施胶的影响因素主要有浆种、细小组分含量、pH、干燥温度及加入位置等。浆料种类及细小组分含量对ASA施胶效果的影响与对AKD施胶的影响相似；ASA有效施胶pH范围是5~10，不过提高pH会加速ASA的水解，不利于其施胶；ASA是空气干燥型，如要在施胶压榨之前获得施胶，纸页要干燥到所需程度，不过干燥温度过高，可能令ASA蒸发脱离纸幅；加入点的选择应该考虑尽量减少停留时间，较长的停留时间能引起施胶剂水解和导致沉淀问题。另一方面，由于填料具有更大的比表面积，易吸附ASA乳液颗粒，降低其施胶作用，因此ASA的加入位置在填料之前较好。

第二节　加　　填

一、加填的目的和作用

加填的目的和作用主要有两方面：一方面降低成本，另一方面是为了改善产品的性质。

用填料替代造纸纤维，可以降低生产成本，因为一般填料比纸浆便宜。据报道，超级压光纸的纸浆价格为其填料价格的3倍，未涂布不含机械浆纸的纸浆价格为其填料价格的5倍，低定量涂布纸的纸浆价格为其填料/颜料价格的2.5倍，不含机械浆涂布纸的纸浆价格为其填料/颜料价格的3倍。据测算，以填料代替部分纸浆时，每替代1%的纸浆，每吨纸可节约4~8美元，这就导致纸张趋向高填料含量。欧洲不含机械浆未涂布纸的填料含量也从20世纪80年代的15%左右，逐渐增加到现在的30%左右。不过，在使用煅烧土以改善涂层对油墨吸收性能及对原纸的遮蔽力，包括添加钛白粉以提高纸张不透明度和白度时，通常因为填料比纤维原料更贵而提高成本。

填料的使用可优化纸张的滤水及干燥性能，从而也可降低干燥部的能耗。另外，填料的添加还可以在不用提高纸浆生产量的前提下，增加纸张的生产力，并且可使用低质或未漂白的本色浆，如机械浆，二次纤维及高卡伯值纸浆。填料的粒度比植物纤维小得多，将其加入纸张后可填充在纸页纤维间的空隙内，达到提高纸张匀度和平滑度的目的。填料的白度和折光率通常比纤维高，且填料粒度小、比表面积大，可填充空隙也比较高，加填可以提高纸张的白度和不透明度。纤维易于吸水润胀，填料可以提高纸张的尺寸稳定性，减少纸张的吸水变形。通过加填还可调整纸张对油墨的吸收性，增加纸张的适印性等。不过，加填对纸张和造纸过程也有不利影响，譬如为提高填料的留着要增加助留剂用量，处理不好时易造成两面差以及印刷时掉毛、掉粉；填料填充与纤维间的空隙，不仅减少纤维间的结合造成纸的强度下降，还会影响纸张的松厚度和挺度；另外，填料颗粒在白水体系中的电离也会增加对纸机的磨蚀。

随着造纸化学技术的不断进步，新型造纸化学品被不断地开发出来，作为降低生产成本和改善产品性能的填料/颜料，其可以应用的纸张种类范围越来越多，使用比例也有不断提高的趋势。

二、填料的种类及性质

造纸工业常用的填料/颜料主要有：碳酸钙、高岭土、滑石粉、钛白粉及其他。在填料的性质中与造纸有关的重要性质包括光学性质、颗粒形态与粒度、比表面积、表面化学、pH、溶解性和磨蚀性等。

（一）填料种类

1. 高岭土

高岭土是一种天然矿物，其主要矿物成分是高岭石，是一种六边形的片状，含硅酸铝，其理想化学式为 $A1_2O_3 \cdot 2SO_2 \cdot 2H_20$，高岭土的化学成分中含有大量的 $A1_2O_3$、SO_2和少量的 Fe_2O_3、TiO_2等。高岭土的品质与其矿源有很大的关系，不同的产地，就会有不同的性质，不同的性质就导致了不同的用途。高纯度的高岭土具有白度高、质软、易分散悬浮于水中等特点，含管状结构比较多的品质较差的高岭土多用作填料。而含片状结构较多颗粒较细、品种较好的高岭土一般不用作为填料，而是经过进一步的加工后用作涂布颜料。

高岭土作为填料能提高纸页的书写性和印刷性，增加纸页的匀度、平滑度、光泽度。一些印刷纸中其添加量为15% ~20%，有些纸种甚至达到35%。高岭土的品质与其加工过程也有很大的关系，高岭土的加工方法有干法和湿法两种。一般来说，填料级高岭土的加工多采用干法，其流程为：首先将采出的原矿经过破碎机破碎使粒度至 25 mm 左右，然后在笼式破碎机使粒度减小至 6 mm 左右，与此同时吹入到笼式破碎机内的热空气可将高岭土的水分由 20% 左右降至 10% 左右；经配有离心分离机和旋风除尘器的吹气式雷蒙磨进一步磨细后可得到成品。该工艺可将大部分砂石除去，适用于加工那些原矿白度高、砂石含量低、粒度分布适宜的矿石。高岭土还可进一步地进行煅烧或采用阳离子聚合物进行处理，以得到具有更高的比表面积和更好光散射性能的“结构化”的高岭土，如图 3 – 7 所示。

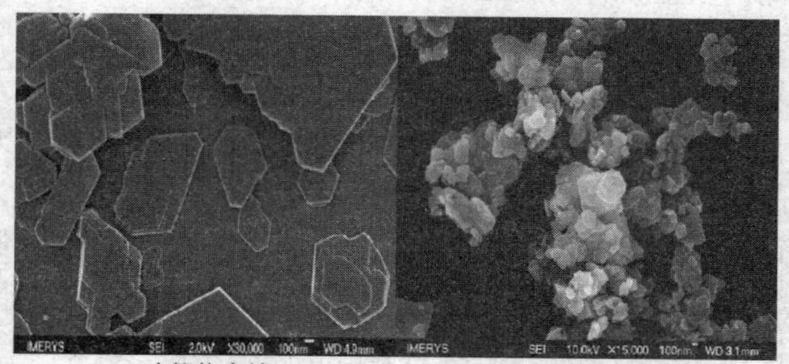

(a)未煅烧高岭土　　(b)煅烧高岭土

图 3 – 7　高岭土 SEM 电镜照片

2. 碳酸钙

造纸用碳酸钙按其生产方法的不同分为研磨碳酸钙（GCC）和沉淀碳酸钙（PCC）两种。沉淀碳酸钙，又称轻质碳酸钙，简称轻钙，是将石灰石等原料煅烧（1000℃）生成生石灰，再加水消化石灰生成石灰乳，然后再通人二氧化碳碳化石灰乳生成碳酸钙沉淀，最后经脱水、干燥和粉碎而制得。或者先用碳酸钠和氯化钙进行复分解反应生成碳酸钙沉淀，然后经脱水、干燥和粉碎而制得。由于轻质碳酸钙的沉降体积（2. 4 ~2. 8 mL/g）比重质碳酸钙的沉降体积（1. 1 ~1. 4 mL/g）大，所以称之为轻质碳酸钙。沉淀碳酸钙的结晶形式包括方解石和文石，方解石为偏三角体或菱形聚集体或棱柱形颗粒，典型的文石为针形或针形结晶的聚集体，通过改变沉淀条件，可以得到所需要的不同粒径、形状、粒径分布以及晶形的沉淀碳酸钙产品，如图 3 – 8 所示。研磨碳酸钙又称重质碳酸钙，简称重钙，是用机械方法

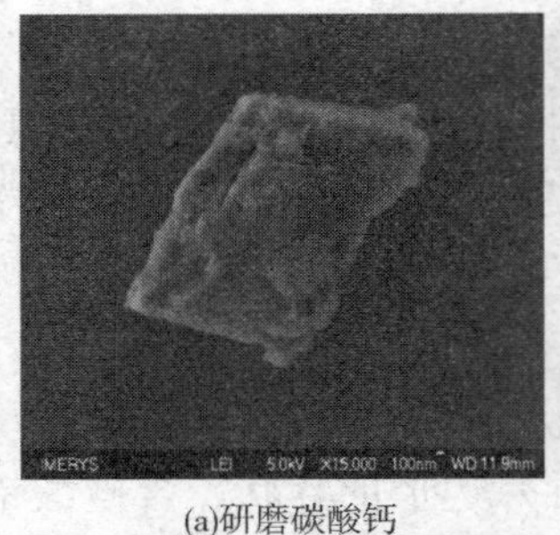
(a)研磨碳酸钙

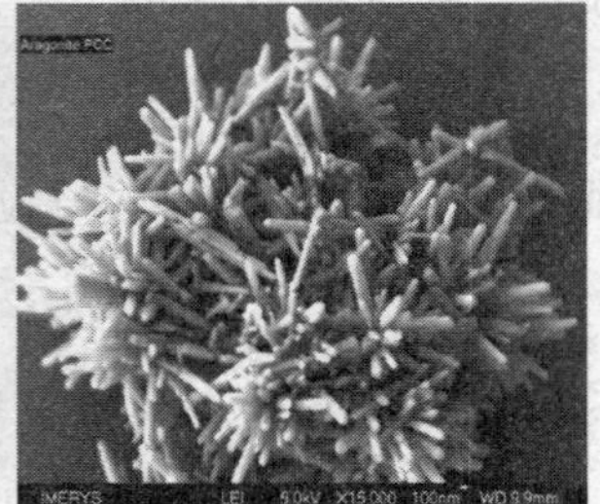
(b)文石沉淀碳酸钙

(c)菱形沉淀碳酸钙

(d)偏三角面体沉淀碳酸钙

图 3－8　碳酸钙 SEM 电镜照片

直接粉碎天然的方解石、石灰石、白垩、贝壳等而制得。

碳酸钙作为填料加入后，可改善纸张的光亮度、不透明度、空隙度、松厚度等。碳酸钙在碱性造纸过程中主要用于生产高档印刷和书写纸张，但对新闻纸等一些重要用纸，虽然使用酸法生产，但也可使用碳酸钙。研磨碳酸钙的粒径较大且不均一，遮盖力较差，略高于滑石粉，是一种成本较低的经济型填料。粒度分布较宽的碳酸钙作为涂布颜料已经在造纸工业中被大量应用。

超细碳酸钙，也称纳米碳酸钙，是一种新型超细固体材料。由于其粒子的超细化，晶体结构和表面电子结构发生变化，表观活化能明显降低，产生了普通碳酸钙所不具有的量子尺寸效应、小尺寸效应、表面效应和宏观量子效应，在热学、光学、电学、磁学、力学以及化学性质等方面表现出一些奇异的特性。一些大型超细钙厂可以建在大型纸厂的旁边，其超细钙浆料无须活化处理，也无须脱水干燥，用管道直接输送到纸厂与纸浆直接混合均匀，其生产成本大大降低。虽然不同类型的纸张对碳酸钙晶形、料径的要求有所不同，但以纺锤体形应用较为普遍。当其用作造纸填料时，纳米碳酸钙颗粒细小、均匀，对纸机的磨损小，不但可以降低成本，同时也提高了纸张的强度、白度、不透明度和平整光滑性，还赋予纸张良好的折曲性、柔软性，以及对油墨和水良好的吸收性，在造纸工业具有现实和潜在的应用。

3. 滑石粉

图 3－9　滑石粉 SEM 电镜照片

滑石粉主要成分是含水的硅酸镁，分子式为 $Mg_3[Si_4O_{10}]$。通常呈致密的块状、叶片状、放射状、纤维状集合体，如图 3－9 所示。与黏土类层状硅酸盐矿物不同的是，滑石粉的硅氧四面体和镁氧八面体中的硅和镁不存在类质同相转换现象，其层间电荷为零，因而也就不存在可交换的水化阳离子，这可能是滑石粉的层面不具亲水性的重要原因之一。但滑石粉边缘由于 Mg—OH 和 Si—OH 的存在带负电性而呈亲水性。滑石的层与层之间靠微弱的范德华力结合在一起，因而容易分层，手感滑腻。滑石粉颗粒越细，暴露的层面越多，亲水性就越差，因此，超细滑石粉常用作树脂障碍的控制剂。

滑石具有润滑性、耐火性、抗酸性、绝缘性、熔点高、化学性不活泼、遮盖力良好、柔软、光泽好、吸附力强等优良的物理、化学特性，由于滑石的结晶构造是呈层状的，所以具有易分裂成鳞片的趋向和特殊的滑润性。滑石粉在造纸中的主要用途是用作填料，是目前国内使用的最广泛的造纸填料之一。它具有矿藏丰富、价格低廉、对纸张性能适应性高的特点。滑石粉质感滑腻，化学性质不活泼，加入纸张中能提高纸页的匀度、平滑度、光泽度和吸油墨性，改善纸页的印刷性和书写性，多用于印刷类和书写类等的一般文化用纸的加填。由于其折射率不高，很少用于薄页纸中。

4. 钛白粉

二氧化钛俗称钛白粉，分子式为 TiO_2，其实用的晶型有两种：锐钛型（Anatase），简称 A 型；金红石型（Rutile），简称 R 型。自然界中钛的沉积物主要以钛铁矿（含 40% ~ 60% TiO_2）和金红石矿（含 90% TiO_2）的形式存在。二氧化钛的 SEM 电镜照片如图 3-10 所示。

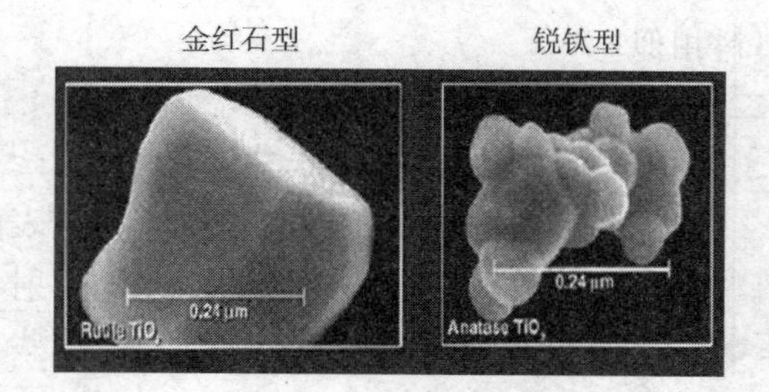

图 3-10 钛白粉 SEM 电镜照片

钛白粉的生产方法有硫酸法和氯化法两种，硫酸法是将钛铁矿粉与浓硫酸进行酸解反应生成硫酸氧钛，经水生成偏钛酸，再经煅烧、粉碎即得到锐钛型和金红石型钛白粉。该方法流程长，只能以间歇操作为主，湿法操作，硫酸、水消耗高，废物及副产物多，对环境污染比较严重，而且生产的钛白粉质量相对较差，已经逐渐被淘汰。氯化法是将金红石或高钛渣粉料与焦炭混合后进行高温氯化生成四氯化钛，经高温氧化生成二氧化钛，再经过过滤、水洗、干燥、粉碎即得到钛白粉产品。氯化法生产的产品质量高，生产过程对环境的影响较小，但只能生产金红石型产品。钛白粉无毒，具有所有的白色颜料中的最高的光散射系数，因而具有最佳的不透明性、白度和光亮度，被认为是目前世界上性能最好的一种白色颜料。钛白粉用作造纸填料非常适合于低定量高级纸张的生产（如字典纸等），有助于降低纸张的定量并保持纸张的极佳的光学性能。二氧化钛的吸收性很差，因而在可见光部分具有很高的反射能力，但在光谱的蓝光一端，反射能力下降，在紫外区内具有很强的吸收能力。其中，金红石型二氧化钛在近紫外和紫外区内的吸收能力更强，因此，略呈淡黄色。二氧化钛对紫外光的强烈吸收可抵消荧光增白剂的作用。

世界各地虽然都有钛矿，但大部分矿藏的储量不大且纯度不高，由于其价格以及其生产过程对环境的影响，二氧化钛在造纸工业中的用量呈下降趋势。

5. 其他填料

合成硅酸盐是由含硅物质（如水玻璃）与酸、碱土金属盐或铝盐反应形成的硅酸沉淀物和各种硅酸盐（如硅酸铝钠、硅酸钙和硅酸铝）。硅铝酸钠是造纸中最常用的合成硅酸盐填料。沉淀硅酸用于预涂重氮感光纸，防止重氮化合物溶液渗入纸页太深。这种颜料的颗粒极细且为球形，直径只有 0.02 ~ 0.05 μm，球形颗粒一般聚集成稍大的聚集体，直径0.2 ~ 0.5 μm。初始聚集体可进一步形成松散的二次聚集体。二次聚集体在造纸过程中很容易破碎。颜料的这种结构形式赋予它高光散射能力和高吸收性，提高纸张的适印性。这种颜料的密度比大多数矿物填料低，白度在可见和远紫外光波范围内均非常高，可用于隔离与分散二氧化钛填料颗粒，提高二氧化钛填料的光学效率，或取代部分二氧化钛而不会降低纸张的光学性质。

氢氧化铝仅用于特殊用途的纸张的加填，可提高白度、不透明度，改善吸墨性能。另外，氢氧化铝由于含有高达35%的结合水，这些结合水在加热到150℃时开始脱除，使得氢氧化铝在加热中释放出大量水蒸气并吸收能量，从而可以用作阻燃剂。如同碳酸钙，氢氧化铝的来源也有两类：天然和人工合成。可采用纯的铝土矿通过机械研磨而成，其处理过程与研磨碳酸钙相似。合成氢氧化铝则是通过将铝土矿溶解在碱液中然后干燥脱水即可得到结晶形的沉淀氢氧化铝。

另外，可用作造纸填料的原料还有硫酸钡以及合成有机填料等，其应用原理与上述几种填料相似。

（二）填料的性质

1. 光学性质

当光照在填料上时，部分光束直接从表面反射回去，其余的光进入到填料内部，部分被填料吸收，部分透过填料。填料对光的反射、吸收和透射决定了填料的亮度、颜色、光散射系数、不透明度和光泽度等光学性质。这些与填料的折射率、粒度分布和填料粒子的形状有关。其中亮度由填料的光反射能力决定，与填料的化学或矿物成分及提纯方法有关。钛白粉、塑料颜料、煅烧高岭土、沉淀碳酸钙等要比普通填料的亮度高。表3－1列出若干填料的物理性能。

表3－1　填料/颜料的物理性质

填料/颜料	粒子形状	密度/（kg/dm^3）	折射率	ISO 白度
高岭土	六角形 扁平形	2.58	1.56	80～90
研磨碳酸钙	立方体 菱形 扁平形	2.7	1.56～1.65	87～97
滑石粉	扁平形	2.7	1.57	
钛白粉：				
锐钛矿	棒形	3.9	2.55	98～99
金红石	圆形	4.2	2.75	97～98
沉淀碳酸钙	易变化 一般为棒状	2.7	1.59	96～99
煅烧高岭土	聚堆的片状	2.69	1.56	93
塑性颜料：				
实心	球形	1.05	1.59	93～94
空心	球形	0.6～0.9	1.59	93～94

研究表明，涂层的遮盖能力与涂层中颜料及基料组分折射率之差的平方成正比。在已知

的填料/颜料中金红石 TiO_2的折射率最大，它和纸张其他组分之间有最大的折射率差，因此是最好的白色颜料。改变颜料或基料的折射率都会影响涂层的折射率。如在黑板上用粉笔写字，碳酸钙对黑板有很好的遮盖力，就是因为其中含有空气，但如果将粉笔字弄湿了，就看不到白色了，因为此时水取代了空气，水的折射率和碳酸钙的相近所致。现在有一种胶囊形颜料，即聚合物的小空心球，便是利用了便宜的空气做颜料，若再进一步，在空心球中放入钛白粉粒子，遮盖效率就更高了。

2. 粒度与颗粒形态

理论上，具有高折射率的球形颗粒的粒度等于光束波长的一半时，可获得最大的光散射，即0.2~0.3 μm，如果低于此值，则填料失去散射能力，而大于此值则总表面积减少，使填料对光线的总散射能力降低。折射率较低的球形填料粒子则需要在较大的粒径（0.4~0.5 μm）下取得最高的遮盖力。实际上，只有二氧化钛填料的粒度在最佳范围之内，一般填料的粒度要比最佳粒度大。如果填料具有多孔或聚集结构，而孔的尺寸在最佳粒度范围内，也可获得高光散射能力，煅烧高岭土和某些类型的沉淀碳酸钙就属此类填料。需要说明的是，以最佳粒度为中心时，粒度分布范围越窄，越有利于增加纸张的不透明度。

填料的粒度和形状也影响成纸的光泽度、松厚度、透气度、强度和印刷性能。片状的、颗粒细小的填料可降低纸张的透气度和松厚度，但经过超级压光后，纸页的平滑度和光泽度较高；片状的高岭土填料如发生聚集，对纸页强度的影响相当大；纸页的松厚度随填料粒度的增加而提高，经煅烧形成带有微孔的刚性填料聚集体，随加填量提高，纸页松厚度则略有提高，而球形粒子的聚集体则显著提高纸页的松厚度；粒度越大，加填纸页的透气度越大；随粒度的增大，块状填料加填纸页透气度的提高速度远远大于片状填料加填的纸页。

3. 比表面积

通常比表面积大的填料可提供更多的散射界面，有利于提高加填纸张的光学性质，同时由于增加纸张的吸墨性而提高纸页的适印性，但会削弱纸页的强度，这主要是由于加填后影响了纸张中纤维间的结合。同时，比表面积大的填料更容易吸附施胶剂，且比纸料中其他组分易于流失而增加了施胶的难度。

4. pH 与表面电荷

填料悬浮液的 pH 与其表面基团和可溶成分有关，白土的悬浮液呈微酸性，pH 在4.5~5.0；滑石粉和碳酸钙悬浮液呈碱性。碳酸钙在酸性条件下部分溶解，随温度的增高，其溶解度降低。在纯水中，$CaCO_3$溶解度很小，仅为25 mg/L，而在含有 CO_2的水中，$CaCO_3$的溶解度可达1500 mg/L，若 pH 下降到6.5~7.0，会极大地提高其溶解度，因此 $CaCO_3$只适合在碱性条件下使用。填料粒子表面的 Zeta 电位在 -30~30 mV，主要取决于它的加工和处理过程以及所处悬浮液的离子强度。影响填料粒子表面 Zeta 电位的主要因素有：pH、无机盐、聚合物分散剂、高聚物等。

三、填料液的制备及使用

为了输送和添加的方便，一般需把填料制成悬浮液再添加到纸料中去，要求在填料加入浆料之前，必须在水中分散均匀，为保持原料的细度，结块颗粒必须分散开，必须除去可能存在的杂质。填料悬浮液的浓度通常为10%~20%。对于不同类型的纸张，所需填料的类型也不尽相同，表3-2及表3-3中分别列出了常见纸张中所用的常用填料以及常用填料的主要功能。

表 3-2　不同类型纸张中所用的填料或特殊颜料

纸张类型	常用填料
化学浆涂布原纸	GCC，PCC
化学浆未涂布原纸（复印纸，双胶纸）	PCC，GCC，PCC/GCC，滑石粉/GCC，无定形硅酸盐，煅烧高岭土
机械浆涂布原纸（轻涂、重涂）	GCC，滑石粉，PCC
机械浆未涂布原纸（超级压光，杂志纸）	高岭土，高岭土/GCC，高岭土/PCC
新闻纸	GCC，PCC，无定形硅酸盐，煅烧高岭土
高度不透明纸	TiO_2，硫化锌，PCC，无定形硅酸盐，煅烧高岭土
卷烟纸	PCC
装饰用纸	TiO_2，TiO_2/滑石粉，TiO_2/煅烧高岭土或硅酸盐
白卡纸	GCC，PCC，煅烧高岭土

表 3-3　改善纸的性质与填料的选择

性质	应考虑选择的填料
白度	碳酸钙，三水合铝，无定形硅石和硅酸盐，白度 90% 煅烧高岭土；TiO_2 和硫化锌等
不透明度	根据反射指数选择 TiO_2 和硫化锌。其他的填料应具有粒径小，高表面积和高松厚度——大多数的PCC，某些情况下，可使用灰白的填料
平滑度	所有的填料都可，但粗大颗粒或聚集体应很少
光泽度	分层高岭土，PCC，滑石粉——通常希望颗粒小和/或扁平状
适印性	与平滑度一样——$CaCO_3$，三水合铝，滑石粉，煅烧高岭土，无定形硅石和硅酸盐
油墨的保持	无定形硅石和硅酸盐，PCC，分层和煅烧的高岭土，滑石粉

四、填料的留着

为了最大限度地提高填料在纸页网络结构中的留着率，填料的粒径及表面积是影响留着率的重要因素。类似地，在高固含量的填料泥浆中存在的分散剂常会与填料的留着化学机理相冲突，因此在生产不同类型纸张时，分散剂对留着的影响也需考虑入内。对大部分填料而言，粒子电荷，或 *Zeta* 电位也是考量留着率的指标。

填料的留着是由吸附过程、过滤过程、沉积过程以及絮凝过程决定，通过两种机理来实现：机械截流和胶体吸附。机械截流是指填料由机械过滤作用，使填料不能通过纤维在纸机网部形成的网格而留在纸页内。机械截流的机理可说明颗粒较大的粒子，如滑石粉等，具有较高的留着率，以及纸张的定量越大，纤维层越厚或过滤速度越慢，填料的留着率也较高的现象。对于细小组分或微小颗粒而言，胶体聚集是其留着的主要机理，包括细小组分形成的聚集体和细小组分和纤维形成的聚集体，后者是细小组分吸附在纤维上，与纤维一起在成形部被截留在纤维形成的浆垫中。填料在水中带有负电荷，当加入硫酸铝之后，因有水合铝离子产生，填料粒子吸附铝离子而转变成带正电荷，并与带负电荷的纤维相吸引而沉积在纤维的表面上。另外在浆料中加入硫酸铝，还能促进填料粒子的胶体絮聚作用。填料的留着应是机械截留和胶体吸附综合作用的结果，即颗粒较大的填料粒子是靠机械截留作用而留着，颗粒较小的填料粒子是靠胶体吸附作用而留着。

在造纸过程中应尽量避免纤维与纤维和细小组分与细小组分之间的絮聚，尽量促进细小组分与纤维之间的絮聚。若在纸页形成之前，大量的细小组分吸附在纤维上，这可使细小组分在纸页中均匀分布，否则会造成纸页的两面性。影响填料留着的因素主要包括：a. 填料的物理化学性质，如填料颗粒的形状，电荷性质等；b. 浆料性质，如打浆度，pH、Zeta 电位等；c. 细小纤维含量；d. 白水循环、回用二次纤维及其他方式引入的阴离子垃圾；e. 助留剂和其他化学品的使用；f. 纸机操作过程，如纸机车速、真空抽吸作用、网部振幅和振次等。从以上影响因素可以总结出提高填料留着的可行措施：应用助留剂；填料改性与处理；纤维改性与处理；纤维细胞内加填等。

第三节 染色和调色

一、染色和调色的目的与作用

将某种色料加入纸浆中或施加于纸张表面，使得纸张能有选择性地吸收可见光中的大部分光谱，不吸收并反射出所需要色泽的光谱，此过程称为染色。纸的调色是指在漂白纸浆中加入少量蓝色、紫蓝色或紫红色，使其与漂白纸浆中相应呈现的淡橙、浅黄或橙黄色起互补作用而显出白色，也称为显白。在漂白化学浆中，有时加入荧光增白剂以增加纸张的亮度，也是一种显白作用。由于木质素能吸收从荧光增白剂发出的可见光，因此荧光增白剂一般用在不含机械浆的纸种。染色分成彩色染色、白纸着色和荧光增白 3 种类型。

二、色料的种类和性质

（一）酸性染料

酸性染料一般是小分子型物质，其相对分子质量为 350 ~ 500，并且含有共轭双键，均是水溶性的盐（以钠盐或钾盐形式存在）。大部分酸盐染料是偶氮型化合物，对木素和纤维都没有亲和力，产生的颜色非常明亮。与直接染料相比，酸性染料中含有更多的酸性基团，从而也增加了后者的水溶性。

酸性染料对纸张没有亲和力。尽管染料分子渗透能力很强，可以渗透至纤维的毛细管中，但因其本身带有强负电性基团，必须靠硫酸铝媒染剂（pH 约 4.5）以及阳离子型定着剂，例如：双氰胺同甲醛、聚胺类化合物、聚乙烯胺的缩合产物，以达到目标染色率。另外，使用酸性染料的缺点还有其废液的颜色很深，以及较差的色泣牢度。但酸性染料的溶解性非常好，在染色对象上不会产生色斑，并且很适合于浆内染色及表面染色。酸性染料除用于纸张染色外，还可应用于毛、蚕丝、锦纶、皮鞋以及墨水、化妆品的着色，然而由于利用酸性染料的性价比低以及废液问题，其应用范围已大大受限。

（二）碱性染料

碱性染料是具有氨基基团的有机化合物，在水中能离解成阳离子。阳离子是染料部分，阴离子是盐酸根、硫酸盐、醋酸根、草酸根等。碱性染料可溶于酸性水溶液中，这也是常利用醋酸来制备碱性染料浓缩液的原因。碱性染料的配方中一般含有5% ~25%的醋酸，5% ~20%的乙二醇衍生物（稳定剂）以及约25%的发色基团。这些发色基团对纤维具有很强的亲和力，尤其是对含有木素的未漂白浆和机械浆纤维，以及填料，原因在于这些纤维及填料含有阳离子电荷，使得碱性染料在纸张中表现出非常高的固着率。对漂白浆而言，由于其含有的木素含量很低，碱法染料对其进行染色时，需加用媒染剂，如甲醛与萘磺酸的缩合产物。增强染料的固着率可使得颜色更加丰富，色泣牢度高，废液色度低。

碱性染料主要是用于包装用纸（如箱板纸，瓦楞原纸），含有本色浆和磨木浆的书写纸。在碱性染料中，棕色染料占的体积为最大，主要是因为包装用纸中原料基本全都是二次纤维。箱板纸中的棕色染料应接近于未漂白的牛皮箱板纸的颜色，减少视觉差并且表现出一定的性能。两种具有代表性的棕色碱性染料分别是碱性棕1（偶氮型染料，化学结构式见图3－11）和碱性棕19（含次甲基染料，化学结构式见图3－12），这两种染料中均含有强阳离子电荷，可增强染料对纸浆纤维的亲和力。

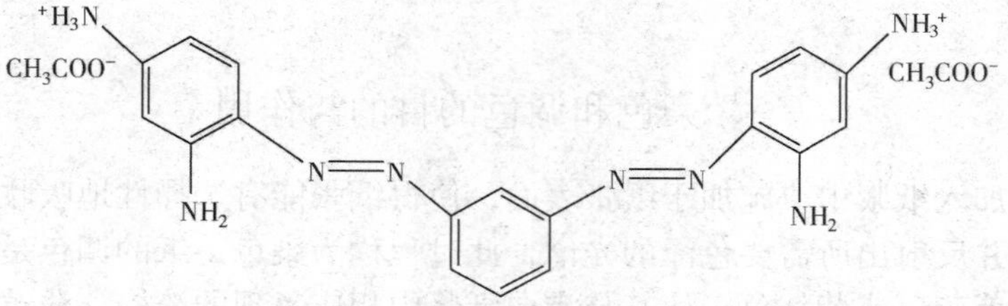

图3－11　碱性棕1的化学结构式

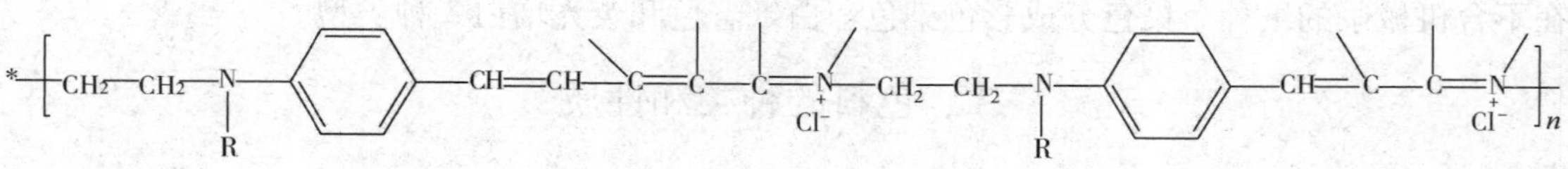

图3－12　碱性棕19的化学结构式

（三）直接染料

直接染料可分子阴离子型染料和阳离子型染料，其中阴离子型染料的用量占市场总量约50%之高。阴离子型直接染料包括偶氮型化合物的钠盐，其中含有的磺酸基团可增加其水溶性；另外还有酞菁型，也含有磺酸基团。阴离子型染料对漂白化学浆有很强的亲和力，因此不需要另外的定着剂，除非产品需要较深的色度及色泣牢度（例如：深色的餐巾纸）。

阳离子型直接染料保留了酸性染料中的平面分子结构，但又包括了阳离子基团，此特殊性使其对纸张纤维的亲和力增加，甚至对漂白后仍含有木素的纤维进行深度染色时，也并不需要硫酸铝或其他定着剂。由于此种染料的色泣牢度较高，将其与阴离子型直接染料一起使用时，可增强其在纸机上的附着力，从而减轻了循环水的污染程度及废水量。常见的4种染料及其相应的特性列于表3－4中。

表3-4　常见染料及其特性

类别		电性	溶解性	与纤维的亲和力（适用的浆料）	耐水、耐光牢度	染色力	价位
碱性染料		+	易溶于水	机械浆，未漂白浆，半化学浆，化学浆需要固色剂	耐水牢度好，耐光牢度差（聚合碱性染料有所提高）	强色泽鲜艳、色谱齐全	低
直接染料	阴离子型	-	溶解性差	对全漂化学浆亲和力好，半漂和未漂化学浆也适用	耐光牢度高于碱性染料	弱	高
	阳离子型	+	溶解性差				
酸性染料		-	可溶于水	对漂白浆和含木素浆亲和力均低，需要固色剂	耐光牢度差	鲜艳	低
色素染料		/	不溶性颗粒	无，需要固色剂，用于特种纸，少量用于纸张涂料	耐光、高温	强	很高

（四）荧光增白剂

荧光增白剂又称光学增白剂，是一种可以吸收紫外光并发出可见的蓝色、蓝紫色等荧光的一类有机化合物。纸浆纤维总是吴黄至灰白色，即使经过一般漂白处理，依然不能消除这种微黄色调。在纸浆中加入荧光增白剂后，增白剂吸收紫外光而发出蓝色荧光，根据光学互补原理，可使纸浆变为纯白色，同时使纸浆产生更亮、更艳的效果。

在用于纸张的增白时，荧光增白剂含有多种不同化学组成及生物来源。例如二氨基二苯乙烯二磺酸由于其良好的色泽牢固度，成为最受欢迎的荧光增白剂，其用量在20%~27%。此种荧光增白剂的主要核心是二磺化的二氨基二苯乙烯，其主要的不同在于侧链上磺酸的取代个数。仅含2个磺酸基团的高上染性的荧光增白剂占有市场用量的约11%，含有4个磺酸基团的，其上染性居中，占市场用量最大，为80%，剩余的是上染性较低的含有6个磺酸基团的。

荧光增白剂的添加可显著提高纸张的白度/亮度，尤其是对于漂白后的纸浆而言。将其应用于未漂白的化学浆或机械浆时，荧光增白剂的染色效果下降，甚至是没有效果。荧光增白剂也可应用于表面施胶及涂布过程中。对表面施胶过程而言，二磺酸类一般不适合于表面施胶（可用于湿部和涂布），与施胶液相容性差、效率低；四磺酸类被广泛用于表面施胶，缓冲型可专用于pH低的松香施胶原纸；六磺酸类可在追求特高白度时用于表面施胶；因其对酸不敏感，可用于pH低的松香施胶的原纸；加强型主要用于涂布，但也可用在含颜料的表面施胶，但用量高时导致原纸施胶度降低。对于涂布而言，二磺酸类用于中等白色强度，特别适合于用干酪素或蛋白质作为基料的配方，也适用于某些特殊的合成共基料。经济性不如四磺酸类；四磺酸类用于中等－高白色强度。共基料（CMC，PVA，淀粉）含量较高的涂料中效果较好；六磺酸类用于生产白度很高的涂布产品，涂料中共基料含量足够高时能发挥最佳效果。

常见的荧光增白剂种类可分为以下几种。

1. 二苯乙烯型

二苯乙烯型荧光增白剂主要有双芪二磺酸类、杂环芪衍生物、酰基芪类衍生物及不含磺酸基芪类衍生物等，最大吸收波长为 346 nm，发蓝色荧光，其结构通式及代表物分别见图 3－13 及图 3－14。

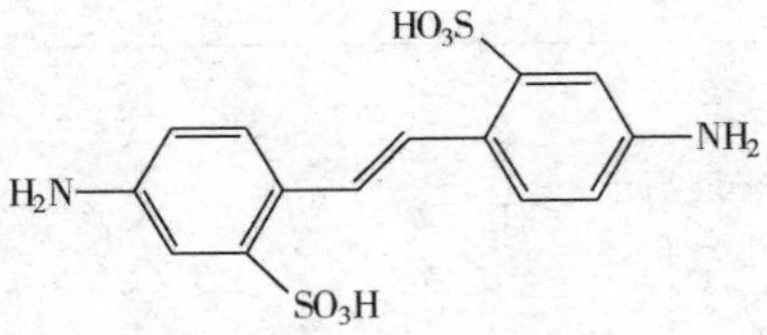

图 3－13　二苯乙烯型荧光增白剂的化学结构通式

由以上结构式可知，这类增白剂是对称的，并含有以下 4 种基本基团：①荧光基团：二亚氨基二苯乙烯基。这是一个大共轭基团，具有可被紫外线激发的 π 电子。当分子吸收紫外线后能从基态变为激发态，不稳定的激发态辐射出荧光，而后又恢复到基态；②转换波长基团，即结构式中的不同取代基，会呈现出不同的颜色；③活性基团：即三嗪基。该活性基团的结构同荧光基团结构，可连接转换波长基团，还能与纤维素亲和；④亲水基团：磺酸基，可增加增白剂的水溶性，在水中易于分散并与纤维素有较高的亲和力。

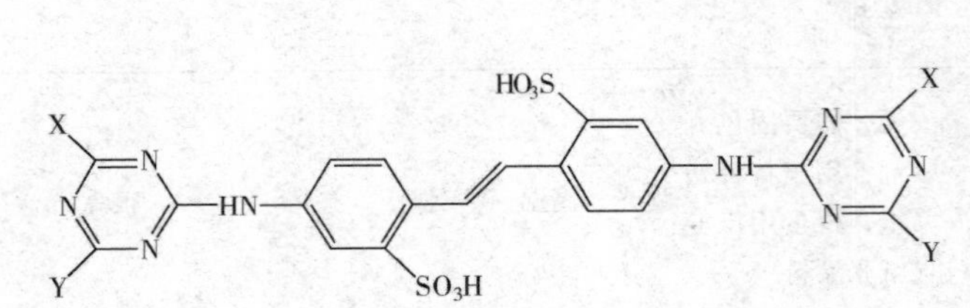

图 3－14　二苯乙烯型荧光增白剂的代表物

2. 吡唑啉型

吡唑啉是吡唑啉型荧光增白剂的母体结构，其化学结构通式如图 3－15 所示，此类荧光增白剂总体耐光性能较差，通过在母体结构中接枝不同类型的功能取代基，可以显著提高其耐光使用效果。

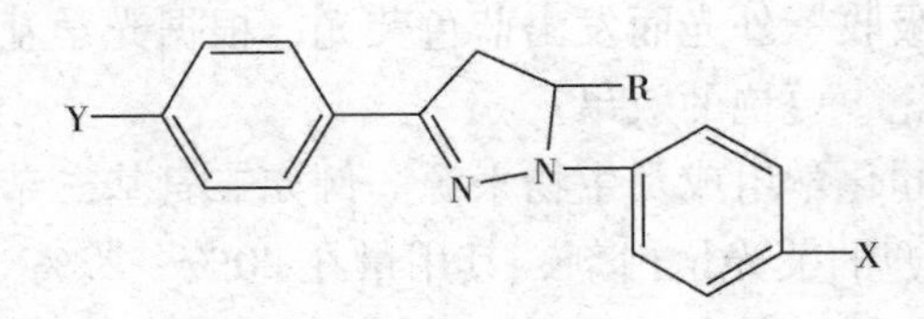

图 3－15　吡唑啉型荧光增白剂的化学结构通式

3. 苯并噁唑型

苯并噁唑型荧光增白剂有对称型与不对称型之分，其结构如图 3－16 所示。

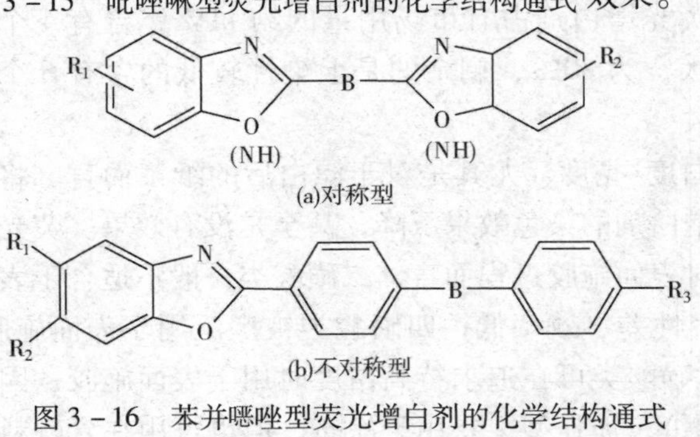

(a)对称型

(b)不对称型

图 3－16　苯并噁唑型荧光增白剂的化学结构通式

苯并噁唑型荧光增白剂具有良好的化学稳定性及热稳定性，是目前所有荧光增白剂品种中熔点最高耐热性能最好的品种，另外其分散性良好，增白效果优良，特别适用于聚乙烯、聚丙乙烯、聚氯乙烯等塑料和聚酯纤维等化学纤维的原浆着色。此类荧光增白剂的吸收波长在 363 ~ 374 nm 范围内，发红色荧光。

4. 萘酰亚胺型

此类型荧光增白剂的结构如图 3 – 17 所示。

萘酰亚胺类的荧光增白剂是一类非常重要的功能材料，其优点在于可使被染色基质色泽更鲜艳，荧光活性强烈，耐光牢度优良、耐亚氯酸钠漂白牢度好。此类阳离子型荧光增白剂由于分子较小，较易渗透入纤维内部。

5. 香豆素类

此类荧光增白剂的结构通式如图 3 – 18 所示。

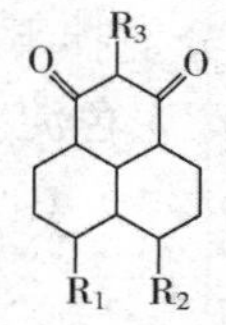

图 3 – 17　萘酰亚胺型荧光增白剂的化学结构通式

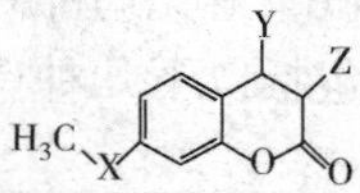

图 3 – 18　香豆素类荧光增白剂的化学结构通式

香豆素型增白剂中存在 C═C 双键、 C═O 双键及内酯结构，是一类具有广阔应用范围的有机化合物。香豆素及其衍生物在可见光区范围内具有很强的荧光性。在造纸行业中，应用范围最广的香豆素类增白剂是5，6 – 苯并香豆素 – 3 – 甲酸乙酯（PEB），其结构式如图 3 – 19 所示。其外观为淡黄色粉末，不溶于水，呈阴离子性，色泽呈青色，商品一般制成分散悬浮液。

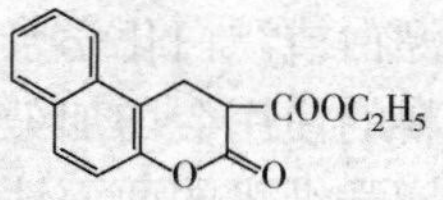

图 3 – 19　PEB 的化学结构式

三、染色和调色的机理

纸张的染色是在浆料中加入某一色料，使其有选择性地吸收部分可见光，反射我们所要求的色泽光谱，这一生产过程称为染色和调色。纸张的颜色是否鲜艳美观，主要依靠颜色的合理调配。颜色主要有 3 种，即红、黄、蓝称为原色，自然界的各种色彩都可以用这三种原色按不同的配比调制而成，色相调配图可参见图 3 – 20。

图 3 – 20　色相调配图

染料的核心是其发色基团，含有大量的共轭双键或单键，也就是常说的 π 电子体系。为了吸收可见光从而带有颜色，一个颜料分子中需含有至少 4 个共轭双键。当可见光遇到 π 电子体系时，肉眼可见到的颜色就是 π 电子体系所吸收的光的程度。从结构上来看，纤维素是平面结构，带有负电荷，因此纤维素与带负电的染料之间会存在排斥力。然而，负电荷的直接染料分子中的 π 电子体系可以使染料与纤维之间有较强的吸引力，即范德华力。染料分子是否会固着于纤维素上取决于纤维素与染料分子所处的环境是否可以减弱其中的排斥力。

对于荧光增白剂而言，其染色机理在于：荧光增白剂可吸收紫外波长范围内（370 nm以下）的光，然后在可见光波长范围内（峰值在457 nm）将光线重新反射出来，增强了物体对光的反射率，由于反射出的可见光量增加，在视觉上可感觉到物体被增白了。然而纸张中可吸收紫外光的成分都会影响荧光增白剂的使用效果。例如，木素可吸收紫外光，因此纸浆中木素含量越高，荧光增白剂的作用效果越差。因此，荧光增白剂一般不添加至含有机械浆和未漂白浆的纸张中。另外，还有一些高岭土类及 TiO_2 等填料会与荧光增白剂的作用效果相抵，其他一些填料比如碳酸钙、氢氧化铝会反射紫外光，从而也就可增强荧光增白剂的效果。较高的pH（>6时）有助于提升荧光增白剂的白度效果。

四、色料的制备和使用

染料的制备一般是用少量的水将染料调成稠状，在充分搅拌下用热水进行稀释并过滤。溶解染料时不能直接通蒸汽，避免局部高温造成染料分解产生色淀。

染色的操作方式主要包括以下几种。

1. 浆内染色

浆内染色是应用范围最广的染色过程。由于浆内染色可实现清洁生产及将染料利用率最大化，大多数纸厂采用连续且全自动添加染料至浆料中，极少数纸厂采用间歇式的加料方式。

染料的选择及染色的工艺条件基本取决于所用纸浆原料（二次纤维、机械浆、化机浆、未漂白或漂白化学浆，填料类型及用量）及制备过程，如高打浆度的纸浆原料可加深染色。填料的使用会增加染料的用量，一方面是由于填料会吸收染料从而会使纸张减色；另一方面会增强纸张的两面性。

在连续型染色过程中，染料添加量受多种因素影响，如高浓染色染料的用量为3%～4%（在浆料进入流浆箱与白水混合之前加入），低浓染色染料的用量为0.5%～1.5%（在混合浆泵或压力筛前加入）；pH条件；硫酸铝的加入通常会促进染料的吸收并减少有色废液的产生。一般而言，纸张的生产通常是在中性或碱性条件下完成的，因此需要色料液在中性条件下或者在定着剂和助留剂的辅助下对纸浆纤维有较好的吸引力。

连续型和间歇型染色过程的优缺点在于：间歇型染色过程使染料与浆料有充分的接触时间，从而可进行充分的混合，其缺点在于颜色校正及变化所需的时间较长（生产能力下降），并且对于染料的处理方面也存在较多问题：如清洁生产的条件及精确控制染料测量的系统。由于间歇型染色过程不能利用在线检测颜料的颜色及质量，也会使生产能力下降。连续型染色过程的优势在于染料与浆线接触的时间较短，产生的废纸也较少（达到所需颜色的时间较短，生产能力提高）。另一方面，可实现染色后纸张成品的质量在线监测，供料泵可迅速调整，因此连续型染色过程产生的废纸较少，生产力较高。然而由于颜料与纸张接触时间短，当生产颜色较深的纸张时，染色率会较低，因此需使用较为复杂的染色设备。

另外一种特殊的浆内染色方法是着色法（tint），主要是用于书写纸的染色。此方程主要是通过添加蓝紫色染料或是纯蓝色与亮红色的混合染料来消除浆料中的浅黄色色调，并产生一种淡蓝色，肉眼看起来也更为明亮。

2. 纸面染色

在纸面染色过程中，染料液是在施胶剂的准备过程加入的，然后通过施胶压榨或薄膜压榨进行染色。其他添加剂，如淀粉，合成施胶剂，增白剂的加入也是通过以上方式。对于这样的添加剂混合方式，需要避免相互之间的负作用。为使染色均匀，关键是需要纸张对染料的均匀且适当的吸收。纸面染面的优势在于：色调转变快，可实现纸张的单面染色（如箱板纸），循环水中无二次染料，适用于高定量纸张的染色，节省染料。然而，与浆内染色（传统染色方法）相比，由于纸张的染色很难达到均匀，使得纸面染色的适用范围较窄，因此纸面染色有时与浆内染色相结合以减轻纸张两面性的问题。

（1）浸渍染色

浸渍染色常用于皱纹色纸及其他薄型色纸的生产。浸渍染色是使原纸通过色料槽而着色，多余的染料通过辊子压出，然后在烘缸上进行干燥。较常用的染料是酸性染料，因为其溶解性高，颜色明亮，且对纤维和木素都没有亲和力，可均匀上色。与浆内染色相比，浸渍染色的色泣牢度较差。

（2）涂布上色

在一般的涂布过程中，纸或纸板的表面覆有白色的染料。在涂布上色过程中，原材料也是白色的涂布混合液，然后通过添加某颜色的有机或无机颜料以使纸张产生所需的颜色。涂布上色的方法及所用染料主要是用于生产特种纸和纸板，如标签纸、形象宣传册和包装材料等。

（3）压光机染色

压光机染色与压机纸面施胶相似，在压光辊上使纸张与染料接触，多用于纸板和厚纸的染色。此种方法有染料耗用少，成本较低，色泽鲜艳，耐光性较强等优点，但由于受压光操作的影响，色料局部受磨损脱落，在纸面上常出现露底白斑的纸病。

影响染色效果的因素：

①打浆度　增加纸浆打浆度可使染色加深，其原因在于打浆度高的纸浆形成的纸页密度大，改变了纤维之间的光学接触，即在一定程度上光的反射、折射和吸收会发生变化，从而使颜色加深。

②纸浆种类　不同的纸浆种类会影响染料的留着率。一般来说，当浆料中含有机械浆纤维时，染料的着色率会最低。其原因在于纸浆纤维所带的阴电荷特性，使得纤维与染料之间存在排斥力，但可通过添加阳性定着剂来改善这一问题。

③水的硬度　提高水的硬度可减小纤维与染料之间的排斥力，从而有助于提高染料的留着。纸厂的实际操作过程中，若原水是偏软的，则会人工添加硫酸镁或其他物质以增大水的硬度，然而水的硬度高会导致荧光增白剂失去荧光效果。

④填料　纸页达到相同色泽度时，当纸页中添加某些填料，如瓷土，会增加染料量。填料的添加量决定于客户对纸张的特殊需求以及成本。当填料用量超过10%时，生产较深颜色的纸张在经济方面已不存在可行性。

⑤损纸　为保证染色时，纸张可达到目标色度，需要控制原材料中损纸的用量。当使用经过次氯酸钠漂白后的湿损纸浆时，需要特别地添加适合的化学品以保证漂白剂是抗染色的。

⑥定着剂　低分子质量高电荷密度的阳离子定着剂可用于改善染料在纤维和填料上的留着。通常在加入直接染料之前加入，可获得很好的染色效果。

⑦纸张的含水量　一些特殊的染料，如阴离子型直接染料的染色会受纸张的含水量影

响。含有此类染料的纸张的颜色会随着水分含量的变化而变化。因此当使用此种染料进行染色后的纸张在质量评定前需将其保存在特定的环境中。

⑧pH　造纸白水系统的 pH 对染料色度及其留着率有很大的影响，为使纸的颜色变化最小，必须严格控制纸机网下白水系统的 pH。

⑨染色的两面性　纸机的车速高，案辊和真空箱脱水强烈，会降低染料的留着率，从而造成染色的两面性。此外，烘缸温度过高或纸页两面受热不匀，也会使某些染料褪色或染料从贴缸的纸面转移到另一面，从而造成染色的两面性。因此需选择适当网目的造纸网；在纸料中加碳酰胺和酚醛树脂；染料必须在软水中溶化；控制好烘缸的温度曲线，干燥温度不要过高。

第四节　助留助滤剂

抄纸实际是一个过滤的过程，纸机的网部可认为是一个连续工作的过滤器，使浆料的固态物质保留在网上，而未保留下来的物质随着大部分的水而形成白水。将浆料进行固液两相的滤水过程必须足够强劲以保证纸页离开网部时不会断裂，并且滤水速率也决定着纸机的速度，从而也影响纸张生产的成本。

滤水过程可以通过调节网部的网眼或网部上下游的压力差来控制其速率。当网眼较粗，上下游的压力差较大时，会使得浆料的固液两相较难分离，留着能力较差从而加大纸张生产成本，更重要的是会使纸张质量下降。因为使用粗大的网筛时，细小纤维和填料的留着率较低，从而会影响纸张的适印性。并且白水循环时，其中的大部分固态物料会进入到浆料中，从而会使细小纤维和填料的浓度不断增加，会伴随产生废弃物增多，纸张质量下降及废水处理难等问题。

表征留着效果的参数为单程留着率和总留着率。前者是指留在网上纸页中的填料量占上网纸料中填料量的百分率（一般为 40% ~70%），而总留着率是指保留在纸页中的填料量占加入纸浆中填料量的百分率（一般为 90% ~98%）。

通过研究发现，添加某些特殊的化学品时，可增加细小纤维及填料的留着率，同时促进浆料的滤水性能，从而使得纸张质量提升，纸机的生产能力增强，并且缩短生产的成本回收时间。

一、纸料助留助滤的目的及作用

助留是在纸页成形和脱水过程中使纸料纤维留着于网上的过程。助滤是改善滤水性能，提高脱水作用。助留助滤的目的和作用在于：

①提高填料和细小纤维的留着、减少流失，改善白水循环，减少污染；

②提高网部、压榨部及干燥部的脱水能力，从而提高纸机车速及生产能力；

③改善纸页两面性，提高纸张的印刷性能；

④提高生产效率：减少原材料消耗，干燥部成本，优化运行能力，降低了化学品消耗及处理污水的成本消耗；

⑤助留能力的提高还可减少使用施胶剂，染料及其他功能性化学品；白水循环的改善也减少对消泡剂和杀菌剂的使用。

二、助留助滤剂的种类及性质

（一）助留剂的种类及性质

助留剂是增强填料和细小颗粒对纤维的吸附从而可以使其保留在纤维网络中。这种吸附必须可以抵抗住现代高速纸机上的管道及各种设备中的强剪切力。在早期的造纸过程中，常用的助留剂一般是白矾类化合物，因其可中和浆料中的电荷。后来，单种聚合物体系，如聚乙烯亚胺（简称 PEI）可形成“补丁”，也被引入至助留体系。在单聚合物和双组分体系[如 PEI + PAM（聚丙烯酰胺）]中，高分子质量的 PAM 会产生桥联作用，这是助留助滤剂产生效用的最主要机理。然而，最新的微米级和纳米级体系（如，PAM/膨润土，PEI/PAM/膨润土，硅胶/PAM）的作用机理是复合絮凝。

根据化学组分，助留剂主要可以分为 3 大类：无机盐类，天然有机聚合物，以及合成有机聚合物。

1. 无机盐类助留剂

这一类助剂包括明矾、聚合氯化铝（PAC）和氯化钙，其中明矾是目前用量最大的助留剂，PAC 的应用也在逐渐增加。明矾的使用早在松香应用于纸张的施胶时就开始了。其作用之一是提高留着率，然而主要目的是使松香可以用作施胶剂，因为明矾可通过固着松香型施香型及其他黏性物质至纤维和填料上，从而防止了纤维和填料的流失，继而增强了纸机的运行能力。与其他助留剂不同的是，明矾所形成的溶液 pH 并不在常规生产纸张的 4 ~ 8 范围内。由于明矾会形成带正电荷的胶体，其性质不但取决于 pH，还有铝盐的阴离子的性质。使用铝盐作为助剂时，其用量约为 0.5% ~ 3%。由于铝盐为水解型，会使浆料的 pH 下降，因此使用阳离子铝盐作为助留助滤剂时，使得抄纸过程必须在酸性条件下进行。氧化铝钠也偶尔可作为助留助滤剂，主要是为了提高浆料的 pH 并提供胶体铝的来源。

有些无机物助留剂还可以与其他化学品相结合以起到留着作用。比如，硅酸与阴离子淀粉相结合会起到助留剂的效果，更重要的是可以提高纸页强度。碱性活化的膨润土与非离子型高分子质量的聚丙烯酰胺相结合即会增大留着和滤水的速率，然而膨润土本身几乎没有助留效果。

2. 天然有机聚合物

这一类助剂主要包括阳离子淀粉，其主要用途是增强纸张的干强度，提高留着率是属于副作用。为了增强淀粉的留着效果，可与 2，3 - 环氧丙基 - 1 - 三甲基苄基氯化氨或氯基乙基二甲基氯化氨进行改性以增强其阳离子电荷。另外，一些改性的聚糖化合物，如阳离子果阿胶也可以作为助留剂，但这一类助剂的主要效果是提高纸张强度。

3. 合成有机聚合物

此类助剂主要是指有机的、水溶性的、分子质量高的化合物，可以是阴离子型、阳离子型或非离子型，但其分子质量对于助留助滤的效果有重要影响。合成类的助留剂可以按照其单体类型进行划分：聚丙烯酰胺、聚胺、聚乙烯亚胺、聚酰胺多胺及聚氧化乙烯。下面分别对以上助剂进行详细介绍：

（1）聚丙烯酰胺（PAM）

PAM 在造纸工业中被广泛用作助留剂，非离子型的 PAM 可通过自由基链反应由丙烯酰胺单体聚合而成，其结构如图 3 - 21 所示。

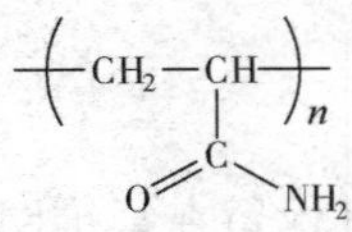

图 3－21　PAM 的化学结构式

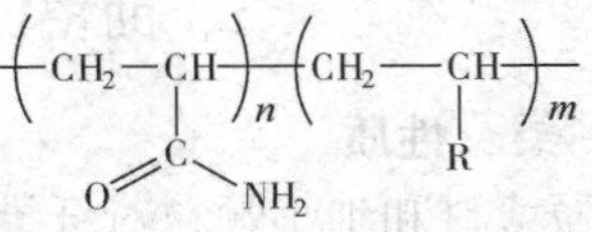

图 3－22　离子型聚丙烯酰胺的化学结构式

离子型聚丙烯酰胺（如图 3－22 所示，其中 R 是带电荷的基团）是丙烯酰胺与其他阴离子型或阳离子型乙烯基单体的共聚物，或者是非离子型聚丙烯酰胺的改性产物。

阳离子型聚丙烯酰胺是丙烯酰胺与丙烯酸的衍生物的聚合产物，主要是丙烯酸或甲基丙烯酸和二乙胺基乙醇的脂化产物（结构式如图 3－23 所示），如二甲氨基乙酯（R_1，R_2 = CH_3；R_3 = H）

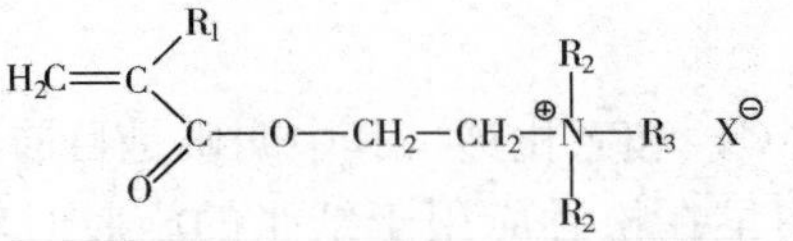

图 3－23　阳离子型聚丙烯酰胺的化学结构式

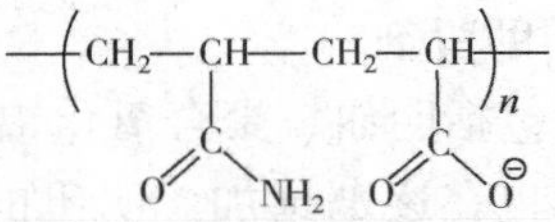

图 3－24　阴离子型聚丙烯酰胺的化学结构式

还有一种较少用的助留助滤剂，阳离子型酰胺，是由丙烯酸或甲基丙烯酸制备而得的。此类助剂的使用是为了向聚丙烯酰胺的链上引入正电荷。需要特别指出的是，由 90%～100% 的阳离子型单酯聚合而成的化合物常被错误地定义为“阳离子型聚丙烯酰胺”。实际上，供于造纸工业的阳离子型聚丙烯酰胺一般只含有 20%～70% 的阳离子单体。另外，阳离子型聚丙烯酰胺也可以利用二甲胺和甲醛对均聚物进行改性而制得。

阴离子型聚丙烯酰胺是丙烯酸或丙烯酸钠的共聚物（结构式如图 3－24 所示），也可通过控制聚丙烯酰胺的水解程度来达到所需电荷密度。

聚丙烯酰胺的助留能力很大程度上取决于其分子质量。电荷密度相同时，分子质量越高时，其助留能力越强。当今造纸厂使用的就是大分子质量的聚丙烯酰胺，其水溶液的黏度很高，因此在使用时溶液浓度一般小于 2%，并且供货商提供的一般是固体或是油包水乳剂形式的聚丙烯酰胺。固态的聚丙烯酰胺是在水中进行单体的合成或在油包水有机乳剂的水相进行合成。在聚合物聚合之后，水会蒸馏出来，在某些条件下，有机溶剂也会蒸馏出来。

固态的聚丙烯酰胺是小颗粒或小圆珠的形态，在水中会先膨胀，然后进行缓慢的溶解。尤其需要注意的是，在使用过程中，不可以出现胶状颗粒，否则会导致纸病甚至断纸。因此使用固态聚丙烯酰胺时，需要配置较昂贵的溶解和过滤设备。

油包水型乳剂是将单体在油包水型的石蜡乳液中的水相进行溶解后合成的。聚丙烯酰胺会以小颗粒的形式进行分散，然后这些小颗粒会吸水膨胀，当水量足够多时，聚丙烯酰胺小颗粒会很快溶解，但在将其引入水相时，需要在溶解过程中加入润湿剂。当前市场上所用的油包水型乳剂中的聚合物含量约为 25%～50%，是环境友好的可替代固型 PAM 的选择之一。

（2）聚乙烯亚胺（PEI）

聚乙烯亚胺及其衍生物长期以来一直被用作助留助滤剂，它是由乙烯亚胺在酸性催化剂的作用下在水相溶液中通过开环的聚合加成反应生成的，反应式见图3-25。

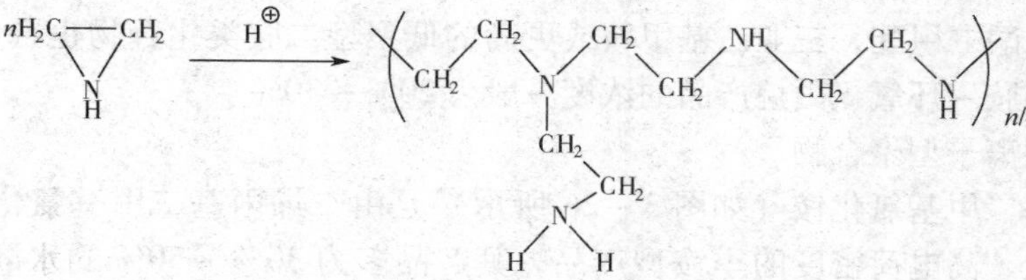

$$nH_2C\underset{\underset{H}{N}}{—}CH_2 \xrightarrow{H^{\oplus}} \left(CH_2-CH_2-\underset{\underset{CH_2-CH_2-NH_2}{|}}{N}-CH_2-CH_2-NH-CH_2-CH_2-\underset{H}{N} \right)_{n/4}$$

图3-25　聚乙烯亚胺的生成反应方程式

上式反应完成后，产品中不再含有任何单体。在合成过程中，聚乙烯亚胺的分子质量是由反应条件及酸性引发剂的性质和数量所决定的。同其他助留剂相同，聚乙烯亚胺的助留效果随其分子量的增加而增强，因此在生产助剂的过程中要尽量提高产品的分子量。然而此处存在的问题是由于聚乙烯亚胺分子链是有分支的，分子质量过大时，会形成一种不溶性的胶体，并且会有伯胺基、仲胺基、叔胺基的存在，其比例大约为1∶2∶1。市面上提供的高分子质量的聚乙烯亚胺助剂均是其强碱性溶液，其浓度约在30%～50%，既含有聚乙烯亚胺，含有水和微量的引发剂。

高分子质量的聚乙烯亚胺可由低分子质量的聚乙烯亚胺交联而成。与均聚物的构造单元相同，但含有氯离子的聚乙烯亚胺可以通过1，2取代的亲电性的乙烷的衍生物交联而成，如1，2-二氯乙烷。为了拓展这种聚合结构化合物的特性，现已研发出含有特殊官能团，分子质量更高，电荷密度更低的PEI衍生物。比如，聚酰胺多胺，一种己二酸的缩聚产物，就是PEI衍生物的一种基础化合物，可以通过交联反应提高分子质量。市面上提供的碱性聚酰胺多胺溶液是经过部分中和后的，其浓度为15%～20%。尽管其浓度也较高，但溶液黏度低，并且易掌控，易与水进行混合。

（3）聚胺

应用于造纸工业作为助留剂的聚胺一般是由胺和短链的含氯交联剂交联而成，如乙二胺和二氯甲烷的缩合产物，即是聚胺类化合物中最简单的代表物。

若认为一些寡聚体，如二亚乙基三胺、三亚乙基四胺及更高的同系物，或者氨本身的构造单元与聚乙烯亚胺类似的话，那么就可以取代乙二胺，并在缩聚反应过程中释放出大量的氯离子。对于分子质量足够大，可以作为助留剂的商业化产品而言，其溶液浓度一般为20%～40%。同聚乙烯亚胺类似，聚胺也可以同其他水溶性聚合物相结合以促进其助留效用。在双官能团化合物，如环氧氯丙烷的协助下，聚胺可以同聚酰胺多胺形成的预聚物进行反应，从而生成高分子质量的缩聚物。

聚胺，或者聚胺与季铵盐的混合物，也可以通过二甲胺与环氧氯丙烷进行聚合而成。其他可行的试剂也有氨、甲胺、乙二胺、二亚乙基三胺等胺类聚合物与环氧氯丙烷或脂肪族二氯化合物等进行聚合。还有很多其他不同的聚合形式也是可行的，但对于聚胺的具体化学组成或其物理性质了解甚少。市面上聚胺产品多为40%～50%的水溶液，其黏度相对较低，从而也说明了分子质量较低。

（4）聚酰胺多胺－环氧氯丙烷

高温下，己二酸与二亚乙基三胺缩聚，然后再与水量的环氧氯丙烷反应即可生成阳离子聚酰胺多胺－环氧氯丙烷树脂，其分子质量高，电荷密度高，可用作助留剂。其他单体，如己内酰胺，己二酸二甲酯，三亚乙基甲胺或更高的低聚型二胺类化合物也可作为反应单体。阳离子聚酰胺多胺－环氧氯丙烷产品的浓度一般为20%～30%。

（5）其他阳离子型聚合物

聚二烯丙基二甲基氯化铵（如图3－26所示）是由二烯丙基二甲基氯化铵聚合成的一种中等分子质量、高电荷密度的季铵型产品，其产品多为30%～50%的水溶液，可用作助留剂，但一般用作电荷中和剂与干扰物质反应。

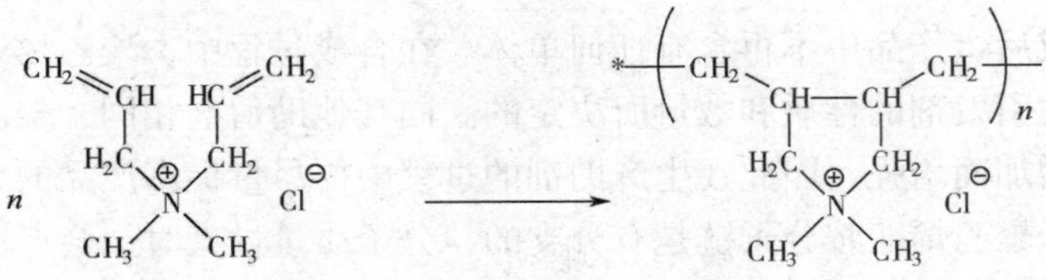

图3－26　聚二烯丙基二甲基氯化铵的生成反应方程式

（6）聚氧化乙烯（PEO）

聚氧化乙烯不同于其他助留剂，只有高分子质量的非离子型聚氧化乙烯可用于造纸工业中。它是碱性催化剂的催化下通过开环聚合而成的，如图3－27所示，单体中的C—C键和C—O键形成了聚合物的主链。作为助留剂的PEO需要有高的分子质量，至少在400万以上，所以即使是PEO的稀溶液，其溶液黏度都非常高，因此市面上PEO是固态的。

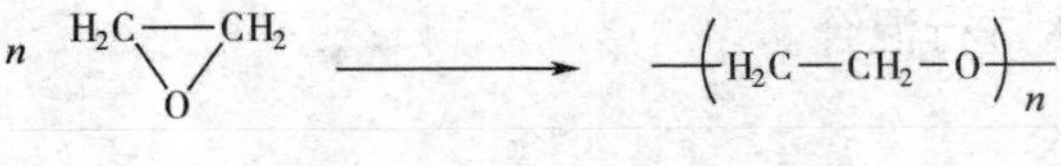

$$n\,H_2C\overset{O}{—}CH_2 \longrightarrow \left(H_2C—CH_2—O\right)_n$$

图3－27　PEO的生成反应方程式

（二）助滤剂的种类及性质

助滤剂是在抄纸过程中用于改善纸页脱水的化学助剂。使用助滤剂可提高纸机生产速度，改善纸页成形，降低干燥部的蒸汽消耗。一般用作助留剂和电荷中和剂的所有助剂都可作为助滤剂，常用的助滤剂各类包括电荷中和剂（明矾、聚合氯化铝），阳离子聚合电解质（阳离子聚丙烯酰胺、聚乙烯亚胺、阳离子淀粉、聚酰胺多胺、阳离子爪耳胶），酶（纤维素酶和半纤维素酶），阴离子微粒（胶体硅和钠基膨润土）。

三、助留助滤机理及应用

助留剂的作用机理是通过控制纸料悬浮液中的絮聚程度来实现的。除了少数情况之外，纸浆纤维、填料、松香颗粒和其他组成纸料悬浮液的成分都是负电荷的。连续水相的变化会由于其 pH，所含金属离子的单电荷和多电荷的密度，以及从磨木浆，化学浆或脱墨浆中提取的水溶性离子或中性物质而决定的。过程水溶液中也会含有杂质，最常见即为腐殖酸。助留剂会同纸料悬浮液中的多种不同物质相互作用以控制絮聚程度，从而保证溶解的组分尽大程度的从水中分离出来，另外也很重要的是不会影响纸页的成形。

图 3－28 是离子型助留剂与纸料悬浮液中各组分的作用方式释义图。阳离子聚电解质会迅速吸附至阴离子电荷表面，然而阴离子聚合物需要借助多电荷金属离子或阳离子型电解质以吸附至阴离子电荷表面。在完成电荷吸附这一阶段后，在吸附状态的分子发生重构，从而导致吸附层的结构发生变化，反过来又会产生不同的絮聚机制。

助留剂的作用过程及聚合物分子的最后构造是由聚合物分子的电荷密度和分子质量，以及吸附表面的电荷密度和形态所决定的。聚合羧酸盐或含有伯胺、仲胺或叔胺基团的聚胺类化合物的电荷密度均是可通过调节 pH 而调节的，同时聚合电解质的粒径也可在很大范围内变化。

在连续抄纸过程中，不同物质会发生不同的反应，比如反离子结合或形成聚合物复合物，其优点在于可以引入聚阴离子的吸附，但其缺点在于聚阴离子会削弱阳离子助留剂的效用。使用单组分助留剂时，因所用聚电解质的分子质量和电荷密度不同，可通过电中和机理、补丁机理和桥联机理引起纸料的聚集；使用多组分助留系统时，则包含多种聚集方式，通称为复合聚集机理。

1. 中和

纸料粒子带有负电荷，粒子间相互排斥，使系统具有一定的稳定性。当向系统中加入阳离子型助留剂后，可将其电荷逐步中和，当系统中 Zeta 电位逐渐趋向等电点时，减少了纤维与填料之间的排斥力，从而得到最大的留着率。

2. 补丁

在带有负电荷的纸料系统中加入中等分子质量、高电荷密度的阳离子聚合物时，聚合物强烈地吸附在纸料颗粒表面，吸附处的表面负电荷不仅被完全中和，还进一步转化成阳电荷，形成所谓的阳电荷“补丁”。

3. 桥联

具有足够链长的高分子聚合物，可在纤维、填料粒子等空隙间架桥，并形成凝聚。不仅长链阳离子型高聚物具有这种效应，阴离子型聚合物在少量正电介质，如硫酸铝的存在下，也有类似形成的长链形成。

助滤剂的作用机理主要有以下两个方面：a. 纤维表面的细纤维由于电荷中和而发生收缩，使纤维的比表面下降，结合水量减少，使流体阻力减小；b. 由于纤维与固体细料凝聚，减少了湿纸页内微孔结构的堵塞，增加了纸页的渗透性能。低分子量高电荷密度的聚合电解质会产生小、致密的絮凝体，不能强烈地结合水，从而有良好的滤水效果，而高子量低电荷密度的聚合电解质形成大的絮凝体，有较好的保水能力，助滤作用不明显。

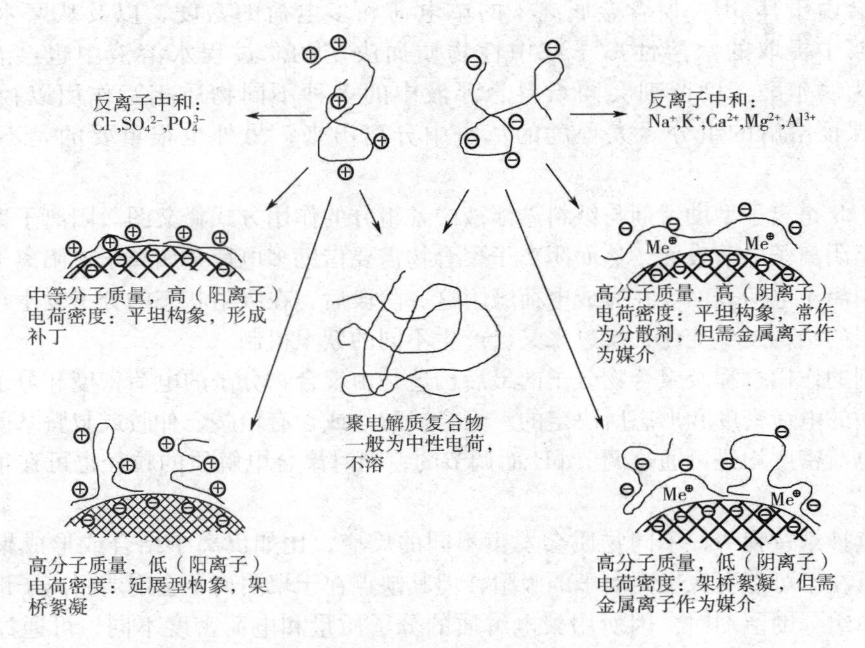

图 3－28　离子型的助留剂与纸料悬浮液中各组分的作用方式释义图

第五节　其他助剂

一、干　强　剂

（一）纸页增干强度的目的和作用

纸页强度指纸页承受各种机械力时的抵抗力，通常包括抗张强度、撕裂强度、耐折强度、抗弯强度、耐破强度、表面强度、内部结合强度和压缩强度等。在各强度指标中，有些是相互矛盾相互制约的，例如，提高纸浆打浆度虽能提高抗张强度，但会降低撕裂强度、透气度、不透明度和形稳性。为了达到既能提高干纸抗张强度，而又不影响纸张其他性能，就需要借助于化学助剂。这种用添加剂来增加干纸页强度的方法称之为增干强作用，所使用的化学添加剂称为增干强剂或干强剂。增加纸页干强度的目的主要是降低纸张生产的成本并提高纸页质量：在保持原有纸张质量的前提下，可以配用二次纤维或其他短纤原料，添加填料，降低纸页定量等方式来降低原料成本；可缩短打浆程度和打浆时间，节约电耗；可使用较低打浆度的纸浆抄纸，其滤水性能好，可提高车速从而提高产量并在一定程度上节约干燥用汽；纸页强度，不透明度，印刷性能，或卫生纸的柔软度会增强。

（二）干强剂的种类和性质

很多水溶性，能与纤维形成氢键结合的聚合物都可用作干强剂。植物纤维本身就含有天然的增干强剂：半纤维素，众所周知，从植物纤维中脱除半纤维素将使提高纤维间的结合强度变得困难。造纸工业中常用的干强剂可分成两类：天然聚合物和合成聚合物，前者如淀粉及其改性物、壳聚糖及其改性物、植物胶等；后者如聚丙烯酰胺、聚 N－乙烯基甲酰/聚乙烯胺等。目前最常用的商品型干强剂仍为淀粉衍生物，约占市场总份额的95%左右。

1. 淀粉

淀粉及其洐生物（约占95%）是用量最大的干强剂，不仅能显著提高纸页的抗张强度、耐破度和耐折度性能，还能改善纸张的平滑度、光泽度、层间结合强度和油墨吸收性等。作为浆内增强的淀粉主要有3大类型，即原淀粉、变性淀粉和淀粉洐生物。

（1）原淀粉

用于造纸工业的淀粉主要有玉米淀粉、马铃薯淀粉和木薯淀粉，其性状各不相同。淀粉同植物纤维素均由葡萄糖分子基本单元构成，构型却不同。天然淀粉通常呈不规则的块状颗粒，吸水膨胀后的淀粉分子链与纤维素有很好的亲和性。

原淀粉做干强剂使用时，先用水将其制成浓度3%～5%的悬浊液，再用蒸汽加热（87～95℃），制成凝胶状的糊状物冷却后使用。该过程即淀粉糊化过程，期间淀粉颗粒吸水膨胀，直至高度膨胀的颗粒相互接触，在整个介质中形成连续体（半透明的黏糊状），此时淀粉乳的黏度急剧增大。使用时，可将淀粉糊加入浆池中，也可用清水稀释后加入稳浆箱或流浆箱，还可以在网部直接喷淋。鉴于淀粉与纤维的良好亲和性，淀粉只要保留在纸页结构内就能起到相应的增强作用，但是进入流送系统的原淀粉在成形部留着率（约50%）较低，加上原淀粉糊化液黏度高，流动性差，稀释后可能产生结晶沉淀和分层现象，使用起来有诸多不便，因此改性淀粉和淀粉洐生物得到了快速发展。

（2）阳离子淀粉

阳离子淀粉是淀粉与胺等化合物反应生成含有胺基或铵基的醚衍生物，其呈阳电性，能与带阴电荷的纤维、细小纤维及填料等紧密结合，起到增强或助留助滤作用。评价阳离子淀粉改性程度的主要指标是取代度，其理论上最大值为3，造纸工业使用的阳离子淀粉取代度通常在0.01～0.07。生产使用时，依用途选择合适的取代度：提高强度为主要目的时，选择取代度较低的淀粉；提高助留助滤为主要考量时，选用取代度较高的淀粉；增强与助留助滤兼顾时，使用取代度适中的阳离子淀粉。

当前，商品级阳离子淀粉主要有叔胺烷基醚和季铵烷基醚两类，前者只有在酸性条件下才呈阳电性，因此仅适用于酸性抄造体系，后者在较大的pH范围内都呈正电性，因此对造纸的抄造环境由酸性向中碱性转变起到很大助推作用。当前，阳离子淀粉的生产主要是利用含有季铵基的环氧试剂在较高的pH和温度下与淀粉进行醚化反应制成淀粉醚。尽管阳离子淀粉对负电纤维、填料的吸附不可逆，但是长期并大量使用阳离子淀粉会导致抄造系统的过阳离子化。此外，为更有效地使用阳离子淀粉，还应注意其使用浓度、添加位置、添加顺序、糊化处理及其他助剂的影响。

（3）阴离子淀粉

阴离子淀粉分子上的活性羟基被磷酸及其盐类等酯化或被氧化成羧基，在水中离解呈负电。造纸工业常用的阴离子淀粉有磷酸酯淀粉、氧化淀粉和羧甲基淀粉等。

2. 聚丙烯酰胺

在合成类的增干强剂中，聚丙烯酰胺是应用最广的。聚丙烯酰胺系列聚合物具有很强的絮聚作用，可使大分子链之间架桥，根据其离子性，具有不同的结合机理。对于阴离子聚丙烯酰胺，由于其带有负电荷，与纸浆纤维相同，因此在使用时必须加入阳离子促进剂，其中最具代表的物质为硫酸铝。为了减少使用阳离子促进剂，也可通过聚合反应在阴离子聚丙烯酰胺的结构上引入阳离子官能团。

阳离子聚丙烯酰胺的制备方法主要分为两类：聚丙烯酰胺阳离子改性法、丙烯酰胺单体与阳离子单体共聚。前者可通过 Mannich 反应（如图 3－29）实现，即在一定条件下聚丙烯酰胺中的部分酰胺键与甲醛、二甲醛在一定条件下发生胺甲基化反应。

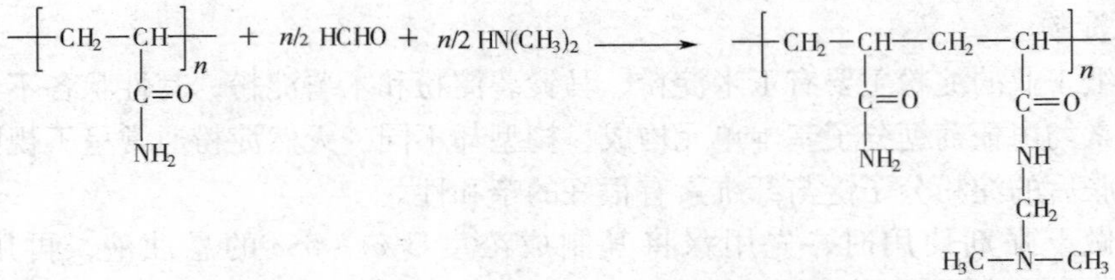

$$\left[CH_2-\underset{\underset{NH_2}{|}}{\underset{C=O}{|}}{CH} \right]_n + n/2\ HCHO + n/2\ HN(CH_3)_2 \longrightarrow \left[CH_2-\underset{\underset{NH_2}{|}}{\underset{C=O}{|}}{CH}-CH_2-\underset{\underset{\underset{\underset{H_3C-N-CH_3}{|}}{CH_2}}{\underset{NH}{|}}}{\underset{C=O}{|}}{CH} \right]_n$$

图 3－29　Mannich 反应

生成的叔胺阳离子聚丙烯酰胺可进一步反应生成季胺型阳离子聚丙烯酰胺，其优点在于自身带有阳电荷，使用范围广，使用时不需要加入硫酸铝类沉淀剂，另外还有助留助滤作用，因而得到了广泛使用。

尽管阳离子聚丙烯酰胺易于强烈吸附纸浆中许多带负电荷的物质，拉小纤维间距，使其容易形成氢键，从而提高纸张强度，但使用阳离子助剂也易产生过大的絮团，影响纸张匀度，因此减弱了增强效果，但这促进了两性聚丙烯酰胺的研发。两性聚丙烯酰胺的作用机理是使既有阳离子基团又有阴离子基团的助剂在纸浆中产生协同效应，其中阴离子基为羧基，阳离子基可为季氨基、叔氨基或伯氨基，通常阳离子基的含量高于阴离子基，因此其净电荷呈阳荷。两性聚丙烯酰胺利用高分子链上的酰氨基与纤维上的羟基形成氢键，使纤维之间相互交织增强，同时通过高分子链上的阳离子功能团可以直接和纤维负电荷形成离子键，而阴离子功能团则可以通过复合与体系中的铝离子结合，与纤维形成配位键。通过两性聚丙烯酰胺的作用，促使纤维之间形成交联网络，达到很好的增强效果。

3. 聚 *N*－乙烯基甲酰/聚乙烯胺

近年来新研发的聚 *N*－乙烯基甲酰和聚乙烯胺类干强剂正逐渐投入使用。这类水溶性的聚合物含有伯氨基，从而可以与纤维素形成氢键，增强了纤维间的结合力。将其应用于纸张时，在提高干强度的同时，不会影响纸张的松厚度及外观性质。

聚 *N*－乙烯基甲酰和聚乙烯胺类干强剂是由甲酰胺进行聚合然后水解得到的，其分子质量和电荷密度可在很大范围内发生变化，从而适应不同的性能需求。中等分子质量、中低电荷密度的聚乙烯胺的增干强效果就非常好。为了进一步降低生产成本，可将其与其他产品联合使用，例如低/中阳离子电荷密度的聚乙烯胺同低分子质量、中/高阴离子电荷密度的聚丙烯酰胺，或者阳离子聚乙烯胺联合阴离子型聚 *N*－乙烯基甲酰等。

这类产品在合成过程中不会有剩余的单体，并且不会含有甲醛或有机结合氯，因此在使用过程中也不会向废水中排放氯化合物，是一种环境友好型的助剂。目前德国和美国的相关组织已经允许在食品包装用纸中含有聚 *N*－乙烯基甲酰和聚乙烯胺类化合物，允许的最大含有量为 1.5%（相对于成纸）。目前市面上提供的聚 *N*－乙烯基甲酰和聚乙烯胺化合物多是水溶液或乳剂（浓度为 10%～40%）或可水溶性的粉末的形式，在使用前需要进行溶解即可，无需多余的步骤。利用此类助剂的最大优势就是在对高浓纸料悬浮液进行稀释时可实时测量其含量。一般而言，0.1%～0.5%的添加量即可满足大部分需求，过量使用时会导致纸料悬浮液含有过多正电荷，从而会减弱增强剂和其他助剂的效用。

（三）增干强剂的作用原理

一般认为决定纸浆干强度的主要因素有：纤维本身的强度、纤维之间的结合强度、纤维间结合的表面积和结合键的分布均匀程度。增干强剂能提高纸页的干强度主要是由于干强剂能有效地增加纤维之间的结合强度，而且经过干强剂处理的纤维能够经受住沿着结合键周边发生的应力集中情况，因而增干强剂也称为浆内胶黏剂。

二、湿 强 剂

（一）湿强度的定义

纸张是纤维之间通过范德华力及氢键连接在一起的层状网络结构。当纸张中的含水量逐渐增加时，纤维发生润胀，纤维间的范德华力减弱及氢键断开，从而使得纸张的强度下降，此时纸张强度仅剩余纸张干燥时原始强度的3%～10%（相对湿度50%时）。除了受到纤维网络结构物理性质的影响之外，纸张强度还取决于作用力的作用面积，而作用面积可以通过在湿压榨时促进纤维表面的结合而提高，或者提升纤维的灵活度和润胀能力，但这种作用的程度有限，因此常通过添加化学助剂（通常称作湿强树脂）以提高纸的湿强度，即干纸再湿后的强度。通常纸的湿强度不是以其绝对值来表述，而是以纸的湿强度对干强度（常用抗张强度）的比率来表示。一般而言，在浸湿后，仍能保留15%的干强度的纸张，即可被认为是湿强纸。

目前应用湿强树脂以提高纸张湿强度的纸张种类有很多，其中应用范围最广的就是卫生纸，包括擦手纸、面巾纸以及厨房用纸等。另外应用范围较广的纸种就是包装用纸，例如用于包装牛奶或果汁的液体包装盒等，还有就是特种纸，包括茶叶袋、咖啡过滤用纸、壁纸及海报用纸也需要添加湿强剂。

（二）湿强剂的种类和性质

20世纪30年代末，人们发现将某些水溶性的合成树脂应用于纸料的加工时，纸张的湿强度会大幅提高，自此湿强树脂的应用和湿强纸的生产得到迅速发展。第一代商业化的湿强树脂是经改性后的脲醛树脂（U－F），通过引入阴离子或阳离子官能团至聚合物中使其具备水溶性，但其化学性质也决定了只能应用于酸性抄纸过程。随后开发的三聚氰胺－甲醛树脂（M－F）弥补了这一缺陷，其应用的pH较高，这也使得三聚氰胺－甲醛树脂的市场应用范围更广。然而到了20世纪50年代，传统的酸性抄纸条件逐渐向中/碱性条件演变，这也伴随着衍生了聚酰胺多胺－表氯醇树脂（PAE）。在中性抄纸条件下，PAE的增湿强度效果比U－F和M－F更好，并且可以使纤维本身的强度更大，减少纸机的腐蚀及腐浆的产生。

尽管当前大部分纸的抄造条件都在中/碱性，对于某些特殊纸种，如纸袋纸，因其需要松香胶施胶以具备一定抗摩擦性能，仍需要酸性的抄纸条件，这也使得U－F和M－F仍占有一定的市场，然而U－F和M－F的使用过程会释放出甲醛的问题仍未解决。在PAE的使用过程中，因其含有有机氯，会增加废水中的AOX（可吸收性有机卤）含量。

1. 甲醛树脂

图3－30是脲醛树脂的生成过程及其化学结构，从中可以看出羟甲基中羟基可以同另一

分子中N原子所连接氢进行交联（如图3－31所示）。U－F的这种不溶性的三维网络式化学结构对纤维－纤维的连接键提供了一种保护作用，或者是纸张润湿时限制了纤维的润胀。为了解决溶解性问题，通过引入亚硫酸氢钠或氨基己酸至聚合物中，而生产出了可溶性的阴离子型脲醛树脂。由于阴离子型树脂带有负电荷，对于带电荷的纤维没有亲和力，需要添加硫酸铝来定着。然而即使在硫酸铝的帮助下，仅可能将此种阴离子型树脂定着于未漂白浆纤维上；另外为了获得最佳湿强度，白水pH应为4.5～5。从以上说明可以看出，阴离子型U－F在应用范围上有了限制，主要是用于硫酸盐浆纸袋纸和低定量皱纹牛皮纸。使用阴离子U－F的重要好处就是可以获得较好的经济效益。市面上阴离子脲醛树脂通常以一种易溶的粉末形式供应，在使用前一般先制成浓度为20%～30%的水溶液，然后在纸浆尝试调节器与冲浆泵中间加入前，先按10:1的比例用水稀释并过滤。

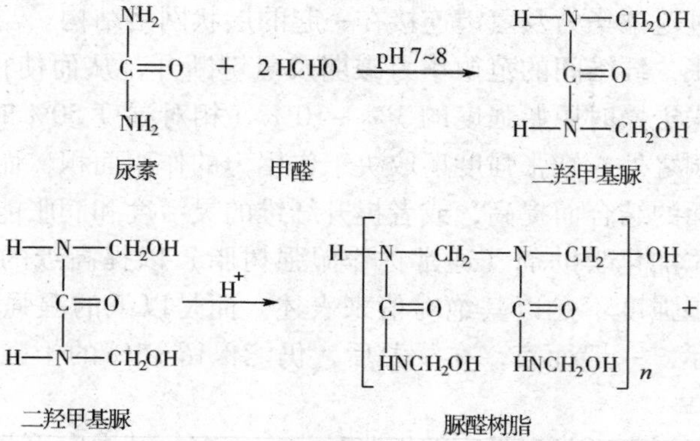

$$\mathrm{NH_2{-}C(=O){-}NH_2 + 2\,HCHO \xrightarrow{pH\ 7\sim8} HOCH_2{-}NH{-}C(=O){-}NH{-}CH_2OH}$$

尿素　甲醛　二羟甲基脲

$$\mathrm{HOCH_2{-}NH{-}C(=O){-}NH{-}CH_2OH \xrightarrow{H^+} H{-}[N(C(=O)NHCH_2OH){-}CH_2{-}N(C(=O)NHCH_2OH){-}CH_2]_n{-}OH + n\,H_2O}$$

二羟甲基脲　脲醛树脂

图3－30　脲醛树脂的生成过程

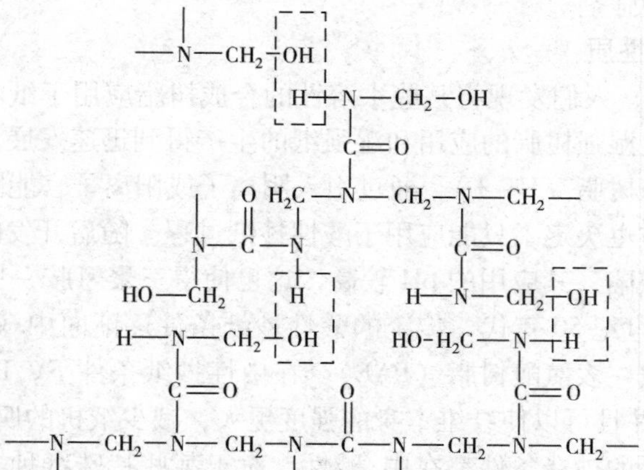

$$\mathrm{{-}N{-}CH_2{-}OH \quad H{-}N{-}CH_2{-}OH \quad C{=}O \quad H_2C{-}N{-}CH_2{-}N{-}CH_2{-} \quad N{-}C(=O){-}N \quad H \quad C{=}O \quad HO{-}CH_2 \quad H{-}N{-}CH_2{-}OH \quad HO{-}H_2C{-}N{-}H \quad C{=}O}$$

$$\mathrm{{-}N{-}CH_2{-}N{-}CH_2{-}N(H){-}C(=O){-}N(CH_2OH){-}CH_2{-}N{-}CH_2{-} \quad C{=}O \quad H{-}N{-}CH_2OH}$$

图3－31　脲醛树脂交联

相对于阴离子型U－F而言，阳离子脲醛树脂有着更广泛的应用范围，因为后者自带阳电荷，不需要定着剂就可以定着在纤维上，包括漂白浆纤维，但阳离子型树脂的增强效果比阴离子型稍差。同阴离子型 U－F 相同，阳离子型树脂的增强效果也是在 pH 4.5～5 范围才能达到最佳，因为其熟化也是要用酸来催化的。市面上阳离子型脲醛树脂一般以水溶液形式供应，其浓度为40%～60%，在使用前，先用水将其浓度稀释至1%～5%。

2. 三聚氰胺甲醛树脂（M－F）

在大多数情况下，三聚氰胺是由氰腈聚合而来，然后三聚氰胺与甲醛缩合生成一系列的羟甲基三聚氰胺，如单羟甲基三聚氰胺，三羟甲基三聚氰胺（如图 3－32 所示）等。M－F 会发生自交联形成醚键（如图 3－33 所示）或亚甲基连接，也会与纤维素上的羧基发生交联形成共价键，这两种交联都有助于提高纸张的湿强度。利用 M－F 作增强剂时，纸张的湿抗张强度可达到50%，湿撕裂强度可以更高。由于 M－F 树脂抗碱性很强，因此主要是应用于标签纸和钞票原纸。

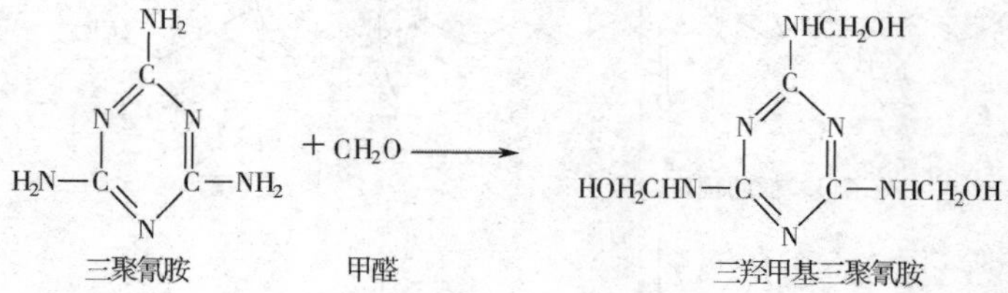

图 3－32　三羟甲基三聚氰胺的生成过程

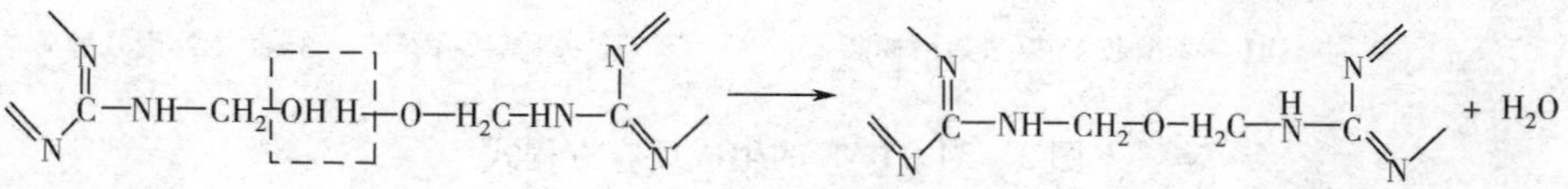

图 3－33　三聚氰胺甲醛树脂的自交联

市面上提供的 M－F 多是以稀水溶液（浓度为10%～12%）、浓缩液（浓度为60%～80%）和干粉形式供应，这3 种形式 M－F 备用液的 pH 均应为2 左右。在实际操作过程中，可利用计量泵连续性地将树脂备用液加入浆料中，其最佳添加点也是浆浓调节器和冲浆泵之间。M－F 添加量一般为 0.1%～1%（以固体表示，对绝干浆的百分数）。在特殊应用时，如标签纸中添加量须增加到2%～2.5%。

值得注意的是，脲醛树脂及三聚氰胺－甲醛树脂在使用过程中均会释放出甲醛。甲醛对人的皮肤有刺激作用，而且也被认定为是一种对人体具有致癌性的物质。由于甲醛蒸气会不可避免地从纸机压榨部和纸本身排出，因此在纸厂中必须利用设备将释放出的甲醛进行处理。目前，国内对幼婴用品和与皮肤直接接触的纺织品中甲醛含量的最高限量分别为 20mg/kg 和 75mg/kg。许多厂家会设法将甲醛树脂类的产品中的游离甲醛含量减少到最低值，此做法带来的后果就是会缩短树脂的贮存寿命。

3. 聚酰胺多胺－表氯醇树脂（PAE）

传统上抄纸是在酸性条件下进行的，然而酸性抄纸有着腐蚀设备、纸张耐久性差等缺陷，因此中性和碱性抄纸应运而生，并成为当前的主流。U－F 及 M－F 是适用于酸性抄纸的湿增强剂，而 PAE 正是适用于中/碱性抄纸的助剂，并且因本身带有阳电荷，能很好地与纤维结合，在取得湿强度的同时，又不会丧失纸张的柔软性和吸收性，多用于生活用纸，如毛巾纸、餐巾纸等。PAE 是首先由二元酸（如己二酸）与二胺（如二亚乙基三胺）合成含有仲胺或叔胺功能基的预聚物，然后预聚物在水溶液中与表氯醇反应形成聚合物，反应过程如图 3－34 所示。

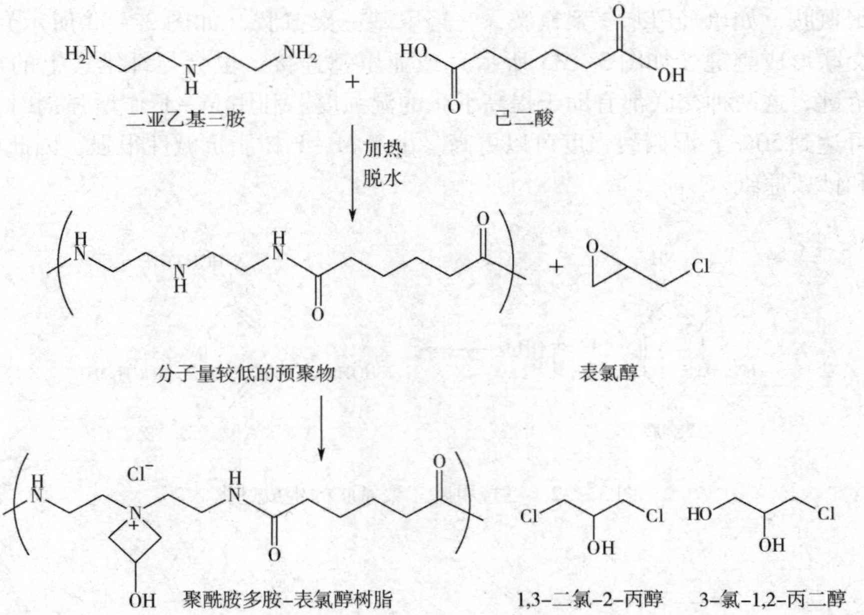

二亚乙基三胺 + 己二酸

加热 脱水

分子量较低的预聚物 + 表氯醇

聚酰胺多胺–表氯醇树脂　1,3–二氯–2–丙醇　3–氯–1,2–丙二醇

图 3－34　PAE 的生成反应方程式

PAE 树脂应用于增湿强的关键在于其分子质量及大分子中杂氮环丁基的个数。不论哪一个性质下降，都会影响到 PAE 的性能表现，而这两种性质都受树脂存放时间的影响。存放的时间越长，树脂水解，会导致杂氮环丁基的减少，而存放时所需的强酸性条件会导致树脂的主链水解从而引起分子质量的下降。

PAE 树脂增湿强的机理有两步：首先是分子链上氮杂环丁基与另一分子链上的第二个游离氨基产生自交联，形成分子自身的聚合交联网络，在一定程度上限制了纤维的润胀从而增加了湿强度；单个分子中的杂氮环丁基与在两个纤维上的羧基产生共交联作用，PAE 与相邻纤维上的部分羟基形成新的结合键，其中亚甲基醚键等抗水共价键的交联网络的形成对增加纸的湿强度最为关键。

由于 PAE 与阴离子聚合物不能相容，因此在纸机上的添加点要远离阴离子聚合物的添加点，其最佳加入点位于浆浓调节器与冲浆泵之间，刚好在浆料被冲稀至最后浓度之前。根据所需要的效果，PAE 树脂的加入量一般为 0.05% ~1%（以固体表示，对绝干浆的百分数）。

（三）作用机理

若要使纸张在润湿后仍能保持其原有的干强度，需要保证以下四个原则之一：增加连接键或强化原有的连接键；保护现有的连接键；合成对水不敏感的连接键；形成一个网状结构，可与纤维形成物理性的交联。

一般而言，湿强剂的增强机理主要有两种：一是“保护”“限制”或“自交联”机制，即湿强剂可被纤维素吸附从而在干燥后可形成一个交联的网状结构，当纸张再次被润湿时，纤维素的再次润湿和膨胀就会受到树脂网络结构的限制。因此，部分原始的干强度即可被保留下来。另外一种机制是指“加强”“新连接键”或“共交联”机制。通过增强树脂，纤维之间产生交联，即新的连接键。这种新产生的连接键会在纤维间自然存在的连接键破坏后仍然存在。其中，共价式的交联会使得纸张的湿强度更大，更持久，而离子键的增强方式更为短暂。

三、除气消泡剂及其应用

现代纸机和抄纸过程在化学品应用及设计参数方面都经历了很大的变化，然而这些改进也使得纸料悬浮液产生泡沫和湍流，也因此使得空气进入到了纸料悬浮液的内部。例如现代纸机的高车速就会引入空气至白水系统，如不妥善处理，即会形成泡沫问题。另外，当使用活性不良的纸浆或不合理的施胶、在酸性纸料系统中使用碱性填料或过量不当的浆内添加剂以及不合理的供浆流程等均会造成纸料中存在气体，对生产及纸张质量造成不良影响。

在抄纸系统中，纸料悬浮液中的气体一般是空气（也可能是二氧化碳），空气的存在形式主要有3种：游离空气、聚合空气、溶解空气。这3种类型中，溶解空气是问题最轻的一种，因为空气在水中的溶解度很低，最多120 mg/L，而游离空气和聚合空气是空气存在的主要形式。将消除池、槽、箱中存在于纸料表面的泡沫称之为消泡，而把除去纸料中以及吸附于纤维上或溶解于水中的小气泡称之为除气或脱气。把只能消除纸料表面泡沫的添加剂称为消泡剂，而把既能消除纸料表面泡沫又能消除纸料里面小气泡的添加剂称为除气消泡剂。

目前对造纸湿部的除气消泡方法可分为物理法和化学法。其中物理法是在工艺流程中设置完善除气系统，即除气器及相关的真空系统，而化学法是指借助除气消泡剂来消除泡沫，其涉及的作用原理即是通过消泡剂进入气泡的双分子定向膜，破坏液膜的力学平衡而达到消泡的目的。消泡的作用方式主要是铺展作用及其在泡沫液膜上的插入作用。

一般在造纸工业中使用的除气消泡剂主要包含以下几种成分：

①液态载体　常用的液态载体包括矿物油，植物油，多元醇，脂类或有机硅类。此类物质在除气消泡剂中有多种角色：在气泡破裂点降低液膜压力，刺扎液膜，将憎水表面的水带回。

②憎水颗粒　常见的憎水颗粒物质包括疏水性二氧化硅，脂肪酸，脂肪类酰胺，聚乙烯，高级醇（$C_8 \sim C_{20}$），磺化脂肪酸，石蜡及聚酯。憎水颗粒有助于气泡间形成缝隙，使气泡壁破裂，从而一定程度上阻碍气泡的二次生成。

③乳化剂主要包括脂肪酯、合成酯、乙氧基化合物、皂类化合物、磷酸酯类及磺酸盐。乳化剂在消泡剂中用以调试其不溶性，乳化剂本身也可用于消泡，其主要原理就是在于铺展。

常用的除气消泡剂主要包括：脂肪酸酰胺类，如二硬脂酰乙二胺；有机硅类，包括硅油与乳化剂两个组分；聚醚类，主要活性成分是环氧乙烷；复配消泡剂，即以上3种物质按一定比例将其有机地结合。

四、防腐剂及其应用

纸厂中的细菌问题随之白水循环的封闭程度升高而逐渐加重。白水循环系统中微生物和细菌的增长带来了严重的腐浆/腐朽物质的问题。另外由于浆料中含有丰富的碳水化合物和蛋白质等养料物质，也使得细菌繁殖更为迅速。

腐浆如落在浆料中会引起纸页的断头或产生洞眼等纸病，并且还会污染铜网和毛毯，严重影响产量和质量。要一定程度地消除腐浆，需要保持纸机的清洁，另外要注意经常易生菌的地方及环境的影响，另外同样重要的是要适当控制原材料，化学品的清洁度以及备料。尽管如此，腐浆问题仍会发生，此时就需要加入合适的防腐剂，才能有效抵制或消灭微生物。杀菌防腐剂主要是基于破坏细菌细胞壁功能，使蛋白质和原生质变性，破坏细胞的能量代谢，消灭细胞的活性而使细胞死亡；另外，杀菌防腐剂也可使微生物的细胞遗传基因发生变异或干扰细胞内部酶的活性，改变细胞膜的通透性而失去渗透压调节功能，使其难以系列生长，从而对微生物起到抑制作用。防腐剂的选择主要受以下几个条件的影响：温度，pH，以及细菌类型，其中细菌类型可随时发生变化。

常用的杀菌剂可分为四大类：有机金属化合物、氯酚衍生物、氧化剂和还原剂、非氧化型。有机金属化合物包括有机汞类和有机锌类化合物，尽管有着很高的杀菌效率，但因其有剧毒，污染环境，现已禁止使用。氯酚衍生物包括五氯苯酚，对氯－2 甲基苯酚等，仍含有一定毒性，也已限制使用。氧化剂和还原剂类防腐杀菌剂包括液氯、次氯酸盐、亚氯酸盐、氯胺、过氧化氢和亚硫酸氢钠等，其中还原型杀菌防腐剂由于其具备还原能力，主要用作漂白剂，如亚硫酸氢钠，而氧化型防腐剂的杀菌效用主要是源于其氧化能力，因其化学性能不稳定，易分解，作用不持久，且有异味，所以多用于设备、容器、半成品及水的消毒杀菌。非氧化型防腐杀菌剂包括异噻唑啉酮及其衍生物、有机溴类化合物、胺类化合物、酚类化合物等，其作用机理是增加细胞膜的渗透，切断细胞营养物质的供应，破坏细胞内部新陈代谢，或改变细胞蛋白质的结构，防止细胞内部能量产生和细胞酶合成。

防腐剂的使用应考虑具体的生产条件。首先取腐浆进行微生物培养，检查菌种，然后加入不同量的防腐剂进行抑菌实验，从而选出合适的防腐剂类型及用量。一般而言，防腐剂的添加是在造纸机抄前池、高位箱或调浆箱及白水池等处加入，如果以抑菌作用为主也可以加入到废纸浆中。

五、树脂控制剂及其应用

机械浆及高得率化学浆中含有的抽出物，回收涂布纸中的涂料，二次纤维中的胶黏物都会含有树脂成分，在生产过程中会析出聚集成树脂大颗粒黏附于纸机网部、烘缸、压辊甚至于成纸表面，造成糊网、黏毛毯或在纸页上产生孔洞，即产生树脂障碍。一般而言，这些树脂成分的颗粒粒径在 0.2 ~5 μm，常规的机械处理方式，如压力筛等对其已经没有效用，需借助于化学添加剂进行处理。常用的助剂有以下几种。

1. 阴离子分散剂

阴离子分散剂可以通过将阴离子基团吸附于颗粒表面从而增加胶体稳定性。同时，树脂颗粒粒径减小，从而减少了颗粒结块的机会。较常用的分散剂包括聚萘磺酸盐和木素磺酸盐。

2. 明矾

利用明矾来控制树脂障碍是较为传统的方法，但明矾只有在酸性条件（pH 4.5～5.5）下才会带有阳电荷，从而防止可溶解胶体物质的凝聚和附着。在 pH 5.5～7 的环境中，明矾可用聚合氯化铝来代替。

3. 淀粉

淀粉类控制剂不但具有更好的生物降解性能，并且其葡萄糖酐重复单元中的羟基不但可以与纤维素形成氢键，还可以同低分子质量的阴离子型树脂成分形成氢键，从而降低了其浓度。

4. 其他

为了防止树脂或其他涂布纸的残余化学品黏附于毛毯、网部或辊子上，可以用一些针对网部或辊子的保护剂，此类保护剂一般是阴离子聚合物并且是表面活化剂。另外，使用脂肪酶也可在一定程度上控制这些沉积物。脂肪酶可以水解甘油三酸酯成脂肪酸和丙三醇后，其斥水性下降，不易形成黏性沉积物。对于机械浆而言，可以在纸浆生产过程中添加聚氧化乙烯控制。

第六节　造纸辅料添加案例

一、施胶剂应用案例

1. 烯基琥珀酸酐在文化用纸生产中的添加及应用

①生产纸种：全木浆胶版印刷纸，纸张 Cobb 值控制范围：24～26 g/m^2。

②打配浆部分：a. 以漂白化学浆为主；b. 成浆打浆度：约 42°SR；c. 上网浆料温度：40～48℃；pH：7.5～8.5；d. ASA 用量：约 1.0 kg/t 纸。

③纸机部分：a. 纸机设计车速：1400 m/min；b. 施胶方式：浆内施胶。

④ASA 乳化：a. 乳化剂：木薯淀粉；b. 设备：高剪切涡轮泵；c. pH：使用柠檬酸酸化至4.0～4.5；d. 温度：40℃；e. 浓度：2.5%左右，淀粉与 ASA 质量比控制在 3:1。

2. AKD 在一体化施胶技术中的应用

①生产纸种：70 g/m^2 胶版印刷纸，纸张 Cobb 值控制范围：25～30 g/m^2。

②打配浆部分：a. 针叶木浆:商品苇浆:自制草浆 = 20%:25%:55%。b. 上网浆浓：0.80%～0.85%，pH：6.5～7.0。

③纸机部分：a. 机型：1760 mm 长网多缸纸机；车速：260 m/min；b. 施胶方式：一体化施胶，即一次性完成浆内施胶和表面施胶，表面施胶机：斜列式；c. 最高干燥温度：90～95℃。

④AKD 施胶剂：a. 固含量：6.0%～8.0%；b. 黏度（25℃）：6～10 mPa · s；c. pH：2～4；d. 乳化剂：玉米淀粉；e. 上机温度：60～65℃；f. 加入位置：尽可能靠近供胶管道喷嘴。

⑤效果比较：

效果比较如表 3－5 和表 3－6 所示。

表 3-5　AKD 用量相同时普通浆内施胶与一体化施胶效果比较

添加方式	AKD 用量/（kg/t 纸）	成纸 Cobb 值/（g/m^2）
普通浆内施胶	13	28.4
一体化施胶	13	20.2

表 3-6　纸张 Cobb 值相同时不同施胶方式所需施胶剂用量的比较

纸张 Cobb 值控制范围/（g/m^2）	AKD 用量/（kg/t 纸）	
	一体化施胶	普通浆内施胶
25～30	8.35	13.2

二、填料应用案例

聚乙烯胺填料改性剂在文化用纸生产中的应用

①生产纸种：胶版印刷纸，定量 75 g/m^2。

②打配浆部分：a. 漂白针叶木浆：打浆度：(30 ±2)°SR；湿重：9～11g；b. 麦草浆：打浆度：(32 ±2)°SR；湿重：≥1.5 g；c. APMP 化机浆：打浆度：(27 ±1)°SR；湿重：1.4～1.8 g。

③纸机部分：a. 机型：2640 mm 长网多缸纸机，车速：450 m/min。

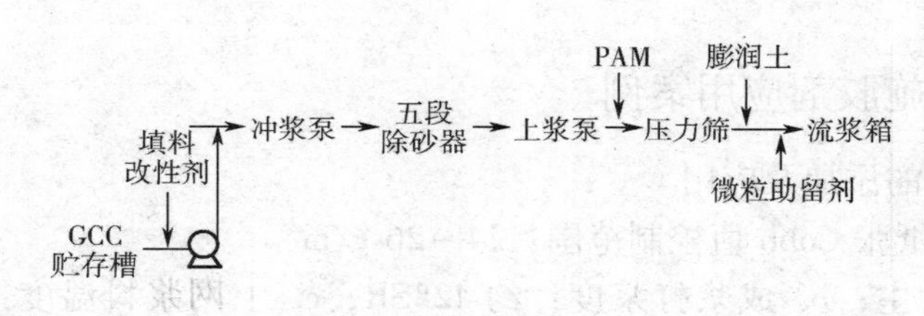

图 3-35　填料添加位置

④填料部分：a. 研磨碳酸钙（GCC）：60 级，白度 93%；b. 其他助剂：两性聚乙烯胺多功能填料改性剂；阳离子淀粉，取代度 0.028；聚丙烯酰胺（PAM）；膨润土，白度 71%。

⑤添加位置：填料添加位置见图 3-35 所示。

⑥加填效果：a. 未加入聚乙烯胺填料改性剂时，浆料配比为针叶木浆∶麦草浆∶化机浆 = 28%∶59%∶13%，PAM 用量 300 g/t 纸时，首程留着率 61.1%，填料留着率 33.7%，灰分 15.8%，匀度 12.4%，裂断长 4.56 km，表面强度 2.96 m/s；b. 当改性剂用量为 3.5kg/t 时，PAM 用量 220g/t 纸，填料留着率 52.6%，纸张匀度 16.6%，裂断长 6.17 km，表面强度 3.30m/s，针叶木浆配比可降为 15.5%。

三、色料应用案例

1. 轻型胶版纸黄色染料染色的应用实践

①生产纸种：黄色轻型胶版纸，定量：70g/m^2。

②打浆配浆部分：a. 商品漂白针叶木浆∶化学机械浆 = 20%～30%∶70%～80%；b. 混合浆质量分数：3.3%～3.6%；c. 打浆度：45～55°SR；d. pH：6.5～7.5。

③纸机部分：a. 机型：1760 长网多缸；车速：260m/min；b. 流送上网浓度：0.7%～0.9%；c. 抄纸 pH：7.0～8.0；d. 干燥最高温度：90～95℃。

④辅料部分：a. 染料类型：直接染料，pH：1.8，振荡略有泡沫，溶液透亮，易分解，

分散较快且均匀，吸附性较强；b. 染料用量（对绝干纸料）：0.012%；c. 其他辅料用量：阳离子淀粉：1.0%～1.5%；施胶剂 AKD：0.8%～1.2%；滑石粉：15%～20%；d. 助留助滤剂：0.03%～0.05%。

⑤染色效果：a. 色度值：L*：94.6，a*：－5.1，b*：12.2；b. 其他指标结果：松厚度：1.78cm^3/g；白度：71.4%ISO；不透明度：85.3%。

2. 表面施胶染色用于彩色双胶纸的生产实践

①生产纸张：黄色双胶纸；定量：70～120g/m^2。

②配浆部分：a. 苇浆∶木浆＝70%∶30%；b. 苇浆的打浆度：38±2°SR，湿重：3.0～3.5g；木浆的打浆度：50±2°SR，湿重：8.0～10.0g。

③纸机部分：机型：1880 长网八缸纸机，车速：125～135m/min。

④辅料部分：a. 碱性嫩黄用量：0.80kg/t 纸；直接黄 S：0.4L/t 纸；b. 其他辅料用量（对绝干浆）：AKD：0.5%；淀粉：2%；重钙：30%；增白剂：0.2%；APAM：200×10^{-6}。

⑤染色效果：*L**：90.69；*a**：－4.61；*b**：46.14。

四、助留助滤剂的应用案例

膨润土双元助留剂在助留助滤系统中的应用

①生产纸种：双胶纸，定量：70g/m^2。

②配浆部分：漂白针叶木浆∶漂白阔叶木浆＝30%∶70%。

③纸机部分：机型：辐宽：2640mm，设计车速：500m/min。

④辅料部分：a. 助留助滤剂：阳离子聚丙烯酰胺（CPAM）/阴离子聚丙烯酰胺（APAM）双元助留助滤体系；b. CPAM 加入量及地点：250g/t，压力筛入口；APAM 加入量：400g/t，压力筛出口；c. 其他辅料加入量：阳离子淀粉：1.5%，钙用量：35%。

⑤助留助滤效果：a. 上网打浆度：31.5°SR；上网浓度：0.78%；白水浓度：0.22%；首程留着率：71.79%；b. 上网灰分：25.43%；成纸灰分：15.45%；灰分留着率：60.76%。

课内实验二：造纸辅料添加及纸页性能检测

选择浆料（针叶木浆、阔叶木浆、禾本科浆、棉浆、废纸浆等，可用实验一打浆后的浆料），添加各类常用的造纸辅料，抄纸并检测相关物理性能。实验可设计成不同原料、不同辅料的添加方案，在教师指导下，由学生分组完成实验方案、实验操作和实验报告等。

项目式讨论教学二：典型纸种的辅料添加工艺制订

教师设计典型纸种辅料添加工艺制订讨论的要求，并以小项目形式布置给学生，学生在课外以小组形式，通过收资、小组内部讨论、PPT 制作等工作，完成一些典型纸种辅料添加工艺的制订，并在课堂上进行展示及讨论。

思考题

1. 施胶的目的是什么？与表面施胶相比，浆内施胶的优势在哪里？

2. 影响施胶效果的因素有哪些？
3. 文化用纸中常用的填料有哪些，以及相应的作用是什么？
4. 填料的留着机理是什么？
5. 染色和调色的目的是什么？
6. 常用荧光增白剂分哪几类？其作用原理是什么？
7. 添加助留助滤剂的目的及其作用是什么？
8. 纸张干强度与湿强度的区别是什么？干强剂与湿强剂的作用原理是什么？

主要参考文献

[1] Kuitunen S, Kalliola A, Tarvo V, et al. Lignin oxidation mechanisms under oxygen delignification conditions. Part 3. Reaction pathways and modeling [J]. Holzforschung. 2011, 65 (4): 587-599.

[2] Potthast A, Rosenau T, Kosma P, et al. On the nature of carbonyl groups in cellulosic pulps [J]. Cellulose, 2005, 12 (1): 43-50.

[3] 毕松林. 造纸化学品及其应用 [M]. 北京：中国纺织出版社，2007.

[4] Holik H. Handbook of paper and board [M]. Weinheim: Wiley-VCH Verlag GmbH & Co. KGaA, 2006.

[5] 胡惠仁，徐立新，董荣业. 造纸化学品 [M]. 北京：化学工业出版社，2008.

[6] 刘忠. 造纸湿部化学 [M]. 北京：中国轻工业出版社，2010.

[7] Thorn I, Au CO. Applications of wet-end paper chemistry [M]: New York: Springer; 2009.

[8] 曹成波，邢丹宁，栾晓玉，等. 荧光增白剂研究进展 [J]. 徐州工程学院学报：自然科学版，2015，30 (3): 34-39.

[9] Goldschmidt BM. Role of aldehydes in carcinogenesis [J]. Journal of Environmental Science & Health Part C. 1984, 2 (2): 231-249.

[10] 尹超. ASA 中性施胶剂在文化用纸生产中的应用 [J]. 中国造纸，2015，34 (10): 81-84.

[11] 武建峰. AKD 在一体化施胶技术中的应用 [J]. 中国造纸，2014，33 (6): 70-72.

[12] 王根，王伟，胡海涛，等. 聚乙烯胺填料改性剂在文化用纸生产中的应用 [J]. 中国造纸，2013，32 (9): 11-14.

[13] 刘永顺，李海霞，王保，等. 轻型胶版纸黄色染料染色的应用实践 [J]. 造纸化学品，2009，21 (2): 31-34.

[14] 张天德，王洪兵，赵永建. 表面施胶染色用于彩色双胶纸的生产实践 [J]. 造纸化学品，2007，19 (1): 47-49.

[15] 刘永顺，顾秀梅，赵新军，等. CPAM 与 APAM 双元助留助滤体系在高档双胶纸上的应用 [J]. 中华纸业，2012，33 (4): 73-75.

第四章　纸料流送系统

纸料流送系统又称供浆系统，专指冲浆泵循环回路，在那里对纸料进行计量、稀释，与必需的助剂混合以及在上网前进行筛选与净化。流送系统包括从造纸车间贮浆池开始到造纸机流浆箱堰板为止的整个纸料处理过程。流送系统的主要作用是向造纸机提供满足纸机抄造和产品质量要求的纸料。流送系统对于纸机成形器上的成形过程和纸的成形质量有很密切的关系，是纸机良好运行的前提和保证。纸机流送系统的组成如图4－1所示。

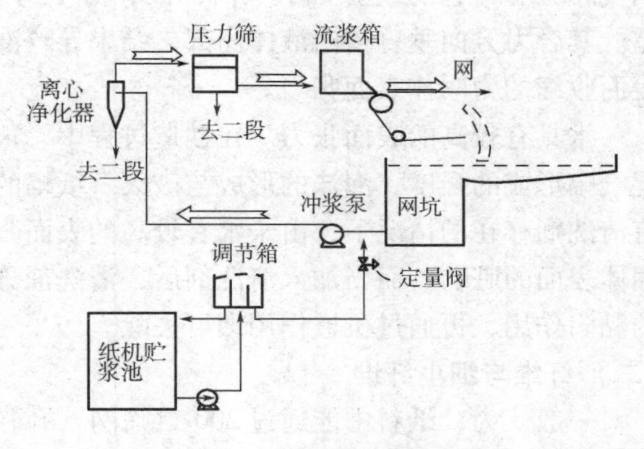

图4－1　纸机流送系统简图

第一节　纸料的组成和性质

一、纸料的组成

纸料的组成和性质直接影响纸机运行的好坏与成纸的物理化学性质。从成浆池到纸浆上网为止，纸料都是以纤维悬浮液的状态存在的。一般情况下，纸料是由纤维、水、化学助剂、辅料和填料等物质组成的复杂的固、液、气三相共存的分散体系。固相主要是纤维、细小纤维，还有填料、胶料、颜料及其他的非纤维性添加物质等。液相主要是水，它是纸料悬浮液的介质。除水之外，还有溶解于水中的各种化学助剂，如助留助滤剂、消泡剂、防腐剂及增强剂等。气相主要是空气，其主要是纸料在输送和贮存过程中混入的或残留在纤维细胞之中带入的。非纤维性的固相添加物及各种溶于水的化学助剂并不是每种纸料中都存在，而是根据纸种的要求进行合理选择的。

二、纸料中各组分的性质

（一）水

1. 纸料中水的作用

水是纸料的重要组分，所有的湿法抄造过程都要借助水作为悬浮液介质，如纸料的输送、打浆、筛选、净化、流送、成形及化学品的溶解和分散等，都离不开水。

水能使纤维产生润胀，从而增加纤维间的结合力。由于纤维带有羟基，因而能在水这种极性液体中发生润胀。纤维润胀的结果，使其比容增加，纤维细胞壁结构变得更为松弛，内聚力下降，从而提高了纤维的柔软性和可塑性，为打浆过程中纤维的细纤维化创造了条件，并最终促进了纸页内纤维与纤维的结合。

2. 水的表面张力

多相体系中各相之间存在着界面，习惯上人们将气－液、气－固界面称为表面。由于环境不同，通常处于界面的分子与处于相本体内的分子所受的力是不同的。在水内部的一个水分子受到周围水分子的作用力的合力为零，但在表面的一个水分子却不是如此。因为上层空间气相分子对它的吸引力小于内部液相分子对它的吸引力，所以该分子所受的合力不等于零。其合力方向垂直指向液体内部，结果导致液体表面具有自动缩小的趋势，这种促使液体表面收缩的力叫作表面张力。

水具有较高的表面张力。在抄造过程中，很多造纸现象都受到水的表面张力的影响，如湿纸幅形成的强度、泡沫的形成与破灭、纸幅的内部施胶及毛毯等固体表面的清洗等。当没有清洗剂存在的情况下，由于水有较高的表面张力和较低的表面润湿作用而不能去除毛毯等固体表面的脏物，而当加入清洗剂后，清洗剂分子中的疏水部分吸附脏物，降低脏物对表面的黏附作用，再通过机械作用即可去除。

（二）纤维与细小纤维

一般认为，纸料中能通过200目筛网（孔径为75 μm）的粒子为细小组分，其主要成分为细小纤维，还包括矿物细料，统称为细料固体粒子。而不能通过的粒子是纤维部分，两部分的总和为悬浮固体的100%。细小纤维在很多性质上与纤维不同。细小纤维的存在，影响了造纸湿部化学性质。细小纤维与纤维的不同特性如下：

1. 纤维与细小纤维的吸附特性

细小纤维的比表面积为纤维的5～8倍，纸料中细小纤维的含量影响着其对某些造纸过程添加剂的吸附能力。另外，细小纤维吸附水的能力为纤维的2～3倍，所以细小纤维含量对纸料的滤水性能、保水值、纸张的物理强度及其他性能都有显著的影响。因此，细小纤维在纸幅中的留着率对纸张抄造及纸张的性质是很重要的。

2. 纤维与细小纤维的电荷特性

由于纤维素、半纤维素表面存在羟基、羧基等基团，所以纤维和细小纤维在纯水中悬浮时总是带负电荷的。在实际生产中，纸浆中带负电荷的纤维和细小纤维在范德华力的作用下，会吸附悬浮在水中的阴离子性溶解物，导致纸料带很高的负电荷。

3. 纤维与细小纤维的离子交换特性

纸浆纤维含有一定数量的羧基，它们在造纸湿部系统中将产生电离，对系统中的阳离子表现出极强的静电吸附和离子交换特性。在正常的造纸条件下，仅羧基和磺酸基对离子交换起作用，然而在高pH的漂白和洗涤下，木素苯环上的酚羟基也起作用。

纤维与细小纤维的离子交换对许多造纸现象来说是很重要的，其中有动电特性、染料吸附、Al^{3+}和高分子电解质、松香胶及纤维、细小纤维的聚集等。纤维对各种无机离子的吸附强度由弱到强的顺序为：$N(CH_3)_3^+ < Li^+ < Na^+ < K^+ < Ag^+ < Ca^{2+} < Mg^{2+} < Ba^{2+} < Al^{3+}$。可见纤维对$Al^{3+}$的吸附强度大于$Ca^{2+}$，而$Ca^{2+}$又大于$Na^+$。$Al^{3+}$中和纤维电荷是最高效的，因此，造纸过程中通常添加硫酸铝溶液来调整浆料的阳离子电荷需求量。

（三）功能性添加剂

为了使纸页具有某种特殊的性能而添加到纸料中的一类添加剂，称为功能性添加剂。为了达到其目的，这类添加剂往往须以分散粒子的状态存在于纸页中。

不同功能的添加剂有不同的性能，如颜料或填料是为了改善纸的不透明度、白度、平滑度、孔隙度和印刷适应性等；施胶剂可增强纸张的抗液体性能；有色染料是为了使纸张着色；纤维分散剂是为了改善纸张匀度；聚丙烯酰胺、淀粉、树脂等是为了提高纸张的强度；湿强树脂是为了提高纸张的湿强度等。

（四）控制性添加剂

控制性添加剂是用于改变纸机湿部纸料性能，从而提高纸机运行性能的一类添加剂。它们是否留在纸页中并不重要，因为它们对纸张性能的影响很小或者是间接的。如助留剂或助滤剂是为了使纸料具有聚集效应，使细小纤维等细料固体颗粒保留在纸幅中，提高纸料在抄造过程中的滤水性能；树脂控制剂是为了在抄造过程中控制树脂的析出；消泡剂是为了减少或消除纸料处理或抄造过程中细小气泡的产生；防腐剂是为了有效抑制或消灭纸料中微生物的繁殖等。

三、纸料的特性

1. 纸料分散体系的絮聚特性

任何纸料分散体系都有絮聚的倾向。纸料纤维悬浮液有一个临界浓度（约为0.05%），对于浓度<0.05%的纸料，纤维在水介质中均匀分布，互不交错，能自由地翻转和移动，其性质与水相似。但当纸料浓度>0.05%时，纤维之间由于没有足够的转动空间而容易产生相互碰撞，从而使纤维间相互交织，产生絮聚。

2. 纸料分散体系的胶体特性

纸料中纤维本身尺寸远大于胶体颗粒。然而，经打浆后产生的纤维表面细纤维化，使纤维表面起毛，并产生很多细小纤维及其他细料固体颗粒，从整体来看它具有胶体大小的尺寸。另外，纸料中可能还有溶解的无机盐及聚电解质、表面活性剂、胶料、填料等。因此，纸料悬浮液是具有胶体性质的。纸料分散体系的胶体颗粒表面还带有电荷，一般为负电荷。由于相同电荷的相互排斥作用，使胶体颗粒具有一定的分散稳定性。

3. 纸料分散体的表面动电现象

分散在水中的纸料胶体颗粒，其颗粒具有离子性，或其表面层的分子结构如果有极性的话，可以从悬浮液中选择性地吸附离子，从而使其表面具有了一定的电位，产生了动电行为。

造纸过程中的动电现象是湿部化学稳定的要素。由于纤维素通常带负电荷，因此要使带有负电荷的松香胶、填料等吸附于纸料纤维上，就必须加入带相反电荷的电解质，如硫酸铝，产生电荷中和作用，减少相互间的排斥力，使细料固体颗粒聚集在纤维表面上。

第二节　纸料悬浮液的流体力学特性

一、纸料悬浮液的流动状态和流动特性曲线

纸料悬浮液是由固相的纤维、液相的水和气相的空气组成，是一种三相同时存在的复杂

体系，其流动特性随着纸料浓度和流速等因素的不同而不断变化，流动机理复杂，影响因素较多。一般将纸料悬浮液按其固含量高低分为低浓、中浓和高浓3种，从纸料输送的角度来说，7%以下的为低浓，7% ~15%为中浓，15%以上为高浓。

1. 纸料悬浮液的流动状态

纸料悬浮液的流动可分为塞流、混流和湍流3种基本流动状态。流速不大时，纤维相互交织的网络就成为连带的整体，叫网络塞体；网络与管壁之间存在着一层很薄的水膜，叫水环；纤维之间观察不出有相对运动，整个网络像塞子一样向前滑移，这种流动状态称为塞流，具有稳体性。随着流速的增加，管壁的剪切力破坏了网络塞体的稳定性，其表面的纤维逐渐分散而进入水环流，水环厚度增大，网络塞体变小，这个流动区间类似于水流的过渡流，称为混流。当流速足够大时，剪切力足以克服网络内的摩擦力，整个网络彻底分散，纸料中各个质点的速度不同，纤维的运动杂乱无章，此时纸料的流动状态称为湍流，如图4－2所示。由塞流转变为混流和由混流转变为湍流的转折点所需的流速分别为上下临界流速，其大小与纸料的浓度和性质（浆料种类、硬度、打浆度等）有关，但纸料浓度是决定上下临界流速的主要因素，纸料浓度越高，上下临界流速就越大。

2. 纸料悬浮液的流动特性曲线

纸料悬浮液的流动特性曲线是指纸料的流速 v（m/s）和流动压力损失值 Δh_L（m/100m）相互关系的曲线。其中 v 为横坐标，是指管道截面的平均流速，压头损失 Δh_L 为纵坐标，采用对数坐标绘制，如图4－3所示。纸料悬浮液的流动压头损失主要是外摩擦（纸料与管壁之间的摩擦）和内摩擦（纤维与纤维之间的摩擦）所引起的，这些摩擦均会造成能量损失。

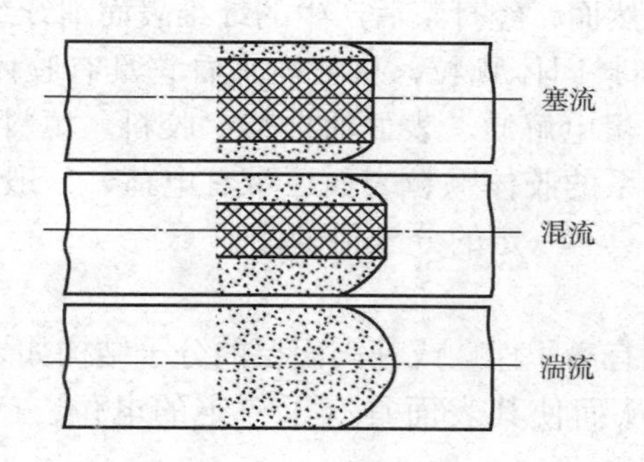

图4－2　纸料悬浮液的3种流动状态

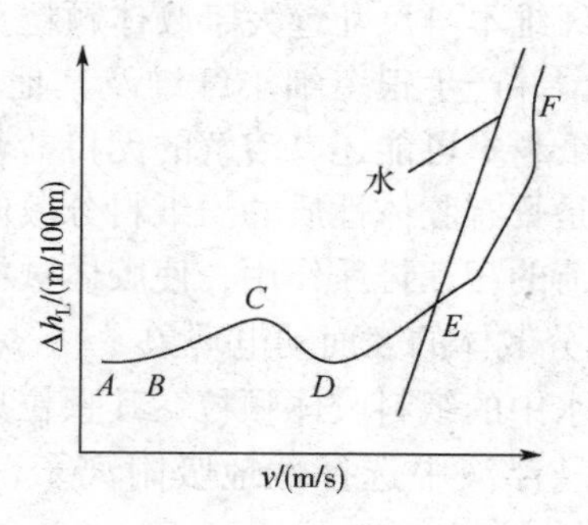

图4－3　纸料悬浮液的流动特性曲线

图4－3中曲线的 AB 段是纤维网络塞体与管壁直接接触的塞流，网络塞流充满整个管子，故流速较大时的稳定流动与流速较小时相比，其压头损失变化较小。到曲线的 BC 段，就会出现水力剪切力和网络塞体与管壁相互作用结合的塞体，既有网络塞体与管壁的直接接触，也有部分区域形成了很薄的水环。水环的厚度是流速与浓度的函数。由于流速增加，在这一段流动区间内还发现，在网络表面凸出来的纤维受到剪切力作用而脱离网络，并在水环内滚动。由于流动剪切对纤维网络产生挤压作用，加上纤维或絮聚物沿网络表面运动并发生偏转，从而在网络与管壁之间形成连续的水环。在曲线 C 点，纸料流动时，网络塞体表面已形成了连续的水环，塞体表面与管壁不再接触。实验证明，提高纤维的柔软性，能在较低流速的情况下出现 C 点。相对于粗糙管来说，光滑管可取得较低流速的 C 点。从 C 点开始，

就出现具有连续水环的塞流。曲线 *CD* 段的特点是随着流动速度的增加，其压头损失反而下降，出现所谓的“减阻现象”。到了曲线的 *D* 点，已经形成了稳定的水环流，并且水环流出现了湍动，于是纤维塞体中的悬浮纤维在剪切力等的作用下被拔出而进入水环之中，即水环中有纤维，并逐渐增多，而纤维又对管壁产生摩擦损失，所以随着水环中纤维越来越多，则压头损失又回升。从 *E* 点开始，网络表面开始受剪切力破坏，直径逐渐缩小，水环成为水－纤维环并与相同流动条件下的水流比较，出现压头损失减少现象，一直到曲线的 *F* 点，纸料的流动都处于混流状态。到了 *F* 点，纤维网络完全瓦解分散，整个流动处于完全湍流状态。

二、影响纸料悬浮液流动状态和流动曲线的主要因素

1. 悬浮液流动速度的影响

纸料悬浮液的流动速度是其流动状态的决定因素。当纸料浓度一定时（在临界浓度上），随着纸料流动速度的提高，对管道内纸料纤维施加的剪切力加强，促使纤维网络塞体瓦解直至完全分散，进入湍流状态。

2. 纸料浓度的影响

纸料浓度对流动过程中压头损失具有显著的影响。打浆度为 15.5°SR 的未漂白硫酸盐木浆在温度为 19℃ 时的流动特性曲线如图 4－4 示，在相同的流速情况下，在具有连续水环的塞流 b 区及塞流的水环流层由层流转变为湍流的 c 区，随着纸料浓度提高，压头损失增大。但由混流区过渡为湍流的 d 区内，纸料流动压力损失比水小，而且与浓度的关系不大。

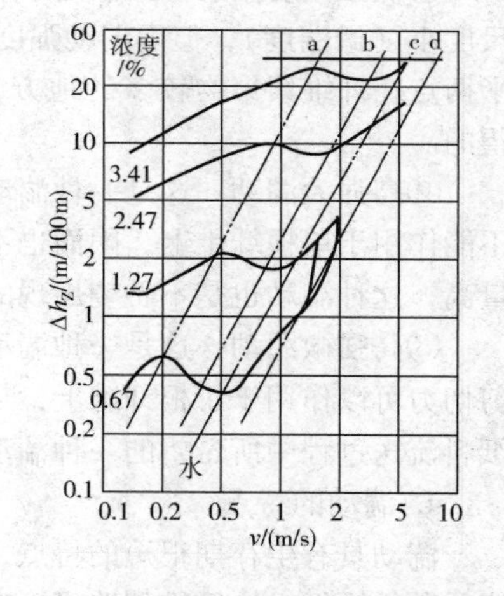

图 4－4 硫酸盐木浆的流动特性曲线

3. 纤维的物理结构和化学性质的影响

纤维的物理结构和化学性质对于纸料悬浮液的流动特性是有影响的。不同种类的纸料，因其纤维长度、挺度、聚合度不同，纸料悬浮液的流动特性也有差异。较长的纤维和表面粗糙及较柔软的纤维，能够增加纤维的机械缠结，进而增加纤维网络和絮聚的强度，在相同的流动条件下就较难瓦解分散，从而延缓了湍流状态的出现。机械木浆悬浮液除了具有网状物强度较低，转动絮聚物较小而造成塞流的表面有较大的骚动特性外，其他的特性与化学木浆悬浮液基本相似。

非木材纤维纸浆（如甘蔗渣浆、稻草浆、麦草浆、竹浆等）由于在纤维形态和结构、杂细胞含量、化学组成等方面与木材纤维纸浆有较大差别，非木材纤维纸浆一般具有纤维较短、杂细胞含量较高、半纤维素含量较高等特点，因而其纸浆纤维与木浆纤维悬浮液流动特性有较大的差别。由于非木材纸浆纤维较短，不易交织，所形成的纤维网络强度较低，在剪切力的作用下易于被破坏分散。不同种类的非木材纤维纸浆（如蔗渣浆和竹浆），由于其纤维形态、结构等方面有所不同，其流动特性参数也有所区别。

三、纸料悬浮液的流动特性

（一）纸料悬浮液流动过程中的湍动

1. 湍动的概念

当流体的雷诺数超过一定数值时，流体就处于湍动状态，这时管道内的每一个流体质点作不规则的、在速度大小和方向都发生变化的脉动，流体微团的这种不规则脉动就称为湍动。在纸浆的流送过程中，合理的湍动对纤维分散、匀度改善和絮聚减少是有利的。

2. 湍动的表示方法

湍动可用湍动规模和湍动强度来表示。湍动规模是指在湍动场中，发生速度波动的平均距离大小的量，即指湍动尺度大小。湍动强度指在湍动场中，发生速度变化的大小或湍动时产生剪切力的大小。

3. 湍动的类型

湍动在纸料流送过程中可分为3种流态：

①低强微度湍动　指湍动尺度小而湍动强度又低的一种湍流状态。这种湍流虽然是湍流尺度小（微湍度），但因湍动强度低，所产生的剪切力不足抗拒纤维之间内在强度，因而动平衡点在纤维絮聚物较多的地方，不能分散纤维网络，这种湍动在纸料输送过程中是不希望的。

②高强大湍动　这是一种湍动强度很高而湍动尺度也很大的湍流状态。其产生的剪切力不能作用于单根纤维上，因而也不能分散纤维网络，即不能破坏纤维的絮聚物，且消耗的能量高，这种湍动也是不希望出现的。

③高强微湍动　这是一种湍动强度很高而湍动尺度又很小的湍流状态。其产生的强大的剪切力可以作用于每根纤维上，从而破坏纤维絮聚物的内聚力，达到分散纤维的目的，这是纸料流送过程中所希望的一种湍动流态。

4. 湍动的特点

湍动具有生存期很短的特点，通常用毫秒或几分之一毫秒表示。湍动还有两重性，湍动能分散纤维但又给纤维创造碰撞交缠的机会，一旦湍动衰减下来，纤维又将交缠成网络及絮聚团。因此，在造纸机的纸料流送中，纸料应保持适度的湍动。

（二）纸料悬浮液的纤维絮聚

1. 纤维絮聚的原因

现在普遍认为，纸料悬浮液的纤维絮聚是由于纤维与纤维之间相互发生碰撞产生机械交缠而连接起来的结果。一般纤维只要有三个交替与其他纤维接触的点，就能形成纤维絮聚物的基本构造，若絮聚进一步发展，就结合成纤维絮聚物，而当条件适合时，纤维絮聚物再相互作用，逐步形成连续的结构并稳定下来，成为一个具有弹性及强度等固体力学性质的纤维网络。它是纤维互相搭接、交叉而形成的稀疏的网状结构。纸料悬浮液中除纤维网络外，还有絮聚团，有些絮聚团还包含着粒子小于200目的微粒。絮聚团比纤维网络更坚固，分散时比分散纤维网络需要更大的剪切力。

2. 湍动和纤维絮聚的关系

当纸料的湍动强度较低时，纸料中絮聚物的纤维缠结强度足以阻碍湍动的作用，则湍动不能将絮聚物分散；当湍动的尺度很大时，絮聚物可完整地存在于大涡流之中，也不能分散絮聚物。也就是说，只有高强度微湍动能分散絮聚物。此外，有微湍流存在可使絮聚解散，当微湍流停止后，纤维会重新絮聚。因此，纸料的湍动与纤维絮聚存在一种平衡关系，必须采取措施控制这个平衡关系，让它向着有利于分散絮聚，而结构也趋于简单的方向发展，尽量做到增加湍流强度，降低湍流规模。

为了更好地分散纸料中的纤维絮聚物，从理论上看，湍动必须作用于每根纤维。为了满足这个要求，湍动的尺度必须小于或等于一个与纤维长度，如2 mm以下，即所谓的“纤维尺度”的湍动。这种尺度的湍动，可由纸料通过一个与“纤维尺度”大致相同的流道来产生，但这么细的流道很容易被纤维堵塞，因而在生产实际中难以实现。

从布浆器直到网上形成湿纸，纸料都在流动，因此也就会有絮聚产生，要形成均匀的纸页，要求在流送过程中不断产生适当强度、小规模的湍流以分散絮聚物。要达到此目的，主要依靠流浆箱中的匀整装置，如匀浆辊、阶梯扩散器、飘片等，在流送过程中不断制造小规模、高强度的微湍流，以分散絮聚物。近年来发展的一些较先进的流浆箱，如高湍动流浆箱、集流式流浆箱、阶梯扩散器流浆箱等，其整流元件都能够使纸料产生高强微湍动，有利于纤维的分散。

纤维絮聚程度和所需时间与纸料浓度、纤维长度有关。一般随着纸料浓度增加，纤维长度增大，絮聚程度增强，絮聚所需时间缩短。车速600 m/min时，对于含大量磨木浆短纤维的新闻纸浆来说，纤维重新絮聚所需时间与浆浓的关系如表4-1所示。

表4-1　含大量磨木浆新闻纸浆纤维重新絮聚所需时间与浆浓的关系

位置	浆浓/%	重新絮聚所需时间/s	相当于长网移动距离/m
上网	0.5	0.5	5.0
成形板后	1.0	0.1	1.0
案辊中后段	2.0	0.04	0.4
案辊与真空箱之间	3.0	0.01	0.1
水线	4.0	0.001	0.01

第三节　供浆系统

一、概　　述

（一）供浆系统的组成及作用

从成浆池到上网前对纸料进行的一系列处理过程被称为供浆系统，又称流送系统。供浆系统主要包括纸料的调量和稀释、纸料的净化和筛选、纸料的脱气、消除压力脉冲和纸料输送等部分，由高位箱、冲浆泵、白水槽、锥形除渣器、压力筛及输浆管道等组成，对于高速纸机还包括除气装置、脉冲衰减装置等。供浆系统的主要作用是：

①根据实际需要为造纸机流浆箱供应稳定的纤维量；

②将浆料和化学品以各种比例在流送系统中与白水进行均匀混合；

③有效地除去浆料、填料、化学品等带入系统的杂质，提高浆料上网的洁净度，同时尽可能有效地除去系统中的空气；

④使纸料获得良好的分散，除去纤维束及絮聚物等；

⑤保证进入流浆箱上网浆料浓度、流量、压力的稳定，尽可能降低由于设备（泵、筛等）性能所产生的脉冲作用。

（二）供浆系统工艺流程

供浆系统的流程和设备，因纸张品种、纸料种类、生产规模、设备等的不同而有所差异，但基本过程是相近的。

典型的供浆系统流程如图4－5所示。这个流程具有以下特点：

①由高位箱和定量控制阀组成的调量系统为纸机提供可控稳定的上网浆量，以保证纸机抄造纸页定量的稳定；

②调量后的纸料到网下白水池通过冲浆泵与网下白水混合稀释，完成纸料的稀释过程；

③利用四段锥形除渣器组成的净化系统和三段筛浆机组成的筛选系统来保证上网浆料的质量，同时减少净化筛选损失，利用除气器来有效地除去纸料中的空气和泡沫；

④通过白水的短循环系统和长循环系统合理地回用白水。白水短循环系统是将网下收集的浓白水通过冲浆泵与调量系统送来的浓纸料混合稀释，然后经过净化、除气、筛选处理后再送到流浆箱和网部，在网部形成纸页并脱水，脱出的白水到网下白水池又进入下一次循环。由于成浆池贮存的纸料浓度一般为2.5%～3.5%，而离开纸机网部的纸页干度一般为18%～22%，加上在造纸过程中还使用一定数量的清水，所以在抄纸过程中网部脱出的白水（包括网下浓白水和真空系统的稀白水）在短循环过程中是不可能用完的。往往抄造1t纸有几十吨多余的白水，这些白水必须送到制浆车间的纸料制备系统，这个过程就是白水的长循环系统。

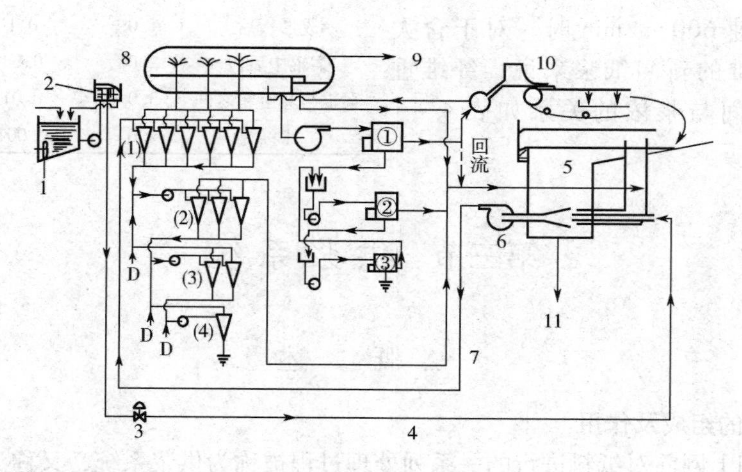

图4－5　典型的供浆系统流程图

1—纸机成浆池　2—高位箱（调节箱）　3—定量控制阀　4—浓纸料　5—网下白水槽　6—冲浆泵　7—稀释后纸料　8—除气器　9—到真空及分离系统　10—流浆箱　11—多余白水　(1)，(2)，(3)，(4)—四段净化系统　①，②，③—三段筛选系统

（三）供浆系统设计的指导方针

供浆系统设计最重要的原则是，保证纸料在输送到流浆箱的过程中维持最小的絮凝状态和保持流送系统的清洁性。另外，在工艺参数不变的情况下，要尽可能减少去流浆箱纸料的压力和流速波动。供浆系统设备布局设计要合理，这样既能为供浆系统提供最短的输送管线，又可使整个供浆系统适应性强。

1. 供浆系统的流速及状态

纸料的流动状态对纸料悬浮液中纤维的分散有显著影响，在塞流区纤维易于絮聚，而在湍流区纤维呈分散状态。纤维分散的程度与纸料的浓度和流速关系密切。纸料浓度越高，要使纸料中的纤维达到同一分散程度所需要的流速也越高；而在同一浓度下，流速越大，分散程度越好。可见，供浆系统中各部分的纸料流速对纤维的分散及上网成形是非常重要的。纸料流速高，有利于纤维的分散，但相应的输送纸料所需的动力消耗也增大。因此，综合考虑，供浆系统各部分比较合理的纸料流速为：

①在冲浆泵前，纸料的浓度在3.5%左右，对于倾斜敷设的浆管来说，管中纸料的流速可取2.2～4.2 m/s，而对于水平敷高的浆管来说，则流速应不小于3 m/s；

②在冲浆泵前，成浆与白水的混合处，成浆管是插入白水管中的，成浆管口处的流速应比四周环状空间的白水流速稍高一些，以保证混合均匀，一般速度差为0.15～0.7 m/s，混合后的流速为2.2～4.2 m/s；

③当采用高位箱时，高位箱的设计应考虑兼有脱气的作用。高位箱内的纸料流速为0.3 m/s，利于空气在低速下脱去，脱气时间取8～10s。从高位箱垂直出浆管的纸料流速可取较低的流速，如0.6～1.2 m/s，以免带入空气。高位箱进口成浆管流速可取0.3 m/s，利于纸料稳定上升。高位箱溢流纸料流速也取0.3 m/s；

④机外白水槽中白水的流速可取0.3～0.4 m/s，进冲浆泵前白水出口流速可取0.5～1.0 m/s，从网下白水盘至机外白水槽的白水应有20～30 s的停留时间，利于空气逸出。

2. 供浆系统中的管道敷设

为了使纸料在输送中能脱出空气，避免产生二次流或过大的扰动，便于管道的清洗，避免管道挂浆、积浆，利于纸料与白水的充分混合。供浆系统管道敷设有下列要求。

①供浆系统的管道最好采用不锈钢管材。其连接部位不论是焊接还是法兰连接都要求内壁平整，法兰连接应在内壁处搭接，车光后再抛光；焊接时，焊缝在内时应修磨平滑后抛光。使管道内表面的粗糙度应小于38 μm，在进行棉球擦拭检验时，不会发生挂丝现象；

②水平浆管应顺流向上倾斜7°以上；对于垂直管道的上部将是空气聚集的部位，需增加排气管引入就近的白水池中，排除上部空气；在其下部，则需增加排放口或采用清洗弯头，利于清洗方便和防止堵浆。

3. 冲浆泵

冲浆泵是供浆系统最关键的设备，是供浆系统的动力源，它混合浆料与白水，并将混合后的浆料送去流浆箱。冲浆泵的流量、扬程关系到整个供浆系统的正常运转。它的输送能力直接影响纸机的车速，如果冲浆泵的流量不足，纸机的车速无法提高，如果它的扬程过小，则无法提供足够的压力，不能保证除渣器及网前压力筛的正常运转，因为它们的运转需要一定的压力，而此压力是由冲浆泵提供的。冲浆泵是抄纸系统最大的一台泵，对它的要求是必须十分精确，流量和压力必须稳定，没有脉冲或波动，而且还要有在整个纸机操作范围内及时改变的能力。冲浆泵通常采用直流电动机带动，可连续平滑无级调速，当纸机车速变化时，通过调节冲浆泵的转速使进浆量和纸机车速相适应。冲浆泵也有采用交流电动机带动的，这时，调节供浆量不是调节上浆泵的转速，而是通过调节阀门来实现的。

4. 高位箱

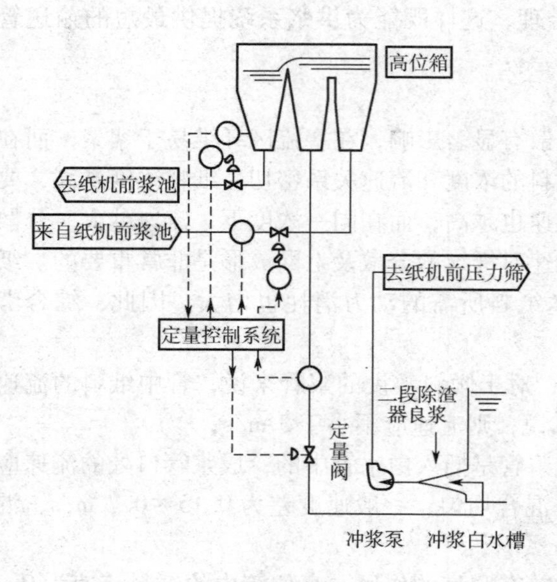

图 4－6 高位箱配置示意图

高位箱的作用是使纸料进入定量阀时压力稳定并且调节到纸机所要求的纸料压力，因此它必须保持一定量的溢流。典型的高位箱配置如图 4－6 所示。高位箱是由分散控制系统（DCS）所控制，通过调节自动阀，可以使其溢流控制在最小范围内。高位箱设计的指导方针如下：

①高位箱和冲浆白水槽的液面差不小于 4.5 m，并且尽量靠近冲浆泵；

②高位箱的出料管不宜有水平部分，而应垂直布置，转弯时要避免出料管呈锐角。高位箱的下行出料管上的定量阀应装于冲浆白水槽液面以下至少 1.5 m，以防阀门下边有空气所聚积；

③高位箱内的纸料深度应大于排出管流速值，以防止高位箱内出现涡流，把空气卷入纸料中；

④高位箱的材质最好选用不锈钢，用内壁衬瓷砖的水泥槽也行，最好不要用有机塑料，因内它的内壁容易黏附纸料纤维；

⑤高位箱的形态最好是锥形，而不要是四方形的，因为其内部有死角，易产生腐浆。

5. 冲浆白水槽

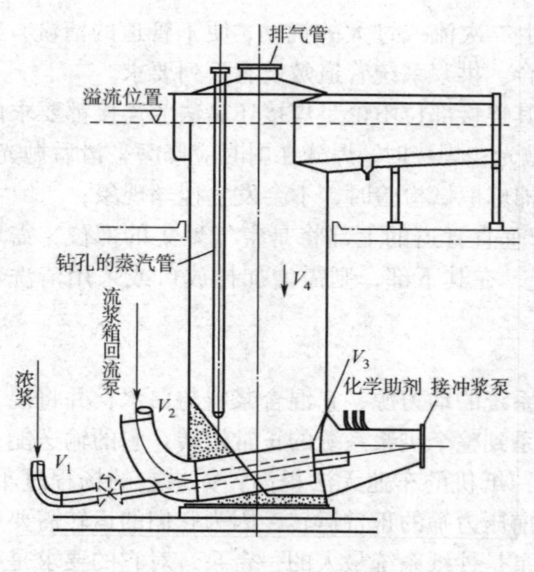

图 4－7 冲浆白水槽示意图

冲浆白水槽的作用是使白水经过供浆系统时保持稳定的速度，同时除去白水中的泡沫和空气。冲浆白水槽及相关管线设计时应注意以下几个指导原则：①冲浆白水槽设计的重点是从定量控制阀来的浓浆与冲浆泵吸入口白水的混合点。若冲浆白水槽设计不好，就会在冲浆泵吸入口产生短暂浓度波动的“混浊团”。穿过冲浆白水槽的浓浆管最好直接插入到冲浆泵入口端，还可适当调整管径，使冲浆泵吸入口的浓浆流速至少为浓白水流速的 5 倍。冲浆白水槽示意图见图 4－7。其白水和浆料的流速为：浓浆（2.0±0.5）m/s，回流浆（1.5±0.5）m/s，白水（1.0±0.5）m/s；②冲浆白水槽的作用是使浓白水向下流动的垂直速度低于 0.15

m/s，还要使浓白水的停留时间到少应在1.0～1.5 min，以利于空气泡的顺利上升，自然排气；③网部接水盘的浓白水流到冲浆白水槽时，不应有急流。还要使用水位控制装置，使冲浆白水槽始终充满，以排除产生急流的可能性；④冲浆泵吸入口要设计成从冲浆白水槽直接向上吸入形式，槽底面要向吸入口倾斜，这样便于沉下来的浆料移动，减少浆料在槽底聚集；⑤冲浆白水槽和相关管线应不导致产生浆疙瘩和腐浆的死角。

二、纸料的调量和稀释

1. 纸料调量和稀释的目的和作用

纸料调量的目的是按照造纸机车速和定量的要求提供连续稳定的供浆量；稀释的目的是按造纸机抄造的要求，将纸料稀释到适合的浓度，以便在抄纸过程中形成均匀的湿纸页。纸料稀释的程度取决于纸张的品种、定量和质量要求、纸料性质、造纸机的形式和结构特点等因素。一般情况下调量和稀释是同时进行的，纸料的稀释一般使用网部的浓白水，以节约用水、回收白水中的细小纤维、填料及能量，并减少环境污染。

2. 纸料调量和稀释的方法

纸料调量和稀释常用的方法有冲浆箱、冲浆池和冲浆泵内冲浆等几种，选择哪种方法取决于造纸机的生产规模、结构特点、设备布置形式、装备和工艺技术水平等因素。

在冲浆箱式调量稀释法中，纸料及白水在箱中由溢流口稳定浆位，通过调节闸门的开启度来控制浆量及稀释白水量。经混合后进入缓冲池再泵送到净化筛选工序，如图4－8所示。冲浆池法则是使用阀门控制经过调浆箱稳定后的纸料直接进入混合池中，稀释白水由白水池底部流入，稀释后的纸料由泵从混合池送到净化筛选工序，如图4－9所示。这两种方法只适用于小型造纸机。

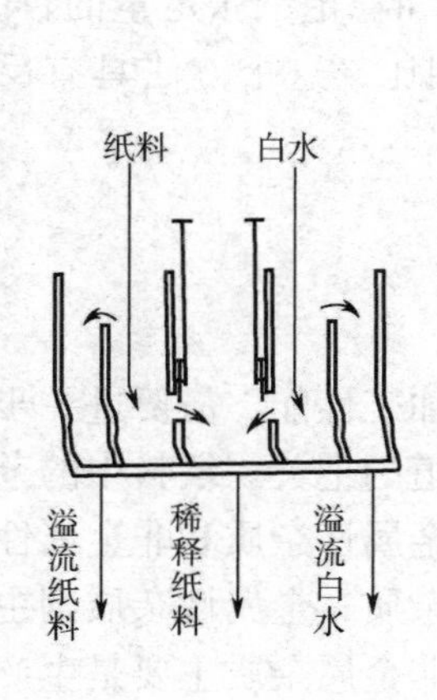

图4－8　冲浆箱式调量稀释法

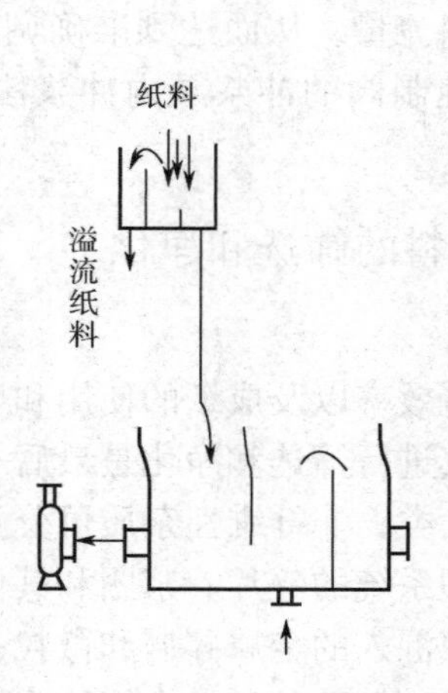

图4－9　冲浆池调量稀释法

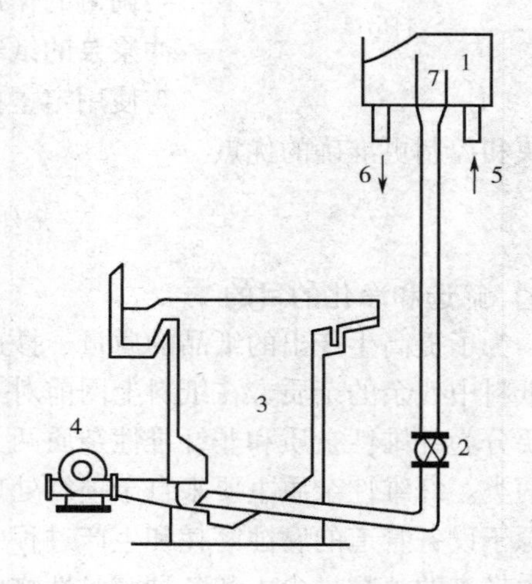

图4－10　使用定量控制阀的冲浆泵内冲浆法

1—稳压高位箱　2—定量控制阀　3—网下白水池　4—冲浆泵　5—纸机成浆池来纸料进口　6—回流到纸机成浆池纸料出口　7—通往定量控制阀的纸料出口

使用定量控制阀的冲浆泵内冲浆法是目前使用得较普遍的一种方法。其流程如图 4－10 所示。

该纸料调量和稀释方法的特点是：

①由纸机成浆池输送来的纸料从稳压高位箱底部进入高位箱，翻过隔板后由出浆口通过垂直管输送到定量控制阀，而多余的纸料由高位箱末端回流口回流到纸机成浆池。这种处理方法易于排除纸料中带来的游离空气、减少进入上升浆流带来的脉冲，为定量控制阀提供稳定的压头。在箱的末端回流，能够把纸料中的泡沫带走，从而保证稳压高位箱的清洁。一种新型稳压高位箱构造如图 4－11 所示。这种稳压高位箱的特点是从纸料进浆口到出浆口、回流口是一弧形斜坡流道。箱体不挂浆、无死角、不夹带空气、出浆均匀稳定。

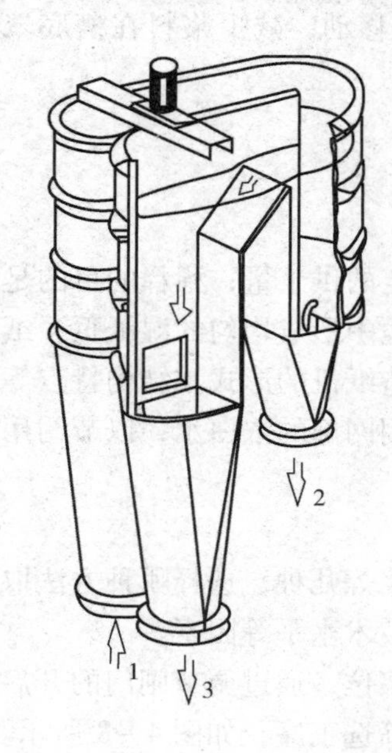

图 4－11　新型稳压高位箱的构造

1—由纸机成浆池来浆入口　2—到定量控制阀纸料出口　3—回流浆料出口

②定量控制阀装置在尽可能接近系统底部的位置，使定量控制阀到冲浆泵的管道能够完全充满纸料，从而避免管道边出现积聚空气的空化现象，保证造纸机定量的稳定，进入造纸机纸料量由造纸机定量控制系统通过定量阀控制。

③使用低脉冲冲浆泵，尽可能减少供浆系统的压力脉冲。

目前还有一种使用可控速度成浆泵的冲浆泵内冲浆法，其特点是使用可控速度的成浆泵取代稳压高位箱和定量控制阀起到调量的作用。通过变更和控制成浆泵的转速达到控制输送往冲浆泵的纸料流量，从而达到准确调量和稳定纸张定量的目的。与使用定量控制阀的冲浆泵内冲浆法相比，这个方法具有反应更快和控制更准确的优点。

三、纸料的筛选和净化

（一）筛选和净化的目的

为了提高生产出的纸品的质量、抄造效率以及成纸的使用和后加工性能，需要进一步除去纸料中残余的杂质，在纸料上网前对其进行筛选和净化是最后一道的把关。纸料中的杂质主要分为纤维性杂质和非纤维性杂质两大类，非纤维性杂质可分为金属性杂质和非金属性杂质两类。纤维性杂质主要来自于损纸处理系统的碎片、浆团和其他杂质；金属性杂质则主要来源于设备管道的腐蚀磨耗和生产过程中混入的金属碎屑和微粒；非金属杂质主要是生产过程中带来的沙粒、尘土和各种胶黏性物质。筛选的目的在于除去纸料中相对密度小而体积大的杂质，因此筛选设备是利用几何尺寸及形状差异来分离杂质的。净化的目的是除去纸料中相对密度较大的杂质，因此净化设备是利用密度差来分离杂质的。

除了去除纸料中的杂质外，纸料上网前的筛选和净化还具有将纸料中的纤维、填料和助剂分散，并使之流体化，避免其结团、沉积和絮聚，使纸料纤维悬浮液符合上网要求。

（二）筛选和净化设备

造纸前所用的净化设备主要是锥形除渣器，而筛选设备使用最多的是压力筛。一般将净化和筛选组合成一个系统，并且大都是把净化放在筛选之前，以延长筛板的使用寿命。图4－12是一个由三段锥形除渣器和压力筛组成的净化和筛选流程。

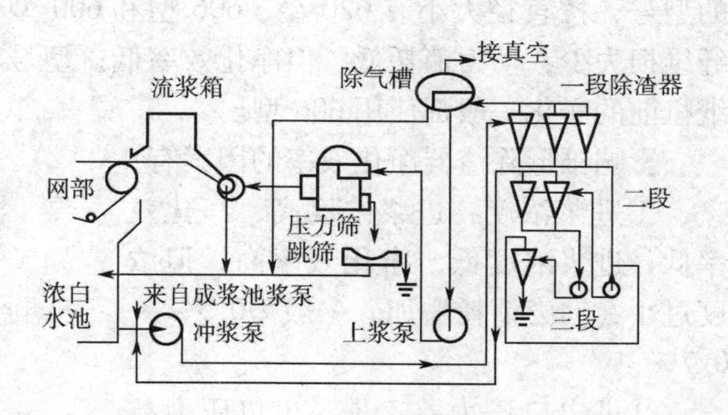

图4－12　纸料的净化和筛选流程

在图4－12所示的净化和筛选流程中，在净化的同时还进行了除气。采用冲浆泵稀释法，一级三段锥形除渣器净化，用接真空的除气槽除气，除气后浆料经压力筛处理后到流浆箱上网。成浆池的来浆经过流量调节系统，定量进入冲浆泵入口，除气槽和锥形总管的溢流纸料，以及压力筛连续排渣的尾浆经跳筛回收的良浆，都返回浓白水池循环使用。

选择筛选和净化设备的原则是：a. 筛选或净化效率要高，纤维流失少；b. 尽量选择性质较好、适应性广、能除去较多杂质的设备；c. 设备最好是全封闭的，防止带入空气，产生泡沫；d. 设备占地少，动力消耗低。

1. 锥形除渣器

锥形除渣器是一种高效的净化设备，其生产能力大，占地面积小，是纸机前净化操作中应用最广泛和最重要的一种设备。

锥形除渣器是利用纸料流体在除渣器内涡旋运动产生的离心力作用使纸料中密度较大的杂质与纤维分离的一种净化设备。其上部为圆柱体，柱体的长度比锥体的长度小。纸料从柱体的上部沿切线方向进入除渣器内做涡旋向下运动，纸料中的重杂质由于比重较大，从而产生的离心力也较大，故首先被抛向器壁，沿器壁下滑到锥体下部的排渣口排出。纸料中的纤维比重相对较轻，集中在涡旋的中心，旋转到锥体末端后改变旋转方向从内层上升到锥体顶部良浆出口排出。纸料中的空气相对密度最小，位于涡旋的中心，和良浆一起从锥体的顶部排出。有些除渣器配有特殊的装置，可将空气从良浆中分离出来。锥形除渣器的结构示意图见图4－13。先进的除渣器不仅能达到除去重杂质的目的，同时还可以达到排除轻杂质和脱气的作用。

随着废纸回用率的不断提高，废纸中夹杂的一些塑料、蜡类、热熔胶等比纤维轻的杂质也会严重影响成纸的质量，因此出现了针对这些轻杂质的轻质除渣器。轻质除渣器的工作原理与重质除渣器的工作原理相似，也是采用涡流离心净化的原理，即利用塑料类杂质、蜡和热熔胶的密度低于纤维和水的特点，靠离心力的作用对纤维和杂质进行分离，但其良浆由锥体下端的排出口排出，轻杂质则由顶部出口排出。轻质逆向除渣器如图4－14所示。

锥形除渣器的除渣效率、生产能力和排渣量与除渣器的结构尺寸和进浆压力、进浆浓度等有关。用于造纸机供浆系统的锥形除渣器的直径为75～300 mm，单个除渣器通过量为75～3000 L/min，进浆浓度为0.5%～1.0%，压力降为0.1～0.3 MPa，排渣率为4%～10%。

我国常用的锥形除渣器的直径为75～150 mm，单个流量为75～500 L/min。锥形除渣器的型号，按直径大小有620型、606型和600型3个系列。型号大的直径大，生产能力大，纤维损失少，动力消耗低，但净化效率低；型号小的直径小，生产能力小，但净化效率高，纸机前的净化一般都使用606型。

影响锥形除渣器净化效率的因素有：

①进浆浓度：进浆浓度高，净化效率低；进浆浓度低，净化效率高，但浓度过小，动力消耗增加。一般为0.5%～0.7%。

②进出口压力差：进、出口压力差越大，浆料进入除渣器的速度越大，产生的离心力也越大，除渣效率较高。但是，当压力差超过某一数值（0.3MPa）时，浆料的净化效率增加不明显，而动力消耗增大很多。一般进浆压力控制在0.28～0.35 MPa，出浆压力为0.01～0.03 MPa，压力差不超过0.28～0.3 MPa。

③排渣率：影响排渣率的主要因素是排渣口直径的大小。在一定范围内，增大排渣口直径，排渣量增大，净化效率提高，但纤维流失多。排渣口小，净化效率低，有时还会造成排渣口堵塞。一定型号的除渣器有相对应的排渣口直径。

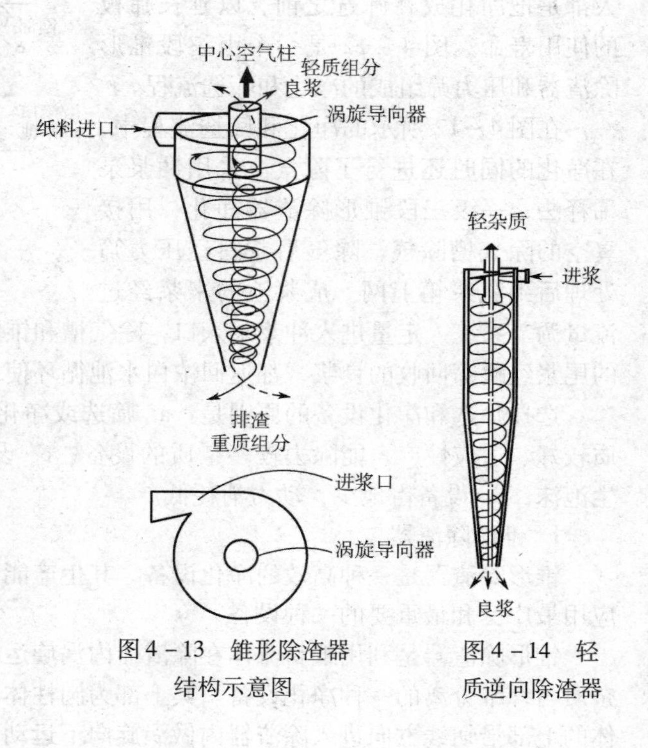

图4-13　锥形除渣器结构示意图

图4-14　轻质逆向除渣器

一般情况下，锥形除渣器不会是单台使用的，而是若干台组合起来使用。在多台除渣器排列组合使用时，涉及“分段”和“分级”的问题。把原浆和尾浆通过除渣设备的次数称为段，多段排列的目的是为了减少尾渣中好纤维的含量，减少损失；原浆和良浆通过除渣设备的次数称为级，多级的目的是为了提高良浆的质量，但动力消耗成倍增加。在纸机供浆系统中多采用一级三段，但也有一些生产规模大的造纸机采用一级四段。典型的一级三段除渣流程如图4-15所示。

在多段净化中，应逐段增加其排渣口径，排渣率一般为10%～30%，而且也应逐段增大。

2. 压力筛

压力筛是目前纸料上网前使用最为广泛的筛选设备。常用压力筛的叶片断面似机翼，故又称为旋翼筛。

浆料以一定压力沿切线方向进入筛鼓内部，做自上而下的旋转运动。在筛鼓内外压力差的作用下，纤维通过筛孔。旋翼沿筛鼓表面运动时，其头部附近浆的压差增大，促使纤维通过筛孔。旋翼继续运动，随着其尾部与筛鼓的间隙逐渐增大而在这一区域出现局部负压。产

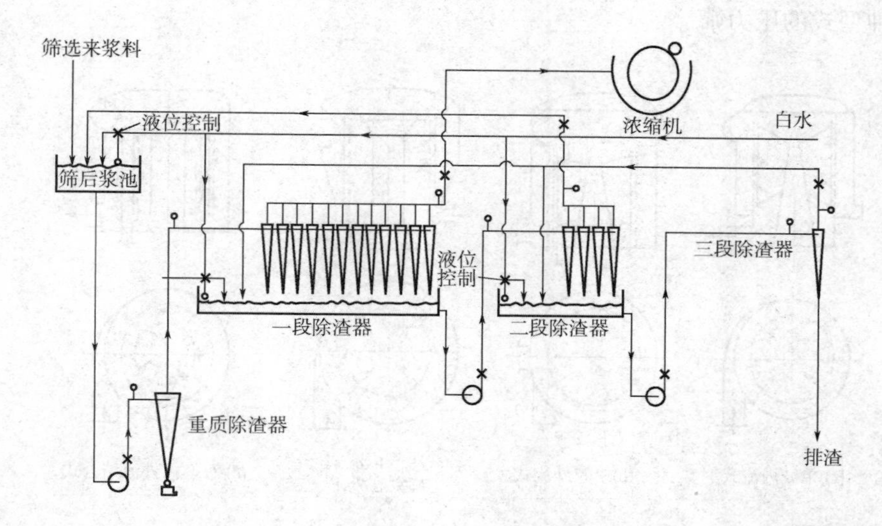

图 4－15　典型的一级三段除渣器流程

生的负压使筛鼓内外浆料压力绝对值相等时，浆料停止通过筛孔，当负压继续增加，筛鼓外的部分良浆则在负压作用下通过筛孔返回筛鼓内，反冲筛鼓内表面筛孔上形成的纤维滤层，起到净化筛孔的作用。旋翼经过后，浆料又在压力差的作用下继续得到筛选，并在下一个旋翼作用下继续重复这一过程。未能通过筛孔的尾浆从机体底部出口排出。压力筛的作用原理如图 4－16 所示。

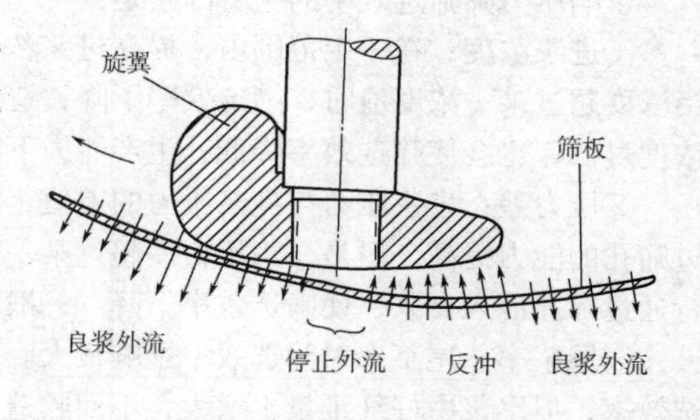

图 4－16　压力筛工作原理图

压力筛是一种全封闭压力进浆，并以压力脉冲代替机械振动而进行分离杂质的筛选设备。根据使用要求不同，压力筛有多种结构形式和性能特点。根据旋翼个数，可分为单鼓和双鼓压力筛；根据浆料在筛子中的流向不同，可分为外流式和内流式；根据筛鼓的位置不同，可分为旋翼在鼓内和旋翼在鼓外之分；根据筛鼓形状不同，可分为筛孔和筛缝；缝筛又可分为平板缝筛和波形缝筛。上网前压力筛要求具有低压力脉冲，较低的进浆浓度，能够除去更细的杂质，具有较强的分散纤维絮聚等特点。目前使用的压力筛主要有以下 4 种结构形式。如图 4－17 所示。

单鼓内流式压力筛（a）的特点是旋翼在筛鼓内侧，依靠转子在负压力区吸浆，从筛鼓外侧进浆；单鼓外流式压力筛（b）的旋翼也在筛鼓内侧，从筛鼓内进浆，良浆依靠压力和离心力流出筛鼓；（c）同为单鼓内流式压力筛，所不同的是其旋翼在筛鼓外侧，与未筛浆料接触，旋翼转动的加压作用能增加筛选压力，从筛鼓外侧进浆，离心力将粗重的杂质甩离筛鼓；（d）为内、外流双鼓压力筛，其特点是具有两个筛鼓，旋翼位于两个筛鼓之间，进浆口也在两个筛鼓之间，外筛鼓是外流式的，内筛鼓是内流式的，外筛鼓筛板面积约占筛板总面积的 60%，而生产能力则达到总生产能力的 70% ~80%。目前使用比较广泛的是（a）

和（d）两种型式的压力筛。

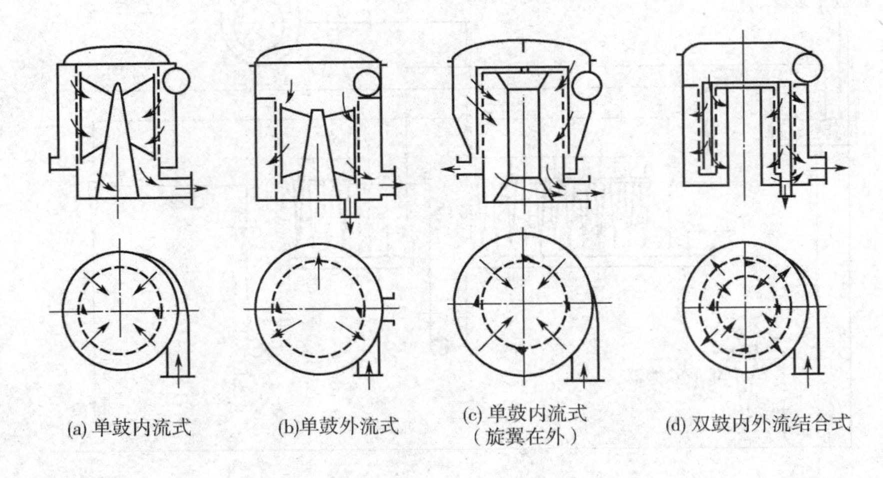

图 4－17　压力筛的几种主要形式

影响压力筛筛选效率的主要因素是：

①进浆浓度：在一定范围内，提高进浆浓度，可提高筛选效率，生产能力提高。但是，当浓度超过某一浓度值时，筛选效率下降，造成良浆质量下降，尾浆率增大或糊筛板。进浆浓度过低，也会使筛选效率降低，生产能力下降。一般进浆浓度范围在 0.2%～2.5%。

②压力差：进浆压力与良浆压力的差值，即筛鼓内外压力差。增大压力差，推动浆料通过筛孔的能力提高。但是，当压力差超过某一范围，造成浆料中的部分纤维束、纤维团会强行通过筛孔混入良浆，使筛选效率下降。一般不应超过 0.03～0.04 MPa。

③尾浆率：尾浆率对筛选效率影响最大。尾浆率过大，虽然可以提高良浆质量，提高筛选效率，但尾浆中好纤维量也增大，不回收造成损失，如回收还需进行二段处理。尾浆率过小，造成筛选效率降低。因此，应根据良浆的质量要求合理确定尾浆率。

④旋翼与筛板的间隙：旋翼与筛板的间隙越小，脉冲越强烈，筛选效果越高。但间隙过小易损坏筛板。一般为 0.6～0.8 mm。

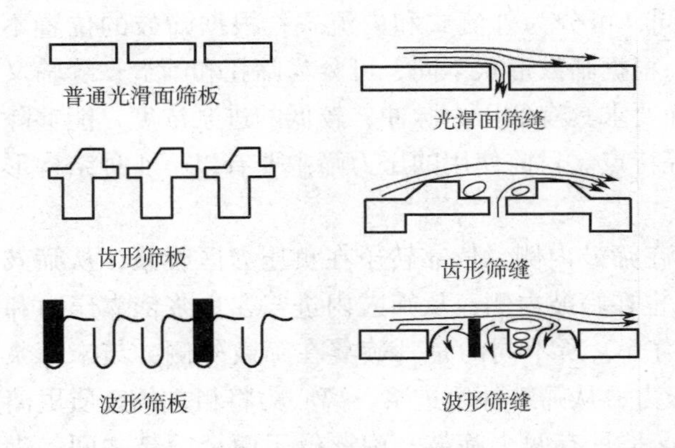

图 4－18　不同筛板形状及其筛缝表面层流状况

⑤旋翼转速：转速加快可提高生产能力和筛选效率，但电耗大，纸料易产生脉动作用。一般为 250～550 r/min。

近年来用于造纸机供浆系统的压力筛在技术上进行了改进，出现了波形筛缝筛板和低脉冲旋翼。

（1）波形筛缝筛板

波形筛板是将筛板的表面加工成起伏不平的特殊几何形状（如锯齿形、阶梯形和圆曲面等），图 4－18 所示为普通光滑面筛板、齿形筛板及波形筛板的形状及其表面的层流状况。

波形筛板的主要特点：改变浆料流线，提高浆料在筛孔附近的湍流程度，减少筛孔堵塞，提高筛板的有效开孔率，以便达到提高生产能力的目的；通过改变浆料的流线改善纤维的取向，降低筛板两侧的压力差，从而提高筛选效率，降低能耗。

纤维从进浆侧通过筛孔（缝）时的运动轨迹有3种情况，即：纤维由头部先进入筛孔（缝）；纤维由尾部先进入筛孔（缝）；纤维由中间部分先进入筛孔（缝）。如图4－19所示。

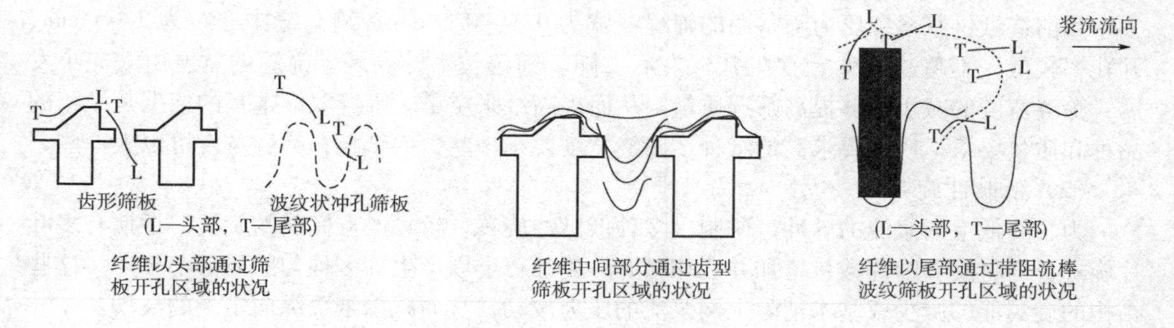

图4－19 浆料纤维通过筛孔（缝）的运动轨迹

决定纤维通过筛孔（缝）形式的主要因素有：筛板表面的流型；纤维的柔软度；纤维与筛板间的径向距离。

对于光滑型筛板、冲孔波纹型筛板及齿型筛板，纤维主要由头部先进入筛孔。浆流流过开孔区时，纤维可能会产生弯曲甚至折叠，使纤维中间部分先进入筛孔。这种现象在光滑型筛板和齿型筛板较为突出。对于带有阻流棒的波形筛板（孔型和缝型），纤维主要由尾部先进入筛孔。这是由于线性排列的纤维经过阻流棒后来不及调节自身的方向，在浆流的涡流作用下把纤维的尾部拖进筛孔（缝）。

生产实践证明，波形筛具有提高筛选效率，提高筛选浓度，提高生产能力，降低筛浆电耗，减少筛板堵塞等特点和效果。不同筛板的相对生产能力、临界工作浓度及压力差等情况如图4－20、图4－21所示。

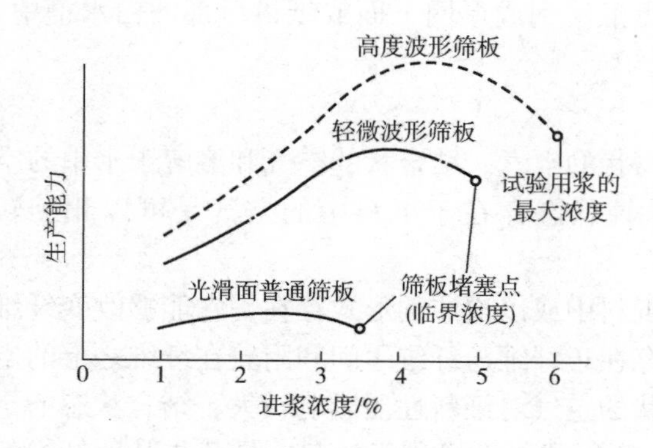

图4－20 不同筛板的相对生产能力及其最大工作浓度与筛板波形程度的关系

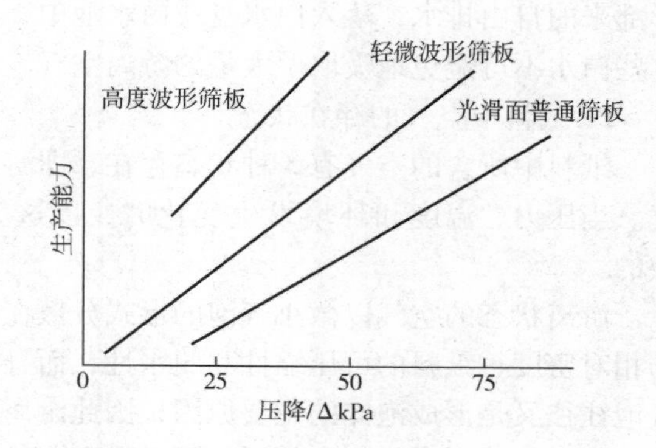

图4－21 不同筛板的相对生产能力与进浆和良浆压力降的关系

由图4－20可知，波形筛板可在较高的浓度下进行筛浆，提高了筛浆机的生产能力。由

图4-21可知，波形筛可在较低的压力降下获得较高的生产能力，从而降低生产的能耗。

从流动机理角度考虑，同样是波形筛，开孔和开缝也会有很大的差别，主要差别是：在相同的筛鼓面积下，缝筛比孔筛的开孔率小，从而压力差也相应增大，相同的旋翼产生的前后压力脉冲的作用更大，有利于消除筛缝对长纤维通过的挂浆堵塞；缝筛的良浆排出除压力差外，开缝处的涡流起了重要作用，而孔筛的良浆排出主要依靠压力差的黏性作用，因此良浆更易于通过筛缝。在相同筛选率要求的情况下，孔径约为筛缝缝宽的2.5～3.5倍。

目前造纸供浆系统压力筛常用的筛缝缝宽为0.1～0.5 mm，缝与缝中心距为2～5 mm，开孔率较低，不超过20%，常在10%左右。随着筛选技术的发展，筛缝的宽度由大向小发展，筛缝宽度的减小能够提高筛选质量，从而提高纸张质量。筛缝宽度选择的依据是纸张的品种和质量要求。质量要求高的纸种，筛缝宽度要小一些，而纸板，筛缝宽度可以大一些。

（2）低脉冲旋翼

为了降低上网浆流的脉冲，研制了多种低脉冲旋翼，较早的有倾斜的旋翼，近期有多叶片旋翼，即将旋翼叶片数量增加并互相错开，使筛板全周产生许多均匀的局部小脉冲。这些结构的旋翼能够减少或基本消除上网浆流的压力波动，从而减少纸页纵向定量的波动。

四、纸料的除气

（一）纸料中空气的来源及存在状态

1. 纸料中空气的主要来源

①不适当的机械搅拌引进空气：纸料中少量的空气一般是在搅拌及纸料跌落时混入浆中的，如在浆池、高位箱和网下坑的出口上方，激烈的搅拌或搅拌槽中液位太低时会产生过度的涡流，将混入空气。

②输送固定出口位置不合理，离开液面，高高喷下引进空气；送往浆池的浆料或白水管道出口处没有浸没到液面下，堰板溢流或计量阀的落差太大，控制阀安装位置太高，阀下游浆料不能充满管道等情况下，会带入空气。

③输送设备如浆泵、白水泵漏气引进空气：泵的填料函漏气带入空气。

④回收利用白水引进空气：纸料中空气的主要来源在于大量使用了网下白水，从纸机成形部来的自由排水，落入白水盘或白水池中，再汇集到成形网下面或纸机后部的白水槽中，这些白水不可避免地吸取了大量的游离空气。

2. 纸料中空气的存在状态

纸料中所含的空气有3种状态存在，即游离状的空气、结合状的空气和溶解于水中的空气。当压力、温度和环境发生变化时，以这3种状态存在于纸料中的空气是可以相互转换的。

游离状态的空气以微小气泡的形式分散在纸料中或以泡沫的形式存在，它能够改变纤维的相对密度、纸料的可压缩性和脱水性，而且存在于纤维与纤维之间和附着在纤维之上的空气泡往往又是形成泡沫的主要原因，因此游离状的空气对纸料性质影响较大。结合状态的空气一般吸附在纤维上，它使纤维的重量相对地“减小”，纤维易于浮起，易于与其他纤维絮聚，也能够造成泡沫，使网上脱水速率降低。溶解于水中的空气对纸料性质的影响不大，但当悬浮体处于饱和状态时就会从水中析出，转化成结合状态或游离状态的空气。在泵送纸料的过程中，由于泵对纸料的搅动和剪切作用，能够将结合状态的空气转变为游离状态的空气。游离状态的空气是结合状态和溶解于水中的空气的来源。

（二）纸料中空气的危害及除气的作用

夹杂在纸料中的空气和泡沫对纸机抄造过程及纸张质量均有较大的影响。纸料中的空气和泡沫会降低纸页的匀度，会在纸上产生如孔洞、小斑点等纸病，影响纸张的质量，生产纸板时，则容易分层。此外，纸料中的空气和泡沫还会导致供浆系统及纸页成形过程不稳定，造成纸页定量的波动，降低网上纸料滤水速度。因此，现代高速造纸机广泛地使用了除气装置。

纸料除气的作用是：a. 避免在纸机流浆箱中产生泡沫，并把不含气泡的纸料喷射到成形部，从而改进纸页的成形，解决纸页中出现的泡沫点、针眼等纸病；b. 由于没有气泡与纤维结合在一起，从而使到流浆箱中纸料的絮聚易于分散，有助于改善纸页的匀度；c. 导致管道系统脉动的幅度降低，使纸页的定量更加稳定；d. 加快成形部的脱水，提高成形部的脱水能力。

（三）除气方法

1. 除气方法的分类和特点

除气方法主要有化学除气法和机械除气法两大类。

化学除气法是把化学品（各种除气消泡剂）加入到纸料和白水中，这些添加剂进入气泡的膜，并取代气泡膜中能够稳定泡沫的表面活性物质，从而除低泡沫的弹性和稳定性。然后当小的气泡破裂时，它们就比较容易合并成为比较大的气泡，由于气泡的浮力与气泡直径的平方成正比，因而大的气泡能较快地上升到纸料或白水的表面，从而除去纸料中的空气和泡沫。这种方法使用的添加物必须是对纤维没有亲和力或亲和力很低的物质，以降低小气泡吸附在纤维表面上的可能。这类方法能够降低纸料中游离状态和结合状态的气体含量，消除泡沫，其除气效果与使用的化学品种类、用量、纸料的性质和温度等因素有关，还与网下白水中存在助剂的种类及累积程度有关。

机械除气主要是采用突然减压的方法使纸料中气泡的体积突然膨胀而释放出来，泡沫的稳定性也会降低而破裂。机械除气法目前使用的典型方法是特克雷特除气法，此法的特点是在高真空下纸料受到喷射、冲击、沸腾等三重作用而把纸料中的空气和其他气体除去。这种方法能够有效地除去纸料中的空气，包括游离状态、结合状态和溶解状态的空气。

使用化学除气法和机械除气法结合起来的除气工艺能够取得最佳的除气效果。

2. 特克雷特除气法的除气原理

特克雷特除气系统在接收器（中心罐）进行除气，如图4-22所示。

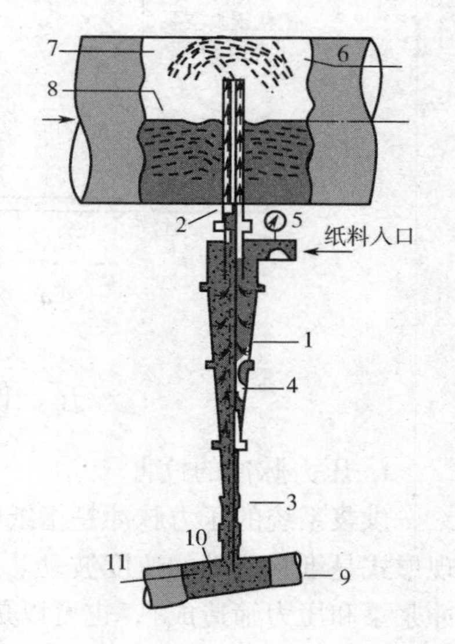

图4-22　除渣器—特克雷特管型内部断面示意图

1—除渣器　2—良浆管　3—加大直径的排渣孔　4—气芯真空度90.16 kPa　5—进口压力61.74 kPa　6—自由喷溅　7—真空度90.16 kPa　8—恒定的液位　9—排渣收集总管　10—自由排出　11—真空度90.16 kPa

含有空气的纸料通过锥形除渣器后喷射到接收器中，在喷射过程中有一部分纸料与容器的内壁碰撞，接收器内部的真空度应维持在比泵送到接收器的纸料的沸点高，以保证纸料在接收器内沸腾，达到充分除气的目的。为了保持接收器液面稳定，应有一定的溢流量，接收器内的浆位可用闸板控制，一般控制在接收器中心线附近。

3. 除气系统的流程

除气系统流程的复杂程度及其布置情况随用途的不同而异，有的系统把纸料的除气和净化结合起来（如图 4－12 所示），而有的系统只有除气作用，如图 4－23 所示。

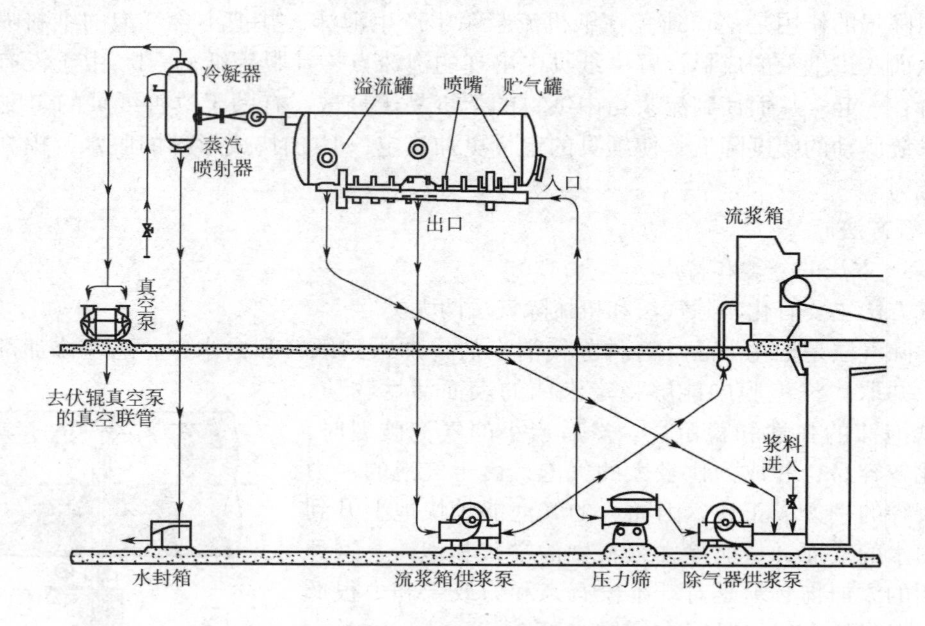

图 4－23　只用于除去空气的除气器系统简图

五、供浆系统的压力脉冲及其消除

1. 压力脉冲的危害

供浆系统的压力脉冲是指纸料在流送过程中压力或流量的波动。供浆系统压力脉冲的表现形式是纸料流动的速度波动。由于造成脉冲的原因不同，这种脉冲可以是周期性的（由冲浆泵和压力筛造成），也可以是非周期性的（由纸料输送和白水循环系统的管路等造成）。

纸料的压力脉冲会使供浆过程发生二次流动，产生波的叠加，结果引起纤维的集结，造成纸料流的纵向浓度不均匀。压力脉冲还会带来上网纸料喷浆体积流量的变化。纸料流的纵向浓度不均匀及上网纸料体积流量变化均会造成上网纸料中绝干纤维量的变化，从而引起纸页的纵向定量波动，对车速较高的封闭满流式流浆箱，纸料压力脉冲所造成的定量波动更为突出。纸料的压力脉冲还会影响吸水箱的抽吸作用，因而造成纸机负荷的波动，产生喘气现象。

2. 压力脉冲产生的原因

造成供浆系统中纸料压力脉冲的原因很多，其中冲浆泵和旋翼筛产生的脉冲过大，输送管道因设计不良而产生积气振动、水击及管体振动，操作条件变化等，是造成纸料中压力脉冲的重要原因。

冲浆泵的叶轮在旋转时，叶片每通过一次切割区，由于叶片的压缩，浆流突然从高压区进入低压区，这样反复地循环，就会产生浆流的压力波动。要减少这种压力波动，除了合理操作外，选用设计合理的低脉冲浆泵很重要。如国内某纸厂采用芬兰 Ahlstrom 公司制造的双吸式离心泵后，压力波动明显降低。该浆泵的翼轮从中间隔开，两半边翼片的部位中间错开，由两边汇合出来的浆料会相互抵消部分压力脉冲。低脉冲冲浆泵的结构如图 4－24 所示。

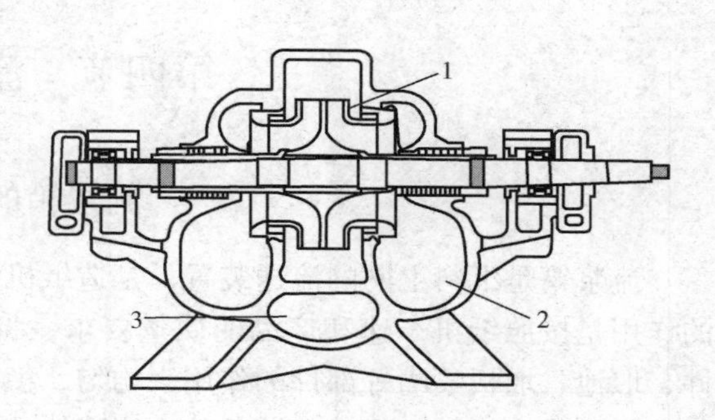

图 4－24　低脉冲冲浆泵

1—吸入　2—翼轮　3—排出

旋翼筛也是纸料压力脉冲的主要来源。要减少这种脉动，可根据工艺要求适当调整旋翼的转速，适当降低旋翼的转速可显著减少脉冲。此外，选用设计合理的旋翼筛也可以减少压力脉动。如采用新型的双鼓旋翼筛，旋翼分为内 3 片和外 9 片两组，在内外筛鼓中旋转，工作时两组旋翼叶片产生的浆料脉冲相互干扰，抵消了部分能量，减少了压力脉冲。

3. 压力脉冲的抑制和消除

首先，在供浆系统的工艺操作上，针对不规则压力脉冲的来源合理控制工艺，如白水池、冲浆池、高位箱要有稳定的液位，最好控制有一定的溢流量；防止管道、设备的漏气，减少气泡带入。其次，在流程设计和管道安装上配置要合理，尽可能保持纸料流动的稳定，如旋翼筛会产生压力脉冲，锥形除渣器对系统的脉冲有衰减作用，故纸料先经过旋翼筛再经过锥形除渣器，脉冲会减小；多台产生脉冲的设备之间，如冲浆泵的旋翼筛，要选择合适的转速，使它们产生的压力脉冲能够互相衰减或抵消，而不是相互叠加；在管线、阀门及弯头的位置安排要合理，并有一定的倾斜度，防止产生二次流动和气泡的积聚。

在供浆系统中采用无脉冲或低脉冲冲浆泵和多叶片旋翼筛，合理设计供浆系统纸料的输送及白水循环管道等，都是减少纸料脉冲的有效措施。但要完全消除脉冲是比较困难的，因此在流浆箱前还要设置脉冲抑制设备，进一步减少纸料的脉冲。

压力脉冲的衰减和消除设备可分为接触式和非接触式两大类。在接触式脉冲消除设备中，浆流表面直接与气垫接触，利用气垫的弹性抑制脉冲。在非接触式脉冲消除设备中，利用膜片及气垫的弹性来衰减和消除脉冲，目前工厂多采用非接触式的。图 4－25 为非接触式脉冲衰减器的结构图。

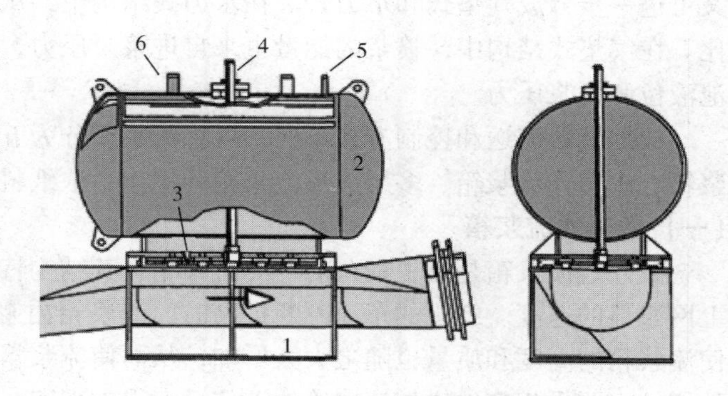

图 4－25　非接触式脉冲衰减器

1—管道和底座　2—圆形气室　3—隔膜　4—放气系统

5—空气进口　6—空气出口

该脉冲衰减器是通过调整脉冲衰减器气室内的空气容积和压力来实现的。当管道中浆流压力升高时，膜片上升，压向垫块，起到吸收脉冲的作用。

第四节 流 浆 箱

一、流浆箱的作用和要求

流浆箱是纸料上网的流送装置，是造纸机的关键组成部分，被称为纸机的心脏。流浆箱的作用是按照纸机车速和产品的质量要求，将纸料进一步通过流浆箱的布浆装置、整流元件、堰池、堰板喷嘴等部件的作用，均匀、稳定地沿着纸机横幅全宽流送上网，为纸页以良好的质量成形提供必要的前期条件。流浆箱的结构和性能对纸页的成形、纸张的质量和纸机运行的效率等具有决定性作用。

为了制取匀度和机械性能良好的纸页，流浆箱应满足下列基本要求：

①沿着纸机的横幅全宽均匀地分布纸料。保证纸料流压力均布、速度均布、流量均布、浓度均布和纤维定向的可控性和均匀性。上网的纸料流必须是稳定的，没有扰动、横流和大的涡流，以保证纸页横幅定量的一致。

②有效地分散纤维，防止絮聚。保证上网纸料流中纤维、细小纤维和非纤维性添加物均匀地分布，并尽可能地保持纸料流中的纤维无定向排列，防止纤维沉降和絮聚，以提高纸页的匀度。

③喷浆稳定。提供和保持稳定的上网纸料流压头和浆网速关系，要求喷浆的速度、喷射角和着网点稳定一致，保证浆速与网速协调，能灵活、精确地进行控制和调节。

④其他要求。要达到以上使用要求，流浆箱在结构上应有足够的刚度，不变形、不生锈，流道平滑，没有死角和挂浆现象，能及时排出纸料中的空气和泡沫。此外，还要便于操作、清洗、维护和控制。设计流浆箱时还应考虑根据未来发展需要有进一步改进的可能性。

二、流浆箱的主要类型

流浆箱是随着纸机的发明而诞生的。随着纸机抄速和抄宽的提高，流浆箱的结构和类型也不断地更新。根据喷出浆料所需的速度，流浆箱可分为敞开式和压力式两种。压力流浆箱又可进一步分成气垫式和水力式。在水力式结构中，从堰板喷出的浆速与进浆泵的压力成正比。在气垫式结构中，喷浆的能量也来自进浆泵压力，但借堰池上方空间的空气压力维持堰池液位和喷浆压力。

根据纸料流送和控制方式不同，可将流浆箱分为五大类，即：敞开式流浆箱、封闭式流浆箱、水力式流浆箱、多层成形流浆箱和用于高浓纸料成形的高浓度流浆箱。

（一）敞开式流浆箱

敞开式流浆箱是历史最久的一类流浆箱，其结构特点是利用流浆箱内浆位的高低来控制上网浆料的速度。纸机的车速不断提高时，流浆箱内浆位的高度将随车速的平方关系增加，使流浆箱的高度和质量也随之大大增加，从而使流浆箱的结构变得十分复杂。随着纸机车速的增加，要再相应地增加流浆箱的液位已变得不现实，所以敞开式流浆箱只能用于低速纸机上。由于不断吸收新型流浆箱的优点，使敞开式流浆箱的性能有很大的改进，加上敞开式流浆箱具有结构简单、制造方便等优点，因而新型敞开式流浆箱仍在低速造纸机上广泛使用。

图 4－26 是一种新型的敞开式的流浆箱。这种流浆箱采用矩形孔板进浆分布器与匀浆辊配合，代替了原来的流送隔板，减小了流浆箱的体积，提高了纸料的分布效果。箱内有匀浆辊 3 根。靠近孔板的匀浆辊，由于它所产生的节流制动作用，消除纸料入口时产生的扰动和冲击；中间的喷出口处的匀浆辊主要起匀速和防止絮聚的作用。前墙溢流装置，有利于排除泡沫和浮浆，并有利于保持浆位稳定。

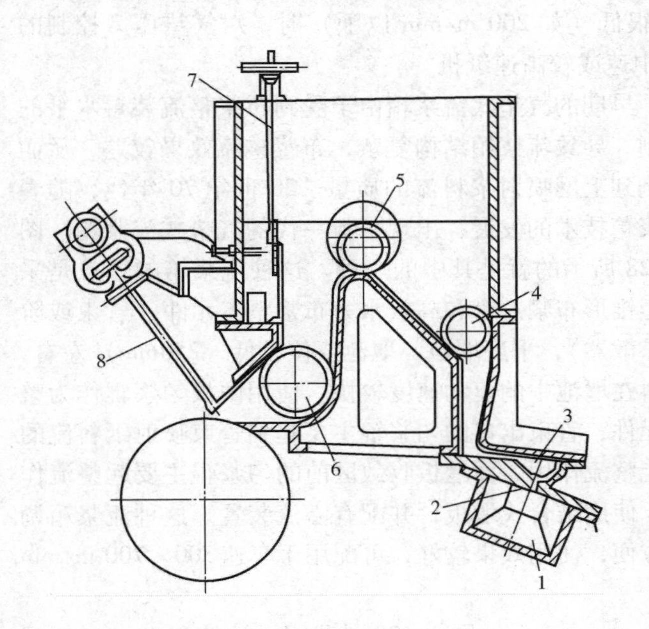

图 4－26　敞开式流浆箱
1—矩形进浆分布器　2—孔板　3—扩散室
4、5、6—匀浆辊　7—溢流调节螺杆
8—喷浆唇调节螺杆

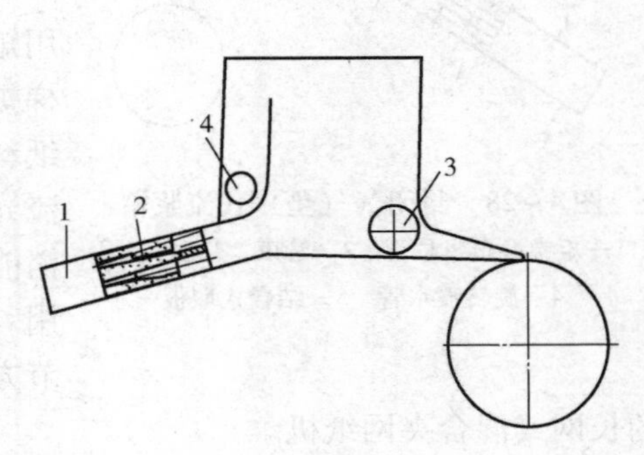

图 4－27　1760 mm 文化纸机敞开式流浆箱
1—方锥布浆总管　2—阶梯扩散器
3—匀浆辊　4—溢流口

图 4－27 是 20 世纪 80 年代我国开发的一台 1760 mm 文化纸机敞开式流浆箱。其采用方锥布浆总管和用注塑法制造的带锥度的阶梯扩散器作为布浆元件，阶梯扩散器同时还有一定的整流作用，其第一阶的长度和直径之比在 7 以上，能较好地控制和消除阶梯扩散器出口纸料的偏流现象，提高布浆整流的效果。阶梯扩散器出口有一缓冲区，并与堰池成一定的角度，使用匀浆辊作为整流元件，并设有后墙溢流装置。这种流浆箱用于车速 100～140 m/min 的低速文化纸机，取得较好的布浆整流效果，纸幅横向和纵向定量差小，匀度较好。

（二）封闭式流浆箱

为了适应纸机车速提高的要求，20 世纪 40 年代后期研究开发了封闭式流浆箱，并在 20 世纪 70 年代取得较大的发展和完善。封闭式流浆箱的特点是流浆箱的上方封闭，流浆箱内的浆位高度保持一定。上网的浆速通过调节浆液面上方空气垫的压力进行控制。浆料速度、液位和气垫压力的关系见式（4－1）：

$$v = \sqrt{2g\left(h + \frac{p}{\rho}\right)} \qquad (4-1)$$

式中　v——上网浆料的速度，m/s

g ——重力加速度，m/s^2

h ——液位高度，m

p ——气垫压力，kg/m^2

ρ ——流体密度，kg/m^3

纸机车速越低，上网浆料的速度也越低，由式（4－1）可知，此时气垫压力 p 的波动对上网浆料流速的影响就越大，即在车速很低（如 200 m/min 以下）时，对气垫压力控制的稳定性有更高的要求。这种流浆箱适于中速或较高速纸机。

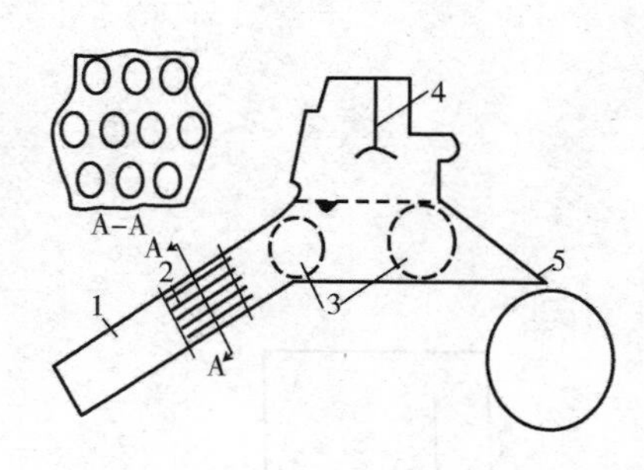

图 4－28　封闭（气垫）式流浆箱

1—矩锥形布浆总管　2—管束　3—匀浆辊

4—旋转喷水管　5—结合式堰板

早期的气垫式流浆箱由于受到布浆整流装置水平的限制，导致流浆箱结构复杂，布浆整流效果较差，从而影响到上网喷射浆料流的质量。20 世纪 70 年代，随着流浆箱技术的发展，出现了新一代的气垫式流浆箱。图 4－28 所示的就是其中的一种。这种流浆箱的特点是采用矩锥形布浆总管和高效水力布浆整流元件（管束或阶梯扩散器），平底堰池，堰池浆位较低（250mm）左右，纸料在堰池中的流动速度较快。使用两根匀浆辊作为整流元件，管束出口的匀浆辊主要起到管束喷射纸料流的消能整流作用，而堰板收敛区前的匀浆辊主要起整流作用。使用结合式堰板，并配有溢流装置。这种流浆箱调节方便，使用效果较好，可配用于车速 300～700 m/min 的长网或混合夹网纸机。

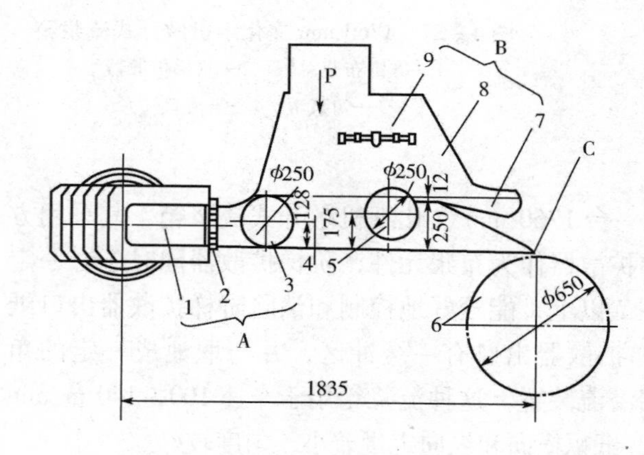

图 4－29　3150 mm 新闻纸机的气垫式流浆箱

A—布浆器　B—堰池　C—堰板　1—方锥总管

2—孔板　3—匀浆辊　4—堰池　5—匀浆辊

6—胸辊　7—溢流槽　8—箱体　9—旋转喷水管

图 4－29 是我国设计的 3150 mm 新闻纸机的气垫流浆箱示意图。布浆装置由方锥形布浆总管 1（进浆元件）、孔板 2（均布元件）和匀浆辊 3（整流消能元件）构成。堰池是封闭式的，根据车速的要求，借助纸料液面上的空气压力（气垫）和浆位高度，可产生使浆速和网速协调的静压头。堰池 4 由匀浆辊 5、溢流槽 7、箱体 8 和旋转喷水管 9 等部件构成。其中匀浆辊 5 可以使纸料进一步得到整流，使流速和分散状态都进一步匀化，喷水管用以消泡，溢流用以保证液位不变，且使泡沫溢出。气垫压力 p 可根据车速要求进行调节。

（三）水力式流浆箱

20 世纪 70 年代以后，随着夹网纸机的发展和纸机车速的大幅提高，上网浆流中的任何缺陷都会明显地反映到成形的纸幅中，这就要求流浆箱把浆料以非常良好的流态分布到成形网上，从而促使新型的流浆箱得到开发应用，水力式流浆箱应运而生。

水力式流浆箱的标志是在流浆箱中设置水力式的布浆整流元件，如阶梯扩散器或管束、飘片等高效水力式布浆整流元件，产生具有高湍流强度、有限湍流规模以及扰动小和絮聚少的上网纸料流。水力式流浆箱一般可分为满流式水力流浆箱和满流气垫结合式水力流浆箱。

1. 满流式水力流浆箱

满流式水力流浆箱自20世纪50年代末问世以来，在技术上有重大的进展，研究和开发有多种形式。其特点是没有大的箱体，上网浆速是靠冲浆泵或旁边高位箱的压头控制，浆料通过较小截面的流道直接上网。

图4－30是一种满流式飘片水力流浆箱的示意图。它使用锥形布浆总管和管束来布浆。浆料的整流装置是一组柔性的塑料飘片，这些飘片装在一块孔板之后，镶在各排孔之间的位置上，在纸机全幅宽上把浆流分割成若干很薄的浆层，只是在离喷浆口不远的地方才会合，然后上网。由于收敛区为飘片所间隔开而分成许多互相平行的沿着纸机横幅全宽的收敛流，有效地分散纤维絮聚，保证纸料均匀分布，纸幅横向定量均匀稳定。飘片本身的截面是楔形的，其厚度在收敛区进口端为3 mm，出口端约1 mm，且飘片之间的流道也是楔形的，楔形流道的进口端高度约30 mm，末端的高度约3 mm。浆料通过这种狭小的收敛流道，会受到强烈的流体剪切力作用，可以得到均匀分散的纤维悬浮液。

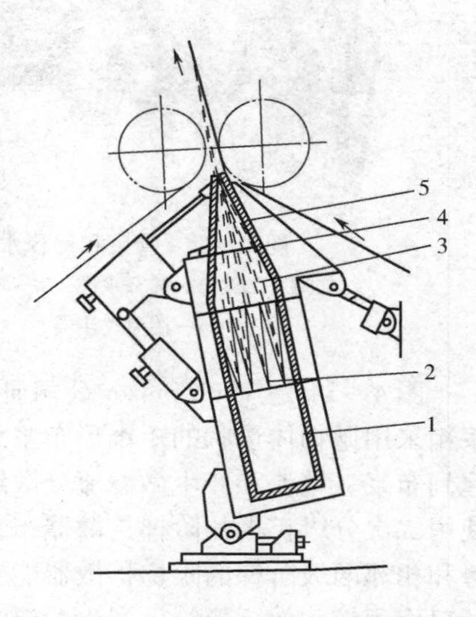

图4－30　满流式飘片流浆箱示意图
1—矩锥形布浆总管　2—布浆管束
3—扩散室　4—多孔板　5—飘片

有的满流式水力流浆箱还配有现代化的稀释水控制（调节）系统，用于控制纤维横幅定向分布的边缘浆流控制系统，提供均匀的横向定量分布和良好的纤维定向分布。

图4－31是Metso Paper（Valmet）公司研究开发的一种OptiFlo系列的满流式水力流浆箱，可用于车速高达2200 m/min的纸机。浆料从流浆箱后面进入布浆总管，总管浆流通过阶梯扩散管进行均匀布浆，管束依靠流浆箱横幅压力降平衡压力和喷射速度，保证浆料在纸机纵向流量一致。白水稀释系统是由带执行器的稀释水控制阀、阀控制系统、稀释水进料阀等组成，稀释白水混合部在进浆总管和管束布浆器之间，尽可能将稀释白水平稳地与管束进浆混合，如图4－32所示。浆料从管束流进浆料均衡室，均衡室是一个开放的空间，可以使浆料快速穿过流浆箱。在均衡室，单个管束流速汇集成稳定均匀的流速。湍流发生器如图4－33所示。管束末端导入部分连接着打孔金属板，在金属板上的孔洞排列行数和孔洞的直径

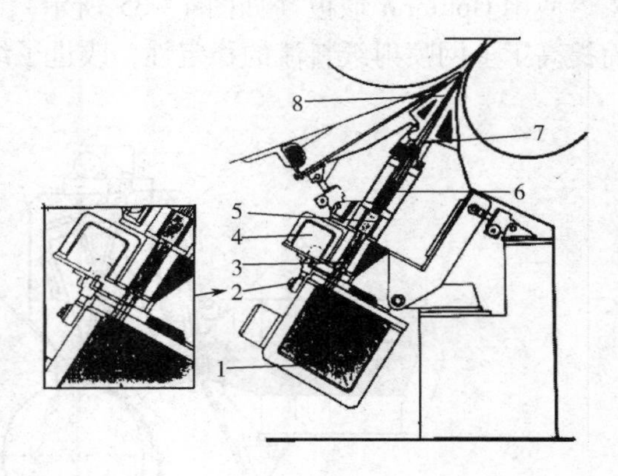

图4－31　OptiFlo高速水力流浆箱
1—矩锥形布浆总管　2—稀释水控制阀
3—管束布浆器　4—矩锥形稀释水总管
5—均衡室　6—湍流发生器　7—叶片
8—堰板

都是根据流量设计的。为了最大开放湍流室延伸末端部分的面积，管束的最初部分是圆形的，然后逐渐变成方形。在湍流室的管束里面能产生高强度的脉冲，这个脉冲可以打破纤维的絮聚，提高成纸质量，同时也使浆料以最大的速度流向堰板通道。

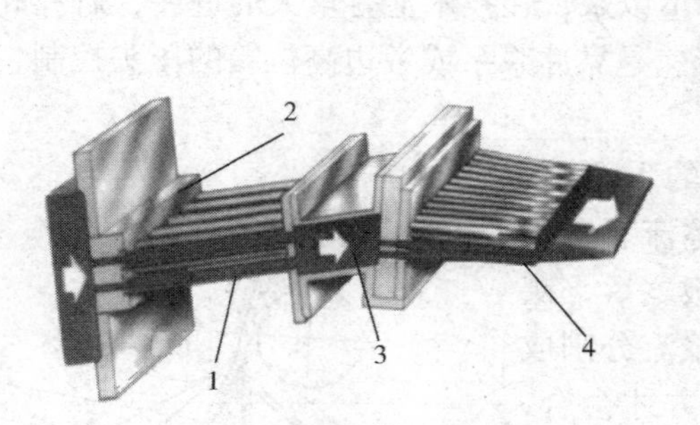

图 4－32　管束和稀释水阀

1—管束　2—稀释水阀　3—均衡室　4—湍流发生器

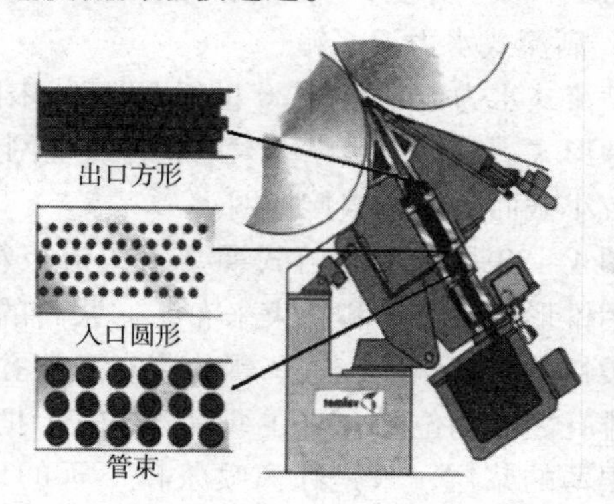

图 4－33　湍流发生器的结构

图 4－34 是 Voith Sulzer 公司研究开发的用于高速造纸机的一种阶梯扩散器流浆箱。流浆箱采用抛物体形状的矩锥形布浆总管，以阶梯扩散器布浆整流元件块作为流浆箱的核心，起到布浆、整流和产生微湍流分散纤维絮聚的作用。设计采用高的压力降来提高布浆效果。使用二次分级扩大的阶梯扩散器布浆整流元件块能根据不同的条件优化湍流的特性，高压力降和相邻两级阶梯的阶梯扩散器能够产生高剪切力水平的规模小的湍流。阶梯扩散器出口为开口面积较大的矩形管，产生湍流强度较低而稳定性较好的纸料流。由于堰板收敛区较短，流道较窄，而且是处于加速过程，因而纸料以很高的速度通过这一区段，使得纸料通过阶梯扩散器时产生的微湍流上网前不至于消失，从而使上网纸料流均匀分散，减少了再絮聚现象。使用 Optiform 堰板（如图 4－35 所示），其特点是在堰板收敛区末端突然急剧收敛，从而提高了上网喷射纸料流的稳定性，改进了纸页的成形。

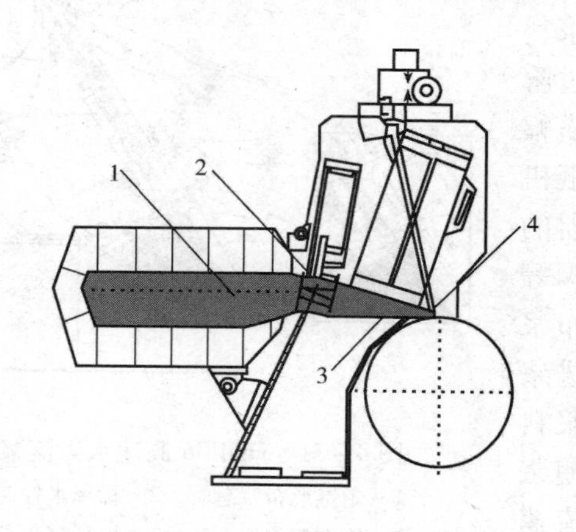

图 4－34　Voith Sulzer 阶梯扩散器流浆箱图

1—矩锥布浆总管　2—阶梯扩散器　3—堰板收敛区　4— Optiform 堰板

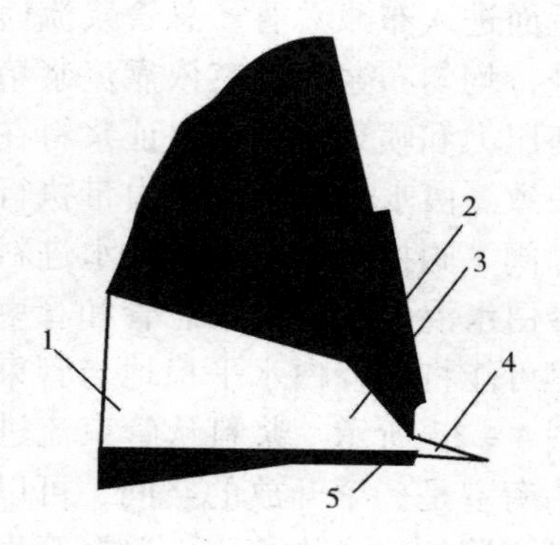

图 4－35　Optiform 堰板唇口设计

1—堰板收敛区　2—上唇板　3—堰板收敛区急剧收敛部分　4—上网喷射纸料流　5—下唇板

2. 满流气垫结合式水力流浆箱

满流气垫结合式水力流浆箱的基本特点是气垫室与堰池是通过较小的通道连接的，使流浆箱基本上处于“满流”状态，用以减少气垫波动对流浆箱液位的影响。

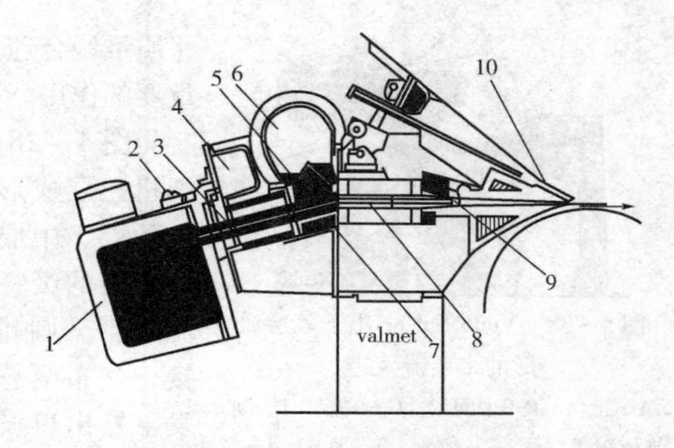

图 4-36 OptiFlo 满流气垫结合式水力流浆箱

1—矩锥形布浆总管 2—稀释水控制阀 3—管束布浆器 4—矩锥形稀释水总管 5—溢流槽 6—气垫平衡室 7—均衡室 8—湍流发生器 9—叶片 10—堰板

图 4-36 是一种较为典型的满流气垫结合式水力流浆箱，是 Metso Paper（Valmet）公司开发的一种用于长网纸机和混合夹网纸机的 OptiFlo 流浆箱系列产品。这种流浆箱在湍流发生器之前增设了气垫平衡室，并在气垫平衡室设有溢流槽，控制一定的溢流量，可以排除泡沫和减少脉动，能适应较高浓度纸料的抄造。

图 4-37 是 Voith Sulzer—W 型流浆箱，它也是满流气垫结合式水力流浆箱的一种。它由圆锥形布浆总管、第一组管束和中间混合室构成的布浆装置，在中间混合室出口转向第二组管束处与气垫平衡室相连，气垫平衡室的作用是溢流泡沫和消除压力脉冲。第二组管束是流浆箱的整流元件，由它和堰板收敛区形成整流装置，可以产生分散纤维絮聚的规模和强度合适的湍流，从而改善纸页的横向定量分布和匀度。气垫调压和溢流排泡有助于消除压力脉动和除去泡沫。新设计的 Voith Sulzer—W 流浆箱配有 Module Jet 稀释水控制调节系统。

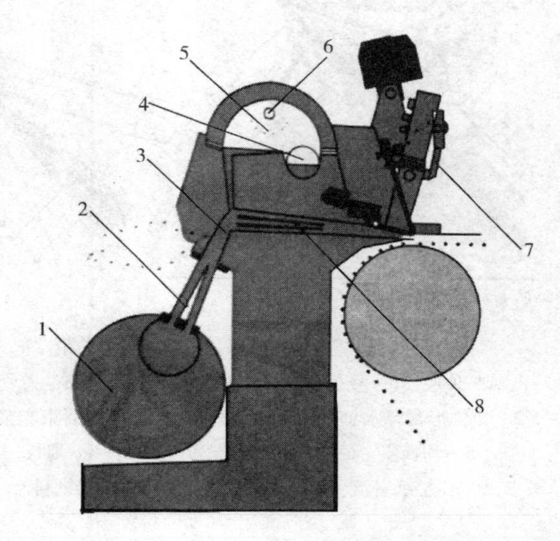

图 4-37 Voith Sulzer—W 型流浆箱

1—圆锥形布浆总管 2—第一组管束 3—中间混合室 4—溢流槽 5—气垫平衡室 6—泡沫喷水管 7—上唇板调节机构 8—第二组管束（湍流发生器）

（四）多层成形流浆箱

多层成形流浆箱是在满流式水力流浆箱的基础上发展起来的用于多层成形的一类新型流浆箱。其特点是沿着流浆箱的 z 向（竖向）将流浆箱的布浆装置和整流装置分割成若干个独立的单元（一般 2～3 个单元），每个单元都有其各自的进浆系统。各个不同的单元可以通过不同各类的纸料，从而形成几股独立的纸料流层，一直到堰板出口才汇合成一股上网纸料流。由于这时纸料流动的速度很高，各层纸料互相混合的距离和时间都很短，所以上网纸料沿着 z 向的各层纸料基本上保持原来的组成，喷射上网后可形成沿着 z 向的不同纸料层组成的湿纸幅。这样由一台多层流浆箱就能为多层成形提供上网纸料，因此对于改进纸

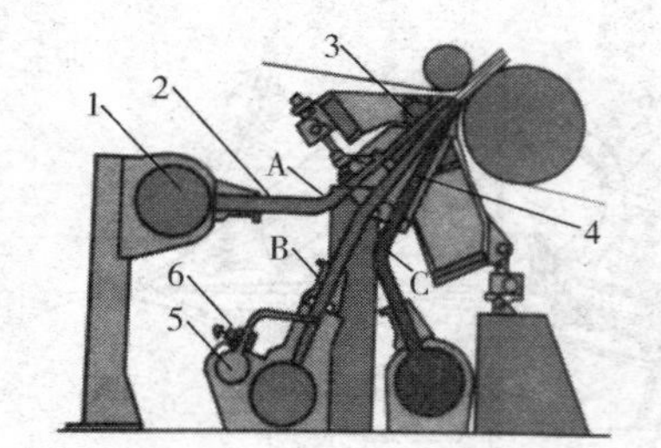

图 4-38　Voith Sulzer 用于三层成形的多层流浆箱

A—顶层　B—中间层　C—底层　1—圆锥形布浆总管　2—软管　3—薄片　4—湍流发生器　5—圆锥形稀释水总管　6—稀释水控制阀

张质量、合理使用纤维原料、简化流送和成形设备均有重要的作用。

图 4-38 是一种 Voith Sulzer 公司开发的用于夹网纸机三层成形的多层流浆箱。这种流浆箱在结构上分为顶层、中层和底层，各层均有专用的进浆系统，3 种不同的纸料通过各自的大直径圆锥形布浆总管供给流浆箱。圆锥形布浆总管通过弹性软管与流浆箱连接，使布浆总管能够与湍流发生器直接连接，在湍流发生器出口设有两片薄片，以便将堰板收敛区分为 3 个流道，薄片用碳纤维增强塑料制作，其热膨胀系数为零，以保证在不同纸料温度情况下薄片的尺寸恒定不变。该流浆箱在中间层的成形中还配有稀释水浓度控制调节系统。

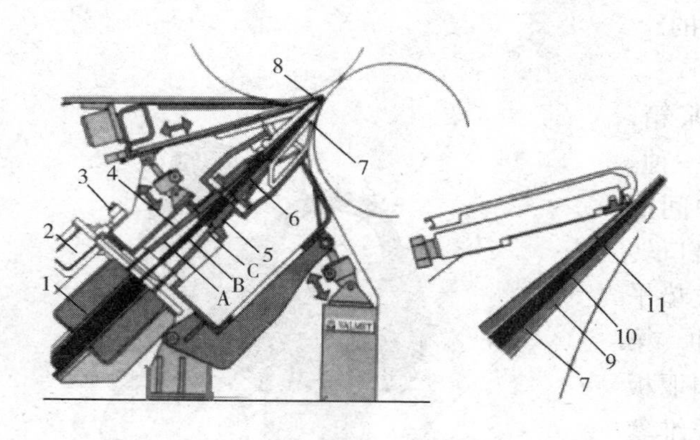

图 4-39　OptiFlo 多层水力式流浆箱

A—顶层　B—中间层　C—底层　1—矩锥形布浆总管　2—矩锥形稀释水总管　3—稀释水控制阀　4—管束布浆器　5—均衡室　6—湍流发生器　7—飘片　8—堰板　9—C 层纸料流　10—B 层纸料流　11—A 层纸料流

图 4-39 是 Mesto Paper（Valmet）公司近年研究开发的一种 OptiFlo 多层水力式流浆箱。其采用与单层 OptiFlo 相同的流体结构设计。从短循环到自由喷射纸料流，各层一直保持独立，堰板部分是对称的。由于分离的飘片伸到堰板口的外面，使得三层纸料流能很好地分层，并保证各层的均匀性。飘片用碳纤维复合材料制造，其机械特性（如精度、刚性）能够影响分层的均匀性。

（五）高浓度流浆箱

纸页成形过程的纸料上网浓度一般在 0.1% ~1.0% 范围内，当上网纸料浓度大于 1.5% 时，普通的流浆箱则难以正常操作。一般将上网浓度大于 1.5% 的成形操作称为高浓成形。为了配合高浓成形技术的发展，20 世纪 70 年代以来，国际上研究开发了高浓度流浆箱。

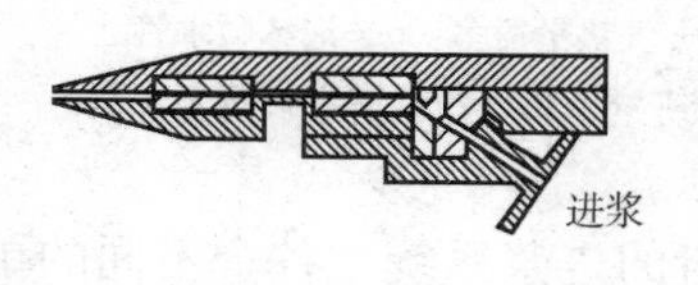

图 4-40　高浓流浆箱模型示意图

图 4-40 为我国 20 世纪 90 年代在吸收国外高浓流浆箱技术的基础上自行设计的高浓流浆箱（仅用于实验室的中试系统）的模型示意图。设计纸浆上网浓度为 3%，纸机车速为 200 ~400 m/min，纸张定量在 150 g/m^2 左右。

该流浆箱采用锥管布浆，其流道分二段，前段为成形区，紧随其后的是一段平滑的流道，湍流在这里逐渐减弱且纤维在这里有序聚集成纸基，直至上网成形，这一段被称为消减区。流道大致有波纹形和锯齿形两种方式，如图 4-41 所示。图 4-41（a）所示的是以波纹板形成湍流，它主要是靠流体的边界层分离来达到分散纤维絮聚团的目的。图4-41（b）所示的则为锯齿形流道，它可以有4种形式，其基本的形状都是突扩—突缩型的。最初的锯齿形流道是由突扩和突缩的直线段表面构成的，新设计的带有曲线的表面可以有效地抑制浓度的波动。从已有的资料分析，A型与B型流道的效果都不是很理想，浆料通过时有较严重的纤维絮聚现象，且喷射时的效果也不好，而C型与D型在这些方面及在浆料浓度均一性、压力损失等方面都要好许多，尤其是D型流道的压力损失更低一些。

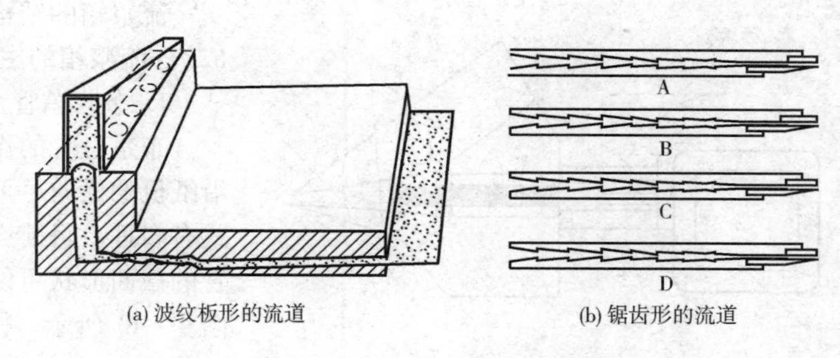

(a) 波纹板形的流道　(b) 锯齿形的流道

图4-41　高浓流浆箱的流道

三、流浆箱的基本结构和主要元部件

（一）流浆箱的基本结构

一般的流浆箱主要由布浆装置、整流装置和上网装置等3部分组成，各部分的功能分别如下。

1. 布浆装置

布浆装置又称布浆器，其作用是沿着纸机横幅全宽提供压力、速度、流量和上网物质绝干量均匀一致的上网纸料流。高效的布浆器应达到下列要求：沿着纸机的全宽压力相等且稳定；不使浆流分成大的支流；对纸料的不稳定性不敏感；内壁光滑不挂浆；便于清洗和维护。

传统的布浆器由布浆总管（一般用矩形锥管或圆锥管）和布浆元件块（包括相应的整流消能装置）组成，而现代纸机流浆箱的布浆装置则增设了稀释水浓度控制（调节）系统。

2. 整流装置

整流装置又称整流部，对于敞开式流浆箱或封闭式流浆箱，整流装置包括堰池及其配用的布浆整流元件（如匀浆辊）；对水力式流浆箱，整流装置包括整流元件和湍流发生器。但也有的水力式流浆箱采用一次布浆整流的结构，采用一个布浆整流模块（如阶梯扩散器、管束等）就起到布浆、整流和湍流发生器的作用。

整流装置的作用是产生适当规模和强度的湍流，有效地分散纤维，防止絮聚，使上网的纸料均匀分散，并尽可能保持纸料纤维的无定向排列程度。

3. 上网装置

堰板是流浆箱的上网装置，由上下堰板组成。其作用是使纸料流以最适当的角度喷射到成形部最合适的位置，并控制纸料流上网的速度，使之适应纸机车速的变化和工艺的要求。传统流浆箱的堰板还可以通过调节唇口的全幅开度和局部的微小变形，控制纸机横向的定量和水分的均匀分布，以及上网喷射流的湍流规模和湍流强度，提高纸页的成形质量和产品的质量。

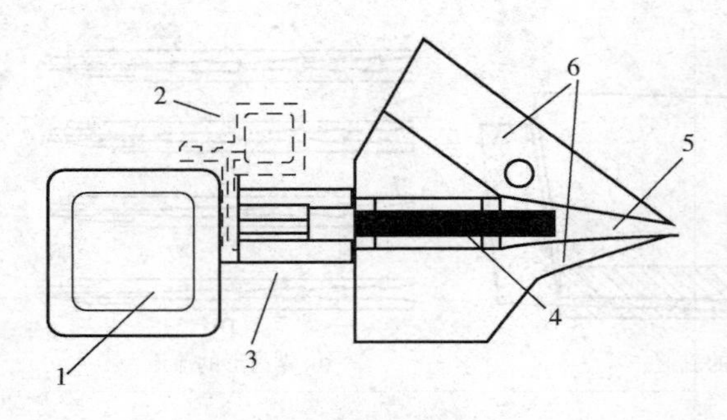

图 4－42　流浆箱的模块

1—布浆总管模块　2—稀释水浓度控制系统模块　3—纸料分布器模块　4—湍流发生器模块　5—堰板区模块　6—框架模块

流浆箱的结构模块如图 4－42 所示。

（二）流浆箱的主要元部件

1. 布浆总管

布浆总管的作用在于展开纸料流并使其沿纸机的横向尽可能地均匀分布。总管的形式有多种，目前广泛使用的是锥形总管。锥管的截面形状可以是矩形、圆形和弓形。如图 4－43 所示。圆锥管强度好，容易设计，但制造较困难，加工精度较差。矩形锥管（常称方锥总管）设计和制造比较简单，断面可制造得比较精确，能够适应多种形式的布浆器的要求，因而是用得最广泛的一种布浆总管。

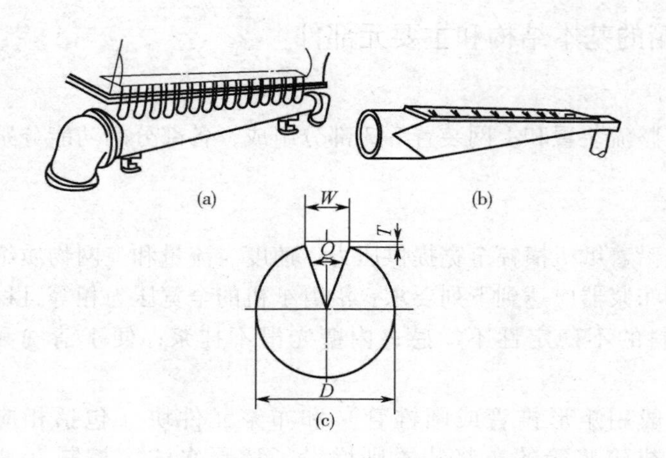

图 4－43　锥形布浆总管

（a）圆形锥管（b）矩形锥管（c）弓形锥管的截面

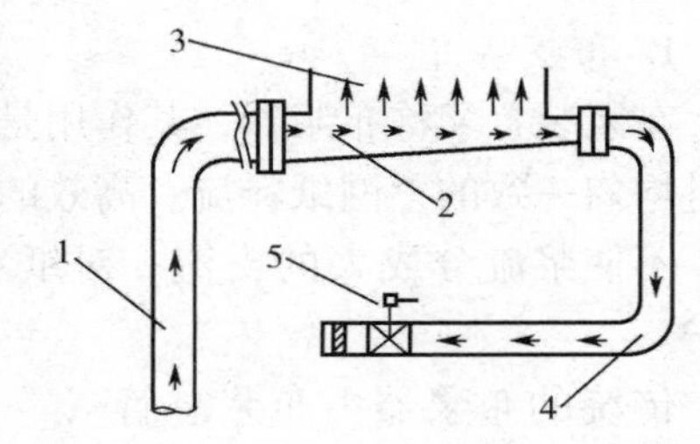

图 4－44　布浆总管示意图

1—进浆管　2—锥形布浆总管　3—纸料进布浆元件　4—回流管　5—回流量控制阀

为了使布浆总管压力恒定，并防止纤维、尘埃、泡沫、空气等聚集到末端，总管必须有一定的回流量。布浆总管示意图如图 4－44 所示。纸料从锥管的大端进入，小端设有回流。调节回流量可以控制总管中流态的变化，保证支管浆流压力的稳定与纸料的分布均匀。回流量一般控制在 5%～15%，回流纸料送回冲浆池。

为了在总管内获得不变的压力，考虑到沿管的摩擦损失，总管的后壁从理论计算得到的是一条抛物线。这种结构的总管在设计上和制造上要求很高。目前大型高速纸机配用的布浆总管都是这种结构的布浆总管。对于一些车速较低、规模较小的纸机，考虑到制造上的困难，也有把矩形总管的后壁制成一条直线，把圆形锥管用多段不同锥度的直线锥管相互焊接起来，使锥管接近于要求的曲线。

2. 布浆整流元件

布浆整流元件是流浆箱的核心组成部分，布浆元件的作用是沿着纸机的横向均匀地分布纸料。整流元件的作用是产生高强度小规模的微湍动。常用的布浆元件有多管、孔板、阶梯扩散器和管束等形式，如图4－45所示。各种布浆元件的特点和使用范围如表4－2所示。

表4－2　　各种布浆元件的特点和使用范围

布浆元件	特点	使用范围
多管	（1）纸料从一根供浆总管进入，通过沿纸机横幅方向的多根支管流动，再经几次节流扩散，布浆比较均匀 （2）结构比较紧凑，占地面积小 （3）每根支管必须有相同尺寸和几何形状，但制造加工有困难，结构误差会影响布浆效果 （4）清洗不便，易造成挂浆	用于各种类型的造纸机
孔板	（1）用一块孔板作为总管与流浆箱之间的分界 （2）由于孔板形成大量的细小射流，可以减少扩散节流次数，布浆较均匀稳定 （3）结构简单，制作较方便，清洗方便	用于各种类型的长网造纸机
管束	（1）具有较好的布浆效果，并能产生高强度的微湍动，因而能够消除絮聚，改进纸页成形 （2）结构复杂，制作要求高	用于各种类型的造纸机
阶梯扩散器	由于阶梯扩散器分段扩大，因而具有较好的布浆效果，并能够产生高强度微湍动，对于消除絮聚、改进纸页成形有较显著的效果，可以节省流浆箱的整流元件	用于新型的高速长网造纸机和夹网造纸机

在使用多管或孔板时，必须配备整流消能装置，以克服多管或孔板流出的多股浆流的不稳定性。而阶梯扩散器、管束等布浆元件，则同时具有整流和消能的作用，并能产生微湍动，不需另配整流消能装置。

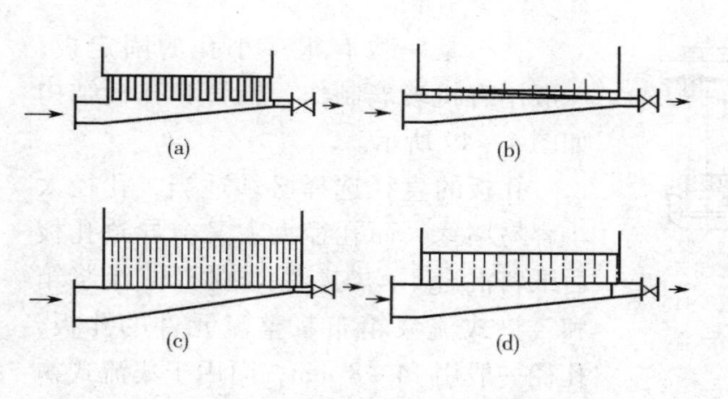

图4－45　各种布浆元件示意图
（a）多管　（b）孔板　（c）管束　（d）阶梯扩散

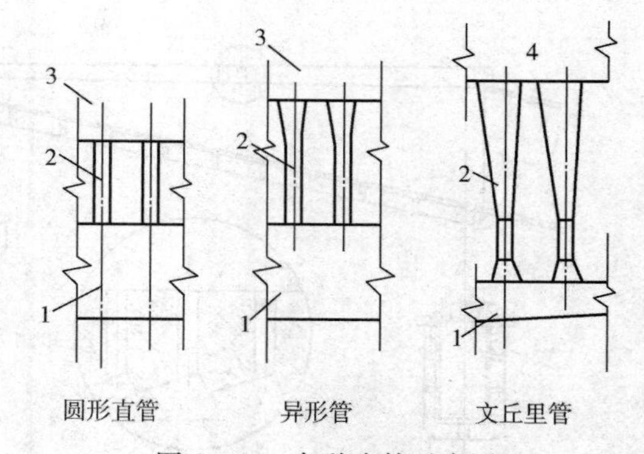

图4－46　各种多管示意图
1—总管　2—支管　3—整流消能装置　4—流浆箱

（1）多管

多管在结构上可分为圆形直管（进浆、出浆断面均为圆形的直管）、异形管（进浆断面为圆形、出浆断面为矩形）和文丘里管。如图4－46所示。

直管结构简单，是用得较多的一种。直管有两种基本形式，一种直径较大（150 mm 左右），根数不多，在直管中还装有孔板，支管的流速与总管中的流速相差不大。另一种直径较小（25 ~65 mm 左右），根数较多，直管的流速与总管中的流速相差较大。由于直管喷出的各股浆流的动能较大，因而要求进入堰池前要经过较复杂的整流消能装置，通过几次的节流扩散进行缓冲和减速，使浆流能够混合成稳定的浆流进入堰池。

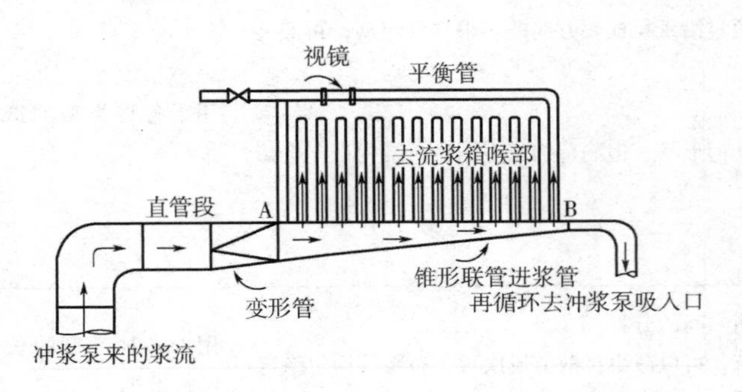

图 4 －47　带小支管的锥形多管进浆装置

异形管结构较复杂，但因出口是矩形，截面积较大，对纸料有一定的减速作用，因而分布较均匀，对整流消能装置的要求比直管低，异形管一般用于某些高速造纸机的流浆箱。文丘里管结构复杂，但本身已起到整流消能的作用，因此不需要再配置整流消能装置。

多管装置的操作可参见图 4 －47。控制循环量以维持在 A 点和 B 点具有相同压力，这可从在视镜上不再有浆料流动而获知。图 4 －48 表示出循环量太少或太多的后果。

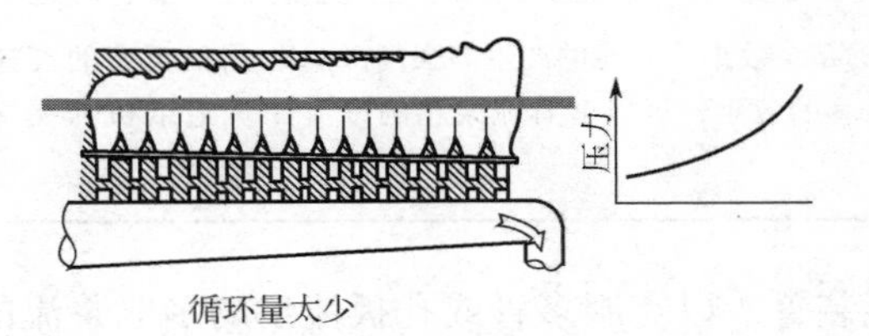

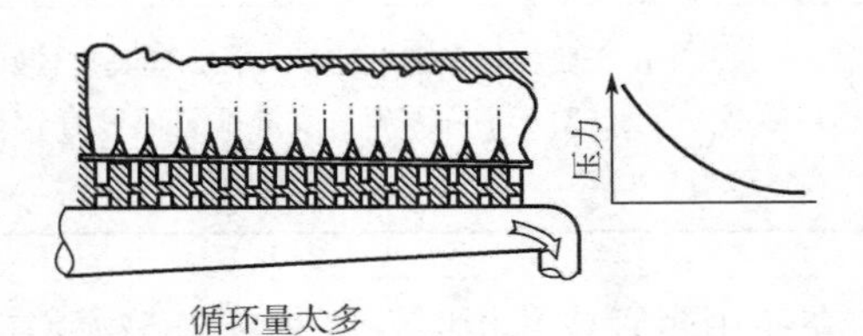

图 4 －48　锥形多管进浆管循环量太少或太多的后果

（2）孔板

孔板是一块有很多小孔的固定板，一般用有机玻璃制作，锥管和孔板结构如图 4 －49 所示。

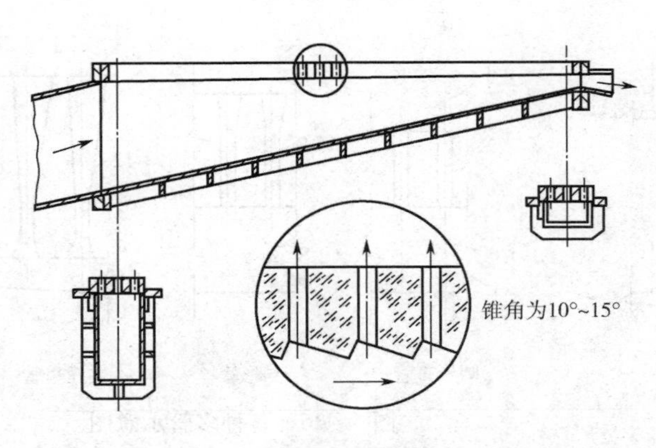

图 4 －49　锥管和孔板的结构示意图

孔板的直径选择必须适当，孔径太小容易堵塞，而孔径太大又会导致孔板后纸料混合不均匀。用作敞开式流浆箱和气垫式流浆箱布浆整流元件的孔板，孔径一般用 14 ~8 mm，而用于集流式飘片流浆箱层流区的孔板，孔径一般为 25 mm 左右。为防止挂浆，要求孔眼必须加工得很光滑，并且要采用横断面为锯齿状的孔板结构，使原来孔口边缘的浆流停滞点不再积浆，不会形成大的纤维束。孔板的流速通常取 3. 5 ~5. 0 m/s，加速比以 1. 5 ~2. 0 左右为宜。孔的流速太低，容易产生挂浆堵孔，反之流速太高又会造成通过孔板后的纸料速度分布不够均匀的问题。为了使通过孔板的纸料的速度有比较均匀地分布，孔板厚度和孔的直径比例以不低于（3～4）∶1为宜。孔板的厚度一般不小于50 mm。

无论是多管还是孔板的孔，相互之间都有一定的间隔，从而使通过这些布浆元件的浆流呈多股喷射的状态。喷射的浆流速度很高，而其周围的浆流则速度很低，从而使整个横向的流速不均匀。为了减少喷射浆流的能量，使其与周围的浆流流速均匀化，要采用整流消能装置，将纸料经过几次节流和扩散，使进入流浆箱堰池中的纸料流动平稳且流速均匀。

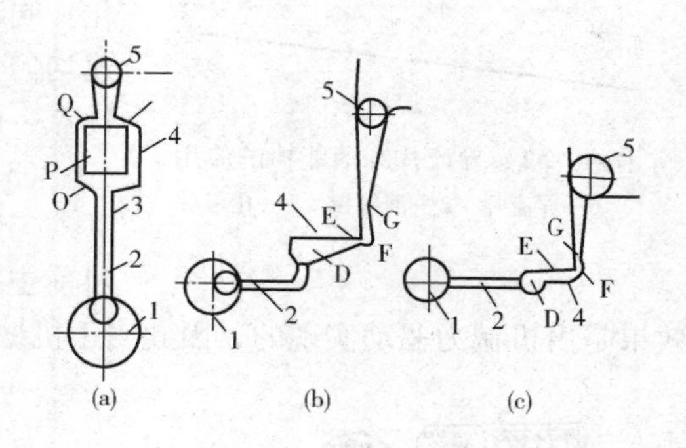

图4－50　多管进浆布浆器的各种整流消能装置示意图

1—总管　2—支管　3—孔板　4—整流消能装置　5—匀浆辊　O—扩散部分　P—塞子　Q—节流缝　D—第一扩散室　E—第一节流缝　F—第二扩散室　G—第二节流缝

多管布浆元件采用的各种整流消能装置如图4－50所示。其中有双冲击式［如图4－50（a）］冲击与旋涡结合式［如图4－50（b）］和旋涡式［如图4－50（c）］等几种。车速较高的造纸机比较适合选用双冲击式的整流装置，使用时，纸料由支管2喷射到双冲击式节流扩散器的扩散部分O中，喷出的纸料流速一般为2～35 m/s。几股浆流在扩散部分混合扩散，速度降至0.2 m/s左右。控制节流缝的塞子P可以上下移动。节流缝的纸料再经减速后进入堰池。

孔板布浆元件使用的几种整流消能装置如图4－51所示。其中图4－51（a）是使用接受室作为整流消能装置；图4－51（b）是使用匀浆辊作为整流消能装置；图4－51（c）是使用两段开孔的孔板和匀浆辊作为整流消能装置，两段开孔孔板的孔眼如图4－51（d）所示，孔眼分为转向孔和导流孔两段。转向孔的作用与一般多孔板相同，而喇叭形的导流孔的作用是消除急速的射流，减少孔板对纸料的压力损失，并使纸料稳定均匀地进入堰池。这种导流孔与匀浆辊结合起来，能够起到较好的分散作用。

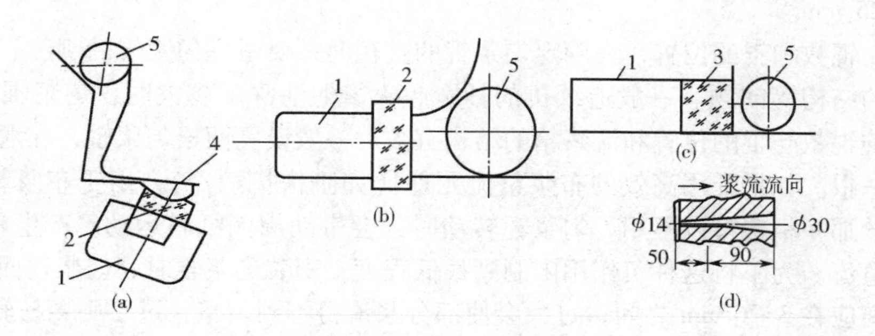

图4－51　孔板布浆器使用的几种整流消能装置

1—方锥总管　2—孔板　3—两段开孔孔板　4—接受室　5—布浆辊

目前国内使用孔板作为布浆元件的流浆箱多配用消能棒和导流片作为孔板出口的整流消

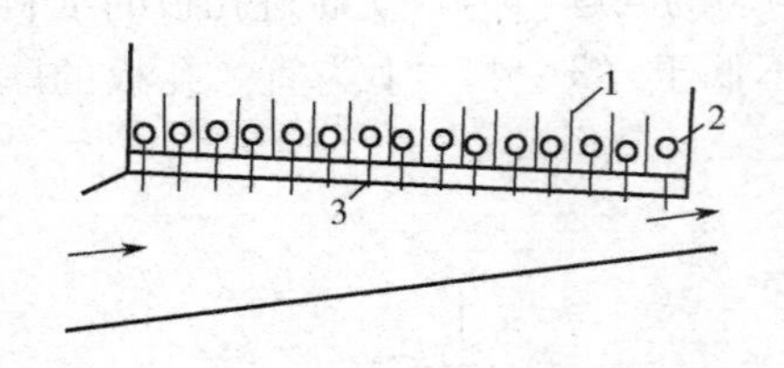

图4-52　导流片和消能棒的应用
1—导流片　2—消能棒　3—孔板

能装置，以取代孔板出口的匀浆辊。如图4-52所示。孔板后垂直放置的导流片可以防止横流的产生以及由于横流造成的扰动，从而使纸料流向和流速容易趋于均匀化。同时，通过消能棒的整流消能作用，也使各部分流速均匀化。这种装置具有结构简单、不需要传动装置等优点，而且整流效果较好。

（3）匀浆辊

匀浆辊是一般流浆箱应用最普遍的布浆整流元件，目前主要应用于低速纸机的流浆箱中。由于其布浆整流效果是由机械力驱动实现的，因此属于机械式布浆整流元件。

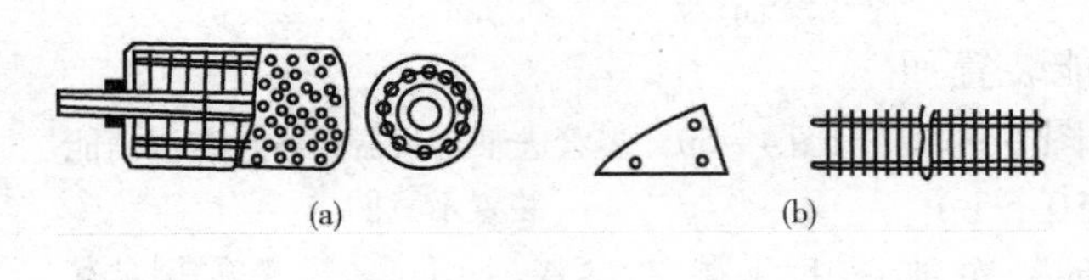

图4-53　匀浆辊与整流板
（a）匀浆辊　（b）整流板

匀浆辊（见图4-53）又称孔辊，是一个薄壁的、壁上钻有大量小孔的中空管辊，一般是由黄铜管或不锈钢管钻孔制成，壁厚3~5mm，孔径为18~25mm。为了避免挂浆，要求小孔的内外缘及管体内外面均应光洁无毛刺，楞边都要倒成圆角。匀浆辊自带电机，可变速、变向转动。

纸料通过匀浆辊时，先穿过辊面的孔进入辊内，由辊壁向辊中心流动，然后再由中心沿半径方向扩散，浆料再次穿孔流出，并在匀浆辊相邻两孔之间形成强烈的小涡流，对纸料进行整流，消除流浆箱内的涡流、偏流和交叉流，使浆流处于微湍动状态，从而使纤维分散，防止絮聚和沉降，使纸料沿纸机幅宽均匀上网。

匀浆辊的开孔率、孔径、辊的转速、辊的直径、辊数和辊的位置对匀浆效果均有影响。

①匀浆辊的开孔率和孔径　匀浆辊开孔率越小，浆料通过辊孔的速度也就越大，所产生的湍流也越强烈，但辊的阻力也就越大，纸料的压头损失也越大，因此，要根据匀浆辊在堰池中的位置和作用来合理确定开孔率。匀浆辊的开孔率，一般在浆料进口处控制在30%~40%，在堰池中部控制在30%~50%，靠近堰板口处的多采用50%~52%。匀浆辊的孔径一般为20~25 mm。

②辊径、辊数和辊的位置　在确定匀浆辊的直径时，要考虑匀浆辊的刚度、造纸机的宽度和流浆箱的结构等问题。一般造纸机的抄宽越大、堰池深度越大时，匀浆辊的直径也越大。匀浆辊的辊数与辊的位置和流浆箱的结构有关。一般设置两根匀浆辊，在堰池进口和靠近堰板口各一根。如果配用高效的布浆整流元件（如阶梯扩散器），由于布浆整流效果好，堰池进口处的那一根辊可以不用。匀浆辊转动时，会带动周围纸料运动，产生较大的涡流，从而不利于整流。为了将这种负作用限制到最低程度，安装匀浆辊时，匀浆辊面与流浆箱壁面之间的距离应在3~6 mm之间，过大会使部分浆流得不到匀整，过小则容易轧死。

③匀浆辊的转速与转向　匀浆辊的转动对纸料起搅拌作用，防止纤维沉积，并对辊子进行自洗，减少挂浆，保持匀浆辊的清洁。匀浆辊转速过快时，辊内形成大的涡流，使浆流发生过大的扰动，影响流速的均匀分布；转速过慢，匀浆的效果差，解絮作用削弱。匀浆辊的线速度一般控制在9~12 m/min。匀浆辊的转动方向影响不大，一般使用匀浆辊的流浆箱均

设有匀浆辊转速和转向的调节装置。当上下配用两个匀浆辊时，上下辊的转向以相反为宜。传动最好配有无级调速器，并可作正、反向转动，能使匀浆辊起到最佳的作用。

（4）阶梯扩散器

阶梯扩散器是一种高效的布浆整流水力元件，自20世纪70年代问世以来得到快速的发展，是目前使用最广、效果最好的一种布浆整流元件，可用于各种类型的流浆箱。

阶梯扩散器是一种兼具布浆和整流双重功能的元件。其工作原理如图4-54所示。方锥形总管进来的纸料在转为造纸机纵向时，被一个接一个排列成块的阶梯扩散器分为多股单独的浆流。在通过阶梯扩散器后，各股浆流又迅速地汇合起来，平稳地送到造纸机的网部。由于分级扩大，使其中的纸料也逐级扩散。此时中心流速高的浆流和四周因扩散作用以及管壁的摩擦作用而低速流动的浆流之间存在很大的速度差，从而产生较高的剪切力，形成高强度的微湍动。在阶梯的分段处，由于各段形状不一样，从一段进入另一段时，浆流将改变流向，发生重排，也产生强烈的小漩涡，形成高强度的微湍动。此外，由于扩散的消能作用及速度头重新分配带来的均化作用，使出口的各股浆流可以迅速地混合均匀，逐步消除边界层效应的影响，等浆流稳定后即可喷浆上网。

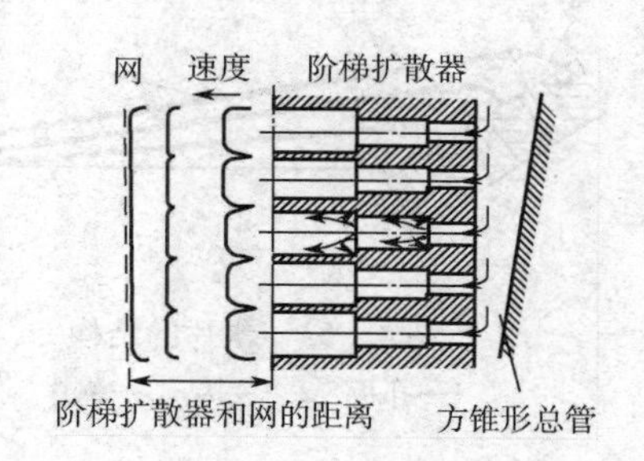

图4-54　阶梯扩散器工作原理图

阶梯扩散器的段数、各阶段管的长径比和相邻两阶管的横截面积比等，均会影响布浆整流的效果。阶梯扩散器的段数太少，湍动强度不易分布均匀，且浆流混合不理想；但段数太多，能量消耗太大而湍动强度衰减过快，同时加工制造也比较复杂。一般使用阶梯扩散器的段数为3~4。阶梯扩散器第一段的孔径一般为15 mm左右，各阶段管的长径比一般≥3。长径比过大，不但压力损失较大，而且还存在纸料出现再絮聚的问题；长径比过小，则强烈的湍流得不到完全的扩散就排出管外，从而引起纸料流的波动。对于一个三段的阶梯扩散器来说，前、中、后三段的孔的半径差应大于纸料纤维的平均长度。其第三段后的速度及湍动强度分布是极重要的，而影响这种分布的重要因素是第二段和第三段的长径比。实验证明，第二段和第三段的长径比为4.0~4.5时，可以得到较好的速度分布和湍动强度。第一段孔中的计算流速多取3.5~4.5 m/s左右，最大不超过5.5~5.8 m/s。相邻两阶管的截面积之比又称扩散比，其值反映阶梯扩散的程度。扩散比越大，压头损失也越大，产生的湍流强度及湍流规模也越大。扩散比一般以2~4为宜。阶梯扩散器可以分段制造，最后组合，每一段最好有一定的锥度，以利于浆流的平稳。一般用塑料的铸塑成形法制造比较经济。

（5）管束

管束是一种由大量的小直径管子组成的一种高效的水力式布浆整流元件。组成管束的管子两头管径是不相同的，一般纸料入口端的管径较小，呈圆形的断面，而纸料出口端的管径较大，可以是圆形断面或六角形和五角形断面，并且互相连接在一起，从而使纸料能够圆滑地扩散到整个断面上。管束中的小直径管子把总管送来的纸料细分成单独的浆流，然后再汇合起来。纸料在管束内的流动过程中，由于摩擦作用，在管壁附近形成强烈的湍动。同时，由于管的端部是缓慢扩大的，从而能产生更微细的强度大的湍动，能够有效地分散纤维，防止纤维絮聚，并有效地消除浆流中的大涡流和横流，因而整流效果比较好。如W型流浆箱就是采用管束作为湍流发生器。

（6）飘片

飘片是随着高速水力流浆箱和多层流浆箱技术的发展而迅速发展起来的，目前已较广泛地应用于各种水力式流浆箱。

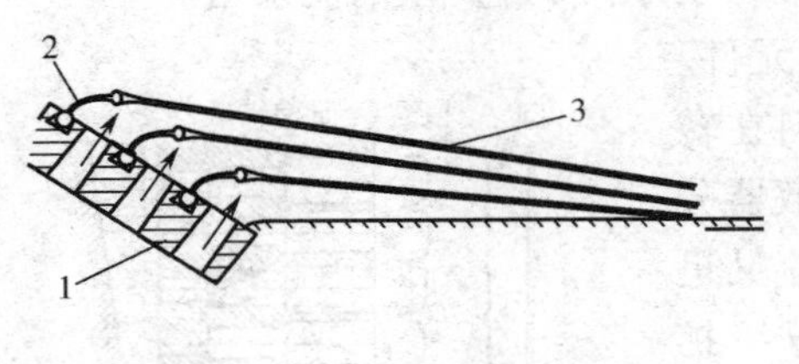

图4－55　飘片的结构
1—孔板　2—铰接　3—飘片

飘片是装在堰板收敛区的一组平行的薄片，飘片的材料是聚碳酸酯或聚氨酯，厚度为3mm。飘片是以铰链的形式装在流浆箱堰板收敛区进口的燕尾槽或镶在分配管束出口的矩形管间，如图4－55所示。当流浆箱无浆时，飘片以自身的重量下跌叠在一起，当浆流冲过孔眼进入飘片间的流道时，则借助于浆流的动压飘浮在浆中，使上网浆流具有厚度均匀、速度均匀和纤维均匀分布的特点。

飘片产生微湍流是由于浆料被飘片隔开而分成许多相互平行的全幅收敛流，然后逐渐缩小厚度，形成浆流加速度，从而产生了较大剪切力。由于飘片是柔软的元件，并在浆流中飘动，有效地防止了堵塞现象。

3. 堰池

堰池是敞开式流浆箱和封闭式流浆箱的主体部分，其作用有两个：一是根据造纸机车速的要求，提供与网速相适应的静压头；二是借助整流元件的作用，产生适当的湍流，以分散纤维的絮聚和稳定纸料的流速，保证上网纸料的均匀分散和速度的均匀分布。

造纸机的车速与堰池静压头的关系可以根据公式（4－2）进行计算：

$$H = \frac{(vK_cK_t)^2}{2g\mu^2} \tag{4-2}$$

式中　H——堰池内纸料的静压头，m

v——造纸机车速，m/min（计算时换算成m/s）

K_c——网速对车速的滞后系数

K_t——浆速对网速的滞后系数

g——重力加速度，9.81 m/s²

μ——出唇系数

$$v_T = K_cK_tv \tag{4-3}$$

式中v_T为浆速。滞后系数K_c对一般的纸张如新闻纸、书写纸等为0.95，黏状浆抄造的薄纸如电容器纸、卷烟纸等为0.87～0.88，纸袋纸为0.95～0.96。滞后系数K_t一般为0.83～0.92。出唇系数μ对于喷浆式堰板为0.9，对于结合式堰板为0.78，对于垂直式堰板为0.8。

由公式（4－2）可知，随着纸机车速的提高，要求堰池内纸料形成的静压头以成平方的关系增加。

为了更好地稳定流浆箱浆位，排除泡沫，堰池内常装有溢流装置，溢流量一般约为5%左右，溢流高度为10～15 mm，溢流浆料一般送到网下白水池。流浆箱堰池一般还设有水平旋转式的或摆动式的喷水管，以消除泡沫和清洁流浆箱内壁。封闭式的流浆箱还装有视孔和照明装置。流浆箱壁必须有足够的刚度，以免受压发生变形，箱壁一般用不锈钢或用钢板内衬不锈钢制作，外加筋板以增强其刚度。堰池内壁必须光滑以防止挂浆。

此外，为了避免对堰池内浆流的稳定性产生不良影响的二次流动现象出现，堰池应以平底为宜，堰池内的纸料应尽可能直线运动。研究发现，当纸料刚离开布浆整流元件时，速度分布较为紊乱，随着纸料在堰池中向前流动，速度分布趋于均匀，但超过一段距离后，速度分布又趋于紊乱。因此，堰池有一个最佳长度，其数值取决于布浆整流元件的结构形式、堰池纸料流速、上网纸料量及纸料性质等因素。

堰池借助流浆箱中的整流元件产生适当的湍动来分散纸料中的纤维絮聚物、稳定浆流、保证上网纸料均匀分布。气垫式流浆箱在配用高效布浆整流元件的前提下，可适当增加通过堰池的纸料流速，减少在堰池中纸料的深度，从而缩小堰池的体积，改善堰池中纸料流的速度分布。

4. 堰板

（1）堰板的作用和要求

堰板是流浆箱的上网装置。其作用是：使纸料以最适当的角度喷射到成形部最合适的位置，并控制纸料上网的速度，使之适应纸机车速的变化和工艺的要求；通过对唇口开度的全幅和局部的微小调节，控制上网纸料流全幅和局部的流量，以达到控制纸机横幅定量和水分分布的目的；控制上网喷射纸料流的稳定性及其湍流强度和规模，以改进纸页的成形。因此，要求堰板的唇口开度能够做全幅的整体调整和局部的微小调整，能够调节喷射角和着网点，唇板的结构形式应有利于上网喷射纸料流的稳定性和湍流强度和规模的控制，唇板的缘口应光滑平直。

（2）堰板的形式和特点

目前广泛使用的是各种带喷嘴的堰板。这类堰板在结构上可分为喷浆（鸭嘴）式、垂直式和结合式等三种，如图 4－56 所示。

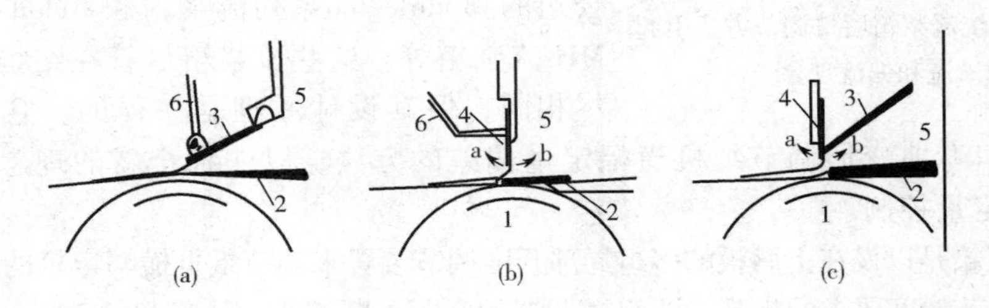

图 4－56　三种常用的喷嘴式堰板

1—胸辊　2—下唇板　3—上唇板　4—垂直堰板　5—堰池　6—上唇板调节机构

（a）喷浆（鸭嘴）式堰板　（b）垂直式堰板　（c）结合（鹰嘴）式堰板

图 4－56（a）所示的是喷浆式堰板。其喷浆口由上、下唇板组成，上唇板是倾斜的，具有逐渐收缩的喷浆道，可以通过上唇板调节机构调节喷浆口上、下唇板之间的间隙宽度。根据抄纸过程中纸页横幅定量的情况，进行全幅或局部的调节。还可以通过调节上、下唇板的相对位置，以及下唇板与胸辊的距离，控制上网纸料的喷射角与着网点。这种堰板操作较方便，调节较灵活，但在上唇板与前墙的连接处有流道的陡变，造成纸料流的陡折和不连续性，易于形成涡流和絮聚，因而在此处多设有匀浆辊进行匀整。这种堰板多用于车速较低的纸机。

图 4－56（b）所示的是垂直式堰板。垂直堰板与流浆箱堰池的前壁结合成为一体。通

过调节机构可以控制堰板向前（图中的a方向）、向后（图中的b方向）作15°倾斜。垂直堰板根据需要也可以做全幅或局部的调节，以控制堰口开度。这种堰板的优点是结构简单，调节方便，纸料上网比较均匀，纸页横幅定量差比较小，可以控制在1~2g/m²以内。但也存在容易挂浆、着网点不易调节的缺点，纸页的匀度也易受影响。这种堰板曾在早期的气垫式流浆箱中使用，现有很少使用。

图4-56（c）所示的是结合式堰板。这种堰板的特点是在喷浆式堰板的上唇板上加一个垂直上堰板，垂直上堰板突出5~7mm，使纸料在上网之前受到一次强烈的收缩，从而使纤维有良好的分散。垂直上堰板可通过调节机械做全幅上、下调节和局部微调，并可在水平方向做前后倾斜25mm，以调节着网点。垂直上堰板向前倾斜时（图中的a方向），着网点靠近胸辊中心线；反之，垂直上堰板向后倾斜时（图中的b方向），着网点向前，离胸辊中心线远些。因此，必须根据纸页形成和脱水的情况来调节垂直上堰板，以控制纸料上网的着网点。另外，由于垂直上堰板只突出5~7mm，而且此处纸料处于加速的过程，流速很快，停留时间极短，因而不至于造成挂浆的现象。这种堰板兼有喷浆式堰板和垂直式堰板的优点，是一种比较好的堰板。

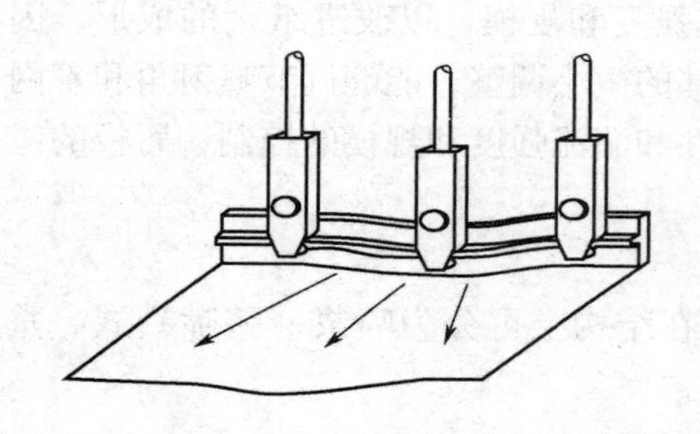

图4-57 传统流浆箱唇口调节方式引起的横流和偏流现象

5. 稀释水浓度调节系统

在流浆箱的发展历程中，最具有突破性进展的成果之一就是稀释水浓度调节系统。20世纪90年代以来，流浆箱浓度控制技术的研究和开发得到重大的发展和广泛应用，当前各种新型的流浆箱均采用这项技术，其中比较典型的有Mesto Paper（Valmet）公司的OptiFlo系统流浆箱，Voith Sulzer公司的Module Jet系列流浆箱和Beloit公司的IV-MH流浆箱等。这些流浆箱尽管在结构和外观上不尽相同，但其设计原理是一样的，它们突破了传统的通过唇口弯曲变形调节纸机横幅定量偏差的方法，以一种全新的理念达到了良好的纸机横幅定量控制。

传统流浆箱是以设在上唇板的多组局部开度调节装置来调节纸页横幅定量的。如图4-57所示。随着调节精度要求的提高，两组微调器的间距不断缩小，从最初的300 mm，逐渐减小到150 mm、100 mm，直到现在的75 mm。实际调节某一点的定量时，要松动相邻的微调器，随着微调器间距的减少，使得横幅定量调节变得更加复杂和难以控制，因此也限制了微调器的间距进一步减少，从而限制了调节量和分辨率的进一步提高，使得传统的流浆箱唇板调节方式存在着调节精度差、灵敏度和分辨率较低的缺点。此外，当上唇板变形后，由此产生的局部横流和偏流，又会导致纤维定向不一致，破坏了纤维结构的均匀性。

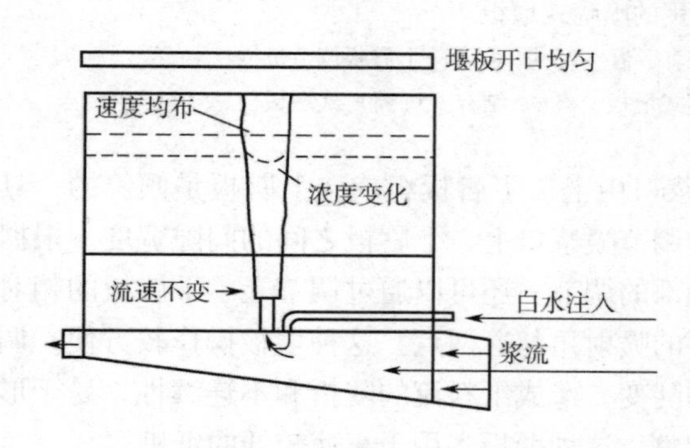

图4-58 稀释水浓度调节原理图

稀释水浓度控制系统的工作原理如图4－58所示。进入布浆总管的纸料浓度和流量是恒定的，即不加稀释水时进入各个阶梯扩散器（或管束）的纸料浓度和流量也是均匀一致的。当纸页横幅上某一处的定量偏离标准定量时，向对应于该处的阶梯扩散器（管束）的上游增加或减少稀释水的注入，调节该处的纸料量和稀释水（白水）量的比率，即调节该处的白水浓度，从而实现调节控制纸页全幅横向定量的均匀一致。由于稀释水注入口是在作为布浆整流元件的阶梯扩散器（管束）的入口端，稀释水在阶梯扩散器（管束）中能够很好地混合，各个阶梯扩散器（管束）的流量又没有改变，加之注入口远离唇口，因而对唇口纸料流的喷射速度和稳定性不构成影响。

稀释水浓度控制系统是由沿着纸机横幅排列的一系列稀释水浓度控制模件组成，模件间距35～150mm，一般为50～100 mm。稀释水浓度控制模件由带执行器的稀释水控制阀、阀控制系统、稀释水进料阀等组成，稀释白水混合部在进浆总管和阶梯扩散器（管束）布浆器之间。

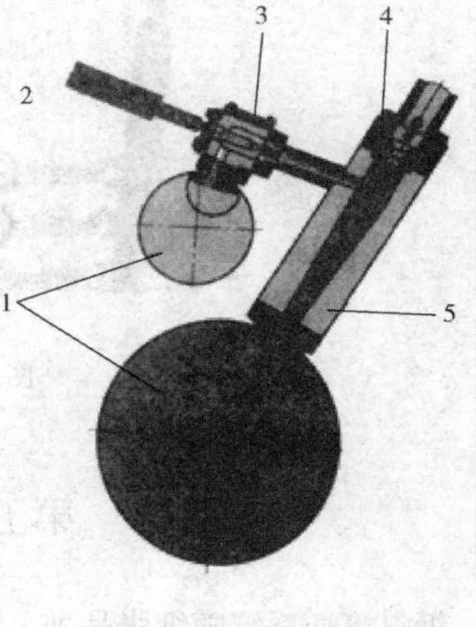

Module Jet流浆箱的稀释水浓度控制元件如图4－59所示。

图4－59　稀释水浓度调节元件
1—布浆总管　2—电动机　3—稀释水（白水）控制阀　4—节流孔　5—混合室

稀释水（白水）与纸料在混合室混合后通过节流孔进入阶梯扩散器（管束）。稀释水加入量通过稀释水控制阀控制，阀门开度根据调节点的定量标准偏差确定，通过电动机执行机构调节。目前速个系统的操作运行均已实现计算机在线控制。

MasterJet稀释水喷射组块垂直对应安装在6排管束中间，稀释水经过锥形进水孔，通过似活塞式阀体上下移动控制稀释水的量，浆流经过组块的凹陷区与稀释水混合，如图4－60所示。

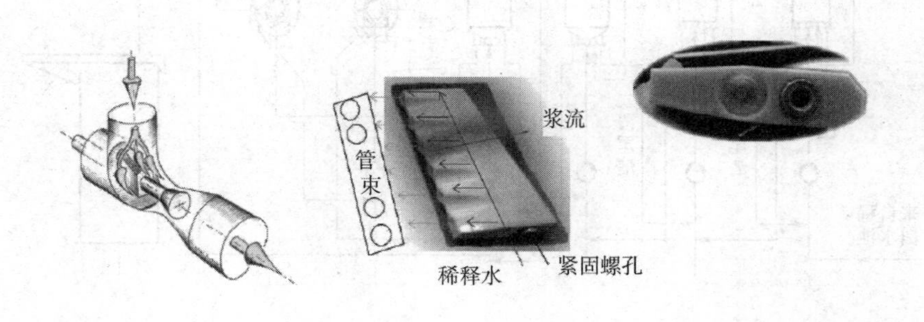

图4－60　MasterJet稀释水混合部结构

OptiFlo稀释白水混合部通过阀门开度控制稀释水加入量，稀释白水通过稀释水槽从侧面进入管束与浆流混合，如图4－61所示。

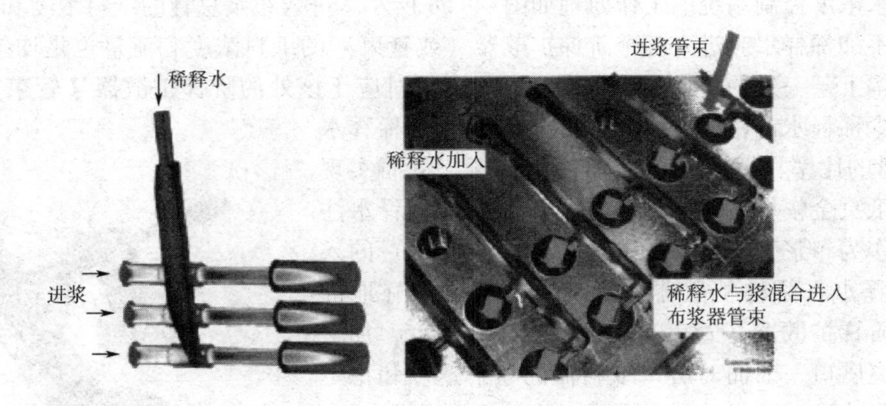

图 4-61 OptiFlo 稀释水混合部结构

第五节 纸料流送系统案例

纸料流送系统随纸张品种、纸料种类、生产规模、设备等不同而有所差异，下面列举出几种有代表性的典型纸种的流送系统。

一、高档文化用纸的流送系统

某厂 5 万吨/年高档文化用纸项目流送系统的工艺流程如图 4-62 所示。该工艺流程以 Noss 公司的四段锥形除渣器、两段压力筛、冲浆泵为主体设备，高位箱和白水槽为自建。该工艺流程具有如下特点：

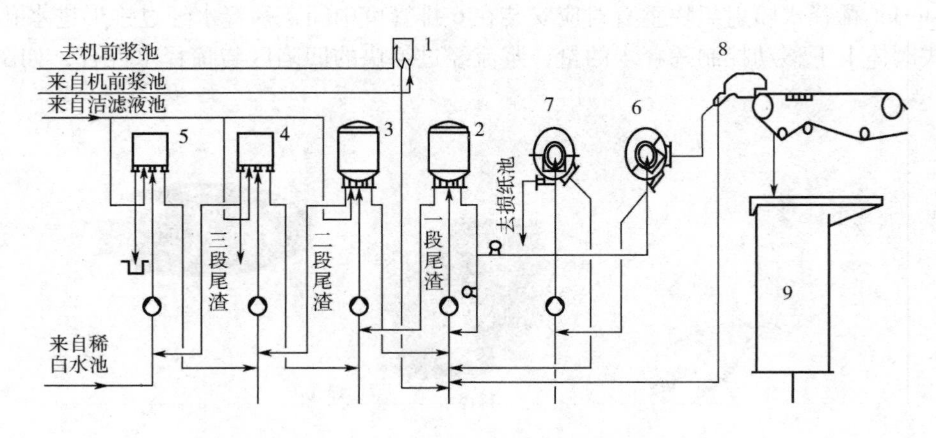

图 4-62 高级文化用纸生产线供浆系统工艺流程简图

1—高位箱 2—一段除渣器 3—二段除渣器 4—三段除渣器 5—四段除渣器 6—一段压力筛 7—二段压力筛 8—流浆箱 9—白水槽

①纸料采用一级稀释和一次上浆。若纸机出现暂时停机，纸料可在除渣器系统进行小循环，以保持流送系统的稳定性；

②由于压力筛的特殊结构，一段压力筛良浆最大脉冲小于400Pa，完全能够满足流浆箱内的纸料要求，因此一段压力筛良浆管可直接和流浆箱进浆管相连接；

③有智能化的流量、压力、浓度、液位控制回路，还有定量和留着率控制回路；

④采用低脉冲、变频调速的冲浆泵，一方面可根据产量确定适宜的冲浆泵转速，节约能源；另一方面与流浆箱内总压头连锁控制冲浆泵的转速和流量以保证流浆箱内压力稳定。

二、中高档涂布白纸板的流送系统

涂布白纸板通常由面浆、衬浆、芯浆、底浆组成（白卡纸无衬层），不同纸层是采用不同的原料按规定的配比抄造，并且对不同纸层的成型要求也有所不同。通常面浆采用15%～20%的漂白针叶木浆和85%～80%的漂白阔叶木浆。衬层采用100%的脱墨废纸浆，芯层采用10%的混合废纸浆，生产白卡纸时芯层多采用100%的化学热磨机械浆，底浆采用100%的脱墨废新闻纸浆，生产白卡时则和面浆一样。因此，各层都有一条独立的流送系统和各自的流浆箱，各层的流程也不完全一样，主要是在满足生产要求及产品质量的前提下，综合建设投资、生产成本、操作维修等各方面来考虑。

最有代表性的纸料流送系统流程有两种，分别如图4－63和图4－64所示。在图4－63中设有低浓净化，并采用了先进的短循环系统。在此流程中，采用了二次冲浆，一次在除渣器前，一次在压力筛前，除渣器一段良浆管伸进机外白水槽插到二段冲浆泵的吸入口处。一次性稀释的浓度变化不是太大，除渣系统能在恒定的状态下工作，利于完全发挥除渣器的能力。更重要的是进入流浆箱的浆料的流速和压力可以更精确地控制，利于上网浆浓的稳定。面浆基本上都采用这种流程，只有在少数产量不大、车速不同、产品质量要求不高的工程中采用图4－64所示的流程，这种流程不设除渣器，简化了流程，且能减少能耗，降低生产成本。衬层和底层两种流程目前都有采用，但高档涂布白纸板及白卡纸多采用图4－63所示的流程。芯层则一般采用图4－64所示的流程，但在个别生产白卡纸的工程中也有芯层采用图4－63所示的流程。

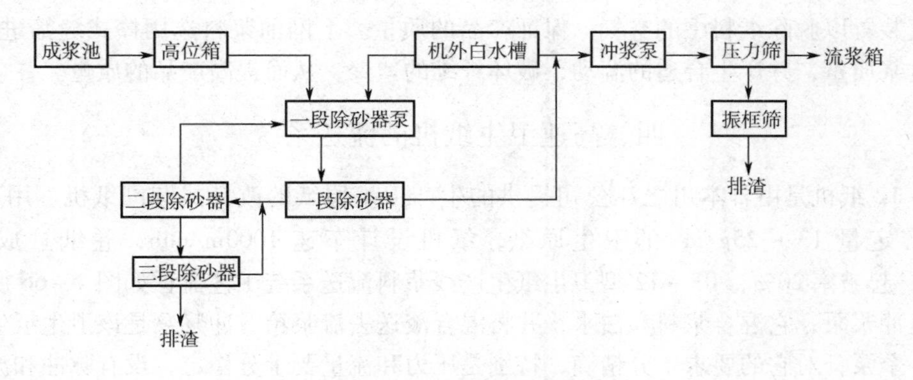

图4－63　设低浓净化的纸料流送系统

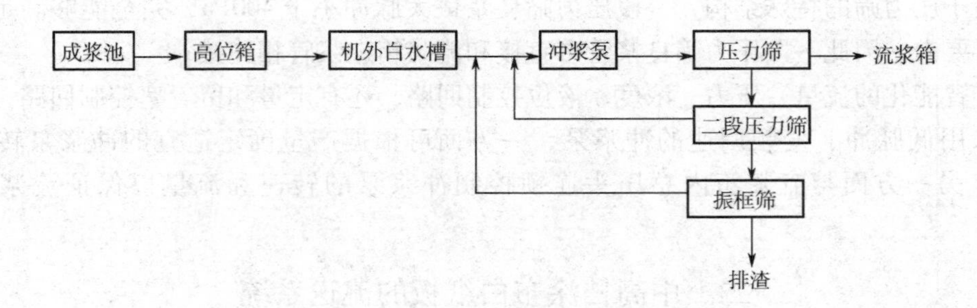

图 4－64　不设除渣器的纸料流送系统

三、高档卷烟纸的流送系统

某厂高档卷烟纸的流送系统工艺流程如图 4－65 所示。

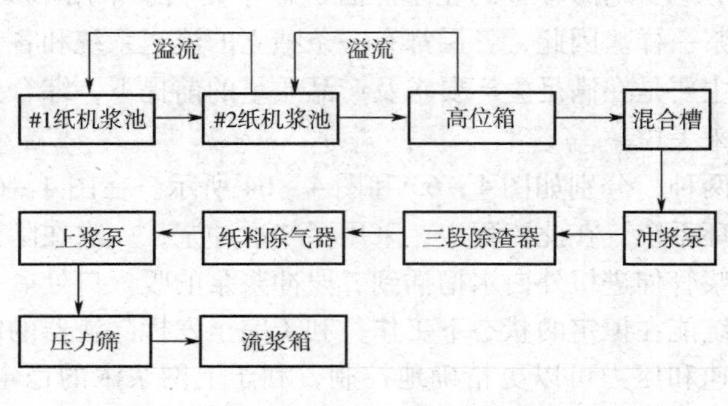

图 4－65　高档卷烟纸流送系统工艺流程

两个纸机浆池和高位箱的作用都是为了改善浆料的稳定性，#1 纸机浆池和#2 纸机浆池上部连通，浆料从#1 纸机浆池连续不断地泵入#2 纸机浆池，浆料的流量大到足以保证#2 纸机浆池有一定的浆料溢流到#1 纸机浆池，使#2 纸机浆池保持稳定的液位，尽可能减少前面配浆系统所产生的脉冲和流量变化的影响，为纸机浆也浆泵提供恒定的压头。高位箱也设有溢流，从而改善浆料的稳定性，减少冲浆后浓度的波动。选用德国 Voith 公司的 HydroMix 压力混合器进行浆料稀释，使浆料和白水更均匀地混合。采用 EcoMizer™除砂器进行三段除砂，最后一段装节浆器，以减少纤维的流失。流程中配置除气装置以脱除纸料中的空气，保证产品的质量。上网前浆料选用棒式缝筛进行筛选，以提高良浆质量，并产生合适的湍动，破坏纤维的絮聚，从而提高产品的质量。

四、高速卫生纸机的流送系统

BF－12 纸机是由日本川之江公司提供的生产卫生原纸的改良式圆网纸机。用 100% 原木浆生产定量 13 ~ 25g/m^2 的卫生原纸，纸机设计车速 1000m/min，卷纸缸成纸宽度 3400mm，起皱率 20%。BF－12 型卫生纸生产线浆料流送系统工艺流程如图 4－66 所示，其动力源是冲浆泵，它混合浆料和白水，并将混合液送去流浆箱。冲浆泵是该卫生纸生产线中最大的一个泵，对它的要求十分精确，特别是压力和流量要十分稳定，没有脉冲和波动。为了保证冲浆泵至流浆箱输送的浆料稳定，成浆池上浆泵要先将浆料输送到高位箱，通过高位箱内液位的恒定以稳定浆料，消除湍动，减少浆料在进入冲浆泵前的浓度发生较大波动，同时在高位箱中加入适量的湿强剂。在浆料流送系统中设置了压力筛，以净化浆料，防止浆料中的杂质堵塞流浆箱喷嘴。流送系统的控制主要是通过 DCS 控制系统以及相关的自动调节设备来完成。

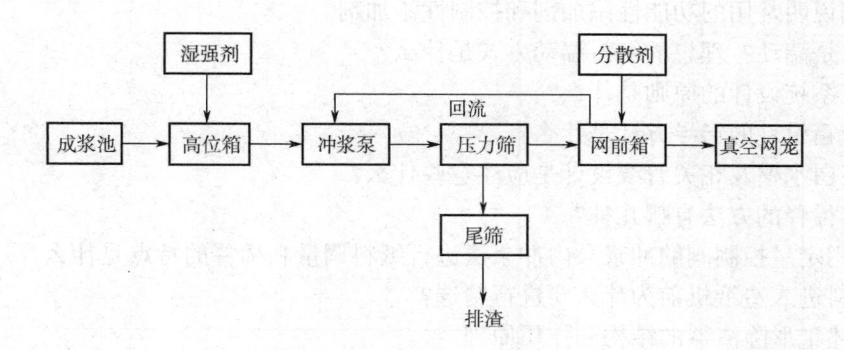

图 4－66　BF－12 卫生纸机的流送系统

新月形卫生纸机是另一种高速卫生纸生产设备，其车速可达 2000m/min 以上，是世界上车速最快的卫生纸机。目前大多数高速卫生纸机生产高档生产用纸都采用全木浆作为主要原料。为了更好地利用原料各自的特性并降低生产成本，通常可将长、短纤维混合使用，故在投资许可的情况下，可采用多层流浆箱（如两层或三层）。图 4－67 是新月形卫生纸机的浆料流送系统和抄纸流程图。由于浆料来源比较干净，再加上在浆料制备工段经过了高浓除砂器的处理，所以在此一般不需要进行低浓除砂处理。从配浆池经上浆泵来的浆料直接进入冲浆泵的入口处，经白水塔浓白水稀释冲浆后，通过压力筛筛选后，进入流浆箱，再经过新月形成形器、真空压榨、杨克烘缸和高速热风汽罩干燥后，经卷纸机后到后加工车间。在压力筛尾浆的处理上，由于浆料比料干净，所以通常采用单段处理的方式，即从压力筛出来的尾浆经过一道二段压力筛或振框式平筛后，良浆又回到冲浆泵口，尾渣外排。

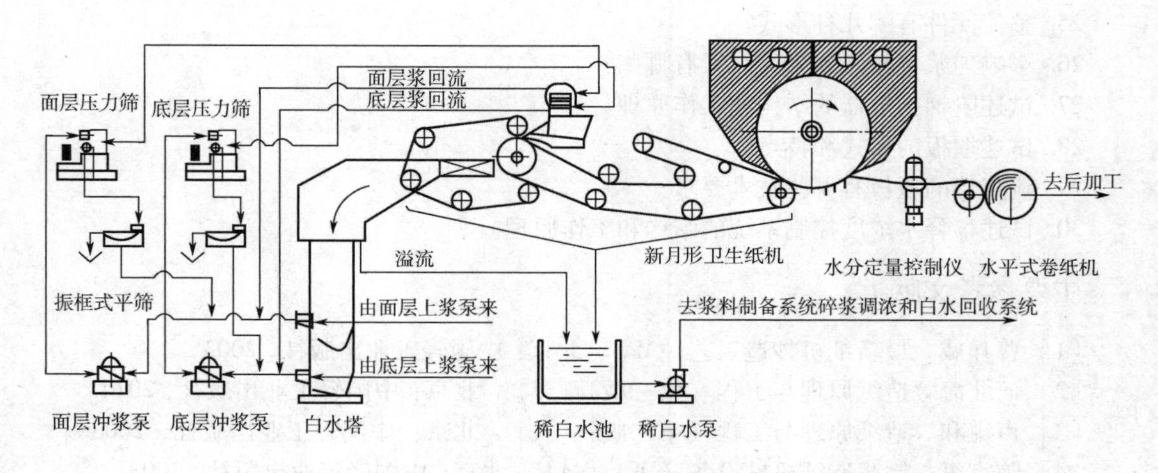

图 4－67　新月形卫生纸机的浆料流送系统和抄纸流程

思考题

1. 什么是纸料流送系统？包括哪些处理过程和主要设备？
2. 纸料主要由哪些成分组成？

3. 什么是细小纤维？其主要特性是什么？
4. 举例说明常用的功能性添加剂和控制性添加剂。
5. 什么是湍动？理想的纸料湍动方式是什么？
6. 供浆系统设计的原则是什么？
7. 高位箱设计的指导方针是什么？
8. 冲浆白水槽及相关管线设计是应注意些什么？
9. 纸料稀释的方法有哪几种？
10. 使用定量控制阀的冲浆泵内冲浆法进行纸料调量和稀释的特点是什么？
11. 纸料进入造纸机前为什么要进行精选？
12. 试述锥形除渣器的结构和作用原理。
13. 锥形除渣器主要有哪些型号？
14. 影响锥形除渣器净化效率的因素有哪些？
15. 简述压力筛的构造和作用原理。
16. 影响压力筛筛选效率的因素有哪些？
17. 纸料中的空气对抄纸有何影响？如何减少纸料中的空气？
18. 流浆箱的主要由哪几部分组成？其主要作用是什么？
19. 试述敞开式流浆箱的结构和作用。
20. 试述气垫式流浆箱的结构和特点。
21. 试述水力式流浆箱的特点及种类。
22. 试述稀释水流浆箱的结构和特点。
23. 流浆箱的布浆器应满足哪些质量要求？
24. 试述堰池的作用。
25. 整流元件有哪几种形式？
26. 影响匀浆辊整流效果的因素有哪些？
27. 试述阶梯扩散器的结构和工作原理。
28. 试述堰板的形式和特点。
29. 流浆箱的堰板有哪些技术要求？
30. 试述稀释水浓度控制系统的结构和工作原理。

主要参考文献

[1] 曹邦威. 最新纸机抄造工艺 [M]. 北京：中国轻工业出版社，2003.
[2] 何北海. 造纸原理与工程（第三版）[M]. 北京：中国轻工业出版社，2014.
[3] 卢谦和. 造纸原理与工程（第二版）[M]. 北京：中国轻工业出版社，2008.
[4] 陈克复. 制浆造纸机械设备（下）[M]. 北京：中国轻工业出版社，2003.
[5] 黄宪临，朱蕾. 纸机流送系统的特征和发展趋势 [J]. 中国造纸，2004，23（9）：58－61.
[6] Axel G. 流送系统工程设计新概念 [J]. 中华纸业，2006，27（6）：36－38.
[7] 苗林，李洪菊. 单泵机外白水池流送系统的设计探讨 [J]. 中国造纸，2005，24（9）：71－73.

[8] 樊燕．纸机前流送系统的设计 [J]．湖南造纸，1994 (1)：12 – 18.
[9] 陈航，汤伟，刘文波，李晓宁，王孟效．稀释水水力式流浆箱结构与控制 [J]．中国造纸，2013，32 (12)：38 – 44.
[10] 陈航．稀释水水力式流浆箱控制系统研究 [D]．西安：陕西科技大学，2014.
[11] 刘英政．法国 ALLIMAND 纸机与德国 VOITH 纸机的流送系统及流浆箱 [J]．中华纸业，2008，29 (4)：71 – 73.
[12] 朱建萍．中高档涂布白纸板流送系统的设计 [J]．湖南造纸，1998 (2)：10 – 16.
[13] 包红亮．高级文化用纸流送系统工艺设计 [J]．中国造纸，2011，30 (8)：73 – 75.
[14] 杨玉彩，杨海，张栓江．高档文化用纸浆料流送系统工艺设计和体会 [J]．中国造纸，2009，28 (2)：44 – 46.
[15] 左华芳．年产 1 万吨高档卷烟纸机供浆系统的工艺设计 [D]．南京：南京林业大学，2005.
[16] 谢舒煜，洪红琴，雷光友，吴家敏．BF – 12 高速卫生纸机工艺流程 [J]．造纸科学与技术，2008，27 (5)：51 – 54.
[17] 程小峰．新月形卫生纸机抄造工艺 [J]．生活用纸，2001 (4)：34 – 40.
[18] 肖璠，关敬文．新月形高速卫生纸机主要系统及设备简介 [J]．造纸科学与技术，2003，22 (6)：110 – 111.
[19] 杨五锋，马定泉，张瑞琦．新月形纸机真空系统的工艺设计 [J]．生活用纸，2013 (18)：35 – 38.

第五章　纸 页 成 形

第一节　概　　述

一、纸页成形方法的发展历程

纸页成形是造纸过程的重要组成部分。通过纸料在网上滤水而后成形，将纸料抄造成为湿纸幅。纸页成形的方法早在中国古代造纸术发明的时候就出现了，并且随着造纸技术的发展而不断更新。

中国是世界上最早发明纸的国家。在东汉元兴元年（105）蔡伦发明了造纸术，形成了一套较为定型的造纸工艺流程，其过程大致可归纳为四个步骤：原料的分离、打浆、抄造和干燥。而此时使用的抄造方法是采用竹篾编织的网（可弯曲的竹帘），在盛满纸料的浆池中捞纸，这应该是造纸技术中最早的纸页成形方法。而后，造纸术到公元7世纪初期（隋末唐初）开始东传至朝鲜、日本；8世纪西传入撒马尔罕，就是后来的阿拉伯，接着又传入巴格达；10世纪到大马士革、开罗；11世纪传入摩洛哥；13世纪传入印度；14世纪到意大利，意大利很多城市都建了造纸厂，成为欧洲造纸术传播的重要基地，从那里再传到德国、英国；16世纪传入俄国、荷兰；17世纪传到英国；19世纪传入加拿大。虽然，造纸技术经历了一千多年的发展，但是使用的原料及设备都是沿用中国古代的造纸技术而没有重大的改变。直到公元1798年法国人 Nicholas－Louis Robert 成功地发明了用机器造纸的方法，造纸技术才迎来了突飞猛进的技术进步，造纸工艺由手工抄造变成了机械化连续生产，可以说是发生了巨大的变化。而现代造纸工艺中的纸页成形为了能适应机械化的连续抄造的要求，传统的手动捞纸则由金属丝或化学纤维编织的成形网替代来进行纸料的成形和输送。虽然，从手工抄纸到机械化生产，纸页抄造的工艺和装备均发生了翻天覆地的变化，但是从纸业成形的本质来看，还是保留了纸料在网上过滤而形成湿纸幅这一基本方式。世界上一些纸史专家高度评价中国手工抄纸的重要意义，认为抄纸竹帘的可弯曲性体现了先进的造纸思维方式，是通向现代造纸机的必要阶梯，并且为机械化连续造纸奠定了基础。

二、纸页成形过程

纸和纸板的抄造工艺过程，一般包括：纸料上网的前处理、纸浆流送与纸页成形、湿纸页的压榨脱水、湿纸页的干燥、纸页的压光与卷曲等。其中，纸页成形过程是在纸机的网部完成的，该过程比较复杂，除了有大量的水脱除外，还有纸料在输送过程中湍流的形成与减弱、纤维束团的形成与破坏、细小颗粒的留着与输送、浆层的压紧、浆层与游离状悬浮液之间的剪切力等效应，这些都会影响纸页的成形质量。Parker 将纸页成形过程概括为3种流体动力过程的综合，即滤水、定向剪切和湍动，如图 5－1 所示。所有这些过程均同步发生，彼此都不是完全独立的。

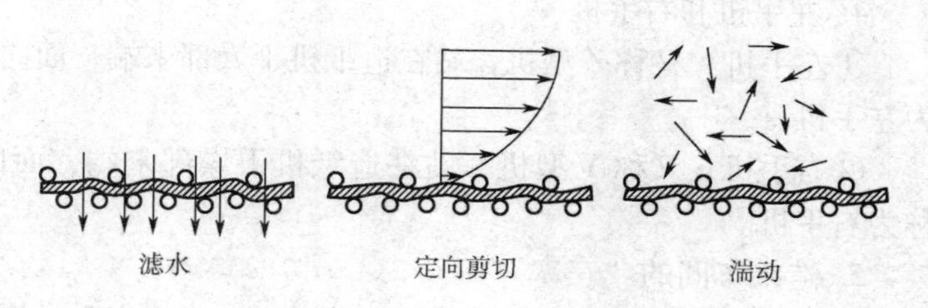

图 5－1　纸页成形中的 3 种流体动力过程

滤水是指成形过程中纤维悬浮液中的水分借重力、离心力和真空吸力等排出的过程。滤水是水通过网或筛的流动，其方向主要是（但不完全是）垂直于网面的，其特征是流速往往会随时间起变化。滤水的主要作用是纤维悬浮体的脱水，使悬浮体的纤维沉积到网上成为沉积层。

定向剪切是在未滤水的纤维悬浮体中具有可清楚识别形态的剪切流动。它以流动的方向性以及平均速度梯度为特征。定向剪切除了具有分散作用外，还有定向作用和浓集作用，使积层中的沉积纤维顺优势方向排列。

湍动包括真正无定向流的波动和部分定向的波动。湍动的主要作用是分散纤维网络，并在有限的程度上使纤维在悬浮体中易动，从而降低悬浮体的絮聚程度，以及作为定向剪切衰减的手段。

三、纸机基本术语

1. 造纸机相关的速度

①车速　造纸机的车速是指卷纸机上纸的实际速度，以 m/min 表示。

②工作车速　是造纸机使用时比较适宜的车速，一般工作车速有一定范围（主要根据实际生产时的纸种、浆种及其他工艺条件等选择合适的车速），以 m/min 表示。

③结构车速　指造纸机的极限速度，也即设计强度所允许的速度，一般比最高工作车速高 20%～30%。

④爬行车速指为了检查和清洗网、压榨毛毯以及纸机运行中各部分情况所使用的低车速，一般采用的爬行车速为 10～25m/min。

2. 造纸机相关的宽度

①抄宽（毛纸宽度或纸幅宽度）　指卷纸机上纸幅的宽度，以 mm 表示。

②公称净纸宽度（净纸宽、成品宽或机幅宽）　指卷纸机上的纸幅两边裁去必须宽度纸边后的纸幅宽度，以 mm 表示。

公称净纸宽度 = 毛纸宽度 − 切边宽

③湿纸宽度　成形网上的湿纸页经水针截边后的宽度，以 mm 表示。

④定幅宽度　即流浆箱喷口宽度，定幅宽度等于湿纸宽度加成形网上湿纸页两边的截边宽度，以 mm 表示。

⑤网宽　指成形网的宽度，以 mm 表示。

⑥轨距　指造纸机前后两侧基础上底轨中心线间的距离，以 mm 表示。

3. 传动侧和操作侧

①传动侧　造纸机传动装置所在的一侧。

②操作侧　造纸机操作人员通常操作时所在的一侧。

4. 左手机和右手机

①左手机　又称Z型机，站在造纸机干燥部末端，面向湿部，如传动装置在左侧，则称为左手机。

②右手机　又称Y型机，站在造纸机干燥部末端，面向湿部，如传动装置在右侧，则称为右手机。

5. 造纸车间的“三率”

造纸车间的三率是指造纸车间的抄造率、成品率和合格率，是造纸车间主要的技术经济指标，“三率”越高，表明生产越正常。

①抄造率　实际抄造量与理论抄造量的百分比，称为抄造率。

②成品率　合格品的数量占抄造量的百分比，称为成品率。

③合格率　合格品的数量占成品量的百分比，称为合格率。

第二节　纸页成形

一、概　述

纸页成形的目的是通过合理控制纸料在网上的留着和滤水工艺，使上网的纸料形成具有优良匀度和物理性能的湿纸幅。而纸机的网部（又称成形部）的任务和要求，就是围绕着如何实现纸页成形的目的而展开的。纸机的网部是造纸机上最重要的一部分，成纸质量和纸机的正常生产都与网部的操作有着密切的关系。

虽然1798年Nicholas－Louis Robert发明世界上第一台造纸机，开创了手工造纸向机器造纸发展的新时代，但是直到1826年，长网纸机在网下引入了真空泵后，才首次出现由于真空脱水而在网上形成纸页的早期纸页成形装备。另外，在长网造纸机发展的同时，其他形式的成形装置也开始出现。1809年，J. Dickinson发明了圆网造纸机并获得了专利。1817年，第一台圆网造纸机在美国费城的Thomas Gilpin造纸厂安装。随后在1862年，J. Harper发明了长、圆网结合式的造纸机，并获得专利。接着在1863年，Franklin Jones发明了第一台多网槽的纸板机。1909年Millspaugh在Niagara大瀑布旁的Cliff造纸公司开发出了真空伏辊，极大地提高了网部脱水效率。1923年，Beloit Iron Works公司制造了第一台带网部摇振的造纸机，提高了成形质量。1953年，在造纸机网部采用了真空吸移辊。到了20世纪70年代，双网纸机已被广泛地应用。这些技术的发展，极大地带动了成形装备的革新，从而保证了纸页成形的质量。

二、纸页成形器的分类

纸页成形器又称网部或成形部，是造纸机的主体，有时又泛指造纸机。自从1798年Nicholas－Louis Robert发明世界上第一台造纸机以来，造纸成形装备的发展已走过了200多个春秋。纸页成形器的分类根据其成形浓度、成形方式或成形结构可以有不同的分类。

1. 按成形浓度来分类

①低浓成形器，纸料上网浓度在1.5%以下的成形器；

②高浓成形器，纸料上网浓度超过1.5%的成形器。

2. 按成形结构来分类

①圆网成形器，包括单圆网和多圆网机、真空和压力成形回转式成形器以及新型超成形圆网成形器；

②长网成形器，包括各种单长网造纸机；

③多网成形器，包括双网成形器（如顶网成形器和夹网成形器）和双网以上的多层成形的叠网成形器。

3. 按成形方式来分类

①单层成形器，包括单圆网机、长网机、上网成形器、夹网纸机以及回转网成形器等；

②多层成形器，包括长网机（配第二流浆箱、多层流浆箱和上网成形器）、回转成形器（配多层成形器或使用多圆网成形器）、叠网成形器和多网成形器等。

三、纸页成形对纸张结构及性质的影响

1. 纸页成形对纸页孔径分布的影响

纸页成形的质量对纸页孔径的分布有极大的影响，如图 5－2 所示，纸页的孔径分布在纸页成形过程中是呈对数正态分布的。比较图 5－2 中不同絮聚程度下的孔径分布图可知，纸页空隙的平均孔径是随着絮聚程度的增加而增大，也就是说纸页的平均孔径随着纸页成形质量的降低而增大。而纸页的平均孔径及分布对纸页的过滤、吸收等物理性能有很大的影响，进而会影响到纸页的涂布和印刷等性能。因此，通过改善纸页成形的质量可以提高纸页的加工性能。

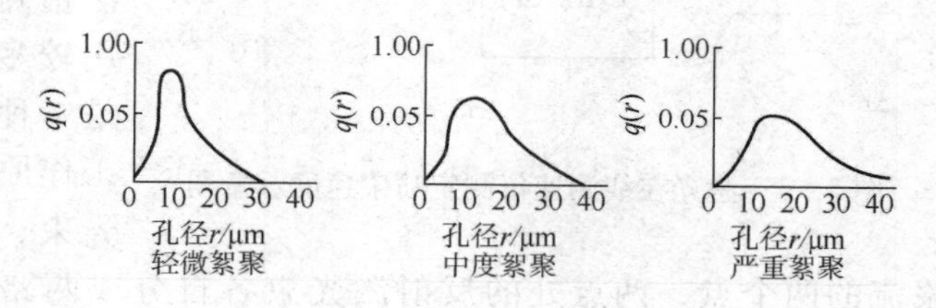

图 5－2　纸页成形质量对纸页孔径分布的影响

注：r 表示纸页空隙的孔径，用 $q(r)$ 表示孔径分布密度函数。

2. 纸页成形对填料分布的影响

在造纸工业中，填料是仅次于纸浆纤维的第二大造纸原料，填料对成纸性能的强度性能和光学性能的改善不可忽视。由于填料的添加是通过网部，因此纸页的成形对填料的分布至关重要。有研究者采用盐酸溶解碳酸钙填料的方法，对同一试样脱除碳酸钙前后的成形指数进行对比，并以集聚因子和纸页定量波动比（是指含填料纸页的定量波动值与填料溶解后纸页的定量波动值之比）来分析描述填料分布的影响。结果显示，随着集聚因子的增大（也就是纸页絮聚趋势的增加），纸页定量波动比也增大，即填料分布的不均匀性也增加。因此，纸页成形质量的好坏直接影响到填料在纸料内部分布的均匀性。

3. 纸页成形对纸张强度的影响

众所周知，纸页成形质量决定了纸页的匀度，而纸页的匀度与纸张的强度有着十分密切的关系。匀度的好坏不仅影响纸张的外观，而且影响纸张的各种物理性能。但是在典型的 Page 抗张强度的模型和方程中，却忽略了纸页匀度（局部定量）波动的影响。而在事实上，纸页断裂处多数在局部定量波动较大的地方。有研究表明，当纸页不均匀时，纸的机械强度

下降，裂断长降低40%，而耐折度和撕裂度降低50%～70%。

4. 纸页成形对纸张光学性能的影响

纸页成形也会影响到纸张的光学性质。有研究表明，在纸页成形中，纸页定量波动越大，纸页的透明度会降低，但是当纸页定量增大到一定值后（也就是纸页的变异系数超过30%时），纸页透明度的下降趋势则变得较为平缓。

四、网部参数的测量及控制

1. 流浆箱唇口喷浆速度的测量

流浆箱唇口的喷浆速度可由激光表面速度传感器测量，或由流浆箱内总压头和堰口系数计算。但是，由于计算公式的经验性，以及唇口系数等参数取值的差异，一般较难得出真实的喷浆速度，因此也无法精确地调整浆网速比。目前，国际上使用较多的是激光在线测速方法，图5－3是一种激光在线测速仪的测量示意图，其工作原理是：激光器发射出两束平行的激光束，一前一后依次照射在唇口喷浆方向浆流的两个点，两点处的反射激光束各自分成两路经光镜会集，会集的信号经分析系统分别输出。假设照射在流道上两点之间的间距为ΔL，而浆流中某一运动质点先后到达这两个点的时间差为Δt，那么被测浆流的速度即为$\Delta L/\Delta t$。通过仪器输出的Δt和设定的ΔL，就可得到所测的喷浆流速。

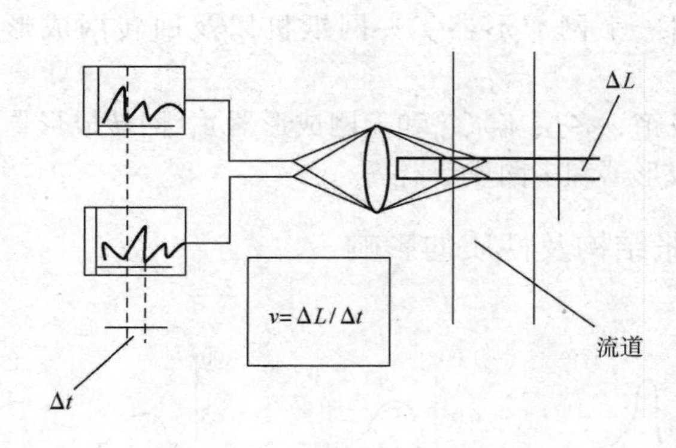

图5－3　激光在线测速仪测定喷浆速度示意图

2. 网部脱水曲线的测量

目前，美国研制的NDC在线检测仪（网上定量测定系统）是用于网部脱水情况检测的很好的仪器。它可方便地用于从流浆箱到真空伏辊的所有脱水元件之间，测量浆料在纸机网案上方的分布状况。图5－4是NDC测量仪工作的示意图，它的工作原理是：当NDC测量仪的感应面与网、毯的底面接触时，镅241发生器激发的光子透过测量仪的传感器，射入待测物体，一部分穿过物体，一部分被物体吸收，一部分被散射。反向散射的光子撞击到安装在传感器上的检测晶体上，即可计算出待测物体的质量厚度（对纸张来说，相当于定量）。如果同时测量出网下白水浓度和上网浆流量，即可方便地计算出网案上浆料在每一测量点处的质量厚度、浓度、脱水量等重要参数，并可生成成形部的脱水曲线。

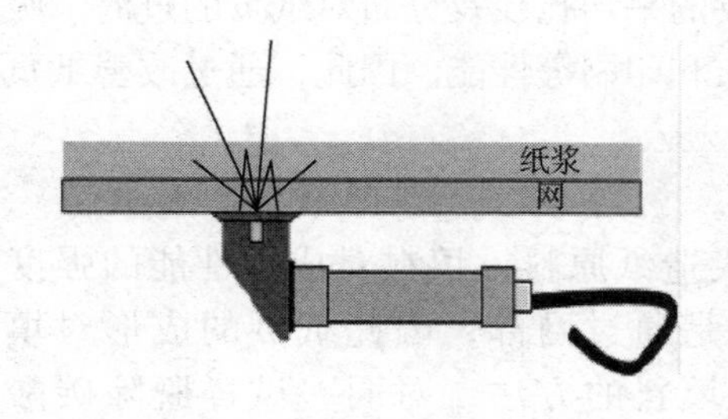

图5－4　NDC测量仪工作示意图

3. 网部浓度的测量

NDC在线检测仪用于网部测量时，直接将探头置于网案待测点的下部，就可以直接读出探头上部物质的质量厚度，同时也可以根据下列公式直接指示出该点的浆料浓度。

$$网部浓度=浆料绝干量/（传感器读数-成形网质量）$$

4. 网部浓度和脱水曲线的控制

（1）网部浓度的控制对成形质量的影响

网部浓度与纸页成形质量的关系如图5－5所示。图5－5中横坐标为纸料进入顶网（或水印辊）前在长网部的浓度，*B*点为浓度最佳点，并由此将网上浓度分为*A*—*B*区和*B*—*C*区。当进入顶网前的浓度在*A*—*B*区时，浓度偏低，水分偏高，容易造成湿部断纸现象，不能保证纸机的正常运行。当浓度处于*B*—*C*区时，浓度偏高，水分偏低，水印辊或顶网所起的作用减弱，纸页匀度较差。当浓度处于*B*点时，纸页匀度最好且操作最佳。但是由于没有网部浓度的精确测定仪器，一般无法准确地设定最佳浓度的位置。所以大多数厂家都采用偏高的浓度进入顶网，为了保证纸机的抄造性能而牺牲纸页匀度等物理指标。

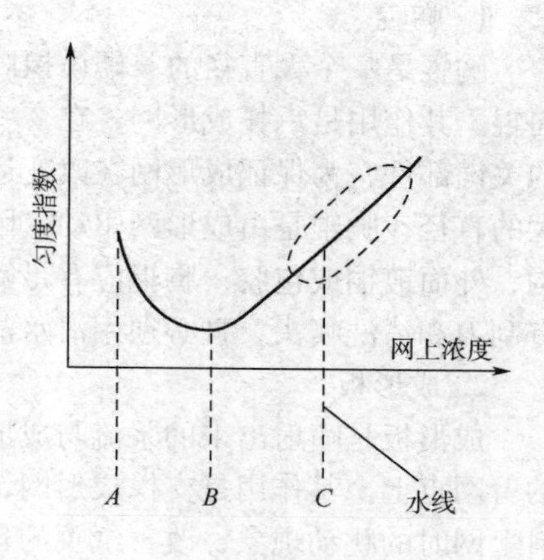

图5－5　网上浓度与成形质量的关系

（2）网部脱水曲线的控制对成形质量的影响

在造纸过程中，网部的脱水情况是影响纸张抄造质量的关键因素之一。网部脱水曲线的变化将对成纸匀度、网部脱水效率、填料与细小纤维单程留着率以及上述诸参数沿纸机横幅分布等产生显著影响，它可以很好地反映成形网的实际生产状态。因此，直接从纸机网部获得有关信息（如浆料浓度沿网案的变化、纸机纵向脱水曲线与横向脱水剖面曲线等），结合其他的工艺参数（如浆料的配比、打浆度等）和操作参数（如车速、真空箱真空度等），可用于纸机运行故障的诊断，这对于成形部的控制和优化均有非常重要的意义。

第三节　长网成形器的纸页成形

一、长网成形器的结构特点

长网成形器也就是长网纸机的网部，亦简称为长网或网案，图5－6所示为一个典型的长网纸机网部结构示意图。长网成形器的主要部件是成形网和成形脱水元件。成形脱水元件主要包括胸辊、成形板、案辊、案板、湿吸箱、真空吸水箱和伏辊等。此外，网部还包括成形网的支承、驱动、张紧、校正、舒展和清洗所用的辅助元件和运行中的操作控制元件（如定幅装置、切边水针、校正辊、张紧辊等）。现将长网部的主要部件及其作用简介如下。

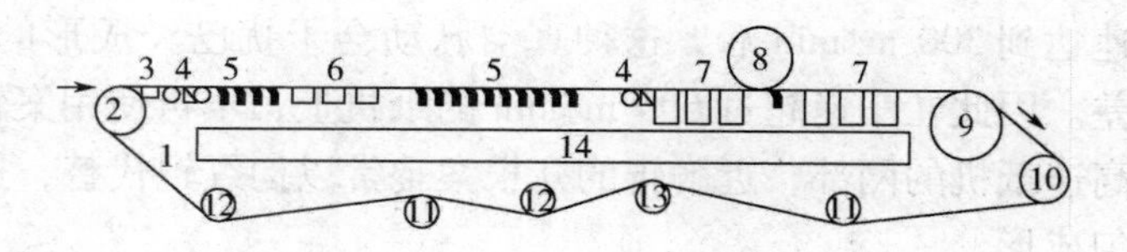

图5－6　典型的长网造纸机网部

1—成形网　2—胸辊　3—成形板　4—案辊　5—脱水板　6—湿吸箱　7—真空吸水箱　8—饰面辊　9—伏辊　10—驱网辊　11—导网辊　12—校正辊　13—张紧辊　14—白水盘

1. 胸辊

胸辊是一个大直径的、硬质橡胶包覆的转动辊，也是纸机网部第一个辊筒和成形网的换向辊。其作用是承托成形网，在一些纸机中，还可作为成形脱水元件。胸辊是影响纸页成形的关键部件，为保证成形网在改变运行方向的过程中，不致受过大的弯曲力，胸辊应具有较大的直径；胸辊是由成形网驱动，因此要求重量要轻，且转动灵活，故其构造为薄壁辊筒结构，外面镀铜或包胶；胸辊应有足够的中高，以防止成形网起皱；胸辊的清洁很重要，应配有刮刀和清洗喷头，且必须用清水清洗，以保证辊面的清洁，从而保证纸页成形的质量。

2. 成形板

成形板是喷射出来的浆流与成形网接触处在网下承接浆流的元件，一般安装在堰口浆流的着网点上。其作用是支撑成形网，并减缓上网初期纸料的脱水速率。成形板有助于消除浆料上网时的跳动现象，改善纸页的匀度。

成形板一般由一组多为长方形的刮水板组成，刮水板通常为3～20个，各刮板间有一定的缝隙，以便使上网纸料缓和地脱水。刮水板在结构上要求有足够的刚度，板面耐磨且沿宽平整，一般低速纸机选用高密度聚乙烯材质，而在高速纸机上，则选用特种陶瓷材料。

成形板的设置对纸页成形质量是非常重要的。当纸机车速高于300 m/min时，上网段的脱水元件抽吸作用较大，会使纸料流失过多，使纸页产生针孔、两面性、透帘等纸病，而成形板可以暂时地减缓网上纸料的脱水，使最初的纸页成形在没有剧烈的抽吸作用下进行，这种缓和的脱水可保证纸页的成形质量，减少细小组分的流失，使纸页中的细小纤维和填料的分布更加均匀。

3. 案辊和挡水板

案辊是网部传统的脱水元件，并可起到支承网子的作用。案辊是一种薄壁管辊，可用铜管、铝合金管、不锈钢管制成，也可用镀铜层钢管、包胶层或包覆工程塑料层来制作，以提高其耐磨和抗腐蚀性能。在结构上，要求案辊的重量轻、转动灵活、有足够的刚度。

案辊的脱水情况和纸机的车速关系很密切。一般在车速很低（小于60 m/min）的造纸机里，案辊不能产生真空抽吸作用，这时的脱水是靠网子过滤纸料，使水附着在网下，然后被案辊阻挡，逆着辊子旋转方向下流至网下白水槽；当纸机车速高于60 m/min时，案辊的脱水主要靠案辊与网子间产生的真空抽吸，这种真空抽吸力与网速的平方成正比。当纸机车速达到300 m/min后，这种真空脉动会干扰已经成形的纤维层，损害纸页成形和增加两面差。因此在车速超过600 m/min的纸机上，不再使用案辊，而由其他的脱水元件取代。如在高速纸机的网部，近胸辊的几根案辊常以沟纹辊代替，这样可使脱水缓和，有利于纸页的均匀成形。

挡水板设于案辊之间，起到刮除成形网下面的水和挡住案辊甩出水的作用，常用的挡水板有片式和管式。在中高速造纸机上，为了消除案辊甩水形成的扰动和改善成形段上的脱水，常在案辊之间安装挡水板。

4. 案板

案板，也称脱水板或刮水板，是20世纪50年代末期研究应用于纸机网部的脱水元件。案板是由一组支撑在成形网下、具有坚硬表面的刮板组成，每组一般为4～6片。其作用是支撑网面与脱水。

案板由顶面和斜面组成（如图5－7所示）。顶面与成形网接触，可以起支撑的作用并形成压区封闭线，前缘角可以刮除网下附着的白水。而在案板顶面之后有较长一些的斜面，与成形网之间形成楔形空间产生真空，借此实现在真空度缓慢增加的条件下实现缓和脱水。一般顶面宽度为10~15 mm，前角β的角度决定脱水量的大小，β角越小，案板脱水量就越大，一般为30°~60°。案板斜面与成形网之间的夹角称为后角α（如图所示），它是脱水的主要部件。一般来说，后角α越大，斜面越长，案板的脱水能力也越大，但同时湍流也会越强。因此，对于车速较高、纸料滤水性能好以及靠近胸辊的案板，后角可选为1°~3°；而对于纸料滤水性较差或靠近伏辊的案板的斜面长度选为40~60 mm、后角选为2°~4°。

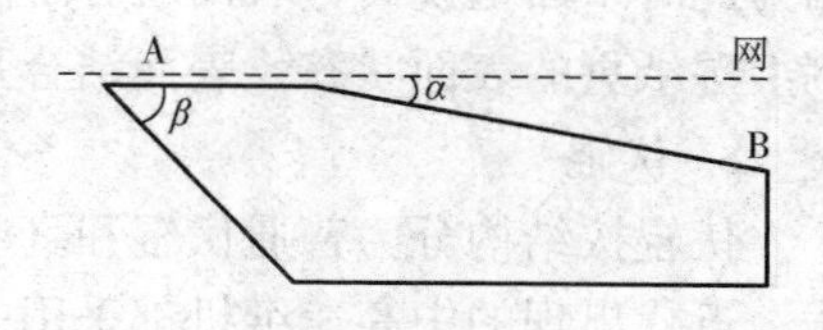

图5-7 案板结构示意图

A—顶面 B—斜面 β—前角 α—后角

与案辊相比，案板的脱水比较温和，并可通过调整后角的大小来调整真空的大小，从而调整脱水量。并且由于斜面的存在，在脱水过程中可产生微湍动，从而有利于改善纸页的匀度。目前，现代中高速纸机中，多采用案板作为网部的主要脱水元件，从而可以有效地防止高车速下案辊产生的跳浆现象、减轻纸页的网痕和减少细小纤维的流失。

通常，3~10个刮水板组成一个刮水板组。刮水板组分为开放式和封闭式两种。封闭式的刮水板组通有真空系统，称为真空刮水板组。刮水板的材料一般为高密度聚合物，有时也采用特种陶瓷材料，陶瓷材料的耐磨性很好，当然它的价格也较贵。

5. 湿吸箱

湿吸箱为低真空脱水元件（真空度为0.2~1 kPa），箱体以水腿管与网内白水盘或网外的白水坑相接，使箱内形成最初的真空和补偿由于边部密封不好的损失，箱体与风机连接，通过调整减压分离阀门或装在箱体前侧的池放阀开度来控制真空度。湿吸箱一般安装在案板和真空吸水箱之间，主要是为了脱除经过案板后穿过成形网的这部分水分。典型的湿真空箱沿纸机纵向的宽度是500 mm左右，其开孔率为60%~75%。

6. 真空吸水箱

真空吸水箱是传统的真空脱水元件（真空度为40~80 kPa）。真空吸水箱是利用真空抽吸原理，湿纸页通过真空箱面板时，由于纸页上下的压力差，使纸页空隙中的水分在压差作用下被吸入吸水箱内或被空气流带进吸水箱内，随空气一起被真空泵抽走。纸料到达真空吸水箱时，浓度达到2%~3%，通过真空吸水箱后，纸料的浓度可达到11%~18%。

真空吸水箱由面板和真空箱体组成。箱体常用铸铝、不锈钢或钢板焊成，也有用木材制造的。吸水箱表面紧紧地吸住成形网，动力消耗通常高达整个网部动力消耗的70%~80%，因此面板常采用木材、橡胶、低压聚乙烯、高密度聚乙烯、陶瓷等材料制成，以减小面板与成形网间的摩擦。真空吸水箱多是紧密排列，一般纸机上设置6~8个。在纸机操作中，可在第3~第5个真空箱上看到的一道纸页上出现的分界线，称为“水线”。在“水线”以前，湿纸页有镜面光泽，纸页干度在7%以下；在“水线”以后，干度达到10%以上，一般低速纸机干度可达到11%左右，而高速纸页可达到15%以上。

7. 饰面辊

饰面辊又称水印辊，用来修饰纸页表面或形成纸上半透明的图案。要使饰面效果良好，必须要求纸页进入饰面辊时的干度为7%左右，也就是饰面辊安装在纸页的水线消失之前。

因为此时浆面呈镜面，表面还有游离水，所以能得到较好的饰面效果。使用饰面辊可以改善网上湿纸页的表面状态、表面结合强度以及匀度，并可提高湿纸页的紧度。

8. 伏辊

伏辊按结构分为普通伏辊和真空伏辊。普通伏辊只用于一些旧的低速纸机，现在已被淘汰。近代出现的中高速纸机都采用的是真空伏辊。真空伏辊对湿纸页作进一步脱水，干度可达15% ~22%，高速纸机可达27%左右，并使纤维组织紧密，强度增加，便于传递到压榨部。

典型的真空伏辊由辊壳和真空室两大部件组成。辊壳是一个中空的，辊面开有小孔的铜辊，一般用锡青铜离心浇铸制成。在使用聚酯网的纸机上，为了防止聚酯网与金属摩擦产生静电，造成伏辊表面的电化学腐蚀，以及使伏辊与被驱动的聚酯网之间有较大的摩擦因数，常在铜质真空伏辊表面挂胶。真空室是伏辊进行脱水的主要部件，根据纸种的不同，其真空操作范围在53.2 ~84.5kPa。在车速较低时，水和空气进入伏辊，并进入伏辊真空室。在这种情况下，必须使用水气分离器，以防止白水进入真空区发生系统故障。在较高车速时，空气和水被抽入伏辊外壳的孔眼，当孔眼离开真空区后，水就会被离心力甩出。在这种情况下，必须装设伏辊白水盘和挡水板，使甩出的水不会返回到伏辊与成形网齿合区的入口侧或带过白水盘喷溅到驱网辊上。

9. 驱网辊

驱网辊起着两种作用：一是承担长网成形器的主要传动功能，提供成形网50% ~70%的动力；二是在真空伏辊后形成一段网段，便于真空吸引辊将湿纸幅转移到压榨部。驱网辊与胸辊辊体结构基本一样，与成形网的包角与胸辊上的包角相接近。

10. 导网辊、校正辊与张紧辊

成形网回程中一般设5 ~7个导网辊，用于支撑网子，其中回程中的第一个导网辊上安装有刮刀和喷水管，以防止纸料缠辊，从而造成网子起沟。

为防止网子跑偏，在网部设置网子校正辊。旧式纸机的校正辊设在最后一个真空箱与真空伏辊之间，这会占用网案的有效脱水长度。对于高速纸机，通常将校正装置设在成形网的回程上。

成形网回程中的辊子还包括张紧辊，既可支撑成形网，又可调节成形网的松紧。网子过紧会造成网辊受力过大，影响轴承的寿命，甚至造成网辊断裂，还有可能造成网子起沟，影响纸页的成形。网子过松会造成打滑，并有可能被真空箱吸住，会加剧网子的磨损，使纸机无法正常操作；另外，网子过松还会造成跳浆，影响纸页成形。

11. 成形网

纸机的成形网基本上是由聚酯单丝编织成的网布、缝合成无端的连续环形网，由纵向或长度方向的细线和横向的线所组成。成形网的种类和规格对纸页的成形和脱水有显著的影响。一般来说，脱水性能、网截留能力和机械稳定性是成形网性能的重要参数。成形网的脱水性能可通过测量开孔面积、透气度、空隙容积和空隙容积分布来表述。网截留能力是指网面上所留着的纤维和其他配料组分。网截留能力的一个测定方法是单位面积上支承点的数量。机械稳定性与网在纸机上长时间运行而不过分伸展或打褶的能力有关。

二、长网成形器的成形与脱水

长网成形器（网部）的主要作用是脱水和成形。在长网部，纸料先从流浆箱以一定的速度和角度喷到长网的网面上。然后，纸料受到长网网下脱水元件（如案辊、案板、湿吸箱、真空吸水箱和真空伏辊等）的真空抽吸等产生的过滤作用，脱去大部分水分而使纤维和添加物沉积到网上，形成了湿纸幅。

比较理想的脱水是纸料沿着网子均匀脱水，而没有静止区或突然大量脱水。但是，在实际纸机操作中，长网机的脱水作用与抄纸系统（即成形网结构、脱水元件配置、网速和网张力）有关，还与浆料的温度、浓度、网上浆层厚度和特性等有关。纸页的成形决定了纸页的匀度，这一性质影响了纸页的物理性能、光学性能和适印性能等。纸页的成形与脱水是相互联系的，在脱水的过程中形成湿纸页，在形成湿纸页的过程中能够进行脱水。在长网部的成形和脱水过程一般可分为3个阶段。图5-8所示的是中低速纸机（上）和中高速纸机（下）的网部脱水示意图。

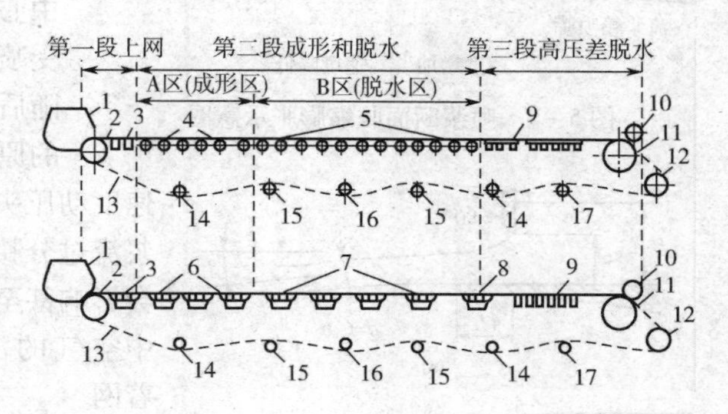

图5-8 长网部纸页成形和脱水过程示意图

1—流浆箱 2—胸辊 3—成形板 4—沟纹案辊 5—案辊 6—低、中等脱水量的案板组 7—高脱水量的案板组 8—低真空案板组 9—真空箱 10—上伏辊 11—真空伏辊 12—驱动辊 13—网子 14—校正辊 15—紧网辊 16—导网辊 17—第一导网辊

第一阶段：上网段，从流浆箱堰口喷出的纸料与网面的接触开始，至成形板或第一根案辊止。在这一脱水区，为了保证后续成形纸页的均匀性，要求喷射到网面的浆料是均匀分散的纤维悬浮液，且应最大限度地降低喷射浆流在网面上的自由表面的不稳定性。

第二阶段：成形脱水段，从第一段结束点起，至真空箱之前。在这一段的1/3区（A区）为成形区，为了保证纸页的成形质量，需要给浆料一定的湍动，以防止纤维絮聚；另外，还需控制合适的脱水率，以减少纸页的两面差和跳浆问题。在该区内，对于高速纸机，防止纤维絮聚主要依靠脱水元件的正确排列，控制脱水主要使用沟纹案辊和小角度案板等脱水元件。而对于低速纸机，主要使用摇振器来控制。在后2/3区（B区）为脱水区，纸页的成形已基本完成，因而应该尽可能多地脱除水分。

第三阶段：高压差脱水段，该段从真空吸水箱开始，直至长网的后部。在这一段湿纸页已完全成形，可以通过较高的压差来脱水。该段主要由真空吸水箱和真空伏辊构成，经过该段的高压差脱水后，视不同的纸料，湿纸页干度可以达到12%~22%，对于高速纸机，干度可达27%左右，此时湿纸页已经有一定的湿强度，可以引入到压榨部，网部的成形和脱水任务就此完成。

三、纸料喷射上网与纸页的脱水成形

纸料从流浆箱堰口喷出，从着网点开始脱水和成形。为了保证纸页成形良好，喷浆速度要稳定，纤维要分散良好，纸料喷射方向与纸机中心线平行，且喷浆时纸料中不混入空气。

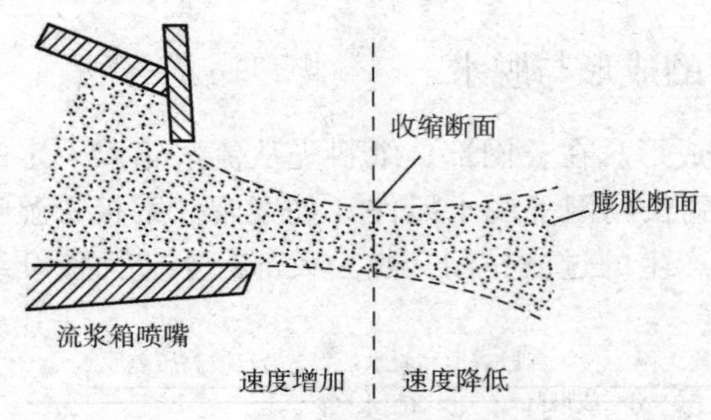

图 5－9　喷浆断面收缩膨胀示意图

理想的喷浆应做到全幅纸料的喷射角、喷射速度（浆速）、喷射距离和喷浆厚度等保持一致。

（一）纸料的喷射距离

纸料的喷射距离是指着网点距胸辊轴向中心线的距离。当纸料从堰口喷出后，由于受喷浆速度的影响，喷浆断面先逐步收缩，随后开始膨胀，如图 5－9 所示。断面膨胀的原因是由于纸料喷出后压力降低，纸料的速度动压头变成静压头时产生的湍动所引起的。若浆流过分膨胀，湍动太大，容易混入空气，着网时会影响甚至破坏纸页的成形。因此，为了防止纸料中空气的混入，纸料在达到膨胀极限以前必须着网。

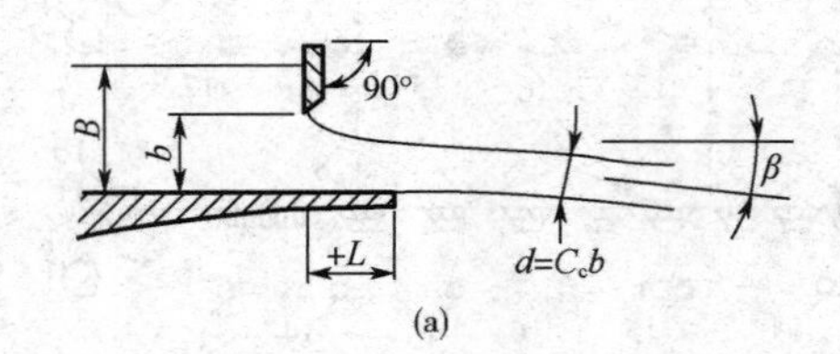

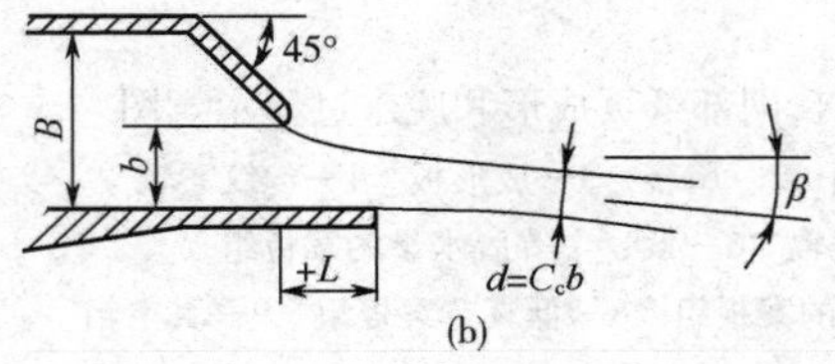

图 5－10　纸料的喷射角（β）结构示意图
（a）垂直式流浆箱堰板　（b）喷浆式流浆箱堰板

（二）纸料的喷射角与着网点

1. 纸料的喷射角

纸料的喷射角是指纸料自堰板喷浆口喷出之后，其喷射轨迹与堰板下唇之间的夹角（见图 5－10）。纸料的喷射角是由流浆箱堰板的结构设计参数决定的，根据 TAPPI 标准介绍的方法，堰板的喷射角可用式（5－1）进行计算。

$$\beta = \left[\frac{b_0 + b_1X - b_2Y + b_3Y^2 - b_4XY + b_5XY^2}{(1 - b_6Y)^2}\right]\exp\left(\frac{-b_7 - b_8X + b_9Y + b_{10}XY}{1 - b_6Y}\right) \quad (5-1)$$

式中　β——喷射角

$X = L/b$，$0 \leqslant X \leqslant 5.0$

$Y = b/H$，$0 \leqslant Y \leqslant 0.95$

L——下唇板的伸出长度（对应于上唇板）

b——唇口开度

H——流浆箱液位高度

$b_1 \sim b_{10}$——计算常数

2. 纸料的着网点

纸料的着网点（图 5－10）是指堰板喷射口喷出的纸料与成形网的接触点。着网点的位置可由式（5－2）计算出浆流厚度系数，然后根据浆流厚度和喷射角可预测着网点。

$$C_c = \left(\frac{a_0 - a_1Y}{1 - a_2Y}\right)\exp\left[-\left(\frac{a_3 - a_4Y}{1 - a_5Y}\right)X^f\right]\left(\frac{a_6 - a_7Y}{1 - a_8Y}\right) \quad (5-2)$$

式中　C_c——浆流厚度系数，$C_c = d/b$

d——浆流厚度

$a_0 \sim a_8$——计算系数

f——计算系数

X，Y——意义同式（5-1）

3. 着网点的调节和控制

着网点的位置是靠调节堰板、控制喷射角的大小来控制的，它们之间的关系直接影响到纸页的脱水与成形的质量。结合图5-10及计算公式（a）和（b），当X/Y的比值较小时（即上下唇板口对齐时）称为“灵敏区”，在此区域内喷浆反应很灵敏，如有微小的变化都会造成喷射角的明显变化，从而引起浆流不稳，最后影响到成纸的质量，因此，应尽量避免在灵敏区工作。当增大X/Y的比值时（即上下唇板的错位较大），可以减小喷射角β，从而使着网点的距离远一些，延迟纸料的脱水时间，从而减少纸料的脱水量。相反，如果降低X/Y的比值，可以加大喷射角β，使着网点靠近胸辊，从而可以使纸料提前脱水，增加脱水量。但是，如果喷射角β太大，喷浆太近，纸料着网时会产生跳浆，甚至使纸料反造纸网运行的方向流动产生回流，纤维会竖直于网上，细小纤维流失变大，成纸两面性较大、强度降低，从而影响成纸的质量。若喷射角β太小，着网点过远使上网段的脱水量太少，大量的水分被成形网带走，容易产生“浆道子”纸病，影响纸页的成形质量。喷射角β和着网点的大小应根据纸种、纸料性质、纸机结构等具体条件精确地进行调节和控制。

4. 浆速与网速

浆速和网速的关系可用浆网速比表示，该速比是指造纸机流浆箱唇口喷浆的速度和造纸机成形网运行速度的比率。即

$$R = \frac{v_j}{v_w} \tag{5-3}$$

式中　R——浆网速比

v_j——唇口喷浆速度，m/min

v_w——成形网运行速度，m/min

浆网速比R对纸页的成形和脱水有密切的关系。

当$R=1$，即浆速等于网速时，浆网之间没有相对速度。网对纸料没有剪切力，浆流湍动强度小，使得已分散的纤维在网上容易发生再絮聚，成纸的匀度较差，甚至在纸页上形成云彩花等纸病。

当$R>1$，即浆速大于网速时，纸料上网时浆往前涌而紧贴网面的一层纸料受网的拖动而减速，沿纸料厚度出现纵向速度差，从而对纸料产生剪切力，有利于防止纤维絮聚。当R值过大时，纤维在网上横向排列较多，当上网浆料比较游离，在网上滤水速度较快时，容易造成纤维卷曲或纤维垂直于网面排列的现象，导致纸页出现波纹状纸病。因而只有在使用黏状打浆的纸料抄造某种薄页纸（如卷烟纸），以及要求伸长率较大的纸种（如电缆纸）时，才使用这种浆网速比。

当$R<1$，即浆速小于网速时，纸料着网时受到成形网的牵引力促使纤维分散，减少了纤维再絮聚的现象，形成的纸页有较好的匀度。但当R值过小时，纸料的下层被网拖带前进，纤维的纵向排列加强，导致纵横拉力比增大，横向强度变低，使纸页纵横向的强度差加大，同时成纸的多孔性和柔软性也变差。

理论和实践均表明，纸页成形对浆网速比是非常敏感的，一般印刷纸、书写纸的R值控制在0.83~0.93，纸袋纸的R值为0.95~0.98，纸绳纸的R值为0.79~0.80，卷烟纸、电容器纸的R值为1.06~1.14。因此在纸页成形过程中，控制合理的浆网速比是非常重

要的。

四、操作要点

1. 开机操作要点

①开机前检查。检查网部各部件是否完好无缺，清除成形网内外杂物；校准自动导网校辊；落下各导辊及胸辊刮刀，并检查各刮刀是否严密。

②调整张紧网的预定张力，一般为 18 ~27 N/m；调定水针位置，打开真空伏辊内部的清洗水和密封水。

③打开喷水管，启动成形网爬行，并逐渐提高成形网的张力到 40 ~45 N/m，同时注意检查网面和网边情况。慢慢加速纸机，使纸机车速升至正常车速。

④打开水针、纸页润湿和纸边喷涂水、伏辊损纸池搅拌器和稀释水阀等，同时打开伏辊刮刀。

⑤待网部上浆正常、伏辊真空度达到预定值后进行引纸操作。

⑥引纸完成后，关闭纸页润湿和喷涂水，伏辊损纸池稀释水阀改为自动控制。

2. 正常生产操作要点

①生产中检查。检查网面水线、伏辊及引纸辊真空度、水针压力、刮刀移动状况、导向器工作状况及其压缩空气压力，发现问题及时调整。

②定时打开高压清洗水清洗成形网，保持网子清洁，防止网部堵塞；同时定时清洗网部各脱水元件两侧浆料和各刮刀处的存浆。

③时刻注意操作盘上各工艺参数的变化情况，随时调整保持正常生产。

④生产中要做到“五稳”和“两个一致”。“五稳”即是：纸料的配比稳、车速稳、堰池水位稳、送浆泵及白水泵的压头稳和进出伏辊湿纸的水分稳。“两个一致”是指：全幅纸料上网一致和湿纸水线的长短一致。

3. 停机操作要点

①停机前，需要先打开纸页润湿和纸边喷涂水、伏辊损纸池稀释水，同时关闭引纸辊真空来切断引纸。

②待网面无浆料后，降低纸机车速至爬行速度，认真检查各部件并进行网部清洗。清洗完成后，关闭纸页润湿和纸边喷涂水、水针水、清洗水及稀释水，同时停止各个刮刀的移动。然后，停机，并放松网子。

③关闭各水泵及伏辊池搅拌器等。

第四节 圆网成形器的纸页成形

圆网造纸机出现于 19 世纪初期，是世界上三大纸机类型之一。与长网和夹网等类型的纸机相比，传统圆网纸机具有设备结构简单、占地面积小、投资少、建设速度快、操作维护方便等优点。我国目前仍有一些小型造纸厂或某些品种的纸使用圆网造纸机。但是，由于受到网部结构的限制，致使脱水面积小，且受到网笼离心力的影响，圆网造纸机的车速较长网和夹网纸机的要低，成形条件也较差，因此，在提高质量上有一定的局限性。为了提高圆网纸机网部的成形和脱水能力，在传统圆网纸机的基础上，对圆网部或其他部件进行了某种形式的改造，出现了一些新型的圆网造纸机，如压力式网槽、真空网笼、超成形圆网机、埃斯圆网纸机和新月型薄页纸机等。

一、传统圆网成形器的结构特点

圆网造纸机的网部常简称为圆网，主要由网笼、网槽和伏辊组成（如图 5－11 所示）。网笼浸放在网槽中，随着网笼的回转，由于网内外液位的差，浆料中的纤维等物料因过滤作用不断沉积到网笼的网面上。形成的湿纸页在网笼上继续脱水，经伏辊加压脱水后干度可达到 8%～10%。由于圆网笼顶部毛毯的比表面积比网面大，则湿纸页在伏辊处受压时，由网面上被吸附转移到毛毯上，并由毛毯引入压榨部。此后网笼继续转动，经清水管冲洗网面后，进入下一个循环，从而周而复始的形成连续的湿纸幅。

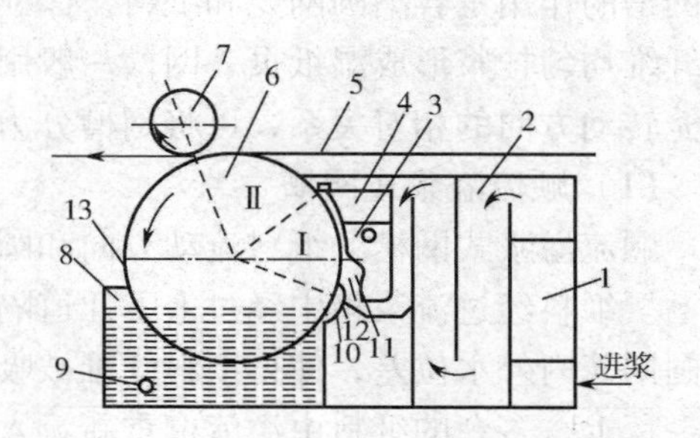

图 5－11　传统式圆网成形器示意图

1—扩散器　2—流浆器　3—活动弧形板　4—溢流槽　5—毛毯　6—网笼　7—伏辊　8—白水槽　9—白水排出口　10—定向弧形板　11—匀浆辊　12—唇板　13—喷水管　Ⅰ—上浆区　Ⅱ—脱水区

1. 网笼

网笼是圆网造纸机中湿纸幅成形的主要部件。因此，对网笼的要求是，既要滤水均匀，又要在转动时不在网槽产生过大的搅动（即是在纸页成形时及在纸页成形以后不产生搅动）；另外，由于网笼是由压榨辊通过毛毯拖动，及网笼上面还要经受伏辊的压力，因此，网笼应该具有足够的刚度和准确的几何尺寸，并且要求水平安装。

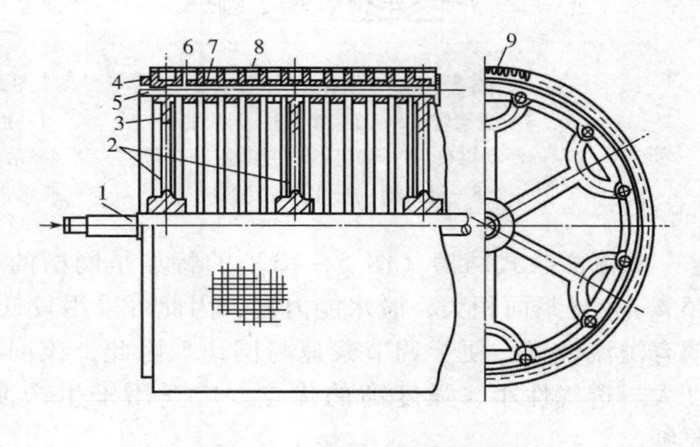

图 5－12　典型的圆网笼的构造

1—轴　2—辐轮　3—外辐轮　4—凸出轮环　5—螺杆　6—短管　7—固定环　8—铜丝　9—筋条

目前网笼的结构如图 5－12 所示。圆网笼的中心是一个钢制的通轴，表面包铜以防锈蚀。在这个通轴上，每间隔一定距离装上一个铜制的辐轮，辐轮的间距根据网笼直径大小确定。在每个辐轮上每个间隔都开有小圆坑，铜棒嵌入其中。在每个铜棒上又间隔一定的距离开有小沟，在小沟内沿着圆周方向缠绕铜丝。再在铜丝外面包两层网子，里面的一层叫里网（多用铜网），外面的一层叫外网（现用尼龙网）。圆网笼的直径在 900～2000 mm 之间。由于圆网是在转动的状态下挂浆形成湿纸幅，当纸机的抄速一定时，网笼直径越小，网笼转速就越大，离心力就越大，这样会抵消浆料上网的压力，浆料就挂不上；相反，增大网笼直径，有利于降低网笼的离心力，从而有利于挂浆和改善湿纸幅的质量。一般情况下，网笼的直径越大，越有利于提高抄造速度；网笼的转速越慢，则有利于改善纸页的成形。目前直径 1000 mm 以下的小网笼已经逐步被直径 1250～1500 mm 的网笼所取代。但网笼过大也会给制造和加工带来困难。

2. 网槽

网槽是由流浆箱和有弧形底部的圆网槽组成。流浆箱的作用是分散和流送纸料，一般流浆箱分成3～5格，当纸料经过隔板上下流动，使得纤维分散均匀，浆流平稳地流入网槽。圆网槽的作用是容纳圆网笼和纸料，保证浆速和网速匹配恰当，以适当的压力差保证纸料中的纤维均匀挂浆形成湿纸页。网槽一般用塑料板或木板制成。根据网槽内浆流流动方向与圆网笼转动方向的相对关系，可将网槽分为顺流式网槽、逆流式网槽和侧流式网槽三大类。

（1）顺流溢浆式网槽

顺流溢浆式网槽的纸料流动方向和圆网笼回转方向是相同的，因此，该网槽属于顺流式网槽。纸料经过流浆箱中经过上下几道隔板后，进入网槽和圆网笼之间的牛角形浆道中。由于圆网笼内外水位差，使得纸料纤维被吸附在网笼表面。当网笼转出液面后被伏辊挤压转移到毛毯上，多余的纸料由溢流槽重新流入调浆箱。

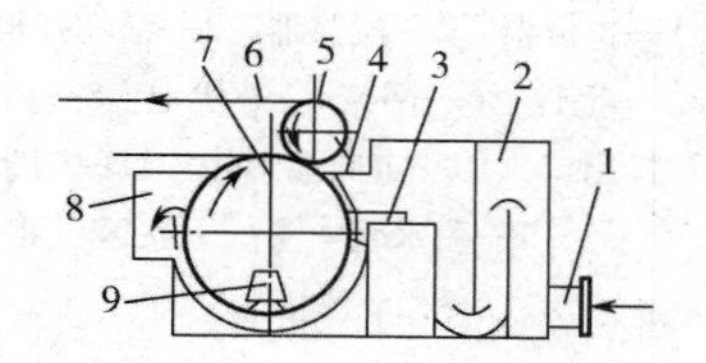

图5－13　顺流溢浆式网槽

1—进浆管　2—流浆箱　3—调速平板
4—活动裙布　5—伏辊　6—毛毯　7—网笼
8—溢流槽　9—白水排出口

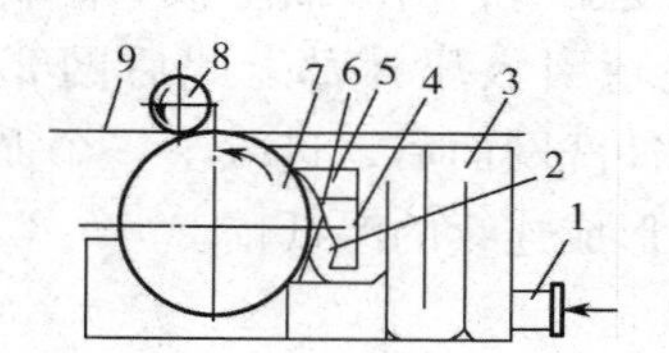

图5－14　活动弧形板式网槽

1—进浆管　2—匀浆沟　3—流浆箱
4—活动弧形板　5—溢流槽　6—定向弧形板　7—网笼　8—伏辊　9—毛毯

顺流溢浆式网槽（图5－13）的特点是网槽的有效脱水弧长最大（可达总弧长的75%），挂浆面积大，脱水能力强，因此可采用较低的上网浓度。另外，顺流溢浆式网槽有溢流装置，便于调节浆速与网速。因此，该网槽生产的纸匀度好、平滑度好、紧度大、透气性小、强度高的优点。广泛用于生产薄页纸、文化用纸、有光纸等各种原纸。

（2）活动弧形板式网槽

活动弧形板式网槽，也属于顺流式网槽，在国内是应用比较广泛的网槽。

活动弧形板式网槽（图5－14）的特点是由可调节的活动弧形板组成上浆流道，能调节控制弧形板与网笼之间的距离。该距离对纸页的成形和匀度影响很大，可通过对距离的调节，来改变浆速与网速的关系，以满足不同工艺和多种产品生产的需要。

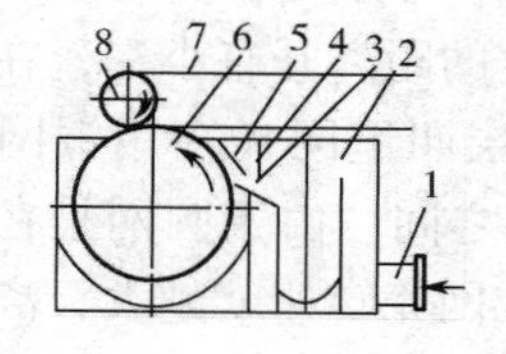

图5－15　喷浆式网槽

1—进浆管　2—流浆箱　3—唇板
4—溢流槽　5—堰板　6—网笼
7—毛毯　8—伏辊

（3）喷浆式网槽

喷浆式网槽属于顺流式网槽。纸料在经过流浆箱后，直接喷流上网，因此，喷浆式网槽的成形弧长最短。

喷浆式网槽（图5－15）的特点是结构简单，制作方便，成纸纵横拉力小，但由于挂浆成形弧长较短，滤水能力低，只能适应低车速生产。该网槽适于生产吸收性较高的纸和纸板，如滤纸、卫生纸等。

(4) 逆流式网槽

逆流式网槽（图5－16）的纸料流动方向和圆网笼回转方向是相反的。在纸页成形过程中，由于纸料的不断进入抵消了纸料的浓缩作用，因而不需要设置溢流装置，但必须保持上网纸料量与抄造能力和滤水能力相适应。另外纸料由圆网的上旋边进入，由于网笼逆转的轻微搅动，使得纸料纤维顺向排列倾向小，所抄成的纸页纵横拉力比较小，纸质疏松。因此逆流式网槽适合于生产纸板。

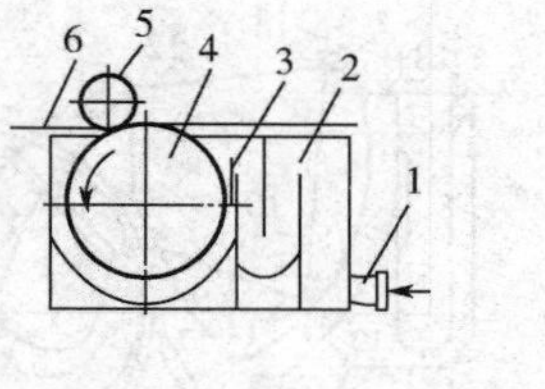

图5－16　逆流式网槽
1—进浆管　2—流浆箱　3—调节板
4—网笼　5—伏辊　6—毛毯

(5) 侧流式网槽

侧流式网槽的纸料的流动方向与网笼回转方向成一定的角度（一般是90°）。侧流式网槽的特点是，成纸纵横拉力值比较接近，抄速较慢，适合于用长纤维抄造薄纸或是要求纵横向拉力差较小的纸种及某些高级特种用纸。

3. 伏辊

伏辊的作用是将毛毯紧压在网笼上带动网笼转动，对湿纸加压脱水，增加湿纸页的紧度和湿强度。由于伏辊具有一定的弹性，可将毛毯均匀地压贴在纸幅上，利用毛毯的表面积大于铜网的原理，将湿纸页从网上揭起黏到毛毯上并转移到压榨部。

圆网造纸机的伏辊有两种：一种是毛毯伏辊，是用废旧毛毯条在一个带钢轴的木辊上制成的。它具有结构简单，造价低廉，辊质松软弹性好，吸水性强，能保证毛毯与网笼表面均匀接触，对网笼表面的要求比橡胶伏辊低。但是，毛毯伏辊表面易于嵌入细小纤维、填料和胶料物质，使毛毯变脏、发硬，因此使用寿命较短。另一种是橡胶伏辊，是用空心铸铁辊包胶加工而成。胶层厚度为25～40 mm，硬度以30～40 肖式硬度为宜。若过硬，会使伏辊和网面接触不良，影响湿纸页从圆网笼上转移；若过软，则会使湿纸页的压榨作用小，脱水能力降低。橡胶伏辊具有弹性好，可使毛毯紧密地贴在网上易于把湿纸页揭起，使用寿命长等优点。但其造价也比毛毯伏辊要高。此外，橡胶老化后伏辊会变硬，会出现伏辊跳动，因此要根据生产情况及时更换新辊。

伏辊在使用时，必须注意偏心距、偏心角、橡胶硬度及线压力。一般来说，伏辊的偏心距为150～200mm（对直径1～1.25 m的网笼而言），偏心角（与网笼中心垂直轴成的夹角）为15°～20°。设置偏心距的目的是为了对湿纸页进行预压，避免压花现象。偏心距过大，会影响伏辊对纸页的压力；反之，偏心距过小，湿纸页受压过急会造成压花。偏心距大小的选择应考虑纸种和浆料性质等因素，如薄纸及游离浆容易脱水，偏心距可以小一些；而厚纸和黏状浆脱水较慢，偏心距则应大一些。橡胶硬度和伏辊线压力也要根据具体纸种和浆料性能进行选择，伏辊的线压力一般为981～1960 N/m。对薄纸及游离浆时，胶应软一点，线压力可小一些；对厚纸或黏状浆，胶应硬一点，线压力可大一些。

二、新型圆网成形器的结构特点

新型圆网纸成形器发展很快，部分是在传统圆网纸机的基础上加以改进而成的，部分则是完全重新研发的新型式。本节主要介绍几种典型的新型圆网成形器。

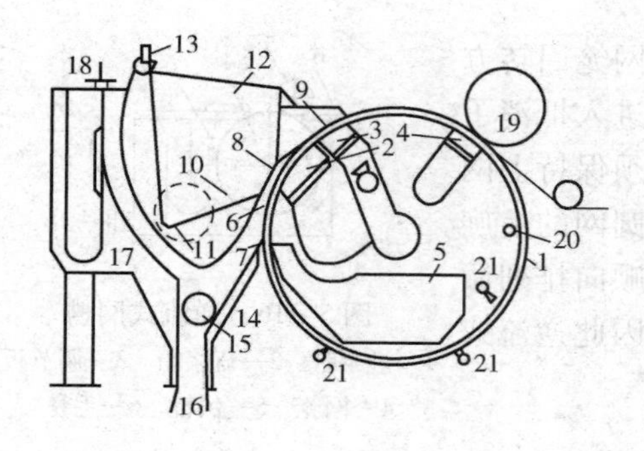

图 5－17　真空圆网示意图
1—网笼　2—第一真空室　3—第二真空室　4—第三真空室　5—白水盘　6—流道　7—下唇板　8—突唇　9—唇缘　10—流道溢流浆　11—溢流管　12—流道调节器　13—调节杆　14—刚性的下唇板支承　15—孔辊　16—布浆器　17—流浆箱　18— 流浆箱溢流调节堰　19—伏辊　20—吹纸喷管　21—清洗喷管

1. 真空圆网

真空圆网的示意图如图 5－17 所示，是在传统圆网机的基础上改进而成的。真空圆网机的主要特征是在圆网内加设抽真空的功能，以增大脱水压力差和纸浆对网面的附着力，有利于提高圆网机的车速。另外，进浆部分用扩散布浆器和可变速的匀浆辊，且采用了一种可以调节的溢流板，以便调节浆速，使其与网速相适应。

国内采用的抽气式圆网是一种简易的真空圆网，是由老式圆网纸机改造而成的。将普通老式网槽两边的耳箱用木板和毛布条密封起来，用一台动力不大的抽风机从封闭起来的网槽中抽气，使网笼内形成 8.1～10.6 Pa 的低真空，可以强化圆网的挂浆能力和脱水能力，减少了离心力造成的“甩浆”“溜浆”现象，可以提高车速和改善纸页质量。但是，密封也带来了不易观察、不易调节的缺点。

2. 加压式圆网

加压式圆网也是在传统圆网机的基础上加以改造的机型。与真空圆网相反，加压式圆网是在网笼的外部用加气压的办法提高圆网的脱水能力，其结构示意图如图 5－18 所示。将成形部分加盖密封，用鼓风机向密封小室内鼓压缩空气进行加压，保持室内气压405～507 Pa，最高可达1010 Pa。加压式圆网的优点是：浆料中的细小组分（如细小纤维、填料和胶料）流失少，白水浓度极低，纸页的两面差很小，成纸紧密，层间结合好，且湿纸页较真空圆网易于从网面剥离。另外，由于加压是向圆网表面吹送压缩空气，能够防止网面离开液面时，湿纸页被洗刷脱落的问题，因此，加压式圆网网槽液面比较平稳。从而，可以提高成纸的质量，能改进纸页的紧度和平滑度。由于加压式圆网脱水的效果好，可以把上网纸料的浓度降低到 0.1%～0.15%，从而有利于提高纸页的匀度和减少纤维絮聚。

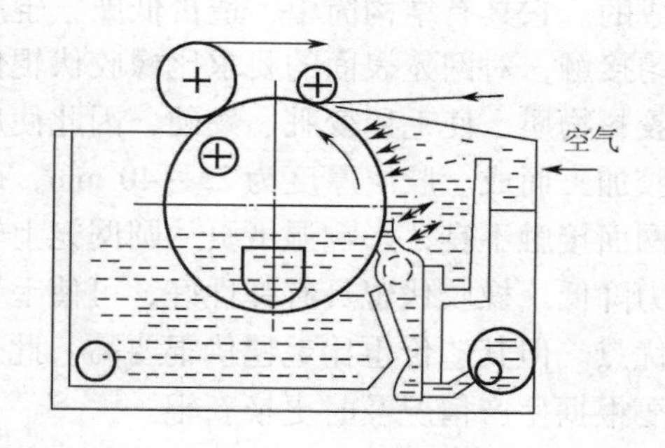

图 5－18　加压式圆网示意图

3. 超成形圆网成形器

超成形圆网成形是指在保持圆网结构简单的基本特点的同时，吸收长网造纸机的上浆原理和方式，去掉圆网槽而代之以喷浆上网的成形方式。超成形圆网主要是由流浆箱和真空网笼组成，流浆箱的结构和长网纸机的流浆箱基本相同。真空网笼和抽气式圆网的结果类似，真空度为 1～2.5 kPa。其工作原理是浆料通过流浆箱的输送来到圆网顶部的成形网上，在很短的网面上快速脱水和成形，然后进入网笼和毛毯之间的压力楔形区，受到逐渐增加的压力，进行挤压脱水。形成的湿纸幅随毛毯进入下一个圆网或是去压榨部。超成形圆网可用于薄纸的生产，也可将其6～7个组合起来用于纸板的生产。图5－19所示的是超成形圆网成形器的一种——新月形薄页纸机。该设备主要用于薄页纸的生产，大多用于卫生纸和面巾纸的生产。

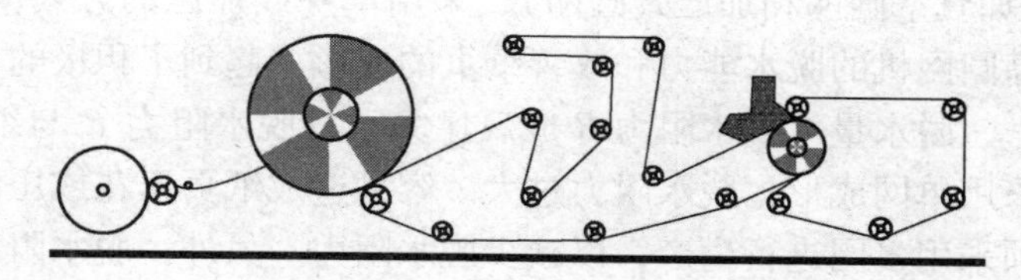

图5－19 一种超成形圆网成形器——新月形薄页纸机

三、圆网成形器的纸页成形和脱水控制

圆网造纸机的网笼由于内外存在液位差，当圆网转入网槽液面时，纸料悬浮液由于滤水压力而过滤，在圆网上形成湿纸页。随着圆网的转动，吸附的纤维越来越厚，当圆网转出液面时，成形完成。但是，纤维层在网笼上继续脱水。然后，被包绕伏辊的毛毯黏附并脱水，转移到毛毯上，后送入压榨部和干燥部。影响圆网成形和脱水的主要因素有：浆料浓度、网内外压差和脱水弧长、纸料的浆速与网速的关系、选分作用与冲刷作用、圆网的转速与临界速度、浆料的溢流量等。

1. 浆料的浓度

网槽浆料浓度的大小由纸的品种、定量、浆料性质和网槽的结构等因素决定的。一般来说，生产薄页纸的上网浓度控制在0.2%以下，生产纸板时的上网浓度控制在0.5%以下。而就网槽而言，逆流式网槽上网浓度控制在0.2%～0.35%，顺流式网槽上网浓度控制在0.1%～0.25%。

2. 网内外压差和脱水弧长

圆网纸机的脱水和成形是一个复杂的过程，其脱水过程可用过滤方程来描述。

$$\frac{dQ}{dt}=\frac{A\cdot\Delta p}{R} \tag{5-4}$$

式中 dQ——脱水量

dt——脱水时间

A——脱水面积（A＝脱水弧长×网宽）

Δp——圆网内外压力差

R——脱水阻力

从式（5－4）可知，脱水量与脱水弧长成正比关系，延长脱水弧长有利于提高脱水量，改善纸页成形。顺流溢浆式网槽脱水弧最长，因而可以降低纸料的上网浓度，以利于提高纸页的匀度，改善纸页的成形。另外，采用大直径网笼，采用双网和多网进行生产，都是延长脱水弧长的有效措施，在实际生产中对强化脱水，改善纸页成形起到了重要的作用。但另一方面，提高浆位增加挂浆弧长，又会造成上浆压力小，会促使纤维纵向排列加剧，并增加对已成形纸页的洗刷作用，而不利于纸页的成形。因此在圆网机的改造中，一般不主张延长脱水弧长，而更强调增加网笼内外压力差Δp。

脱水量与网笼内外压力差Δp成正比关系。老式圆网仅依靠网内外的水位差，Δp的可调范围非常有限，对提高圆网纸机的脱水能力和改善纸页的成形极为不利。新式的圆网纸机

（如真空圆网和加压式圆网），采用真空或加压的方式，来提高网笼内外的压力差Δp，对提高圆网机的脱水能力和改善纸页的成形，起到了积极的作用。

脱水量与脱水阻力 R 成反比关系。脱水阻力 R 与纸种有关。如纸页定量过大，如果仍采用单网成形，脱水阻力过大，容易造成纸页压花或压溃，生产出的纸页匀度很差，因此必须采用多网进行生产，以减少脱水阻力。另外，脱水阻力还与浆种和浆料性质有关。如浆料的配比、打浆度、浓度、温度、pH、助剂等，均会影响到圆网的脱水和纸页的成形。此外，脱水阻力 R 还与网笼的结构、网目的选择以及网面的清洁程度有重要的关系。

3. 浆速与网速的关系

圆网机中纸料的流速和圆网的线速度之间的关系可以用下式表示：

$$\phi = \frac{v_T}{v_C} \tag{5-5}$$

式中　ϕ——圆网机的浆速与网速之比

v_T——纸料流速（浆速），m/min

v_C——圆网线速度（网速），m/min

浆网速比 ϕ 对于纸页的成形和质量（特别是纵横拉力比）有显著的影响。一般来说，ϕ 值越小，则纤维纵向排列的方向性就越强，纸张的纵横拉力比就越大。此外，ϕ 值对于纸页成形过程中的洗刷作用和选分作用以及过滤速度均有一定的影响。因此在圆网部设计和使用过程中，应尽可能使纸料的速度与圆网的线速度相适应。

为了能较好地控制圆网机的浆网速比，新式圆网部采用了类似长网部的喷浆上网方式，以替代传统的网槽内挂浆上网的方式。这些改进已经取得了较显著的效果，并为新式圆网机所采用。

4. 选分与洗刷作用

在纸页开始成形时，因细小纤维易于通过网眼随同白水流失，只有比较粗长的纤维能吸附在网上。当粗长纤维形成一个过滤层后，细小纤维也能吸附，这就产生了选分作用，使纸页的贴网面较粗糙，而纸的正面则较细腻。当圆网转出液面时，最外层纤维由于水的冲刷、圆网回转与纸料间的摩擦及自身重力作用下，使已经吸附于网面的部分纸料又被冲刷下来，这种作用称为洗刷作用。它不但造成纸的两面差，还会使纸页匀度不好，严重时造成“泪痕”纸病。

选分与选刷作用与网槽的结构有很大关系。在顺流式网槽中，由于纸料流动方向与圆网转动方向相同，当圆网回转进入纸料中，纸料即开始上网。此时滤水速度较快，因而比较粗长的纤维得以优先上网，细小纤维则易于通过网目，随同白水流失。随着圆网的继续回转，网面的湿纸页逐渐增厚，滤水速度也随之下降，由于细小纤维具有较大的比表面积，附着力较强，易于附着在长纤维形成的湿纸层上，而此时吸附的粗长纤维是比较疏松的，又可能被洗刷到网槽之中。当浆速大于网速时，这种洗刷作用就更加明显。对于逆流式网槽，也同样存在选分和洗刷作用，而且洗刷作用更为强烈，这与逆流式网槽圆网的回转方向与纸料流动方向相反有很大的关系。

圆网成形过程中的选分和洗刷作用，会造成纸页两面性较大，纸页表面粗糙，平滑性较差。

5. 圆网的临界速度和圆网纸机的极限车速

当湿纸页随同网笼回转离开网槽液面时，湿纸页将受到重力、网面附着力和由于网笼旋转而形成的惯性离心力等的作用。对于圆网网面上离开液面后任何位置的湿纸页，其在该位置所受的重力是一定的，但随着圆网纸机车速的提高，其在该位置所受到的离心力是不断增加的。如果忽略相对较小的网面对湿纸页的黏附力，则当湿纸页受到的离心力和重力相等时，湿纸页处于临界状态，即还可以保持在网面上。我们将湿纸页处于临界状态所对应的圆网圆周速度，称为“圆网纸机的临界速度”，而将对应该圆周速度的纸机车速，称为圆网纸机的极限车速。如果圆网纸机车速进一步提高，使圆网圆周速度超过了临界速度，则湿纸页所受的离心力大于重力，湿纸页就会被甩出，纸页成形就会被破坏，圆网机将无法继续操作。在临界状态下，如果忽略圆网对湿纸页的黏附力，则圆网临界速度 v_0 与湿纸页所受重力和离心力的关系，可以用下列关系式表示。

圆网的临界速度：

$$v_0 = \sqrt{r \cdot g \cdot \sin\theta} \tag{5-6}$$

$$\sin\theta = \frac{r-h}{r} \tag{5-7}$$

式（5－6）及式（5－7）中

v_0——临界速度，即圆网圆周速度，m/s

r——网笼半径，m

h——圆网笼露出浆面的高度，m

θ——浆位角

由式（5－6）可知，临界速度与网笼半径成正比，并与网槽中湿纸层出口浆位的高低有关。随着网笼直径的加大，浆位角 θ 的增加，临界速度可以增大，从而增大了圆网纸机的极限车速。但是网笼直径的增加是有限的，因此必须依靠外加压力 Δp 来增加纸层的向心力，以抵御车速增加后离心力对湿纸页的作用。为了增加 Δp，可以采用网内减压（如真空圆网或抽气式圆网）和网外加压（如加压式圆网）等方法。

6. 浆料的溢流量

溢流量的大小会影响到浆速和网速的关系。一般来说，溢流量过小，会产生堆浆现象，影响纸页的匀度；溢流量过大，会出现浆速大于网速的情况。在实际操作中，顺流溢浆式网槽的溢流量控制在20%～40%，活动弧形板式网槽控制在15%～25%。

四、操 作 要 点

1. 网笼内外水位差的调节

网笼内外水位差，使得网笼内外产生滤水压力，从而保证了浆液中纤维的正常挂浆。该滤水压力的大小与浆料的打浆度、纸张的定量、上网浓度及脱水弧长有着密切的关系。常见的调节方法有两种：插板上面溢水和插板下面流水。插板上溢水可以稳定网内水位的高度；插板下面流水会由于浆料打浆度或上网浓度增大等原因而自动变化网内水位，来适应不同的上浆条件。

2. 纸张横幅定量不匀的调节

纸张横幅定量不匀，其原因主要是由进网槽流浆箱的流速和浓度不匀、溢流浆流速不匀及网槽两侧白水流出速度不匀等引起的。其主要调节方法：

①加清水稀释纸浆浓度，减少局部挂浆。

②调节网槽活动喷板与圆网两边的距离。具体根据纸张横幅定量的差异进行相应条件。

③调整胶皮裙布在喷浆板下两侧的距离，以达到调整纸张厚薄和匀度的目的。

④调整逆流插板，以改变溢流速度，从而改变纸层两侧厚度。

⑤安设挡浆板进行调节。

⑥调节网笼内两端白水的排出速度，来控制纸幅定量。

3. 纸张匀度的调整

①控制上浆浆料的质量和浓度。如降低上浆浓度，提高打浆度等。

②控制上网各部分浆速及溢流浆速，使其在整幅纸页上保持一致。

③及时清洁圆网，防止腐浆糊网。

第五节　夹网成形器的纸页成形

一、夹网成形器的结构特点

夹网成形器是指在两张成形网间完成全部成形过程的成形器。在夹网成形器中，流浆箱堰板的射流直接喷入上、下两张网之间的楔形区间进行脱水成形，纸料是从上、下网向上向下双面脱水。伴随着纸料的不断脱水，两张网之间的纤维层逐渐变厚，直到两网中间不在有纸料悬浮液为止。以后湿纸的脱水，来自两张网子的张力在逐渐缩小的楔形区产生的压力和网外脱水元件所引起的压力造成的。成形区域的长度除与两网张力与脱水元件有关外，还与纸机速度、产品定量和浆料游离度有关。

夹网成形器的结构形式很多，按其在最初所使用的成形脱水元件分为 3 种主要的夹网成形器：刮板式夹网成形器（blade former）、辊筒式夹网成形器（roll former）、辊筒 - 刮板式夹网成形器（roll - blade former）。

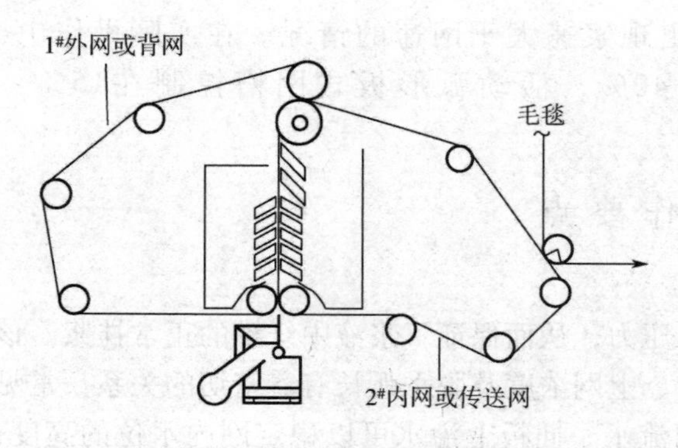

图 5 - 20　刮板式夹网成形器结构示意图

1. 刮板式夹网成形器

刮板式夹网成形器的机理是以刮板进行最初的脱水，其结构示意图如图 5 - 20 所示。纸料悬浮液由上流管束式流浆箱向上喷入由两张网构成的楔形脱水成形区进行初步脱水，再经挡水器（板）和两个真空箱进一步脱水，两张网子经过真空伏辊后分开，2# 网将湿纸传递到接纸辊和引纸毯送往压榨部。其成形过程的纤维留着率最低，但成形质量好。

一般来说，刮板式夹网成形器的成形和脱水过程分为 3 个区段：楔形区、压力区和真空区。楔形区是两张成形网逐渐收敛的区段，纸幅最外层的表面主要是在这一区段成形的，它直接影响到纸的表面性能。可以通过移动胸辊和刮板来调节楔形区的收敛角，从而使浆料保持适宜的脱水率。压力区是刮板将成形网压弯，从而来实现浆料的脱水。在刮板的尖端附近有较大的脱水压力，可以稳定和压实已经成形的纸层；同时，刮板又可在浆料中引起适度的微湍动，对絮凝块形成剪切作用，有利于均匀成形，但会降低浆料的留着率。真空区包括垂直区段和水平区段上的真空吸水箱和真空伏辊，它们与刮板相比，脱水较缓和，有利于减少细小纤维和填料的流失。

2. 辊筒式夹网成形器

辊筒式夹网成形器结构示意图见图5－21。辊筒式夹网成形器的机理是以辊筒进行最初的脱水。纸料在流浆箱的作用下，斜着向上直接喷进上下两张网子之间的楔形脱水成形区，在网子张力和成形板的作用之下，两面逐渐开始脱水，有助于纸的成形。成形辊的周围有比较大的脱水压力，张紧了的内网把纸料中的水挤压出来进行两面脱水。为了消除离心力的不均匀脱水和其他副作用，成形辊内有一较小的真空度。从内网和外网脱出的水，由离心力甩进各自的白水槽。当内外网离开成形辊后，外网经过一弧形箱面的转移箱。外网离开弧形转移箱后带走湿纸的干度为8%～12%，再经真空伏辊脱水，然后由外网将湿纸传递到接纸辊和引纸毯送往压榨部。这种成形器在成形过程中纤维留着率最高，但成形质量较其他型式的夹网成形器差。

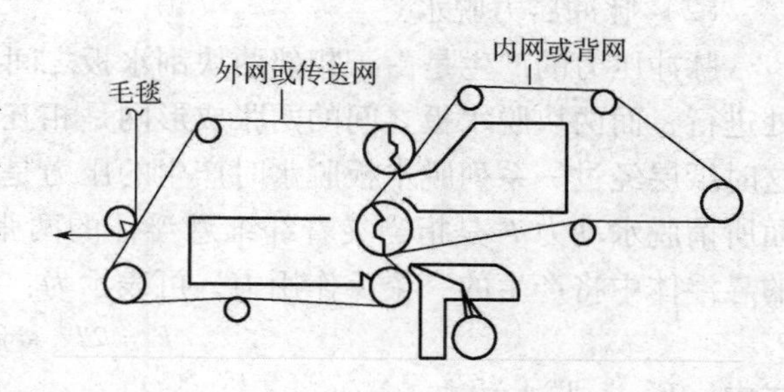

图5－21　辊筒式夹网成形器结构示意图

3. 辊筒－刮板式夹网成形器

辊筒－刮板式夹网成形器结构示意图见图5－22。辊筒－刮板式夹网成形器的机理是以刮板和辊筒两者联合进行脱水的。纸料通过流浆箱喷入到夹网的楔形区后，先在成形辊上进行大量脱水，然后进入带低真空的弧形多片脱水板箱，最后经过的是真空吸移箱，纸页牢固地吸着在内网上。在初步成形后，通过上下两面脱水板的脉冲作用，使得纸料一方面进行双向脱水，一方面保持一定的湍动而防止絮聚，从而得到较好的中间纸层匀度。辊筒－刮板式夹网成形器综合了辊筒式夹网成形器和刮板式夹网成形器的优点，兼顾了纸页成形的质量和纸料留着率。

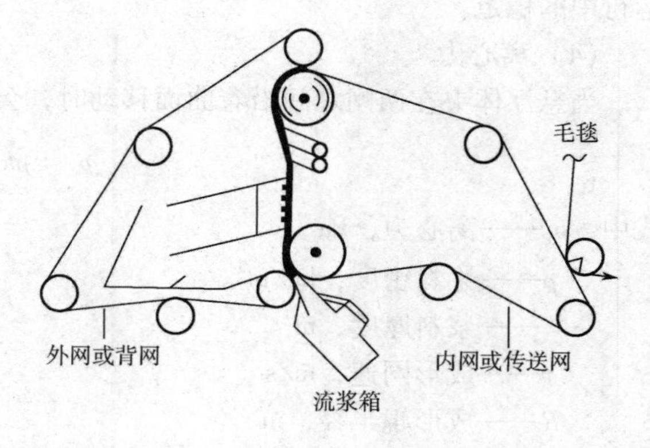

图5－22　辊筒－刮板式夹网成形器结构示意图

二、夹网成形器的脱水原理及特性

1. 夹网成形器的脱水原理

（1）恒定压力脱水

$$p = \frac{T}{R} \tag{5-8}$$

式中　p——成形网对成形辊的压力，kN/m^2

T——成形网的张力，kN/m

R——成形辊的半径，m

在忽略两网间纤维悬浮体厚度的情况下，成形网对成形辊的压力由成形网的张力和成形辊的半径所决定，如式（5－4）所示。当成形器的结构确定后，若 T 保持不变，则在整个脱水过程中脱水压力为恒定。

（2）脉冲压力脱水

脉冲压力的产生是由于相邻两块刮水板之间的网是沿直线行进的，脱水过程仅在刮水板处进行，而两块脱水板之间的两张成形网是相互平行的，因此不可能形成并保持脱水压力，这时纸层经过一系列脱水板脱水时产生的压力是脉冲的。该压力脉冲与脱水动力是相关的。而所谓脱水动力 F 是指当夹着纤维悬浮体的两张网挠曲地经过脱水板时，位于脱水板顶端的悬浮体中将产生的一个反作用力，可表示为：

$$F = 2T \cdot \sin(\alpha/2) \tag{5-9}$$

式中　F——脱水动力，N/m

T——成形网张力，N/m

α——成形网弯曲角

（3）真空脱水

如果两网之间的纤维悬浮体仅需要单面脱水，则可采用真空吸水箱脱水。有的夹网成形器将吸水箱面板朝下装在外网的网圈内，对新成形的纸层进行单面朝上的脱水，吸水箱用于整个脱水过程中，称为“倒置吸水箱”。该吸水箱的表面为一个大直径圆弧，用以保持网在运行中的稳定。

（4）离心力

当悬浮体夹在两网之间沿着曲面移动时，会产生离心力，其计算公式如下：

$$p_c = \rho h \frac{v^2}{R} \tag{5-10}$$

式中　p_c——离心力，Pa

ρ——浆料密度，kg/m^3

h——浆料厚度，m

v——成形网速，m/s

R——成形辊半径，m

由式（5－10）可知，当固定成形设备后，离心力大小是由成形网速决定的。但是，在夹网成形过程中，离心力对脱水起不了什么作用，起主要作用的是网的张力。式（5－11）为网的张力与离心力的关系式。

$$\frac{p_C}{p_w} = \frac{\rho h v^2}{T} \tag{5-11}$$

其中 p_w 为网的张力，其他参数同式（5－10）。由式（5－11）可知，当成形网的张力 T 一定时，浆层的厚度和纸机的车速是相互制约的，即随着纸机车速的提高，浆层的厚度也逐渐下降。

2. 夹网成形器的脱水特性

夹网成形器是由两张网子组成的成形器，因此可以进行两面脱水，相当于每一张网形成一层纸幅然后再复合在一起。与单网脱水相比，双面脱水可使脱水率增加 4 倍。这是由于每一层纸幅的定量和流体阻力仅仅是单面脱水时纸层的一半。夹网成形器的另一个优点是封闭成形，悬浮体在成形器内不存在暴露空气的自由表面，而这种自由表面会形成波纹以及其他搅动现象。与长网纸机相比，夹网纸机具有成形质量好，两面差小，掉毛掉粉少，平滑度好以及纸页的横幅定量和水分分布均匀等优点。

三、操 作 要 点

①合理配置脱水元件。为了得到两面性一致的纸页，往往需要夹网两面的脱水量相等。这就要求两面的脱水元件的脱水能力相同，并且能随意调整操作参数控制两面的脱水比例。

②合理分配各脱水元件的脱水能力。一般，成形辊后的湿纸页干度为2%，多叶靴型构件或D区段后的干度为6%～8%。进入压榨部的湿纸页的干度应达到17%以上。

③纸浆中空气的控制。纸浆中空气的来源主要有：一是白水中的空气；二是纸浆通过流浆箱喷射上网时，在成形的缝隙处混入的空气。解决方案：一是对白水进行气液分离，减少混合稀释纸浆时空气的引入；二是在成形辊后设置除泡沫或气液分离设备；三是把成形器设计成直立式，从而最大限度地减少带入的空气量。

④离心力的控制。适当提高上网纸浆浓度，减小流浆箱唇板开度，降低成形缝隙中的湿纸页厚度。另外，需要选用强度足够高的成形网。

第六节 顶网成形器的纸页成形

一、顶网成形器的结构特点

顶网成形器又称上网成形器或复合型成形器。其特点是在原有长网纸机的网部加装上网成形器，使长网纸机网部分为“敞网”抄造的预成形区和双网复合成形区。在双网复合成形区段，纸浆悬浮液受到脱水压力（如辊筒上网张力、弧形表面或刮板或真空抽吸装置等），从而可以减少纸页的两面差，抄造出 z 向对称的纸页。目前，顶网成形器根据其脱水元件的不同主要分为3类：刮水板式顶网成形器、辊筒式顶网成形器和辊筒－刮板式顶网成形器。

（1）刮水板式顶网成形器

刮水板式顶网成形器是由静止脱水元件组成的上网装置，这种成形器一般采用真空箱或刮水板脱水，如 Bel－Bond 和 Symformer F. N 等。该成形器特点是可用于二次成形，纸幅脱水方向朝上。因此，其适用于抄造各种定量的纸种，纤维留着率较低但成形质量好。

（2）辊筒式顶网成形器

辊筒式顶网成形器是由辊子组成脱水元件的上网装置，这种成形器根据双网的走向（朝上或朝下），分别适用于高速或低速纸机。如 Duoformer 适用于高速纸机，而 Duoformer L 适用于低速纸机。适用于抄造低定量的纸种，其纤维留着率高，成形质量比长网纸机好。

（3）辊筒－刮板式顶网成形器

辊筒－刮板式顶网成形器是由辊子和静止脱水元件复合组成的上网装置，其综合了上述两种上网装置的优点，但这种上网装置一般都配有弧形脱水板组，因此加工比较困难。该成形器适用于抄造低定量到中定量的纸种，纤维留着率高，成形质量好。

二、顶网成形器的成形特性

（一）刮水板式顶网成形器

图5－23所示为刮水板式顶网成形器的结构示意图和脱水分布情况。分析可知，在刮水板式顶网成形器的预成形段，纸料的网面受到强烈的脉动压力作用先脱水，而正面仍然保持着流浆箱上浆时的浓度，这一点类似于长网纸机的网部前端。而当纸料从预成形区进入双网区后，两面都受到剪切力的作用，但是从双网区脱水的分布来看，正面（*D*、*E*、*F*）总脱水量为33%，而网面（*C*、*G*、*H*）总脱水量只有4%左右，因此，正面受到的剪切力更强烈，此时正面的脱水才刚刚开始。这种正面的“后脱水”作用，弥补了两面脱水的差异。

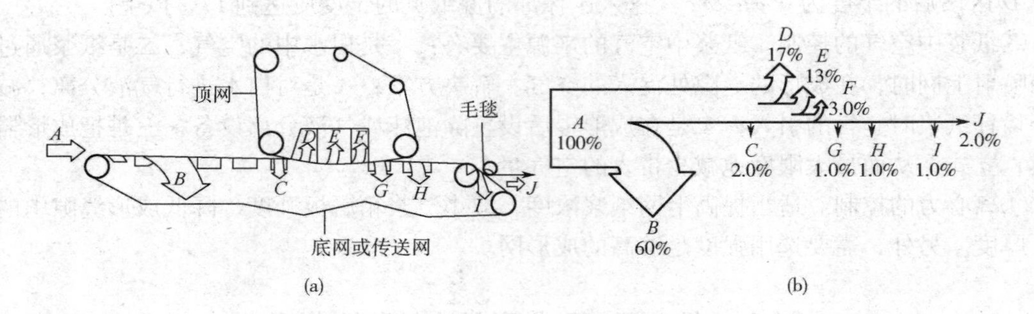

图5－23　刮水板式顶网成形器及其脱水分布

（a）刮水板式顶网成形器　（b）脱水分布

（二）辊筒式顶网成形器

图5－24所示为辊筒式顶网成形器的结构示意图和脱水分布情况。分析可知，该成形器在预成形区，有43%的水量脱出，主要是网面的浆料脱水。而在双网区，来自正面（*C*）的脱水达到41%，要高于刮板式顶网成形器的脱水量，同时，来自网面（*B*和*D*）的脱水也有17%左右。与长网纸机相比，由于是两面脱水，减少了浆道，减少了两面差，减少了细小纤维的留着率，因而也减少了纸面掉毛，纸页的匀度和灰分分布均有很大的改善。

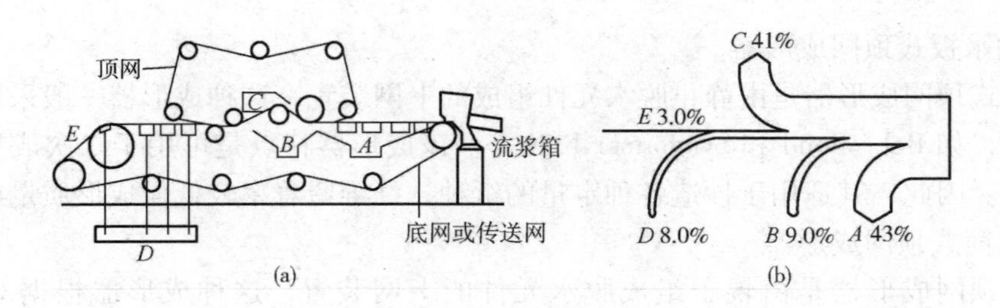

图5－24　辊筒式顶网成形器及其脱水分布

（a）辊筒式顶网成形器　（b）脱水分布

（三）辊筒－刮板式顶网成形器

图5－25所示为辊筒－刮板式顶网成形器（又称C形顶网成形器）的结构示意图和脱水分布情况。这种成形器的双网两面都装有刮板成形，并有适度的辊筒成形。纸料通过预成

形区大量脱水（脱水量达到63%）后，进入双网区时，经上下刮板（脱水5%左右）、空心辊筒（25%左右）进行脱水，同时，通过上下刮板的脱水可消除絮聚。另外，上刮板的前端沿着空心辊筒弯曲，该设计允许成形器缓慢的运行，速度可低至122 m/min。在这种低速下，空心辊筒和挡水板的作用很像一个“桨叶轮”，把脱除的水送入白水盘。该顶网成形器需要传动装置，但因其结构紧凑轻巧，稍做结构改变就可以装在大多数的长网纸机上，所以常用于已有长网纸机的改造。

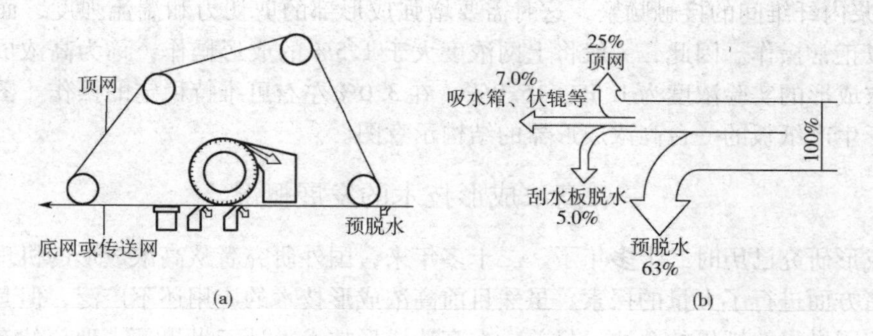

图5-25　辊筒-刮板式顶网成形器及其脱水分布
（a）辊筒-刮板式顶网成形器　（b）脱水分布

三、操作要点

（1）流浆箱的控制

由于纸料悬浮液从流浆箱喷射到网部后，很快进入顶网和底网的夹区并形成纸页。因此，通过流浆箱的控制，从而使其喷出的纸料充分分散，且在速度和湍动分布上均匀一致。这样，才能为顶网成形器形成纵向和横向纤维均匀分布、减少纸页两面性、提高匀度创造条件。

（2）顶网安装位置的控制

通常要求纸料进入顶网和底网夹区的初始浓度在0.9%～1.5%，因此，顶网的安装位置应控制在传统长网纸机的上网区的结束点和成形区的起始点，在这之前，纸料主要通过重力脱水。进入顶网区以后，纸料通过成形区和脱水区，脱水区结束后，湿纸页将和顶网分开，进入系统的高压差脱水区。

（3）湿纸页在顶网和底网之间脱水的控制

由于湿纸页进入顶网和底网的夹区时，浆料浓度很低，所以需要在该夹区配备一些高效的脱水元件（如低真空案板箱或低真空吸湿箱），当湿纸页进入到顶网和底网的楔形区时，纸页两面同时脱水，并且可利用案板脱水时对湿纸页产生的剪切力来分散大的絮团，湿纸页在两网之间很快脱水到浓度为3%～4%。此时，湿纸页已经基本成形，然后进入由3根实心辊所组成的脱水区进行进一步的脱水。其中，在脱水区的两端安装的实心辊位置固定，中间的实心辊可上下移动，以调节脱水区的脱水压力，从而控制脱水区湿纸的干度。

第七节 高浓成形器的纸页成形

传统的抄纸工艺是在低浆浓下抄造的，纸页成形过程的纸浆上网浓度一般在0.1%～1.0%，主要是为了得到较好的成形纸页和良好的质量。浆料在低浓下可以减少纤维间的接触以避免局部絮聚，但是较低浆浓会加大现代化纸机的循环量和能耗。当上网浓度大于1.5%时，浆内纤维间的接触频繁，这时需要增强成形部的剪切力和湍流强度，而普通的流浆箱则难以正常操作。因此，一般将上网浓度大于1.5%的成形操作，称为高浓成形。目前世界上高浓成形的实验浓度为1.5%～5.0%，在3.0%左右可维持稳定的操作。图5－26所示的是用于生产纸板的一台高浓成形器的结构示意图。

一、高浓成形技术的发展概况

高浓成形研究已历时二十多年了。二十多年来，国外研究者从高浓成形的机理和抄造工艺装备等诸方面进行了大量的探索。虽然目前高浓成形技术的应用还不广泛，但其突破性的进展已引起了世界造纸界的关注。目前，在高浓成形技术上处于世界领先地位的有日本、芬兰、瑞典和美国等。高浓成形技术的发展，不但推动了成形理论的研究和发展，同时也推动了抄造技术和装备的变革和更新。随着该技术的开发和应用，高浓成形技术不但可以大量地节水、节能，而且其特殊的成形方式还赋予了成纸一些特殊性能。国外已应用高浓成形技术，成功地生产了瓦楞原纸、折叠箱板纸和液体饮料包装纸板等纸种。抄造浓度为3.0%左右，纸页定量为65～300g/m^2，车速范围100～800 m/min。

我国对高浓成形的研究还刚刚起步，1995年在轻工总会科技发展基金和广东省自然科学基金的资助下，华南理工大学制浆造纸工程国家重点实验室与国内有关研究机构合作，开展了此项研究工作。1996年，研制了高浓流浆箱。1997年4—6月，在华南理工大学制浆造纸工程国家重点实验室的实验纸机上，采用自行研制的高浓流浆箱，成功地进行了我国首例的高浓成形中试。在车速100～200 m/min、上网浓度1.4%～2.5%，抄造了定量60～185 g/m^{2}的纸页。该成果已在1997年11月通过中国轻工总会主持的专家鉴定，这为我国造纸工业应用高浓成形技术，进行了一次有益的尝试和探索。

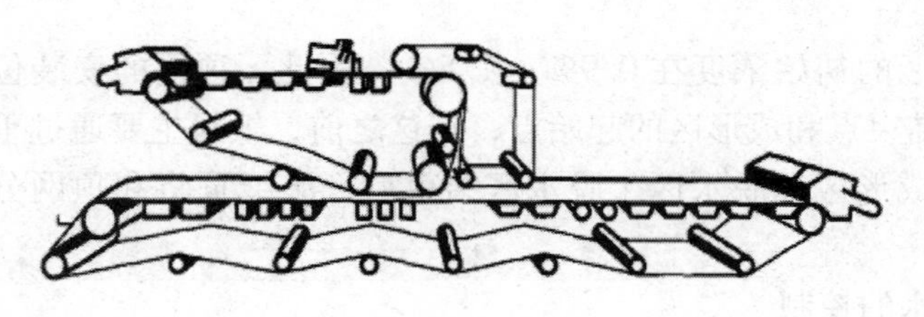
图5－26 一种用于纸板生产的高浓成形器结构示意图

一种用于纸板生产的高浓成形器结构示意图见图5－26。

二、高浓成形器的成形特点

纤维悬浮液由于碰撞及机械缠绕等作用形成絮团，这些絮团是离散的、不连续的。传统的成形方法是将纤维悬浮液稀释到一定的浓度，再依靠液体湍动产生的剪切力来分散和打开絮聚团，从而形成纤维均匀分布的纸张。而高浓成形则是把不连续的纤维絮聚团变成连续、均匀的一层纤维网络来脱水成形。这种方法生产的纸，具有明显的毯特性，也就是纤维在竖直方向（z－方向）分布的较多，具有各向同性的特点，属于较典型的浓缩成形。因此，高浓成形具有以下几个特点。

（1）节水

高浓成形器的浆料浓度一般是常规成形的3～10倍，因此，吨绝干浆其节水最多可达900 m^3。有资料显示，对于一个日产150 t印刷纸或书写纸的抄纸车间，高浓成形将上网浓度提高了4.6倍，从而使围绕流浆箱的循环纸浆流量从传统的22.5 m^3/min减少为1.5 m^3/min。同时，也减小了纸机浆池的体积。

（2）节能

高浓成形的节能主要体现在以下两点：首先，由于纸机能耗的25%用于泵送水和浆料，提高浆浓可以减少上网纸浆流量，从而减少输送、脱水和驱动等能耗；其次，高浓成形的浓度范围在1.5%～5.0%，处于“减阻现象”发生的区域中，因而输送阻力减少。有研究者进行了统计，对于一台成纸宽度为3300 mm、车速为600 m/min的纸机，每天生产150t薄页纸，每吨纸可节能100kW·h以上。

（3）提高填料和细小纤维的留着率

由于浆料浓度较高，从而可以保留较多的依附于纤维的填料，因此，可以高浓成形纸页的填料一次通过留着率随浆浓的增加而增加。此外，高浓成形减少了水分的去除，而水分通常是冲刷和带走填料的媒介，这也促使了留着率的提高。

（4）赋予纸页特殊的成形结构和物理性能

理论和实践证明，高浓成形的纤维网络层越薄越不容易均匀、连续，因此，该成形方法不能用于生产薄纸。但是，高浓成形的纸由于其毯特性，使得成纸具有较高的松厚度，较大的层间结合力和较高的环压强度。并且，在网部和压榨部脱水容易，与同品种比较，出压榨部湿纸幅干度可提高2%左右。其缺点就是成纸的拉伸强度、耐破度和表面平滑度较低。

三、高浓成形器的应用

高浓成形按纸页成形方式可分为单层成形和多层成形。单层成形的成形部一般为高浓流浆箱和长网机网部或夹网成形器的组合体。在多层成形中，高浓流浆箱作为第二流浆箱用以合成高定量（超过300g/m^2）的纸张和纸板。20世纪90年代国外中试研究和实际生产试验均表明，高浓成形技术适合于下列纸种的抄造。

（1）高级纸

国外研究者在生产机台上，已经成功地在250 m/min的车速下生产了定量在60～275 g/m^2的高级纸。高浓纸浆抄造中的首程留着率比传统的低浓成形提高10%～15%。成纸的松厚度比传统低浓成形纸页高出20%左右，从而提高了高级纸的印刷适性。

（2）瓦楞纸

瓦楞纸是一种非常适于高浓成形技术抄造的纸种。高浓成形的瓦楞芯纸可使其环压强度等抗压强度指标提高20%～45%，且大大改善了成纸的层间结合强度。

（3）折叠箱纸板

用高浓成形技术抄造折叠箱纸板的芯层，并以传统的低浓成形生产面层和底层。芯层浆料采用磨石磨木浆，抄造定量为160 g/m²。生产试验表明，用高浓成形技术与低浓成形技术结合进行抄造，纸页的松厚度稍有增加，而纸板的层间结合强度可大大提高50% ~100%。

（4）浆板

国外的研究者在3% ~4%的浓度范围内，用高浓成形技术抄造浆板。生产实践表明，用高浓成形技术抄造地浆板，其在干燥过程中纤维受损程度较少，可大大保持纤维应有的强度特性。

第八节　网部成形网

一、概　　述

成形网（forming fabrics）是一种编织的、无边的大网，它是造纸机上的重要器材，它对从流浆箱来的纸浆悬浮液进行脱水、成形并将纸幅运行至后续工段。它影响浆料在纸机网部分布的均匀性、纸页成形状况及表面平整性，对最终成纸性能起着决定性的作用。

在现代化大型纸机的成形部，通常由两个独立的成形网组成，而纸板的成形部是由多个成形网和流浆箱组成的。

成形网的速度一般在100 ~1800 m/min范围内。同样，纸或纸板的定量也有很大的差距，可低于10 g/m²，也可至几百g/m²。在实际生产中，成形网的使用类型取决于成纸的要求以及网部的构造。成形网最重要的性质是它的脱水保水性、稳定性、耐磨性和无标记结构。

二、成形网的结构特点

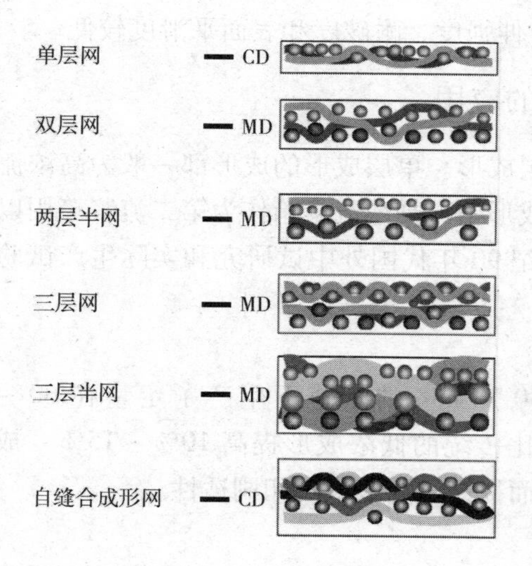

图5 -27　不同成形网的结构示意图

成形网的结构有很多种，最常使用的结构主要有单层（single layer，简称SL）、双层（double layer，简称DL）、两层半（double layer extra weft added，简称DL EWA）、三层（triple layer，简称TL）、三层半（triple weft，简称TW）、自缝合（Self support binding，简称SSB）及多层。图5 -27显示的是不同种成形网的结构。

①单层网　单层网有着良好的滤水性，而支撑性、传递性和使用寿命则比较差。

②双层网　双层网有着很好的支撑性和传递性，可以抄造出匀度更好、两面差更小的纸幅，但是由于滤水性相对于单层网来说比较差，而且使用寿命并没有增加很多，因此一般不用在高速纸机上。

③两层半网　两层半网相对于双层网来说，增加了一根加强纬线，这样可以使成形网在纸机上抄造出质量更好的纸幅，又极大地增加了它

的耐磨性能，而且很好地稳定了成形网的尺寸。使成形网不容易变形，进而增加了其使用寿命。

④三层网　三层网包括两个网面：面层（成纸层）和底层（磨损层），由一根缝合纱线来贯穿于上下两层之间将两层连接在一起。面层通常采用优质纱线以优化成纸性能，而底层通常采用线径较粗的纱线，以提高成形网稳定性和耐磨性。可以生产各种高档纸种，也极大地增加了成形网的使用寿命，它是各网种中使用寿命最长的一种（在使用相同的纱线材料和线径下），但是滤水性显著降低，比单层网的滤水性差很多。

⑤自缝合成形网　自缝合成形网也属于三层聚酯网，最初是由 Voith 织物所发明的。这种三层网很大程度上改变了聚酯成形网的耐磨性能，不仅解决了成形网的滤水性能，而且在抄造纸种时，可以像单层网那样，有着良好的成纸性能。

三、成形网的功能

成形网功能的主要指标如下：

(1) 脱水性能

纸机上，在助滤剂的作用下水从网部通过成形网过滤。过滤开始不久就会在成形网的顶部形成一层纤维，而这层纤维为过滤的介质。当纤维层形成后，成形网过滤性能的重要性就不再那么重要了。形成的纤维层较厚后就会降低脱水的速度。为了在成形部中形成统一、连续的脱水速度，就要加入助滤剂。

在实际生产中，脱水速率的快慢最重要的影响因素是成形部的结构和运行参数、成形网的类型以及湿部化学。然而，不同的成形网在脱水、保水、干燥以及成纸结构方面有巨大的差距。成形网的脱水性能是基于它的结构和细度，也就是说它的三维形状、脱水渠道的尺寸以及它们的分布。

(2) 纸料保留能力

将纤维和配料中的其他有效组分保留在成形网上的能力，称为成形网的纸料保留能力。而成形网的纸料保留能力取决于纸料在网部成形的速度快慢，成形越快，纸料的保留率就越高。纸料的成形速度又和成形网的孔径大小、数目、分布及压力等有关。孔径越小，细小纤维保留越多，但是脱水速率降低，会影响成纸质量；若孔径变动，大部分纤维穿过成形网，造成纸料流失使纸页无法成形。因此，在选择成形网时应充分考虑。

(3) 机械稳定性

机械稳定性是保证成形网正常运行的重要指标。成形网机械稳定性的优劣与构成织物材料的物理性能有关。成形网在高速宽幅纸机上运行时，必须要有足够抗拉伸和防皱褶的能力，同时还应有合理的价格和适当的使用寿命。

成形网的稳定性会通过影响纸张质量的一致性而影响成纸的质量。成形网的稳定性需要通过 4 个方面进行评估：伸缩性、挺度、对角线稳定性和张力分布。

(4) 耐磨性

成形网的耐磨性取决于它底部的结构。然而，纸机成形网的寿命主要还是由成形部的环境所决定。比如：真空吸水箱的数量和它们的条件，填充物的数量和种类以及纸机的速度。成形网底部的材料是与纸机横截面方向一致的纱，这种纱要足够的厚和长来保证成纸的质量以及所选择的成形网的种类。使用聚酰胺的纱与稳定的聚酯混合可以大约增加20%成形网的寿命。

四、成形网的选择

对成形网性质的评价主要分为两个方面：运行参数和成形网性质对成纸质量的影响。不同设备上成形网的运行参数是不同的。因此，关于成形网的信息只能作为一种参考。对于成形网的最终选择还需要在运行参数和成纸质量中选择一个平衡。

①一般来说，生产高定量的纸或纸板，需要选用较粗经纬线的成形织物；相反，如果生产低定量的薄页纸等，则要选用细线的成形织物。

②如果纸料中的纤维较短或细小纤维含量较高，此时，成形网对纸料的保留作用非常重要，需要选择合适的成形网来协助增加纸料的保留率。

③由于纸机车速的快慢会影响纸料在网部脱水脉冲以及通过成形织物赋予纸页的脱水作用。因此，对于不同的车速需要选择不同结构的成形网，以满足生产的需要。

五、成形网的清洁及维护

近几年，由于二次纤维使用量的增加，保持成形网的清洁已经成为了一种挑战。另外，在纸张的生产过程中水的用量也大幅减少了。这对于保持成形网的清洁来说，无疑将这一挑战增加了1倍：水的封闭循环增加了纤维污渍的量，另一方面还要减少纤维清洗过程中水的用量。因此，成形网的清洗是非常重要的。

1. 高压水枪清洗

在纸机运行时成形网的清洗是通过周期性摆动的高压水枪实现的。在纸机上，水枪应该放置在支承辊的附近，水枪的角度大约在90°或者稍微倾斜于运行方向（见图5-28）。主要从纸的一面清洗网面。在特殊情况下，也可以通过另一个在网布内部的水枪进行清洗。

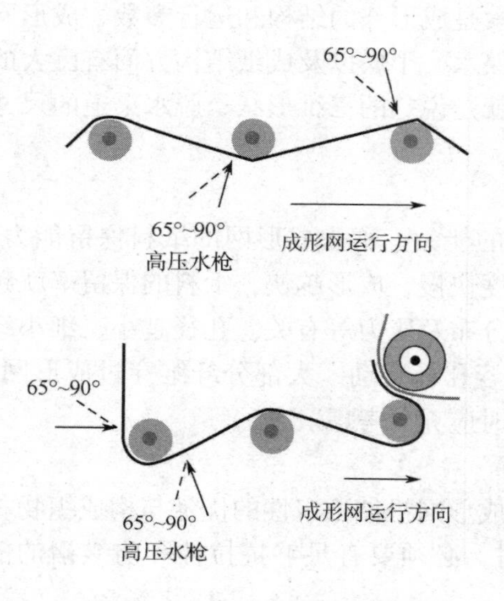

图5-28　高压水枪的位置

喷水管的水压和喷射距离是清洗控制的重要参数。在贴近纸页的网面设置喷水管，则水压为2.5~4.0 MPa，与网面的距离应为20~40 cm。如果在织物内侧设置喷水管，则水压应为2.0~3.0 MPa，与织物的距离应为10 cm。生产试验表明，可通过调节喷水管与织物的间距优化成形网的洗净程度。

成形网连续清洗的另一个方法是，在成形网回程贴近纸页一侧使用“硬毛刷”（又称“击打棒”），将成形网上的纤维和污染物清除掉，随后用喷水管（或加溶剂）将刷子清洗干净。

2. 成形网的维护

成形网磨损是导致其下机的主要原因，要延长成形网的使用周期，就必须确定磨损原因并采取相应措施。利用成形网磨损程度理论公式可以对成形网的磨损程度进行客观评价，结合检测纸机网部的相关参数，可以对纸机网部的脱水分布、脱水效率进行评估。通过更换纸机网部磨损不均匀的网辊，合理控制成形网张力、化学清洗时间等措施能够延长成形网使用寿命，从而达到降低生产成本的目的。

第九节　纸机白水系统

一、概　　述

纸机的上网浓度一般为0.1%～1.0%，也就是说一吨绝干浆中有100～1000t的水，除少量水在干燥部蒸发外，大部分是由纸机的湿部排出。这部分从湿部排出的水称为造纸白水，主要含有大量的细小纤维、填料等悬浮物，以及施胶剂、防腐剂、增强剂等，同时也含有很多的溶解性胶体物质。充分利用这些白水，可以减少清水用量，减少原料及药品的损失，降低废水处理设备的负荷，并且可以回收白水中的热能等，因此，白水的回收和循环利用是非常重要的。造纸白水的回收和循环利用，就是使用各种方法处理纸机白水，降低其悬浮固形物含量，代替清水再回用于制浆造纸过程，从而减少清水用量，降低废水排放量和固形物流失量。根据工艺形式、工艺阶段和抄造纸种的不同，白水中所含的纤维、填料和可溶性造纸化学品量是不同的。

从节水的角度出发，造纸车间内凡能使用白水的部位，应尽量不使用清水，最大限度地回用白水，实现系统的封闭。清水系统的任务有药品的溶解、喷水管用水、生产中的洗刷用水、密封水和冷却水等。凡是有浆料稀释用白水的地方，都要有备用清水管，以便在长时间停机后再开机时，以及局部白水量不足时，用清水补足，以维持正常的开机操作和运转。

二、造纸过程物料和水的循环

目前，白水的循环和回用，根据回用位置的不同，总体上可以划分为两类：短循环和长循环；根据白水浓度的高低，又可划分为三级循环来回收利用。

1. 短循环

短循环是指从网部脱除的部分白水，回用于稀释进入流浆箱的浆料。由于用于短循环的白水为浓白水，细小纤维含量较高，因此短循环可以增加通过流浆箱的干固形物流量，以使纸幅的干固形物流量等于从打浆工段送到纸机的干固形物流量，从而使在网上成形纸幅中的这些细小粒子规格分布，能大致与打浆送到纸机的浆料相当。

2. 长循环

长循环是指在网上脱除的不用于稀释流浆箱浆料的另一部分白水，被引送去更前面的生产工序。一般来说，用于长循环的白水为稀白水，是经过白水回收装置处理过的，主要回用于那些不能使用含高固形物的白水的生产点，用来调节浆料制备系统的浓度。如损纸系统中的碎浆和稀释，是长循环的一个重要组成部分。

3. 白水的三级循环处理

白水的三级循环处理示意图如图5－29所示。

①第一级循环。该循环的白水主要来自网部，用于冲浆稀释系统。真空箱之前的浓白水，其水量及内含的物料量，都占网部排水的60%～85%，这部分白水应全部用于纸料的

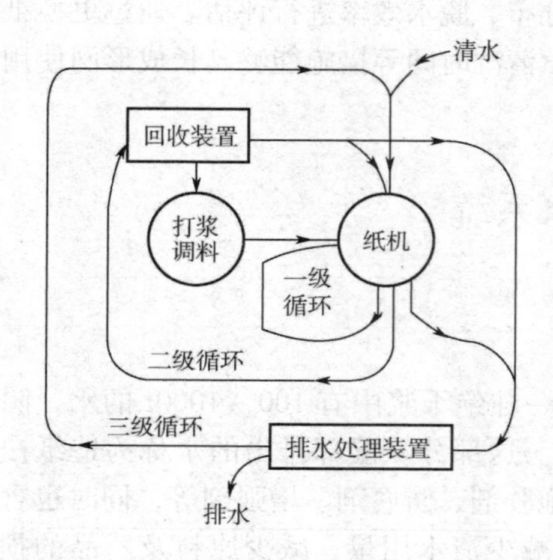

图5－29 造纸车间白水的三级循环示意图

稀释。另外，该循环的白水，可用于锥形除渣器各段渣槽的稀释用水。由于浓白水携带的物料量多，稀释到同一浓度所需的白水多，使总液量加大，从而增加净化设备的负荷，增大动力消耗，因此，此处稀释最好用该循环的稀白水。

②第二级循环。该循环的白水主要是网部剩余的白水和喷水管的水等经白水回收设备处理，回收其中物料，并将处理后的水分配到使用的系统。经过白水回收设备回收的纸料，微细组分含量高、填料多，气浮法回收的还含有较多的气泡，因此质量降低，一般可以返回损纸系统使用。对于成纸质量要求较高的纸种，可送往成纸质量要求较低的机台使用。对于处理效果好的白水，可作为喷水管用水，一般则可送往打浆调料部分作为稀释用水，也可送往制浆车间使用。

③第三级循环。该循环的白水是纸机废水和第二级循环多余的水，汇合起来经厂内废水处理系统处理，并将部分处理水分配到使用的系统。该系统的水，有许多是含有树脂、油污等被污染的废水，所以其中含有的纤维、填料等不能再回收利用。这个系统的水处理，不属于造纸车间的水处理，而是工厂内的水处理系统，处理目的是减轻污染，处理后的水排放而不回用。但也有的将其经过沉降、沙滤等处理，部分或全部返回生产系统，以节约用水。

三、白水的封闭循环和零排放

将纸机排出的白水直接或经白水回收设备回收其中的固体物料后再返回纸机系统加以利用的方法，称为白水的封闭循环。其循环利用的基本原则是在不影响纸机操作和成纸质量的前提下，尽量对白水加以处理和利用，尤其是优先利用浓白水，以尽量减少物料流失和清水用量。

如果过程用水完全不排出，则可以称为白水全封闭循环，即“零排放”。因为系统本身水分的蒸发（主要在干燥段），还有洗涤和筛浆部排出的废渣均含有水分，所以肯定还要加入一部分清水。所以零排放并不是指完全不排放，而是在不损坏产品质量的情况下使排放量达到最小，即系统补充的清水与原料中的水分之和等于蒸发的水量、成纸与筛渣的水分的总和。

随着造纸用水封闭循环程度的提高，进入造纸系统的清水量和排放的废水量大幅减少。白水系统中溶解和胶体物质的积累显著增加，系统中的盐类和金属离子的量也显著增加，从而对造纸生产及产品质量产生重大的影响。这些影响主要表现在：纸机成形部脱水减慢；化学助剂失效、留着率下降（如由于系统中的金属离子尤其是钠离子和铝离子的显著增加能够破坏高分子型阳离子助留剂的“桥联”作用，从而降低助留的能力，降低了单程留着率）；设备和管道的腐蚀增加；形成的胶黏物质沉淀在造纸过程使用的网、毯、设备乃至纸页的表面上，不但影响生产的正常进行，降低网、毯的使用寿命，而且还对产品质量造成不良的影响，纸张的表面抗张强度有所下降，强度性能显著降低，光散射系数增加；腐浆增加。因此，为了减少白水封闭循环对整个正常生产的影响，需要对造纸白水封闭系统进行控制和调节。

1. 控制白水中溶解和胶体物质（DCS）的含量

白水中的DCS主要含有大量的亲脂性物质、阴电荷物质以及无机电解质，这些DCS物质带有很高的负电荷，称为“阴离子垃圾”，它们的浓度随着回用程度的提高而增加，因此必然对后续抄纸过程产生较大的影响。目前对白水中的DCS的处理方法主要有膜过滤技术、蒸发技术、加入改性沸石等方法。

①膜过滤技术。这种膜通常用聚合物或无机材料制成，滤液通过滤膜，而白水中的DCS物质被浓缩到很小体积的水中除去。这种膜处理废水的技术已经在多个工厂成功地应用，是一种去除白水中DCS的有效方法，但是这种技术的缺点是成本较高，并且膜容易堵塞，如果与生物技术结合会取得更好的效果。

②蒸发技术。即将液体加热到沸点蒸发，而固体物质保留在母液中。在蒸发技术过程中，白水或过程水在回到系统之前，先通过蒸发器蒸发，冷凝后经过生物处理和过滤得到可以循环利用的水。蒸发器残余的水经过浓缩后进入到一个回收锅炉中集中处理。但这个流程投资过大，不可能在所有的工厂中应用。

③加入改性沸石法。利用具有很高比表面积的改性沸石吸附DCS，从而来控制白水中的DCS含量，但该方法缺点是沸石用量较大，其广泛应用有待进一步研究。

2. 采用高效的湿部化学品

由于白水的封闭循环造成了系统内DCS含量较高，为了维持湿部的正常操作，需要采用一些高效的湿部化学品。如采用聚氧化乙烯（PEO）和特殊的酚醛树脂结合的网络助留助滤体系可适应白水封闭后的湿部化学系统；采用膨润土与助剂复合使用的微粒助留助滤体系，也可以适应这种较为恶劣的湿部化学情况；新开发出来的三元助留助滤系统也是针对含有较多阴离子垃圾物质的纸浆，添加特殊的阳离子聚合物，以消除其影响，为微粒系统发挥作用提供条件。

3. 沉积物的控制

沉积物通常由有机和无机物质组成，比如微生物黏液和细小纤维的各种合成成分的混合物、填料和添加剂。沉积物在机件、网毯表面或管道中沉积会干扰造纸生产的正常进行，进入纸页还可能造成纸病（斑点或孔洞）。造纸沉积物可分为纸浆沉积物和非纸浆沉积物。纸浆沉积物与浆料有关，解决这类沉积物问题往往需要取样分析，确定沉积物的主要组成物质。非纸浆沉积物，如化学品制备及加入系统中出现的沉积物，一般具有比较单纯的成分和比较简单的形成环境，通常仅需对沉积物样品进行简单的目视观察就可判断出沉积物的主要组成物质。

4. 造纸白水循环系统中腐浆的控制

腐浆主要是由真菌、细菌等引起的。当淀粉、填料等化学品加入时，为细菌、酵母提供良好的生长媒介。当腐浆与白水循环时，所产生的生物黏泥在成形网、毛毯上黏附，或混入浆料系统时，不仅造成糊网、浆料在网部压榨部脱水困难，而且湿纸页局部成形较差，严重影响产品质量：为了减少腐浆等污染物的产生，就要缩短洗刷周期。但也增加了劳动强度，严重时不得不将未到期的网子、毛布换掉，直接影响到纸机的连续生产及抄造效益。因此，在现有的设备工艺状况下，造纸白水的微生物控制显得尤为重要，而选择高效、广谱、低成本的环境友好型杀菌剂进行药物防治是一种行之有效的方法。

四、白水回收方法和设备

目前，回收的方法主要是过滤法和气浮法，所使用到的主要设备分别是多圆盘过滤机和超效浅层气浮机。

1. 多圆盘过滤机

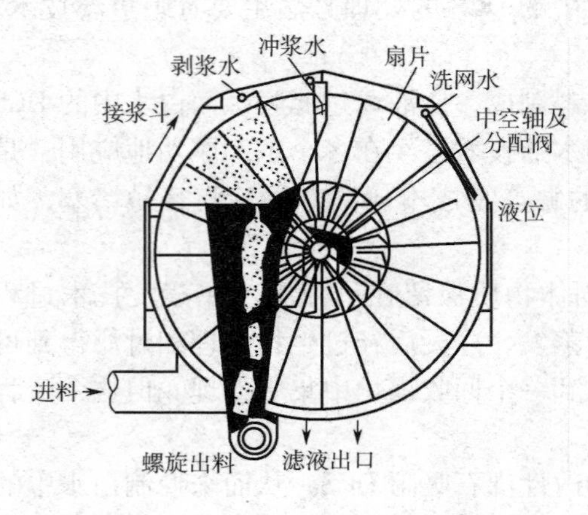

图 5－30　多圆盘过滤机工作原理示意图

多圆盘过滤机本体主要由机槽及气罩、中空轴、分配头及水腿管接口、滤盘及扇片、剥浆喷水装置、摆动洗网装置、接浆斗、出浆螺旋、传动装置等部分组成。多圆盘真空过滤机的工作原理如图 5－30 所示。多圆盘过滤机运转时，当某扇片被带入液面，先进入大气过滤区，槽内液体在静压差作用下过滤，通过主轴和分配阀大气滤液出口排出浊滤液，此时扇片开始挂浆，随后转入真空过滤区，大量滤液穿过已挂浆的滤网经主轴及分配阀的真空区滤液出口排出清滤液并在扇片上形成滤饼。当扇片转出液面时，在真空抽吸下，滤饼进一步脱水，干度提高到10% ~15%。当扇片离开真空区进入剥浆区，压力水将扇片上浆层剥落入接浆斗中并继续冲水稀释（浓度3% ~4%），用螺旋输送机输送至或直接落入浆池。

图 5－31 所示为多圆盘过滤机纸机白水的回收系统，当纸机水封池送来的白水进入多圆盘过滤机后，浊滤液和清滤液流过水腿后产生真空。在真空作用下，纤维和填料在扇片上形成滤饼而得到回收，浊滤液（浓度一般为 0.01% ~0.04%）返回流程重新过滤，清滤液（浓度一般为 0.0021% ~0.009%）一部分用于制浆和洗网，多余部分可返回造纸系统使用或排放（真空排放或送废水处理系统处理），有的多圆盘真空过滤机还可将清滤液分为清滤液和超清滤液，超清滤液可用于纸机网部喷水等用途。

2. 超效浅层气浮法

造纸白水所含的固形物，根据其在水中上浮的难易程度，可以分为不适于上浮分离，相对密度大的固形物；浮力对其难以起作用的微细浮游物质、微细絮聚物；浮力大，相对密度小的物质或易在浮起转台絮聚的浮游固形物。用在造纸厂的超效浅层气浮装置主要用来白水的处理。其工作原理是，当白水进入溶气罐后把空气加压并强迫溶解于水中，然后经骤然减压再通过释放阀把溶解于水中的气体释放出来，气体气泡中的微小气泡能够充分与白水中的纤维、填料接触，微小气泡附着在纤维和填料表面，改变这些固形物的密度，使固体颗粒在气浮池的运动过程中浮到气浮池的液面，然后是用刮浆装置把浮在液面上的纤维和填料刮入浆池泵送到生产系统使用。澄清水通过池下方溢流罐进入清水池（如图 5－32 所示）。

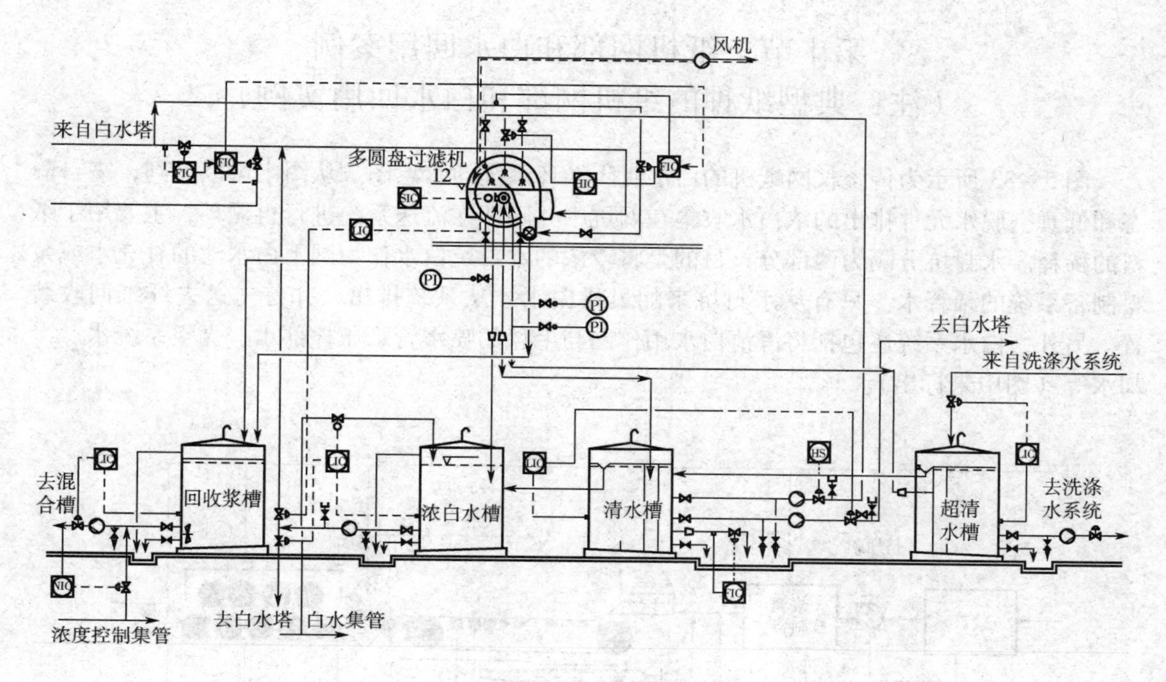

图 5－31　多圆盘过滤机白水回收系统

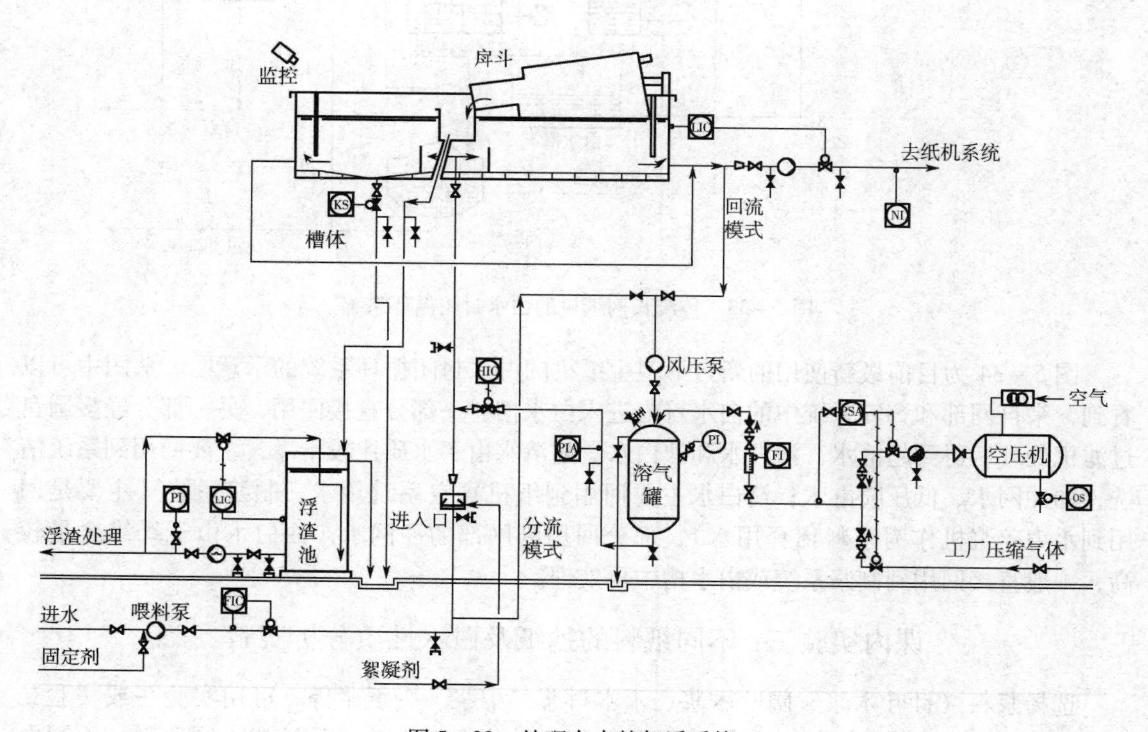

图 5－32　处理白水的气浮系统

第十节　纸机网部和白水回用案例
（注：典型纸种的纸机网部和白水回用实例）

图 5 – 33 所示为传统长网纸机的白水封闭循环系统的示意图。从图中可以看到，来自静态和低真空脱水元件排出的浓白水收集在网坑中并随即在流送系统进行再循环，主要用于纸料的稀释。水封坑分隔为两部分，目的是将较浓的水封坑白水作为网下白水池的补充水或浆料制备系统的稀释水。只有从水封坑来的最稀白水才从系统排出，并首先送去纤维回收装置。另外，白水系统还包括将澄清白水用作网与毛毯的喷水管、压榨部水、真空系统水、冷却水等（图中未标出）。

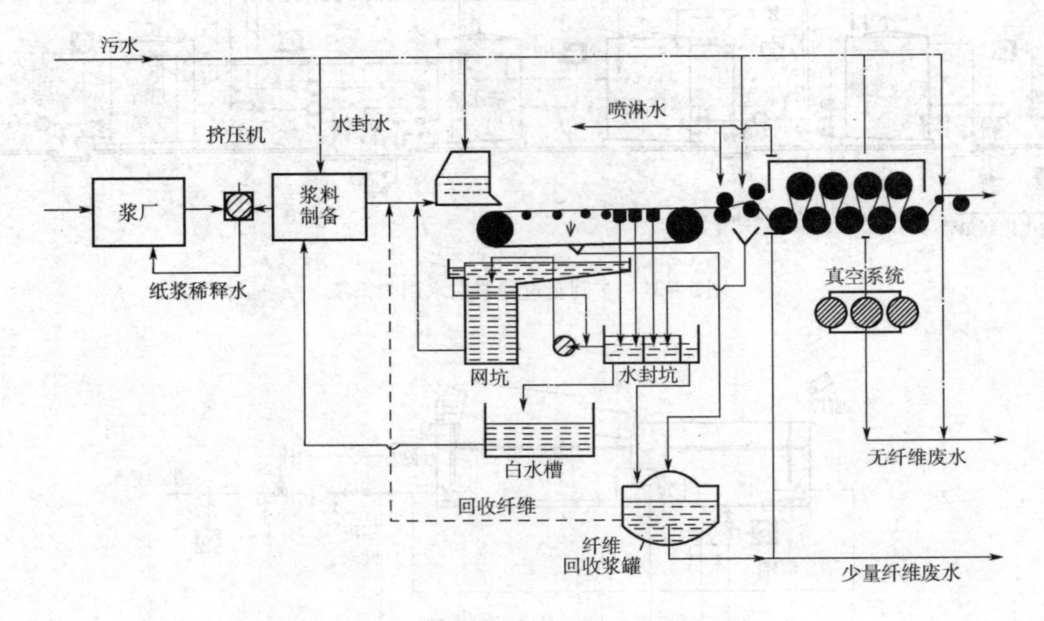

图 5 – 33　传统长网纸机的白水封闭循环系统

图 5 – 34 为目前最新使用的新月形卫生纸机的白水封闭循环系统的示意图。从图中可以看到，来自网部和 Silo 系统中的白水首先进入白水槽，一部分直接回用，另一部分经多圆盘过滤机处理后得到超清水、清白水和浊白水。超清水由于水质比较干净，主要回用到系统清洗，如冲网水、低压喷淋水；清白水主要回用到纸机真空系统用水、制浆系统（主要是回用到水力碎浆机作为浆料稀释用水），部分回用到网部的冲网水；浊白水由于纤维含量较高，一般直接回用到制浆系统或白水槽中再处理。

课内实验三：不同纸料的抄纸及白水性质分析实验

选择浆料（针叶木浆、阔叶木浆、禾本科浆、棉浆、废纸浆等，可用实验一或实验二的浆料），抄纸并检测白水的浊度、pH、SS 等相关指标。实验可设计成不同原料、不同白水回用次数的方案，在教师指导下，由学生分组完成实验方案、实验操作和实验报告等。

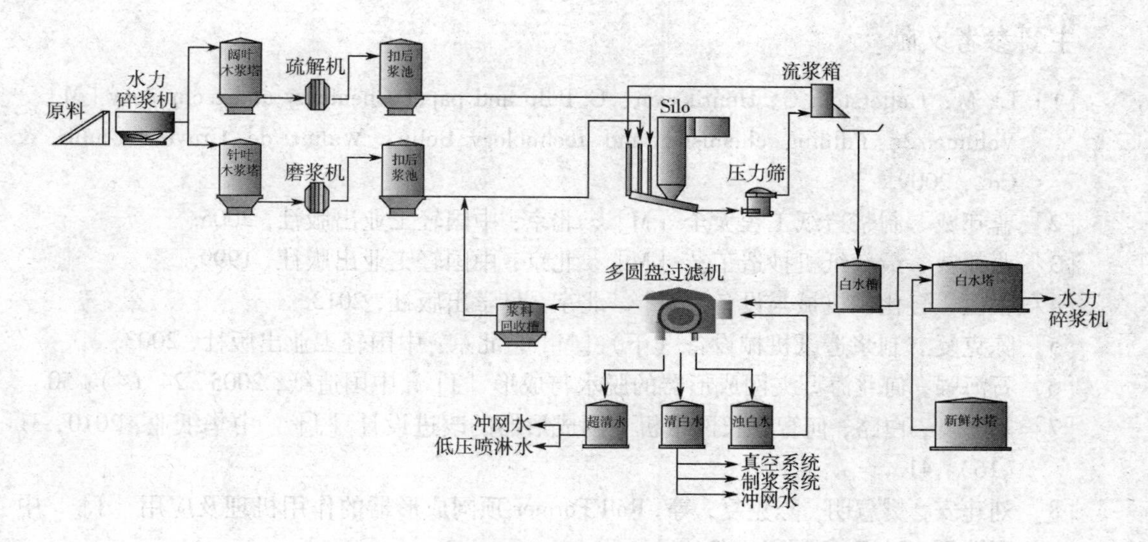

图 5－34　卫生纸新月形纸机的白水封闭循环系统

项目式讨论教学三：不同纸种的成形网选择及白水回收方法

教师设计不同纸种的成形网选择或白水回收方法讨论的要求，并以小项目形式布置给学生，学生在课外以小组形式，通过收集资料、小组内部讨论、PPT 制作等工作，对一些典型纸种成形网的选择方法或白水回收方法在课堂上进行展示及讨论。

思考题

1. 名词解释：工作车速，结构车速，爬行车速，抄宽，传动侧，操作侧，抄造率，成品率，合格率。

2. 纸页成形过程的机理？纸页成形对纸张结构及性质有哪些影响？

3. 为了提高纸页成形的质量，应如何控制？

4. 纸页成形器的分类？

5. 长网成形器的结构特点？长网成形器成形与脱水的机理？

6. 试对比传统圆网成形器与新型圆网成形器的结构特点？

7. 圆网成形器如何控制纸页的成形和脱水？

8. 夹网成形器的脱水原理及特性？

9. 顶网成形器的分类及各自的特点？

10. 高浓成形器的成形特点？

11. 成形网的结构特征及各自功能？

12. 试叙述造纸车间白水的三级循环？

13. 什么是白水的封闭循环？为了减少白水封闭循环对整个正常生产的影响，应如何对造纸白水封闭系统进行控制和调节？

主要参考文献

［1］ Ek M，Gellerstedt G，Henriksson、G. Pulp and paper Chemistry and technology［M］. Volume 2：Pulping chemistry and technology. Belin：Walter de Gruyter GmbH & Co.，2009.

［2］ 曹邦威. 制浆造纸工程大全［M］. 北京：中国轻工业出版社，2005.

［3］ 曹邦威. 最新纸机抄造工艺［M］. 北京：中国轻工业出版社，1999.

［4］ 张恒. 轻化工机械与设备［M］. 北京：科学出版社，2013.

［5］ 陈克复. 制浆造纸机械设备（下）［M］. 北京：中国轻工业出版社，2003.

［6］ 石海强，何北海. 夹网成形器的脱水与成形［J］. 中国造纸，2005，24（4）：50.

［7］ 刘志良，白路，何智. 长网纸机上网成形器的改进设计［J］. 中华纸业，2010，31（16）：41.

［8］ 刘建安，樊慧明，陈克复，等. Roll Former 顶网成形器的作用机理及应用［J］. 中国造纸，2007，26（4）：34.

［9］ 杨树忠. 圆网造纸机成形器的特点及其改进［J］. 天津造纸，2012，3：16.

［10］ Holik H. Handbook of paper and board［M］. Weinheim：Wiley－VCH Verlag GmbH & Co. KGaA，2006.

［11］ Norman B，Söderberg D. Overview of forming literature 1999－2000［C］//Cambridge：12th Fundamental Research Symposium，431－558.

［12］ Paulapuro H. Papermaking Science and Technology［M］. Finland：Finnish Paper Engineer's Association，2000.

第六章　纸页的压榨与干燥

第一节　压榨的作用、原理及类型

一、压榨部的作用

压榨部通过机械挤压的方法降低湿纸幅的含水量，提高纸幅进入干燥部的干度。其次，压榨可以改善纸的表面质量，增大成纸的紧度，也可一定程度提高纸的强度。压榨部的脱水要求沿纸幅宽均匀一致，纸幅若出现局部的过干或过湿的现象，就会相应产生局部过于干燥和压溃的现象。在压榨过程中，湿纸幅的表面和平滑的压辊表面，或是和平整的毛毯表面接触，可以减轻纸幅表面的网痕，增加纸的平滑度。压榨后，湿纸幅内纤维相互接触的表面增大，连接加强，致使成纸的紧度和强度增加，但纸的透气度和吸收性能下降。适当地使用反压榨和平滑压榨，能较有效地控制纸幅两面性能的差异。

在普通长网机上，伏辊和第一道压榨辊常常是纸幅断头最多的地方。这主要是由于湿纸幅从成形网和压辊表面剥离及传递过程中受到很大的张力，从而产生相应的伸长所致。纸幅伸长的结果，还使纸幅中纤维纵向排列的趋势加大，增加纸幅纵横向强度的差别。消除湿纸幅在压榨部的断头和伸长有利于提高造纸机的产量和质量。

湿纸幅的脱水过程中，机械挤压脱水所需费用较蒸汽烘干要低很多。在不影响成纸质量的前提下，应强化压榨部的作用，脱去尽可能多的水分。一般来说，纸幅出压榨部干度每上升 1 个百分点，相应于干燥部所需蒸发的水量减少约 4 ~ 5 个百分点。因而，提高压榨脱水的效率，对于增加纸机产量和降低成本的效果显著。

二、压榨对纸页结构及其性质的影响

压榨可以增加纤维间的接触，增加纤维间的结合面积，因而提高纤维的结合强度。高强度的压榨作用也可导致纤维产生相当大的内部破裂，从而增加纤维的柔曲性。压榨时纸页受到压榨辊的作用，纤维互相接近导致更多的氢键结合，同时纸页的三维结构出现大的变化。纸页结构的变化直接导致纸页性质的变化。压榨对打浆度低的浆料的纸页影响更显著。

压榨对纸页结构的第一个重要影响是降低纸页的孔隙度。一般来说，无论浆料打浆度高低，纸的气孔率都随压榨力的加大而呈直线式增长。此外，压榨线压力一定时，纸的孔隙率随打浆时间的延长而增加。因为打浆作用使得纤维结合增加，减少纤维之间的空隙，从而增加空气透过的阻力。浆料的打浆度较高时，纸的孔隙率受压榨的影响也较大。

压榨将导致纸的松厚度降低，同时降低纸页的气孔率。在不同的打浆度条件下压榨可提高纸页的耐破指数。有研究表明：在浆料打浆度比较低时，压榨对提高纸的耐破指数的作用尤为明显。与耐破指数相似，纸的抗张强度也受纤维间结合影响。撕裂指数主要取决于纤维长度和纤维本身的固有强度，提高压榨力对纸的撕裂强度影响不大。浆料的打浆度越高，压榨力愈大，纸页的耐折强度的增长也越快。

压榨对纸幅会产生如下副作用：

1. 两面性

一般认为纸的两面性在网部形成。湿纸进入压榨部受压可以减轻纸的两面性。单毯压榨时，靠近压毯辊一边的湿纸受到的机械压缩力和纸幅的干度比较大。由于靠压毯辊一边纸幅的压实程度较大，纸的干度也较大，因此其他条件相同时，湿纸幅靠近压毯辊一面比靠近平压辊一面更加紧密，结果导致纸的毯面对油墨、胶料和涂料的吸收能力下降。一般认为，最后一道压榨对纸的两面性影响最大。因为最后一道压榨，由于前面几道压榨作用的结果，湿纸紧度已足够大，对水的流动阻力也很大。较大的流动阻力会产生较大的压力梯度，结果使成纸幅有较大的两面性。双毯压榨生产出来的纸页的两面差较小，对油墨、胶料和涂料的吸收相差也不大。

2. 角质化

压榨对成纸的另一个副作用是引起纤维的角质化。纸浆的初始润胀程度越高，把湿纸压到一定干度时，浆料纤维的润胀能力损失也就越大。压榨可使硫酸盐桦木浆产生较大的角质化，但对机械浆都几乎可以说没有什么影响。压榨后的湿损纸，不仅润胀能力相对较低，而且纸的强度性质也降低。

压榨温度对纸浆保水值有明显的影响。低 pH 时，压榨对纸浆保水值的影响较大，压榨后干度也较高。pH 决定纤维细胞壁在给定压力下的压溃程度。低 pH 能够得到较高的压榨干度，因此 pH 低时，纸浆润胀较少。多次压榨，每次压榨以后，保水值都呈下降趋势，第一道压榨保水值降低最多。干燥前将湿纸压榨到较高的干度，会加剧纸浆纤维的角质化，从而导致纸浆保水值降低。压榨压力的提高导致纸浆保水值的降低。成纸后纸页的紧度、伸长率和抗张强度指数均呈下降趋势。

三、压榨部的脱水机理

纸页的压榨脱水与压榨部的结构和工作方式密切相关，同时和压榨设备的工作参数有关。加压冲量的定义为线压力除以车速，是个影响压榨效果的重要因素，必须在生产过程中加以控制。以下结合压榨部结构介绍纸页的压榨脱水机理。

1. 压榨脱水的阶段及压力分布

压辊之间的接触区域称为压区。从湿纸和毛毯在进压缝开始接触的地方算起，到出压缝两者分开时为止，两个压辊的水平距离为压区宽度，见图 6－1。以上下压辊中心线为界，将压区分成两个部分：进压缝的一侧称为第一区，出压缝的一侧称为第二区。压区横断面见图 6－2。

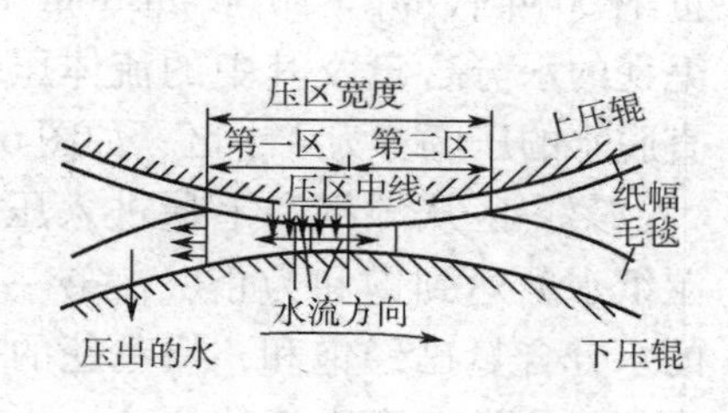

图 6－1　压区宽度

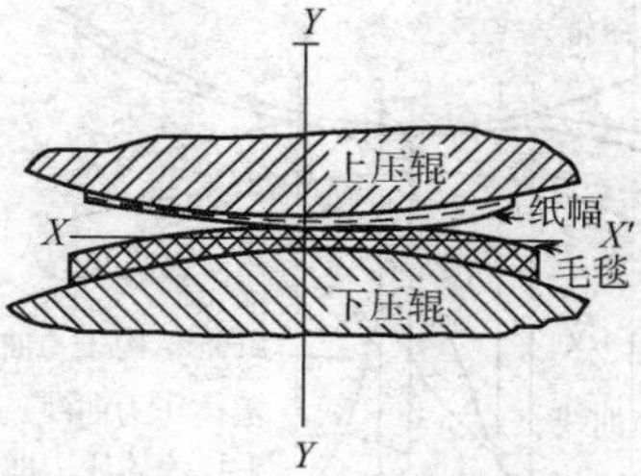

图 6－2　压区横断面

Mr. E. J. Justus 从流体压力梯度分布的角度提出压榨脱水机理。该理论认为：压榨时，压区的压力主要由机械压力和流体压力两部分组成，如图 6－3 所示。

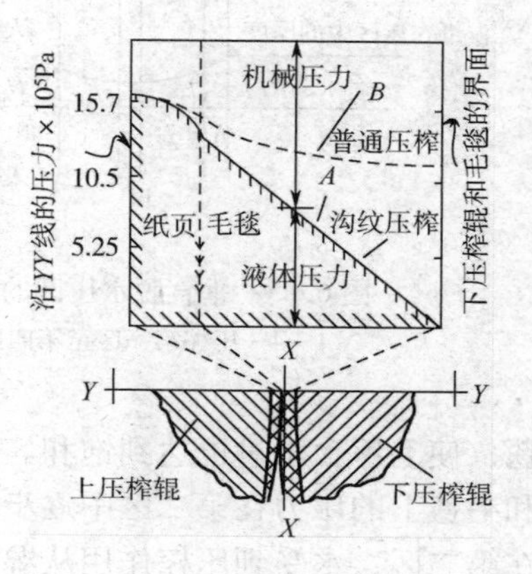

图 6－3　压区压力分布图

普通压榨时，下压辊是平辊，毛毯和下压辊的界面没有水流通过，压区中除了机械压力以外，还有流体压力。见图 6－3 中曲线 B。压榨时，水流的脱出动力来源于压区压力。水从湿纸向毛毯转移时，由于水在毛毯的垂直方向无法流动，所以压区的流体压力曲线斜率在整个毛毯厚度方向逐渐下降。因为通过纸和毛毯的水的压力梯度变小，所以通过毛毯的水量也必然减少。

普通压榨时，压区的压力梯度较小，主要的压力梯度与压区相垂直，沿 $X—X$ 方向，即从湿纸中压榨出的水沿着水平方向流动。因此水流需在毛毯上流经第一压区很长一段距离才沿下压辊辊面排除。经过毛毯的路途愈长，压力梯度越小，流体流动速度越低，排除水量也就越少。总压区压力由流体压力和压缩压力两部分组成，换句话说，也就是压区中的总压力是流体压力和压缩压力之和。

2. 横向脱水机理

横向脱水指的是平辊的压榨脱水原理。湿纸中压榨脱出的水横向逆着毛毯运行的方向透过毛毯流动，如图 6－4 所示。由于水流速度低，流经毛毯的距离长，因此流动阻力较大，流动速度梯度较小。如果这时湿纸强度不大则容易出现压花，又称压溃问题。压榨所加的压力越大，压出的水越多。出现压花时相对应的压力，称为压花压力或压溃压力。压榨的脱水极限受到压花压力的限制。

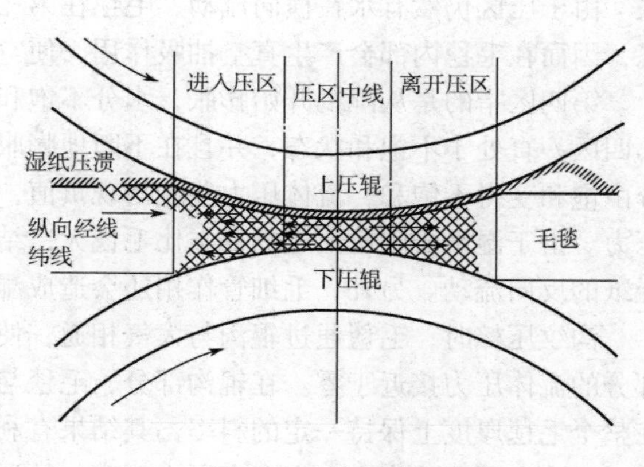

图 6－4　横向脱水

3. 垂直脱水机理

沟纹压榨、盲孔压榨、套网压榨、衬网压榨和真空压榨等压榨方式的压榨脱水与普通压

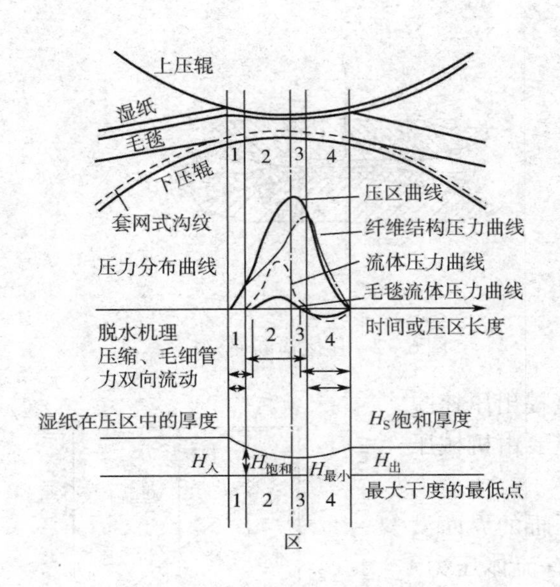

图6－5　垂直脱水压区的分区
1～4—压榨第一区至第四区

榨不同，不是横向脱水，而是垂直脱水。20世纪60年代Mr. P. B. Wahistrom等根据湿纸、毛毯的水分含量及其中的流体压力变化将垂直脱水的压区分为4个区，如图6－5所示。

第一区从湿纸和毛毯进入压区开始，到湿纸水分达到饱和为止。在第一区虽然湿纸的水分含量已经饱和，但毛毯的含水量尚未饱和，还没有产生流体压力。由于压缩的总压力逐渐增大、湿纸和毛毯都处于不饱和状态，所以从湿纸和毛毯中压出来的主要是空气。没有流体压力，水仅在毛细管作用下流动。湿纸的干度在第一区变化不大，压榨力仅用于压缩湿纸和毛毯的纤维结构。

第二区从湿纸饱和点到压区中线。压区中线处压区总压力达到最高值。在第二区，毛毯和湿纸的含水量达到饱和，同时流体压力不断增加。从湿纸中压榨出来的水进入毛毯，使毛毯含水量也达到饱和。毛毯中的流体压力，把水压至毛毯下层的空隙。作用于湿纸和毛毯上的压力在第二区中逐步增加，纸和毛毯中的流体压力在压区中线之前达到最高值。在第二区，水受到压榨作用从湿纸和毛毯中脱出。在毛毯含水量尚未饱和以前，湿纸中的水受毛细管作用进入毛毯。

从压力曲线最高点到纸的最高干度点之间为第三区。在第三区，总压力逐渐下降。湿纸结构压力增长到最高点对应于湿纸干度的最高点，相当于湿纸中流体压力为零的一点。这表明在压区中线之后，湿纸和毛毯之间有一个压力梯度。

第三区也是压辊缝口扩张的部位。在第三区纸幅仍受到压缩作用，但毛毯得到充分膨胀。由于压区仍然有水在横向流动，毛毯在第三区的一小部分被水饱和，此后变成不饱和状态，因而在毛毯内部会产生真空抽吸作用，使空气和水经过沟纹或网套返回毛毯。

第四区指的是从湿纸开始膨胀，水分不饱和到它离开压区为止的这段区域。压榨毛毯在第四区一直处于不饱和状态，并且在不断地膨胀。在第四区，纸和毛毯均发生膨胀，湿纸水分由饱和变得不饱和，流体压力曲线出现负值，从而导致湿纸和毛毯的组织结构压力高于总压力。由于湿纸膨胀所形成的真空比毛毯大，结果造成空气和水进入毛毯和毛毯中的水进入湿纸的反向流动。另外，毛细管作用还会造成湿纸和毛毯或它们之间产生水分的重新分配。

沟纹压榨时，毛毯通过辊沟与大气相通，使界面上的流体压力降至大气压力。压区辊沟部分的流体压力接近于零。在辊沟部分，毛毯与沟纹辊界面上的水能够流动，流体压力曲线在整个毛毯厚度上保持一定的斜率，其结果有利于湿纸中的水流经毛毯由辊沟排除。沟纹压榨时，水在压区垂直方向有一个压力梯度。从湿纸中压榨脱出的水，通过毛毯经辊沟排去的途径比较短，压力梯度也比普通压榨要大得多，因此流体流速大，易于脱水。真空压榨在眼孔位置的脱水机理近似于沟纹压榨，眼孔之间部分的脱水机理则接近于普通压榨。

第二节　压榨辊的类型及组合

一、压榨辊的类型

（一）普通压榨

普通压榨有时候又称平压榨。它的上辊是花岗石辊或人造石辊，下辊是包胶辊，常用在低速造纸机，尤其是抄造高级纸和电容器纸等特种用纸的低速造纸机上。普通压榨的组成和布置可参见图6－6。

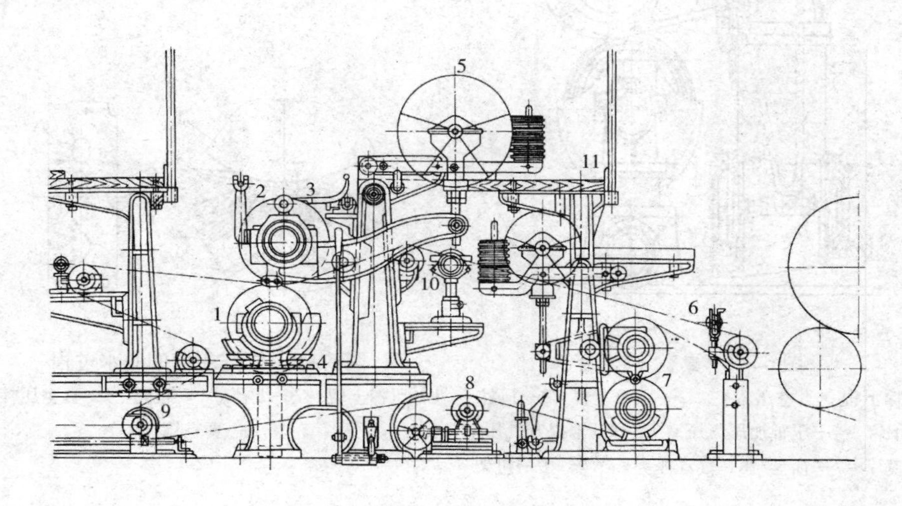

图6－6　普通压榨

1—包胶的压榨下辊　2—花岗石压榨上辊　3—刮刀　4—承水盘　5—压辊的加压抬辊装置
6—毛毯　7—毛毯洗涤压榨　8—毛毯校正器　9—毛毯张紧器 10—毛毯真空吸水箱　11—走板

在普通压榨上，压榨上辊的中心线相对于下辊有一定的偏移（不位于同一铅垂面内），偏移的方向与纸幅进入方向相反。压辊的这种布置方法是为了使压区挤出的水较易排除。偏移量通常为50～100 mm。车速较高，压辊直径较大时，偏移量较大一些。在同一台造纸机上，压榨部内较前的压榨的偏移量通常也较大一些。此外，在普通压榨上，压榨前的一个导毯辊通常都是高于压辊的压区位置，使毛毯是向下倾斜地进入压区。这样的布置可以使湿纸幅先和上辊接触，减少压区前水层对纸幅的回湿，避免毛毯和纸幅间有空气被带入压区。同时，为了防止毛毯和纸幅间有空气，在作为第一压榨的普通压榨，压区前的部位还常设置有毛毯真空吸水箱来吸走纸与毛毯间的空气。

（二）真空压榨

真空压榨的下辊是真空吸水辊，上辊通常是花岗石辊。真空压辊的结构和真空伏辊类似，只是辊面开孔率较低，小孔的直径较小，而且辊筒是包胶的。一般的真空压榨的布置及其附属设备和普通压榨相似，只是压榨上辊中心线相对下辊向前偏移50～60 mm。一种常用的真空压榨的结构如图6－7所示。

目前，除去抄造某些特殊纸种的造纸机外，真空压榨几乎在所有的较大型造纸机上取代了普通压榨，在高速造纸机上更是毫无例外。真空压榨被广泛地使用在各种中速和高速造纸机上作第一压榨（第二压榨往往仍可采用普通压榨）。在生产新闻纸、牛皮纸等的高速造纸机上，包括传递压榨在内的三道压榨均采用真空压榨。和普通压榨比较，真空压榨可以从湿纸中脱去更多的水，也较少压溃纸幅，沿横幅宽度上脱水比较均匀，毛毯较能保持稳定的良好状态。

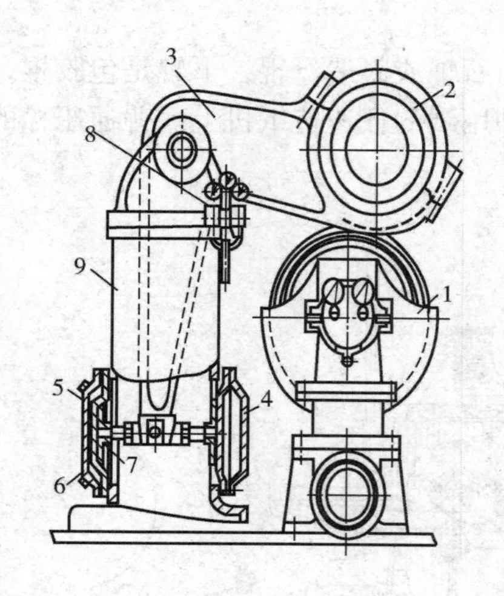

图6-7　真空压榨

1—压榨下辊（真空压辊）　2—压榨上辊　3—压榨上辊轴承臂　4—压辊加压气压室　5—压辊提升气压室　6—膜片　7—顶盘　8—气动压力调节器　9—机架

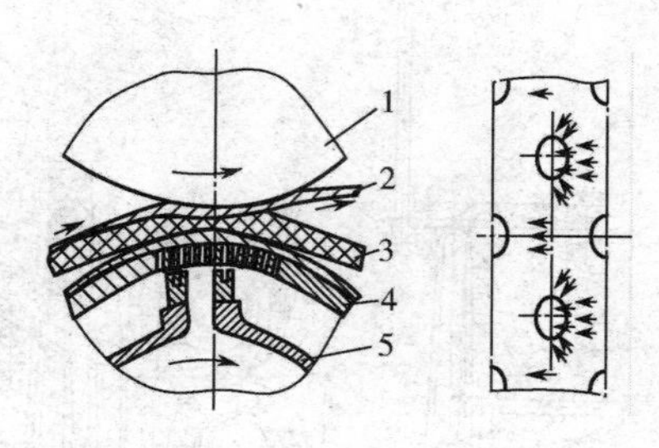

图6-8　真空压榨的脱水过程

1—压榨上辊　2—纸幅　3—毛毯　4—真空压榨辊　5—真空箱

湿纸幅在真空压榨上的脱水过程如图6-8所示。当湿纸幅通过真空压榨的压区时，由于纸幅被上辊紧紧压住，真空抽吸力并不对纸幅直接发生作用，湿纸幅仍是在压力作用下脱水的。所以真空压榨的脱水动力和普通压榨是相同的。真空抽吸力的作用主要是把聚集在压区前侧的水吸掉，并使毛毯保持良好的滤水性能。真空压榨脱水的特点在于压区内水分的排除方式。压区内被挤压出的水分，可以经过不大的水平移动后，垂直地进入吸水辊的辊面小孔中。因为排水距离短，水流阻力较小，因而真空压榨有较高的脱水效能。

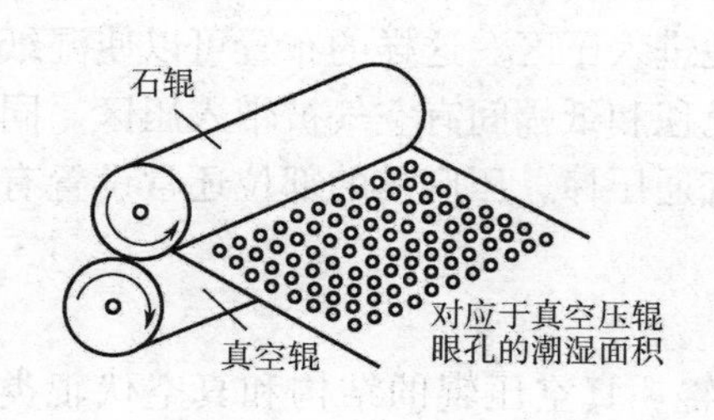

图6-9　影痕图

因为辊面上的小孔主要是一种排水渠道，所以在具有相同开孔率的条件下，采用较小开孔直径的真空压辊具有较好的脱水性能。小孔直径较大时，位于小孔处纸幅受到的压力较小，纸幅湿度偏高，容易在纸幅上引起真空压榨特有的孔痕（迎光看时，纸幅内有与小孔位置相对应的斑痕），如图6-9所示。目前常用的小孔直径为5 mm左右，但也有采用孔径小至2.8 mm辊筒的实例。

真空反压榨的作用是为了减少纸幅两面平滑度的差别。但是，由于真空压榨上不存在压榨排水问题，压辊的布置就灵活一些，压辊不一定要作上下垂直排列。在某些造纸机上，真空反压榨的上辊倾向烘干部，与下辊作倾斜布置；也有采用水平布置的形式，使湿纸幅垂直地引入压榨的压区。

（三）沟纹压榨

典型沟纹压榨的结构和布置与普通压榨相类似，只是采用了表面有很多沟纹的辊筒作为压榨下辊。使用沟纹压辊时，可以提高压榨的线压力而无压溃和产生印痕的危险，压榨后的纸幅干度高而且脱水均匀。在某些高速造纸机上，沟纹压榨部分地取代了真空压榨。此外，沟纹压榨适用于旧纸机普通压榨的改造，不需要添设真空系统及其动力装置，既方便，又经济。

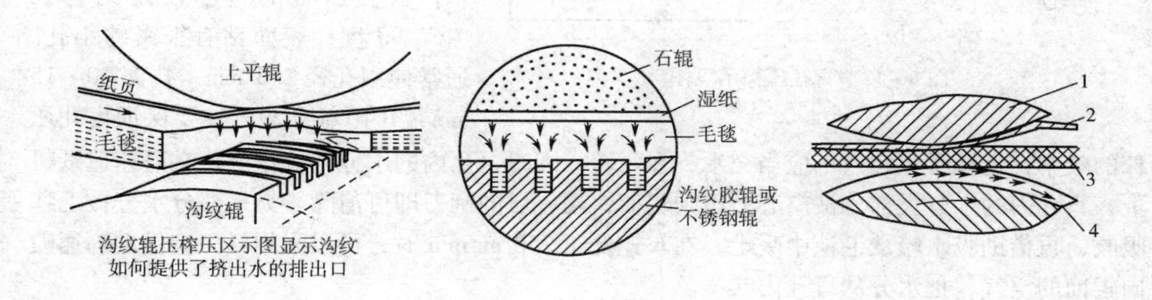

图 6 - 10　沟纹压榨的脱水原理示意图
1—压榨上辊　2—湿纸幅　3—毛毯　4—沟纹压辊的辊面沟纹

沟纹压榨的脱水原理如图 6 - 10 所示。下压辊的辊面有很细密的、环形或螺旋形的沟槽。这些沟槽为压区内被挤压出的水分提供了排泄渠道。沟槽使压区的下方与大气相通，压区内的水分可以沿着垂直的或接近于垂直的方向穿过毛毯进入沟槽。水分在毛毯内所需横向（水平）移动的距离不大于沟纹间距离的一半，流阻较小，使压区的排水有比较理想的条件，这是沟纹压榨具有较高脱水效能的主要原因。

（四）分离压榨

压榨的脱水原理是基于把水分从湿纸幅转移到毛毯，再把毛毯中的水分压掉。毛毯的含水量对压榨的影响十分重要。尤其在使用定量大的厚实毛毯和使用双毛毯压榨的情况下，降低毛毯的含水量会使压榨后纸幅干度明显地提高。

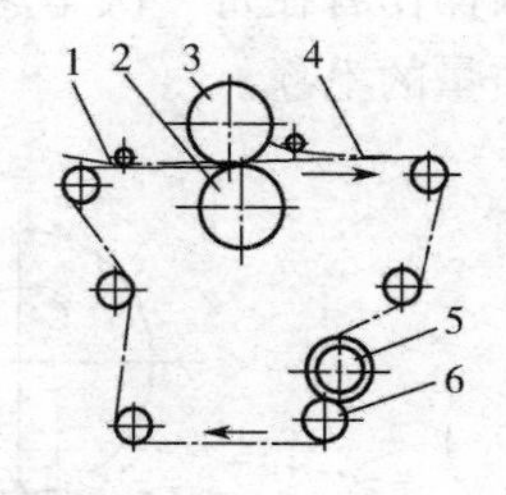

图 6 - 11　分离压榨示意图
1—毛毯　2—包胶压榨下辊　3—花岗石上辊　4—湿纸幅　5—包胶真空毯压辊　6—硬质毯压辊

分离压榨就是把湿纸幅的脱水和毛毯的脱水分离开来，并分别在两个压榨上完成。如图 6 - 11 所示，湿纸的脱水在一组普通压榨上进行，而毛毯的脱水和处理则使用单独的真空压榨。显然，这种压榨比较复杂，但它可以使用较高的线压力，压区前没有聚集的水层，也没有真空压榨高负荷下容易在纸幅中引起孔痕的问题。

（五）盲孔压榨

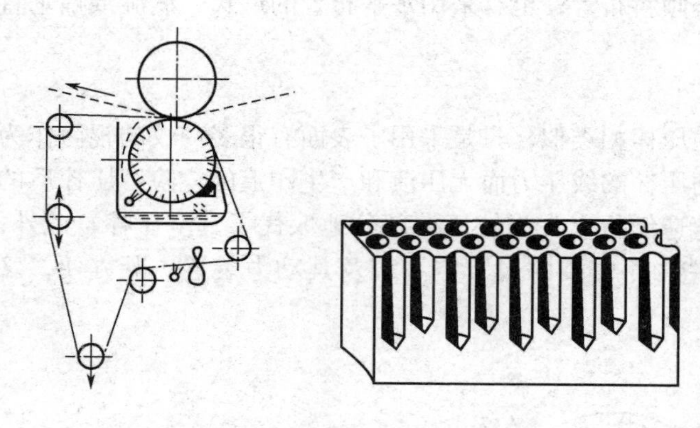

图6-12　盲孔压榨示意图

从压榨的压区内需要排水渠道的观点来考虑，真空压榨在压区内的排水不是真空抽吸力造成的，而是由于辊面存在大量小孔的缘故。因此，就尝试用盲孔压辊代替结构复杂并需要大量动力消耗的真空压辊。盲孔压榨的布置如图6-12所示。盲孔压辊的包胶硬度约肖氏“A”90度，表面钻有很密的小孔。通常使用孔径2.5 mm，孔深10~15 mm，开孔率约29%。要保证盲孔压榨的效率，运转时小孔内不应当充水，在每转一圈时，孔内的水分都应排空。在高速造纸机上，盲孔内的水分大部分被离心力甩到辊面，用一般的刮刀即可清除。另一部分水分被毛毯吸收，再借助吸水箱从毛毯中吸走。在车速低于250 m/min时，可以采用气刀，借助高速喷向辊面的空气，把水分从盲孔内吹出。

（六）高强压榨

高强压榨（见图6-13）的压区是由花岗石辊和一个小直径的不锈钢沟纹辊组成，由于压区很窄，能产生相当高的压强。同时，窄小的压区有利于水分的排除和缩短压区后半部纸幅与毛毯的接触时间，从而减少毛毯对纸幅的回湿作用。生产规模试验表明，高强压榨在纸幅定量变化很大范围内均有良好脱水效果，在幅宽上的脱水匀度好，并能纠正纸幅横向湿度波动。

高强压榨上的小直径不锈钢辊通常称高强辊。设计中要十分注意选用其直径（通常为75~250 mm）和沟纹的形式。高强辊位于花岗石上辊和包胶底辊之间，如果位置调整恰当，它会在所有外力均相互平衡的状态下转动（去掉高强辊的支承后仍能保持其平衡状态）。所以要求操作者在每一次车速或负荷变动时，要对高强辊位置细心加以调整。高强压辊要求使用高质量的毛毯。

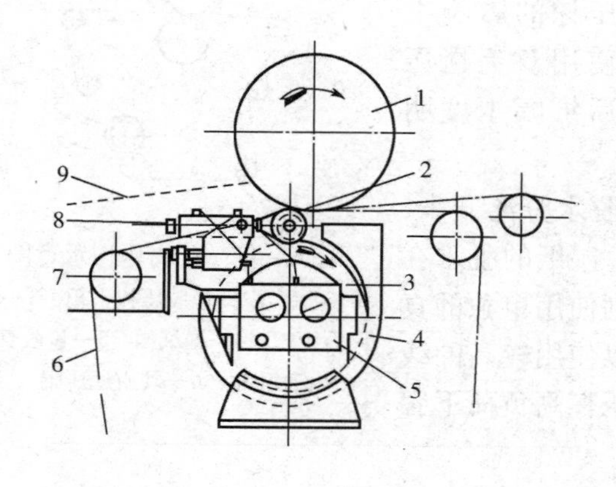

图6-13　高强压榨示意图

1—花岗石辊　2—高强辊　3—包胶底辊　4—承水盘　5—挡板　6—毛毯　7—调节棘轮手柄　8—液压缸　9—湿纸幅

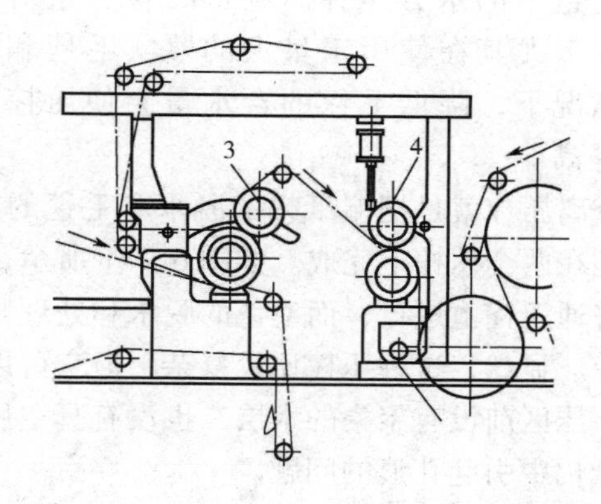

图6-14　平滑压榨示意图

（七）平滑压榨

平滑压榨往往又被称为光泽压榨，它没有压榨毛毯，不起脱水作用，如图6－14所示。平滑压榨的下辊通常包铜，上辊包胶。湿纸幅通过平滑压榨时，较粗糙的网面与平滑的金属面接触，可以减少纸幅两面平滑度的差别，同时使纸幅紧度提高。据称平滑压榨可以改善纸幅与烘缸表面之间的热传导，能够减少需用烘缸数量的3%～5%。

纸幅通常是呈直线地通过平滑压榨。用压缩空气或引纸绳递纸时，没有引纸的困难，可以在各种车速的造纸机上应用。平滑压榨要求浆料的清洁度高。如果浆料中的砂粒和树脂等杂质的含量较高时，平滑压榨的包胶辊很快便被这些杂质黏住，失去平滑的表面，从而被迫停用平滑压榨。

（八）靴式压榨（宽压区压榨）

20世纪80年代初推出的新型压榨，即宽压区压榨，也称为靴式压榨或靴形压榨。这种压榨有很宽的压区，纸页在高压力下有较长停留时间。该压榨更有利于纸幅的固化，使去干燥部的纸页更干更强韧。关键性部件是固定的靴形加压板和不透水的合成胶带，它们组成双毛毯压区的底部。靴形板用润滑油连续润滑，其作用好似胶带的“滑动支撑面”。

由于压力可维持很长时间（直至传统压辊压榨的8倍），这就实现了脱水方面的一个重大跃进（见图6－15）。靴式压榨到目前为止，主要用于高定量纸种（挂面纸板和瓦楞芯纸）。将靴式压榨的原理应用于低定量纸种时，上辊挂面层要有良好的“不黏纸”性能，允许单毛毯运行和能经得起压榨的加压，并可获得高纸页干度和良好的纸幅固化性能。图6－16是其中的一种形式。该装置下辊有一个转动壳体、固定轴和液压靴形板。带抗扰控制的液压承托辊在液压靴形板的对面运行，最大加压负荷相当于980 kN/m。

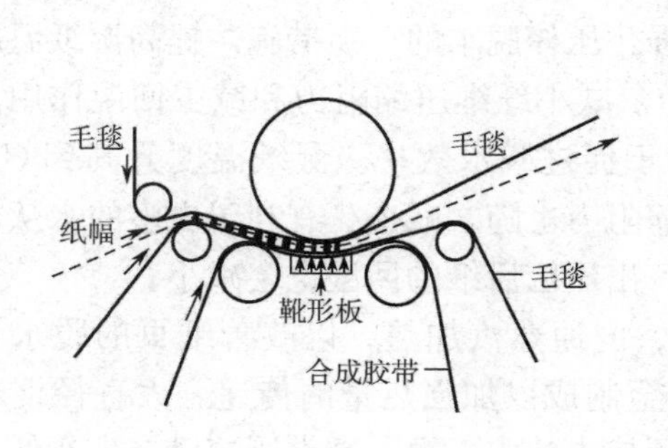

图6－15　宽压区压榨装置

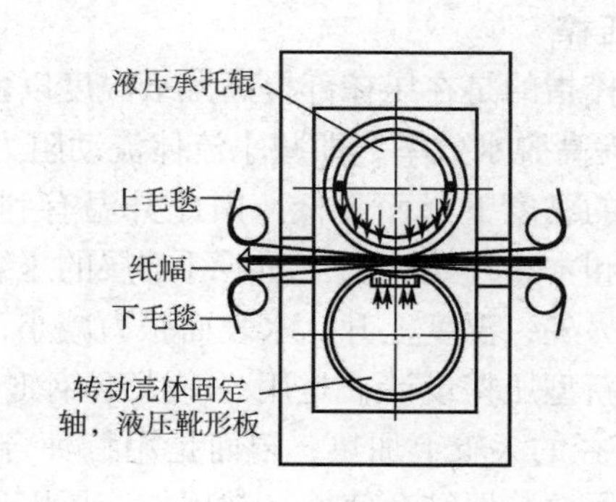

图6－16　Flexonip压榨（Voith公司）

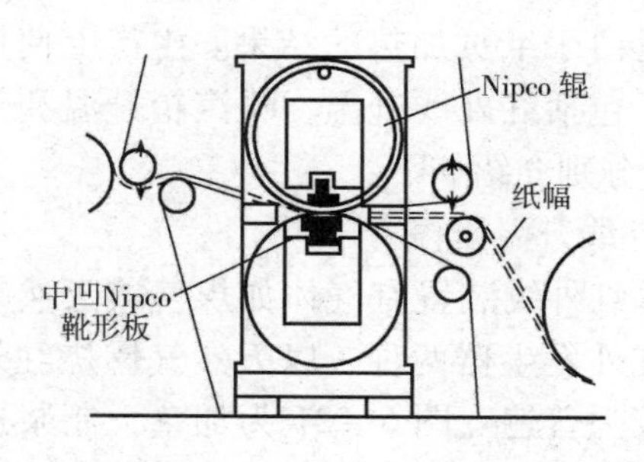

图6－17　Intensa压榨（Sulzer Escher Wyss）

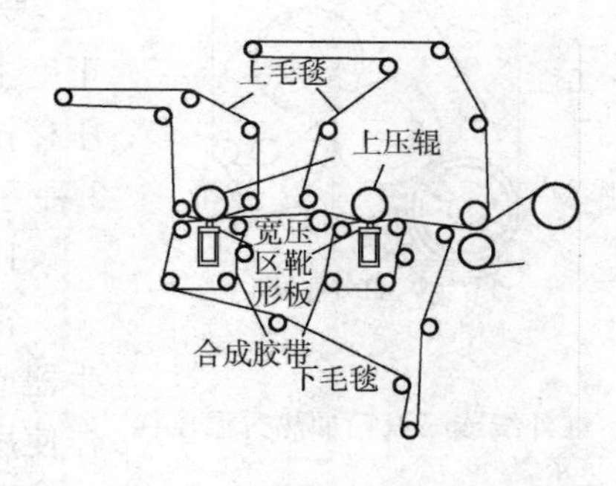

图6－18　串联式宽区压榨（Beloit公司）

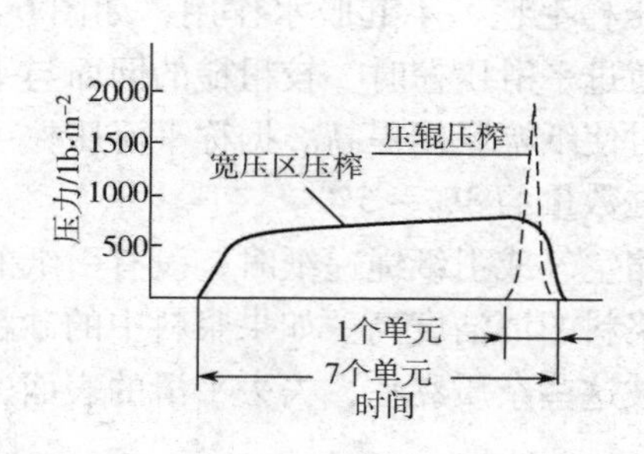

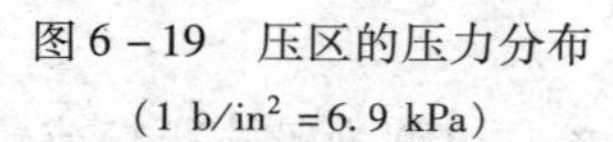

图 6－19 压区的压力分布
（1 b/in^2 =6.9 kPa）

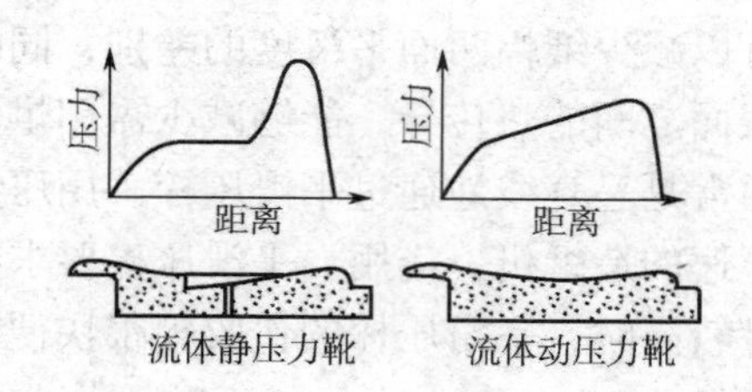

图 6－20 油压槽对线压分布的影响

另一种靴式压榨，包括一个含中凹靴形板的柔性辊壳的下辊，其上辊为抗挠辊。该压榨简图示于图 6－17。不少工厂安装了两台串联的靴式压榨。串联靴式压榨的出口干度，比靴式压榨后面接一个或几个辊式压榨的干度要高出 3%～4%。

图 6－18 所示为典型的靴式压榨，其特点是简单、可靠。压榨靴全部使用液体动力润滑，并保证最佳的线压分布（见图 6－19 和图 6－20）。其特点是脱水前压力急剧上升，紧接着在脱水期压力较平稳地上升到相对低的最大压力。在出压区时压力又急剧下降以防止回湿。这种靴式压榨由被隔离层隔离的中凹状的顶部和刚性的底部组成，隔离层是一种复合结构，它可防止压榨靴由于进压区时的冷区和出压区时的热区所引起的热变形。因为油变热，在润滑区引起的热变形是不可避免的。

（九）热压榨

热压榨指的是在压榨部提高湿纸温度以强化压榨脱水的一项措施。提高湿纸温度可以从 3 个方面提高脱水效率，即减小流体流动阻力、减小纤维压缩阻力和减少回湿作用。流动阻力随着水的黏度下降而降低，因此升温有利于促进脱水效率。湿纸温度升高到 60～65℃，半纤维素和木素开始软化，湿纸纤维层的压缩阻力也随之减小。有利于更多的水从压区中压榨脱除；另外，温度上升，水表面张力减小，出压区后纸的回湿也会减小。

这种新型压榨设计，是用一个大型钢辊，内通蒸汽加热，以改善纸页的脱水。纸页在 2～3 m 直径的大辊上加热，辊面是用特种合金制成以加强热量的传递。大直径钢辊可与各种不同的压榨装置结合使用。常用作三压区压榨中的中心辊。这类压榨已在生产低、高定量纸种的纸机上使用。典型的压榨加压为 140～175 kN/m。要求出口纸页干度为 52%～56%。这样高的纸页干度主要是由于纸页加热的结果。生产上使用的升温压榨技术，包括红外线升温、喷汽箱升温和热缸升温 3 种方法，分别介绍如下。

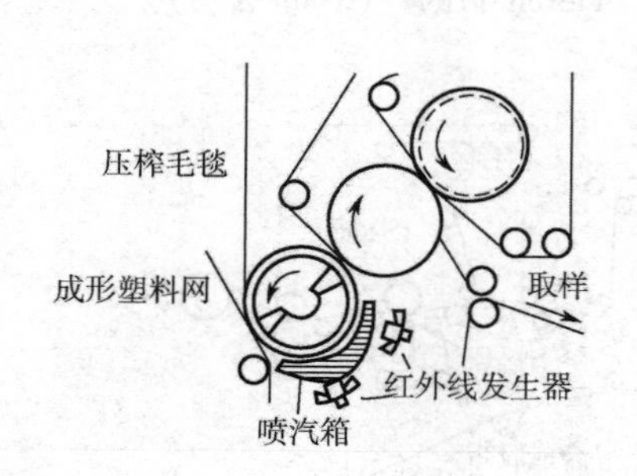

图 6－21 红外线或喷汽箱加热升温压榨

1. 红外线升温压榨

常用的红外线装置有气体如煤气或天然气燃烧发生器或电红外发生器两种，以天然气燃烧红外线发生器使用的较为普遍。图 6－21 为加拿大制浆造纸研究所实验纸机使用的天然气燃烧产生红外线和用喷汽箱进行升温压榨的工作示意图。红外线发生器和喷汽箱安装在实验纸机的三辊双压区复合压榨中，真空引纸辊真空室的外缘位置，加热升温后的湿纸进入第一压区进行升温压榨。

对比试验证明红外线升温压榨的效果不如喷汽箱升温压榨。原因是红外线发生器所提供的热量不如喷汽箱多，而且红外辐射时从纸面蒸发出来的蒸汽可能重新在湿纸上凝结，所以红外线发生器的升温脱水效果不及喷汽箱。普通长网纸机的红外线加热器多装在第三道反压的部位。

2. 喷汽箱升温压榨

喷汽箱升温压榨的工作原理是用喷汽箱直接喷射高压蒸汽以提高压榨时的湿纸温度，以提高压榨脱水效率。喷汽箱的蒸汽不应直接冲击湿纸，以免破坏纸页结构。喷汽箱一般安装在真空引纸辊真空室的外缘，也可以安装在网部后面的几个真空箱的上面和其他相关部位，如图 6－22 所示。

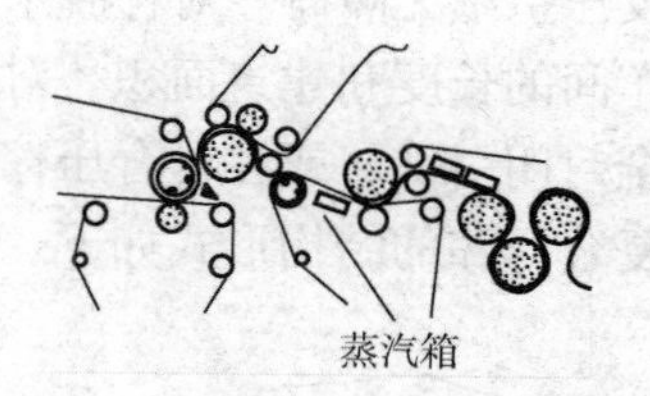

图 6－22　配有蒸汽箱的文化纸机压榨部

实践表明利用喷汽箱对湿纸进行加热升温压榨是降低干燥成本和提高纸机车速的行之有效办法。借助于控制喷向湿纸的蒸汽量，还可以改善纸的横幅水分均匀性。可以将喷汽箱分隔成若干室，每室的蒸汽流量由气动阀分别控制，从而控制横幅水分的均匀性。阀门可由人工控制，亦可用电子计算机自动控制。喷汽箱每室宽为 75～300 mm，常用 150 mm。

一台大烘缸薄页纸机车速为 1250 m/min，生产定量为 18～22 g/m^2 的薄纸，采用喷汽箱升温压榨后，车速提高了 15%，干纸蒸汽用量为 0.17 t 蒸汽/t 纸，节约蒸汽 14.5%。喷汽箱横向共分 12 室，用电子计算机控制蒸汽流量，纸的横幅水分偏差从 4.5% ～10.9% 减小到 6.2% ～7.9%，而平均水分从 5.0% 改善为 7.0%。

3. 热缸升温压榨

瑞典某公司根据三辊双压区复合压榨的原理研究开发出一种热缸升温压榨装置，如图 6－23 所示。这套装置是将三辊双压区复合压榨的中央石辊换成一个蒸汽加热的大烘缸，缸内通入压力高达 0.3 MPa 的蒸汽。升温压榨时，热缸的操作温度保持在 80～100℃之间。

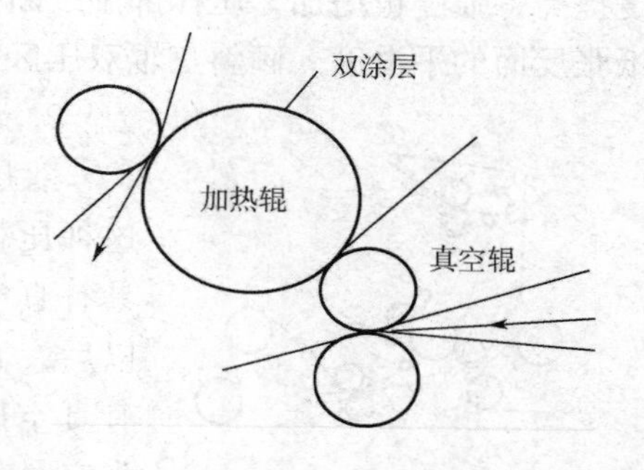

图 6－23　三压区排列的中间试验 HRP

热缸是一个直径为 1.5～3.0 m 的铸铁扬克烘缸，为了避免湿纸中的纤维黏缸，铸铁烘缸上喷镀一层抗腐蚀、耐磨、导热性能良好的特种合金。同时烘缸上装有两个摆动刮刀以保持缸面清洁。加热烘缸的直径大小，取决于纸和纸板的类别、定量以及纸或纸板机的车速。

在热缸升温压榨中，左、右两压区压辊的挂面胶层为 10～15 勃氏硬度，压辊可用沟纹或盲孔压辊。湿纸在热缸的两个压辊之间，包覆 180°～250°。压区的操作线压为 800～2800 N/cm。第一压区的线压约为 800～1400 N/cm。第二压区的线压力约为 1100～1800 N/cm。为了防止压榨胶辊的热积累影响胶层硬度，压辊内部可以通水冷却。

第一台热缸升温压榨于 1983 年 10 月正式投入运行。热缸升温压榨，可以大大节省烘缸部的蒸汽用量，正常情况下可节约蒸汽消耗量达 0.1 ~ 0.25t/t 纸。热缸升温压榨有如下优点：a. 压榨出纸干度可提高至50%或更多。b. 进烘缸部的湿纸干度大、温度高，可节省干燥纸的蒸汽消耗，降低成本。c. 改善成纸的质量。

二、复合压榨

复合压榨指的是由多个压辊构成的多压区压榨，实际上也是一种多辊压榨的组合。复合压榨有以下几大特点：高压榨部的脱水效率和进烘缸部纸的干度。压榨部的损纸易于处理，反压引纸无障碍。对称脱水，有利于减小纸幅的两面性。缩短纸机压榨部的长度。节省造纸车间的长度和建筑面积。对纸种的适应性好，适应于高速纸机。引纸简单。复合压榨能做到全封闭引纸，或在复合压榨之后开放引纸。可以减少纸机湿部断头的次数，提高纸机车速。复合压榨的结构形式如下。

1. 倾斜三辊双压区复合压榨

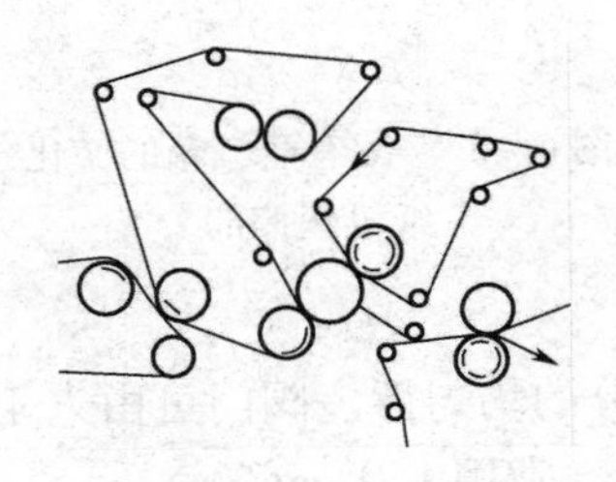

图 6－24　倾斜三辊双压区复合压榨

倾斜三辊双压区复合压榨有 3 个倾斜安装的压辊，其中下面为真空辊，中间为石辊，上面为沟纹辊。真空引纸辊将湿纸吸引到引纸毛毯上，然后传送到复合压榨的第一压区，受到真空压榨。湿纸随石辊转入第二压区，受到沟纹压榨。湿纸在第二压区受到压榨脱水作用的同时，提高纸反面的平滑度。湿纸经过两个压区的压榨脱水，干度增加、强度提高，然后经开放式引纸进入下一道沟纹辊压榨。湿纸经过两次压榨，大大减轻了网印，经过最后一道沟纹压榨，纸的平滑度也有所提高。

这种三辊双压区复合压榨的优点是在开放引纸之前，湿纸已经过两个压区脱水，纸的干度提高，强度也增加，压榨部湿纸断头的机会大大减少。同时可以减轻纸幅上的网印，提高纸张反面的平滑度。倾斜三辊双压区复合压榨的工作原理如图 6－24 所示。

2. 双压区紧凑复合压榨

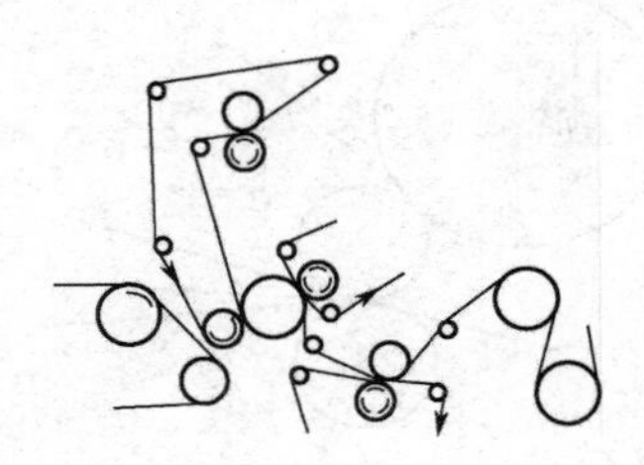

图 6－25　双压区紧凑复合压榨

双压区紧凑复合压榨是一种倾斜三辊双压区复合压榨。这种压榨的特点是左下方的真空辊内也有两个真空室，分别具有真空引纸和真空压榨的功能。湿纸从伏辊处的网上剥离以后，直接贴在毛毯上进入第一压区。所以真空引纸辊还兼有真空压榨的作用。这种双压区紧凑复合压榨适用于生产纸张定量较大的高速纸机和纸张定量较小的超高速纸机，如图 6－25 所示。

3. 水平三辊双压区复合压榨

水平三辊双压区复合压榨，也称之为双单一压榨，左边的真空辊具有真空引纸作用，同时与中间压辊组成第一道压榨的压区。中间压辊和右边衬网压榨形成第二个压区。当湿纸的干度较高时，开放式引入第三道衬网压榨。

4. 四辊三压区复合压榨

四辊三压区复合压榨有四个辊三个压区，如图 6－26 所示。湿纸经过三个压区压榨脱水，提高到比三辊双压区复合压榨更高的干度以后，才开放引纸进入光泽压榨，压榨部湿纸断头的机会自然也就更少了。

复合压榨又称为组合压榨、复式压榨或多压区压榨。复合压榨开发于20世纪60年代中期，适应于各种类型纸机。目前复合压榨的类型有几十种之多。

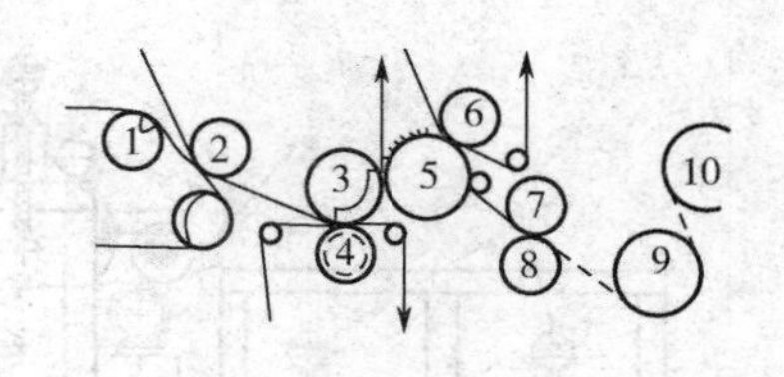

图6－26　四辊三压区复合压榨

1—真空伏辊　2—真空吸引辊　3—真空压辊　4，6—沟纹辊　5—平压辊　7，8—光泽压辊　9，10—烘缸

三、压榨部的一般布置实例

普通长网造纸机压榨部是用2～5道双辊式压榨适当排列而成。所用的压榨形式和辊数取决于纸种、浆种和车速等因素。一般来说，普通压榨（平压榨）用在低速造纸机上。真空压榨等效能较高的压榨主要用在中、高速纸机上。第一压榨的脱水量最大，且毛毯易弄脏，应优先考虑使用真空压榨并加强毛毯洗涤装置。当松厚度和低密度是纸的主要指标时，压榨部上应设置较多道数的压榨辊，从而避免在压榨中使用过高的压力。纸的平滑度和表面质量要求高时，压榨部上应设置反压榨，必要时再装设平滑压榨。造纸机用游离浆造纸时，压榨的道数较少，使用线压力较高。生产黏状浆所抄造的纸时，湿纸幅容易被压溃，压榨的道数应多一些，而压榨辊的线压力则应逐道地提高。

图6－27是一台中速防油纸造纸机压榨部的示意图。该压榨部由一道真空压榨、二道普通压榨和一道反压榨组成。湿纸幅自伏辊处的成形网表面剥离后，借助于一压和成形网之间的牵引从网部传递到压榨部。湿纸幅在一压脱水后黏附到压榨上辊表面上。再由二压和一压之间的牵引而把从一压上辊表面剥离下来的湿纸幅送入二压脱水。如此继续在以后各压榨辊上传递和脱水，直到纸幅通过压榨部后进入干燥部。

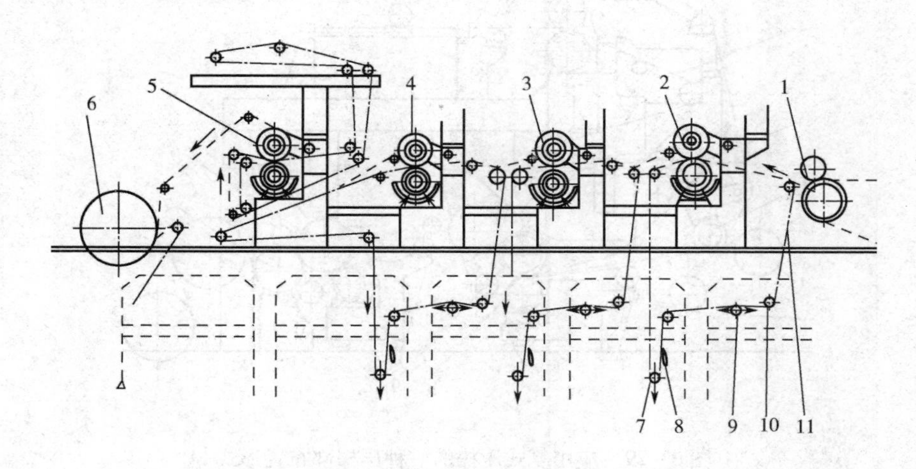

图6－27　防油纸造纸机压榨部布置的一种形式

1—伏辊　2—真空压榨　3、4—普通压榨　5—反压榨　6—干燥部的烘缸　7—毛毯张紧器　8—毛毯洗涤装置（匣式洗涤器）　9—毛毯校正器　10—导毯辊　11—毛毯

图6－28是一台中速新闻纸机压榨部示意图。它是由真空吸移装置和两道真空压榨组

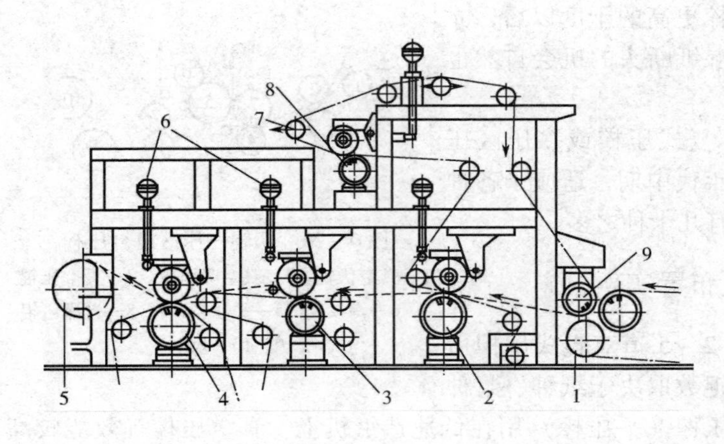

图 6－28　中速造纸机压榨部的一种布置方式

1—驱网辊　2—传递压榨　3—真空压榨　4—吸风式真空压榨　5—烘缸　6—压榨上辊的加压提升装置　7—毛毯张紧器　8—毛毯洗涤装置（真空毯压榨）　9—真空吸移辊

成。湿纸幅的真空吸移装置是高速造纸机上普遍用来消除伏辊处纸幅断头的纸幅传递装置。

现代化的大型造纸机压榨部上，广泛使用复式压榨（通常是两个以上的压辊组合起来的多压区的压榨），这就加强了压榨的脱水，提高了纸的质量并简化了压榨部的操作。但压榨部的结构变得较为复杂，其上部往往成为造纸机上最高的一部分。图6－29是一种所谓“对称脱水压榨部”的布置示意图。如图所示，湿纸幅被真空吸移辊吸离网子后，进入三辊式的复式压榨。在这里，湿纸幅连续两次被压榨脱水后已具有较高的湿强度，可以比较安全地从石辊表面剥离和传递到第二道复式压榨。在第二道复式压榨上，湿纸幅的一表面与石辊接触，从纸幅的另一面进行脱水。复式压榨上广泛使用直径较小的可控中高沟纹压辊。

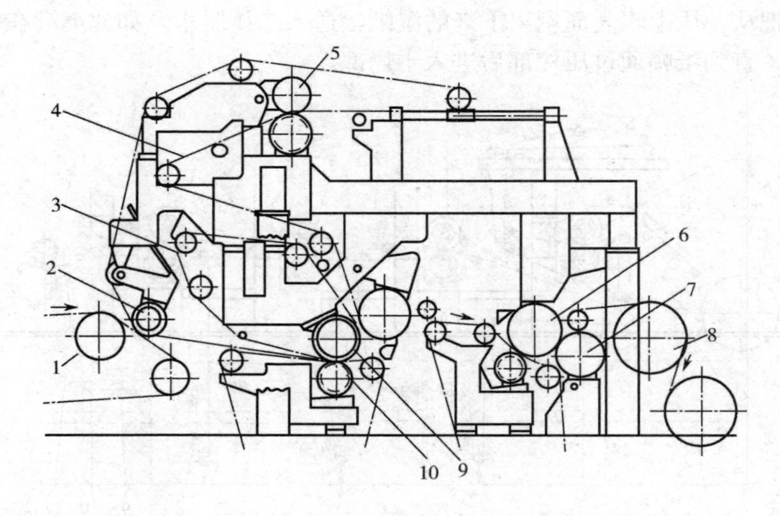

图 6－29　应用复式压榨的一种压榨部布置形式

1—真空伏辊　2—真空吸移辊　3—网毯压榨的衬网　4—毛毯　5—毯压　6—石辊　7—平滑压榨辊　8—烘缸　9—真空压辊　10—沟纹压辊

第三节　压榨部的操作

一、湿纸页的传递

将湿纸从伏辊处成形网上揭下来并传递到压榨部有两种方式。一种是开式引纸，另一种是闭式引纸。闭式引纸包括黏舐引纸和真空引纸。采用何种引纸方式取决于车速和产品的定量。

（一）开式引纸

为了克服老式纸机不适应真空伏辊的高速纸机的要求，发展了压缩空气引纸设备，如图6-30所示。

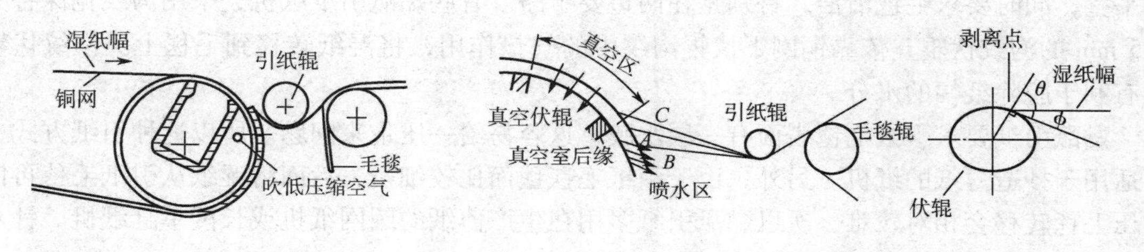

图6-30　压缩空气引纸　　图6-31　湿纸剥离点

湿纸幅离开伏辊的位置称之为剥离点。湿纸在网上剥离的位置非常重要。如果剥离点位于真空伏辊的真空区，揭纸时可能受到很大的张力，容易引起湿纸的断头。但若湿纸幅经过真空区以后，进入眼孔中的水被离心力甩出的喷水区内，纸的水分增加，湿纸强度降低，也容易引起断头。所以湿纸的剥离点应当在真空区以前和喷水区以前即B、C之间。通常剥离点应略微超过真空伏辊的真空室后方边缘。这样既不会漏气破坏真空度，也不会因湿纸过度松弛而引起皱折，如图6-31所示。

为了适应湿纸黏附力、湿强度和伸长性的变化，引纸辊和以一压为首的第一个毛毯辊的位置通常是可调的。此外，湿纸与一压毛毯接触的角度对纸机正常运转也很重要。湿纸略向上爬上一压毛毯，可防止湿纸带进空气所导致的进一压的一侧发生鼓泡现象及防止压榨时发生皱折。

在开放引纸的长网纸机中，湿纸页在伏辊处剥离和传递，主要是靠伏辊和一压之间的速度差，使湿纸页受到一定的张力，从伏辊处的网上剥离下来。开放引纸依靠湿纸本身的强度，经引纸辊传递到一压毛毯上。

综上所述，在开放引纸情况下，为防止引纸断头，可以通过以下途径提高车速：a. 增加剥离角；b. 提高剥离湿纸的干度；c. 减少湿纸对网子或辊子的黏着力和调整网部的一压之间的速比。

伏辊和一压之间的引纸辊有以下几个作用：一是保证湿纸页按照最优曲线运行减少张力。二是控制湿纸幅，使其不在伏辊与一压之间产生大的抖动。三是引导湿纸页取得大的剥离角，同时，使得自我平衡机构更加起到有效的作用。自我平衡机构指的是当湿纸在网上黏着力增加时，剥离功随着增加，因此湿纸页剥离需要增大张力，而纸页剥离点则移向伏辊下部，从而使剥离角增加，因此自动减小张力而取得平衡。湿纸在网上黏着力减少时情况相反。

（二）闭式引纸

闭式引纸包括黏舐引纸和真空引纸。

1. 黏舐引纸

黏舐引纸是通过引纸毛毯将伏辊上的湿纸转移至下一道工序的引纸方式。这种引纸方法主要用于中速和生产低定量纸的纸机，例如自动引纸纸机。图 6－32 是大直径单缸纸机中的黏舐引纸方式。

黏舐引纸的优点是结构简单，纸幅网痕较轻。但黏舐引纸对操作运行要求条件很严格。黏舐引纸时，纸和毛毯的含水量很重要。黏舐引纸依靠毛毯面的水膜黏附力和毛毯转过揭纸辊产生的微弱抽吸作用来传递湿纸。因此对黏舐引纸毛毯的要求是组织结实、编织细密、毯面平整，同时要求毛毯清洁，特别是在两边要干净。有些黏舐引纸纸机，采用沟纹宽深各为 2.5 mm 的沟纹伏辊，依靠铜网下伏辊沟纹中的气垫作用，将湿纸转移到毛毯上。沟纹伏辊也有利于脱除纸幅的水分。

黏舐引纸要求引纸毛毯表面有一层水膜。这容易给一压带来问题。所以这种引纸方式主要适用于抄造薄纸的纸机。另外，由于引纸毛毯毯面比较细密，后面将湿纸从引纸毛毯再向中压毛毯转移会相对较难。所以黏舐引纸多用在生产薄纸的圆网纸机或长网单缸纸机。针对上述诸问题，发展了真空引纸。

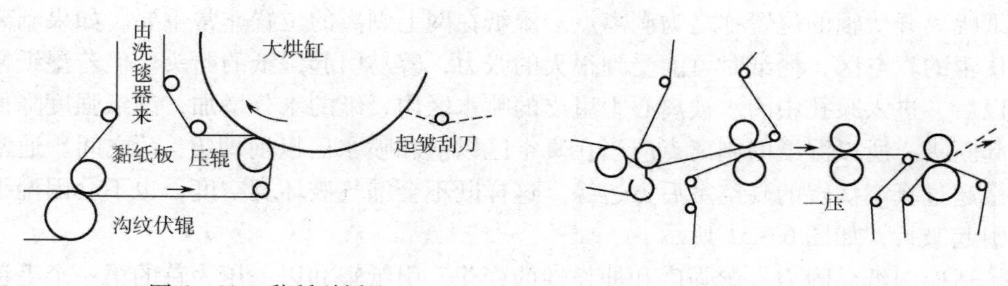

图 6－32　黏舐引纸　　　　图 6－33　真空引纸

2. 真空引纸

真空引纸适用于高速纸机和生产薄型纸的超高速纸机。真空引纸方法依靠真空作用，从伏辊处转移纸幅。真空引纸可用于伏辊到一压间的引纸，同样适用于各道压榨间的湿纸传递。图 6－33 是一种真空引纸工作原理图。

真空吸引辊装在伏辊上方或真空伏辊两个真空室之间。如果纸机网部有主传动辊，则多装在传动辊之前，位于真空伏辊与传动辊之间。理论上讲，真空引纸的引纸毛毯速度应与网速一致。毯速如低于网速，湿纸幅有可能产生皱折。反之若毯速太高，则会引起湿纸伸长，影响纸页的强度。

二、影响压榨效率的因素

纸幅压榨脱水的效率与压区压力、压区宽度、水的黏度等因素有关。同时受到其他压榨设备和工艺的影响，如配浆性质、打浆状况、压榨温度以及毛毯配置等，主要有以下几种，简单讨论如下。

（一）压榨压力

湿纸和毛毯上的压力是影响压榨脱水的主要因素。增大压榨负荷或保持相同负荷的同时减少有效压区宽度均可增加压榨压力、提高脱水效率。现代毛毯和辊子覆面能够承受较高的线压力，大直径压榨辊线压力可达350 kN/m，靴式压榨线压可达1000 kN/m，两种压榨装置可获得46%～50%的压榨干度。

压榨脱水效率与压榨比压成正比，随线压呈指数增加。提高线压，增加胶层硬度有利于脱水。加大压辊直径，则会降低比压，不利于脱水。在纸机动态压榨情况下，由于压力分布不均匀、水的流动阻力和纸的回湿等原因，一般很难达到静态压榨的纸幅干度。湿纸接触植绒纤维的部位所受到的压力最大。而在毛毯的空隙部分，湿纸仅受到较小的压力。加压的不均匀性会大大降低压榨的脱水效率。

线压增高不宜过快，应该循序渐进，在压榨初期纸页水分较高时，过快提高线压，脱水过猛，常易使纸页产生压花（不产生压花的最大脱水限量为0.75kg水/kg纸页）。因此第一压区的线压应该低些，以后依次增加，而压区宽度则应依次减少。另外，提高线压虽有利于强化脱水，但线压过高，使纸页厚度和松厚度受到影响，毛毯寿命缩短，传动功率增加。

压榨压力与纸页含水量的关系如表6－1所示。

表6－1　压榨压力与纸页干度的关系

纸种	一压		二压		三压	
	线压力/（kN/m）	出压榨干度/%	线压力/（kN/m）	出压榨干度/%	线压力/（kN/m）	出压榨干度/%
新闻纸	60	33	80	38	95	43
高级书写纸	60	37	80	41	95	43
瓦楞纸	70	37	105	41	315	46
挂面纸板（单毛毯）	70	35	105	39	175	42
挂面纸板（双毛毯）	105	38	210	43	350	46

（二）纸机的抄造速度

当车速提高时，为维持相同的脱水量，需要有更高的压区负荷。反之，对同一压区负荷，随着车速提高，湿纸脱水量将要减少。当纸机车速较高时，脏毛毯对压榨的影响将更为敏感，纸页更易压花，因此高速造纸机更需注意及时更换毛毯。

随着车速的提高，水从下压辊的甩出点将改变，因此要注意相应改变毛毯离开压区的角度，避免毛毯回湿。提高车速对纸页在压区的停留时间有明显的影响。车速每提高100m/mim，压榨干度通常会降低1.5%，高定量纸一般比低定量纸干度下降得更多。

（三）加压时间和压区宽度

加压时间指的是湿纸在压区中受压的时间。纸机压榨脱水时间很短，多数高速纸机小于

3 ms。车速为 600 m/min 的纸机，普通压榨的脱水时间仅为 1/500 s，而真空压榨为 1/80 s。压榨时间与压辊变形宽度成正比，而与车速成反比。

包胶下压辊可形成比较宽的接触面、增加压榨脱水时间，有利于脱水。降低纸机车速，虽可增加压榨时间、提高脱水效果，但影响纸机生产量。提高压榨线压力，可以增加压区宽度及压榨时间。有些新式纸机的压榨线压可以提高到 880 N/cm 以上。

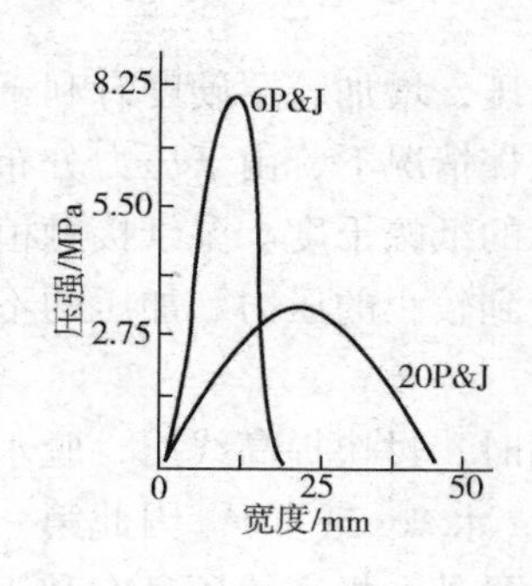

图 6－34　辊子覆面硬度对压区压强及宽度的影响

提高压区宽度可以使纸页在压榨区的停留时间增加 5～10 倍。大直径压榨辊的压区宽度为 75～100 mm，靴式压榨的压区宽度为 230～250 mm。图 6－34 表示线压力为 120 kN/m 时，辊子覆面硬度对压区压强和压区宽度的影响。由图可见，覆面硬度由 6P&J 变为 20P&J 时，压区宽度由 19 mm 增加至 44 mm，而压强则由 8 MPa 降至 3.5 MPa。因此适当增加压榨负荷，可补偿由于压区宽度增加而造成的比压减小，即使提高线压力也不会压溃纸页，不会影响湿毯的透气性。相反在明显提高纸页干度的同时，可使干燥能量减少 20%～25%。

（四）湿纸特性

进入压榨部的湿纸页性能（如纸料的打浆度、配比、湿纸页温度、含水量和定量等）也影响纸页的脱水效率。通常，打浆度低的湿纸页比打浆度高的湿纸页更易于脱水；细小纤维含量高的湿纸页，由于有较大的湿纤维表面和较低的毛细管效应，脱水效率较低；草浆的纤维短，杂细胞含量高，与木浆比较脱水性能较差，而且很容易黏压榨辊，造成纸幅断头。浆料的游离度每提高 40 mL，纸幅干度约增加 1%。

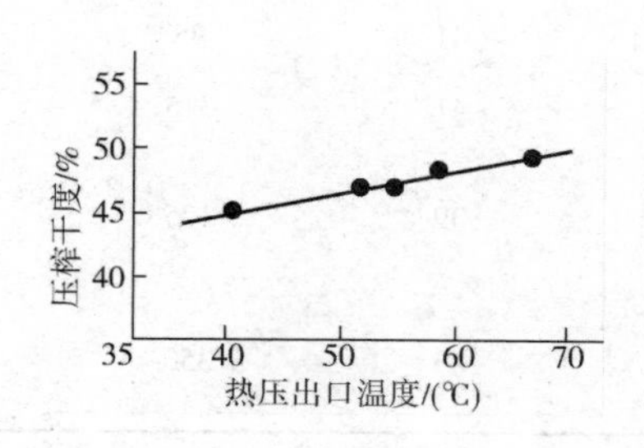

图 6－35　温度变化对压榨干度的影响

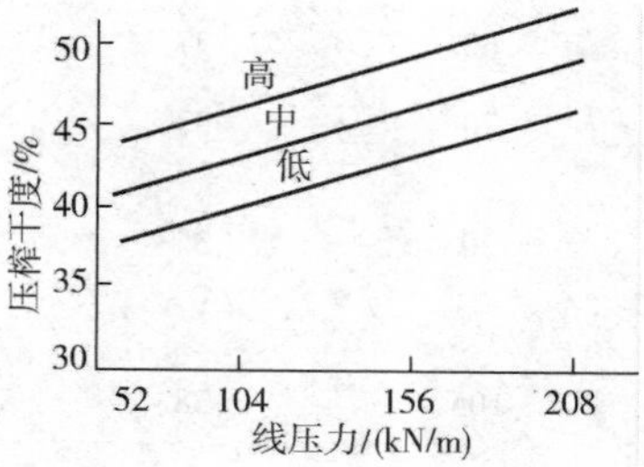

图 6－36　不同游离度的浆料对干度的影响

温度变化对压榨干度的影响见图 6－35。提高湿纸温度，使水的黏度降低，从而减少湿纸内水的流动阻力，有利于增加脱水量。根据试验，水温增加 1℃，水的流动性增加 2.5%。在纸幅干度 30%～32% 范围内，纸幅温度每增加 10℃，压榨的干度提高 1%。在压榨部用蒸汽或红外线加热湿纸是提高脱水效率的途径。某些浆板机和纸板机常在最后一道压榨前，装设预热烘缸以提高最后一道压榨的脱水效应。在造纸机压榨上安装直接喷汽的蒸汽箱可改善脱水效果，提高纸页进缸干度 2%～3%。但温度升高到 80℃ 以上，水的黏度降幅极小，因此超过这一温度，压榨脱水收效不大。使用蒸汽箱虽然在压榨部增加了蒸汽用量，但包括烘缸在内的总蒸汽消耗量反而减少。

有研究表明：硫酸盐包装纸，压榨温度为75℃，当纸的定量由60 g/m^2增加至240 g/m^2时，出压区纸的干度从45%下降到41%。纸的定量愈大，湿纸出压区的干度也越小。

不同游离度的浆料对干度的影响见图6-36。

打浆度低的浆料抄造定量小的湿纸的压榨为压控压区。定量低、厚度薄的纸中的孔隙对水的流动不会产生太大的阻力。这时湿纸压榨脱水主要由压力控制，水从毛毯中返回湿纸的回湿作用在压区中线之后产生。

浆料打浆度较高而湿纸的定量又较大时为流控压榨。这时，湿纸中的孔隙对压区脱水的流动阻力比较大。流控压榨中，压区中央湿纸干度取决于水的流动阻力和压力的持续时间。对流控压榨，湿纸在压区没有充分压缩湿纸纤维组织层的停留时间。纤维组织层的压缩和产生的流体压力又会反作用于所加的压榨压力，因此，加压时间也同时成为影响流控压榨脱水的重要因素。对流控压榨，采用双毯压榨最为有利。在纸板生产过程中采用双毯压榨，可大大减少毛毯纤维组织的流动阻力。

（五）纸的回湿

根据垂直脱水原理，湿纸在第四个区域解除压力，产生回湿。湿纸在第四区域产生回湿源于毛细管水的转移。回湿时水从毛毯进入湿纸。即通过压辊的通道，例如沟纹压辊的沟缝、真空压辊和盲孔压辊的眼孔中转入毛毯，再进入湿纸。粗硬毛毯和全塑毛毯可以适当减弱回湿。

1. 压区中的回湿

压区中压力下降时纸幅开始出现回湿。纸幅的回湿基本上与纸的定量和纸机车速无关。其大小主要与毛毯和湿纸界面的毛细管粗细、湿纸和毛毯的膨胀复原速度以及毛毯含水量有关。纸的回湿还部分地受到毛毯毯面细小绒毛的影响，为此纸机毛毯的毛细管直径应接近湿纸中纤维的毛细管大小。可以使用扁平细毛织出一层匀整的毯面。

2. 压区后的回湿

纸幅的回湿随压区的停留时间、湿纸干度和毛毯毯面粗糙程度的增加而加大。压区后纸的回湿水量极其可观。一台新闻纸机，压区后湿纸与毛毯接触长度多达1 m，因为回湿，压区出纸干度可降低达5%。

纸机实验表明：缩短压区后纸毯的接触时间可使出纸干度提高2%～9%。改变出压区毛毯的引出角度可以缩短纸毯的接触时间。毛毯的引出角度大，可保证纸毯尽快分开，提高出纸的干度。使用表面匀整的毛毯也有助于减轻纸的回湿。纸幅的回湿与毛毯结构有密切的关系，并且与压榨压力和纸的定量相关。毯的含水量对纸的回湿程度影响不大。纸的回湿主要受到分离初期湿纸与毛毯界面水分的影响。毛毯含水量对纸的回湿影响远远超过毛毯毯面组织结构的影响，所以在压区第四区域中的毛毯越干越好。

（六）毛毯性质、结构和运行状况

1. 毛毯的材料结构

毛毯的材料结构对脱水效率有较大影响，优良的湿部毛毯应该柔软而富有弹性、有很高的透水能力和良好的压缩性能。它必须能容纳从纸页挤出的尽可能多的水分而又不使纸页压花，而且能使水在垂直和水平方向以最小的水压梯度流动。网基针刺毛毯、复合毛毯和无纺毛毯等新型毛毯的问世，对改善纸页脱水和延长毛毯寿命起了重要的作用。

研究表明：生产定量50g/m²的纸时，使用细毛毯时的压榨出水干度比粗毛毯高约7%。其次，毛毯的针刺植绒纤维细度对加压均匀性和流动阻力也非常重要。植绒纤维直径不仅影响加压的均匀性，而且在很大的程度上影响毛毯的透水性，其关系见图6-37。纤维直径从17 μm增加到70 μm，毛毯的透水性约增加了3倍。这一点对薄纸生产应特别注意。随着植绒纤维直径的增大，压榨脱水量减少。就薄纸来说，压力的均匀性是影响脱水的决定性因素。当纸的定量很大时，压力均匀性的重要性有所下降，而流动阻力的影响却变得更加重要，如图6-38所示。

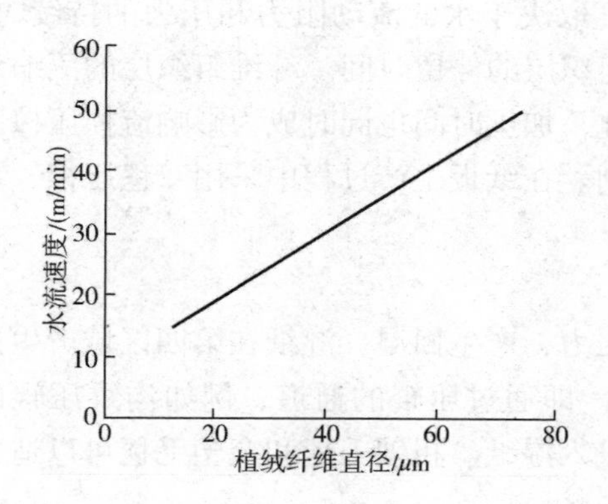

图6-37　毛毯植绒纤维直径与毛毯透水性的关系

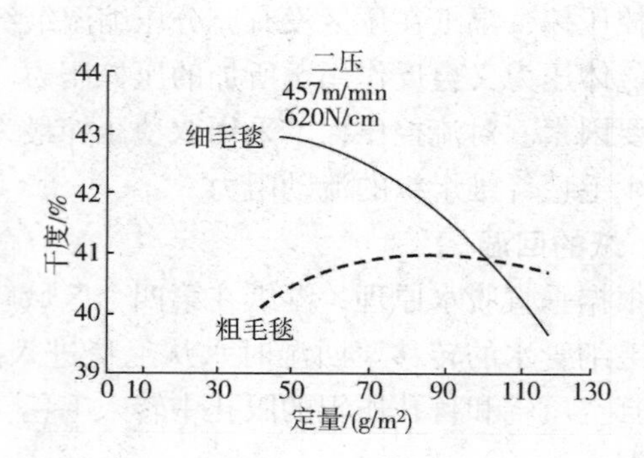

图6-38　流动阻力对脱水的影响

纸的定量小时，细毛毯脱水效果好。随着纸的定量增加，粗、细毛毯的脱水曲线产生一个交叉点。对定量为100 g/m²的纸来说，因为粗毛毯有较大的透水性，所以具有较高的脱水能力。

2. 运行状况

毛毯的运行状况对脱水影响也很大。新上机的毛毯由于纤维的毛细管作用，吸水能力很低，要在运行过程中经过不断压缩而改善其纤维的毛细管作用。因此新毛毯上机后必须先空机慢速运行，逐步增速。慢速运行时间与毛毯的定型处理和纤维材料有关，使用增湿剂可以显著缩短增湿时间。

毛毯进入压区前的水分含量对压榨效率也有影响，一般毛毯含水量不应超过40%～50%，毛毯含水量愈大，接受从纸页挤出水的能力也愈弱，从而影响出口纸页干度。在普通压榨和低真空度的真空压榨中，这种影响很显著，而在垂流压榨中则影响相对较小。为降低进压区毛毯含水量，毛毯洗涤器在喷水冲洗后应及时用挤压或真空抽吸方式脱除毛毯水分。

毛毯在运行过程中连续受到磨损，大量掉毛，而且不断有树脂、硫酸铝和填料等杂物填塞其毛孔，从而增加毛毯对水的流动阻力，使纸页挤出的水不易通过毛毯排除，严重时引起压花。当达到丧失压榨效率和产生纸页压花的临界点时，就必须及时更换毛毯，这个临界点是操作者通过经验和仪表监测而获得的。

3. 双毯压榨

（1）双毯压榨优点

双毯压榨可以有效地提高脱水速率，并具有以下优点：

①有较宽的压区，增加脱水效率。

②由于压区较宽，压力较小，可减少湿纸被压溃的危险，并改善纸和纸板的松厚度。

③减小成纸的两面性。

④增加压榨脱水能力，提高压榨出纸干度。同时减少湿纸断头，改善纸机的运行性能，提高纸机的生产能力。

⑤压榨出纸干度较高，干燥部消耗的蒸汽量相应减少。

⑥特别适应于高打浆度浆料抄成的高定量的纸板，如挂面纸板等。

⑦提高压榨线压，减少湿纸压溃的危险。

（2）双毯压榨对压辊的要求

①上、下两个压辊的硬度不能相同，其中一个要比另一个硬，最好相差 18～20℃ 勃氏硬度。

②上、下两个压辊的传动功率比，应当尽可能接近 1。

③如果一个压辊的直径大于另一个压辊，则大直径辊子的挂胶硬度应稍低一些。

④用沟纹辊或盲孔压辊。另外，为了避免高线压压实毛毯并吸收压出的大量水分，上、下毛毯最好使用定量为 1300～1500 g/m^2 的底网植绒毛毯并具有相似的结构。

三、压榨部的机械维护

压榨部的设备比造纸机的其他部分复杂，工作环境的条件也差，总是在浆水中淋泡，还要在较大的载荷下运转，设备组装得很紧凑，维修时拆装较困难和费时。要做到安全生产，不发生设备故障或减少停机检修时间，必须做好日常维修保养工作。

1. 停机时的维护

①对上下左右、里里外外运行时不能清洁的部位，如机架内侧、白水盘内等等，都要彻底清洁。

②检查各真空辊、沟纹辊或真空箱的条缝、孔眼是否堵塞；压榨辊的中高是否合适。

③按规定定期定量向各润滑点加注润滑油脂。

④检查各转动关节是否灵活，联轴器等各处是否有异常的位移。

⑤检查各刮刀是否与辊面紧贴，磨损的或呈波浪形的刀片要及时更换，以免刮伤辊面，摆动装置不灵活的必须修好。

⑥必须检查真空辊前后封边碳精条（或塑料条）的灵活性，以防卡死，影响调幅的需要。

⑦胶辊不耐热、不耐冷，不允许接触强酸强碱、有机溶剂等。开机前、停机后都要检查银面是否受损。

⑧停机时必须抬起（或降落）压榨辊使压区不再受压，以免使辊子变形；使用膜瓣加压机构的，应在压辊抬起后，插上锁销，使膜瓣卸载，以免膜瓣鼓爆。

2. 开机前后的检查

开机前必须检查毛毯运行回路周围有无异物，各种辊子是否处在正常位置，毛毯张紧程度是否合适，损纸处理系统运转是否正常等。

开机后，首先要注意校正系统运行是否正常，各部分轴承有无发热现象，摆动刮刀是否灵活。定期对一些稀油润滑点注油；密切注意高压水洗毛毯和清洗辊孔的喷嘴是否堵塞，并及时疏通被堵喷嘴；在正常运转时，还应做好清洁工作。

真空压榨辊的孔眼很容易堵塞，可以在开机或空转时用高压水（压力为3.4 MPa左右）清洗辊面。若每班清洗10 min，可大大延长辊子更换的周期。

四、压榨部的操作故障与处理

在生产过程中，由于没有及时处理一些小问题或操作不当，都可能造成严重的设备事故或生产事故。一旦事故出现，就不可避免地影响正常生产的进行。因此，必须防止事故的发生，并能在事故发生后尽快地予以消除。下面介绍压榨部的常见事故及处理办法。

1. 毛毯故障

毛毯是湿纸压榨的保护垫。如果毛毯本身存在不合使用要求的地方，它就不但起不到保护湿纸的作用，相反地有害于纸页。常见的毛毯故障有：

（1）毛毯跑偏

毛毯跑偏是指毛毯在运行中向操作侧或传动侧窜动的现象。毛毯跑偏的原因可归结为两种：一种原因是毛毯两边的松紧不一，使毛毯向松的一边窜动。它是由回头辊不平行于压榨辊、导毯辊两端表面不均等地黏附纸毛、毛毯两侧的含水量不同或压区两端的压力不同等造成的。另一种原因则是毛毯标准线歪斜而使其两端触辊子有先后，使毛毯朝标准线先接触辊子的一端窜动，即是由于导毯辊与压榨辊不平行造成的。

（2）毛毯起褶

①边上起褶　由于毛毯跑偏现象没有及时消除，使得毛毯的边上碰到机架而被迫起褶；有时也因毛毯过宽碰到机架而卷起。若毛毯起褶被展开后投入运行，又很容易起褶，则应将超宽部分撕去，对于针刺毛毯最好用剪刀剪去。

②毛毯中幅起褶　由于导毯辊中幅表面黏附纸毛，使局部的辊子直径较小，毛毯就会向这个局部位置窜动而起褶。所以，在辊子表面黏附了较多纸毛的情况下，必须及时停机冲洗干净。

③毛毯斜褶　这是在调整毛毯跑偏时操之过急，使调整幅度太大，引起毛毯骤然跑偏换向而产生的。

（3）毛毯破损

毛毯破损多数是由于操作者不慎，将硬物掉在毛毯上，通过压榨或经过毛毯内侧的辊子时松脱的零件掉在毛毯上顶破毛毯，有时也可能是机架。还有，在引纸时，湿纸幅本身折叠成团，塞在压榨入口，与毛毯长期摩擦可使毛毯绒毛掉光。

（4）毛毯绒毛起疙瘩

这种现象一般是由新上机的毛毯运行方向错误造成的。有时也可能是由于伏辊下浆坑溢出的纸浆溅到毛毯上造成的。

（5）毛毯拉断

这是由于在压榨部毛毯运行时，操作者将静止的上压辊降落在下压辊上造成的。

2. 辊子故障

（1）辊子弯曲

辊子可能因为刚度不足而弯曲。一旦发现此问题，应立即停机进行更换。

（2）辊子转动不灵

这是由于辊子的轴承缺油所引起的。若轴颈流出锈泥，则应及时更换轴承或对轴颈进行处理。

（3）辊面压伤

坚硬物件掉在毛毯上，被毛毯带过压榨时，造成辊面压伤。当石辊或无毛毯包覆的胶辊被压伤时，必须对辊面进行修补或进行更换处理。如果被压伤的辊子是有毛毯包覆的，则只有在压伤很严重时，才需要进行处理。另一种压伤辊面的原因是吊装上压辊不小心，使上压辊砸在下压辊上。

（4）辊子升降机构失灵

①一般压辊的升降机构失灵，使得辊子线压力无法调节。产生这种现象有两种原因：第一是转动销锈死；第二是充气胶膜破裂。胶膜破裂原因大多是由于长时间使用过高的空气压力。

②真空吸移辊升降失灵。这种现象的产生除转动销锈死或作升降用的气缸有毛病外，还与本机构的控制系统有关。有些造纸机的真空吸移辊有升降自控系统，如在运行过程中，某一参数未达到要求值，此辊就会自动升起或无法降落。

3. 纸毛障碍和错误引纸

纸毛障碍，是指生产过程中，纸浆的细小纤维含量很大，而且容易脱离纸页黏附在毛毯和辊子表面。若刮刀调节稍不严密，纸毛就会从细小缝隙中通过，逐渐积聚直至使刮刀被垫起，从而影响纸页质量或造成断头。如果导毯辊表面黏附很厚的纸毛，则将导致毛毯跑偏或起褶。在有毛毯洗涤压榨的造纸机上，纸毛有可能填塞真空辊外壳的孔眼，由于纸毛遮盖的面积不均匀，结果使真空度周期性地升降面产生机架震动。解决纸毛障碍的根本办法是加强原料净化，或提高打浆质量，在操作上则应加强毛毯的洗涤，并增加停机冲洗辊面次数。

错误引纸，是指湿纸页没有按要求的路线前进，而跟随毛毯误跑。产生这种现象的主要原因是毛毯太脏或含水量太大，有时也可能是毛毯表面的绒毛脱落严重造成的。

第四节　压 榨 毛 毯

压榨对毛毯的基本要求是传递纸页、帮助脱水和改善由于压榨带来的纸页问题，必须从以上方面的要求来选用毛毯。因此纸机的压榨毛毯也就相应地具有如下几种作用：

①传递湿纸。

②吸收湿纸中压榨出来的水，帮助脱水。

③将压力均匀分布在湿纸上。

④支撑湿纸以防止压花。

⑤改变纸幅的表面性质。

⑥在真空压辊、沟纹压辊和盲孔压辊时，能均衡实心部分和眼孔部分上的压力，从而消除或减轻纸上出现的“影痕”。

⑦带动压榨部从动辊转动。

一、毛毯的种类

毛毯多为化纤底布或底网、针刺植绒以提高脱水效率。针刺植绒毛毯是在编织的织物上针刺植入羊毛或化学纤维。植绒时植绒针在每平方厘米面积上植刺 3300 针以上，以便在毛毯的表面植入足够的纤维。针刺植绒毛毯的底层织物性质决定毛毯的尺寸稳定性和强度，而植绒层决定毛毯的使用性能。

1. 羊毛编织毛毯和底布植绒毛毯

羊毛编织毛毯是用羊毛线编织制成的，现已被淘汰。底布植绒毛毯是由普通编织毛毯派生出来的第一代毛毯。其结构是在疏松结实的底布上单面或双面针刺植绒。底布植绒毛毯的底部织法与普通编织毛毯相同，也是由经线和纬线按不同织法交织而成。因此，流体在底部阻力较大，压榨脱水效率受到流体压力的影响。植绒时植入的纤维在垂直方向排列，所以它的垂直方向流体压力低于编织毛毯。

2. 无纬底布毛毯

研究针刺毛毯堵塞的机理发现：细小杂质堵塞在毛毯中，积存在绒毛层内，其余的积聚在底布上。底布上72%的杂质积聚在纬线上，22%积聚在经线上。因此，减少底布的纬线密度或根本不使用纬线能够大幅度减少毛毯的堵塞问题，延长毛毯的使用寿命。无纬底布毛毯简称无纬毛毯，指的是底布上没有纬线的植绒毛毯。无纬底布植绒毛毯先用经、纬线织成底布。纬线采用可溶于水的合成纤维，如用聚乙烯醇纤维等制成。底布植绒以后，再溶解除去纬线。或者不用底布，直接在经线上植绒。

在无纬底布上植绒可以增强毛毯的横向稳定性。这种毛毯纵向水流动阻力大大下降。没有纬线还可减少细小纤维和其他脏物在纬线上积聚的可能性。此外，由于无纬底布植绒毛毯没有经纬线交叉点，因此纸幅表面一般不会留下毯印。

3. 底网植绒毛毯

这类全塑毛毯出现在20世纪六七十年代，是压榨毛毯的又一个突破性成果。底网植绒毛毯是在单丝或绞合单丝经纬线织成的网眼粗大的底网上植绒。绞合单丝既耐压又牢实，坚固，有利于防止细小纤维和外界脏物进入。另外绞合单丝的线径较细、底网组织平整，有利于降低水流阻力。

绞合单丝经树脂处理后，可进一步改善它的抗压缩能力和防止外界赃物黏线的能力、延长毛毯的使用寿命。另外，树脂处理过的毛毯纵横向都更加挺实。

底网植绒毛毯具有很高的稳定性，不易起褶。底网植绒毛毯作为真空揭纸、正压榨、真空压榨、沟纹压榨、盲孔压榨和套网压榨的毛毯生产高级纸时，纸面平滑度特别好。

4. 多层复合植绒毛毯

多层复合植绒毛毯是由两层或两层以上的底网交织在一起制作的多层复合底网，再在底网表面植入绒毛层。底网的面层和底层经线均使用绞合单丝。面层的绞合经线单丝较粗、根数较少，而底层的经线单丝较细、根数较多。单丝纬线反复绕过上下两层的经线织成双层的复合毛毯底网，然后再在网上针刺植上100%化纤的绒毛层，图6-39和图6-40分别为双层和三层复合毛毯的剖面图。

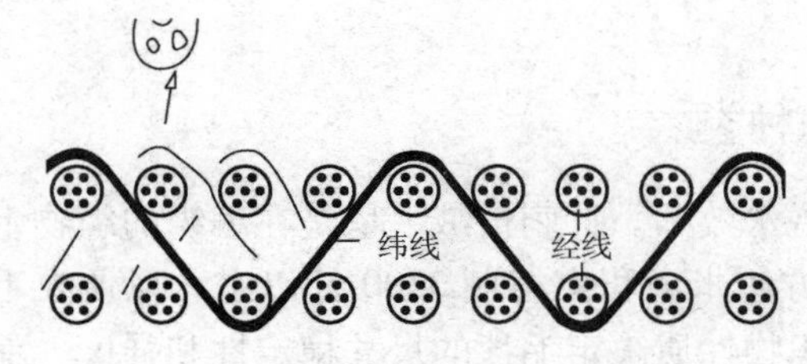

图6-39　双层复合毛毯的剖面图

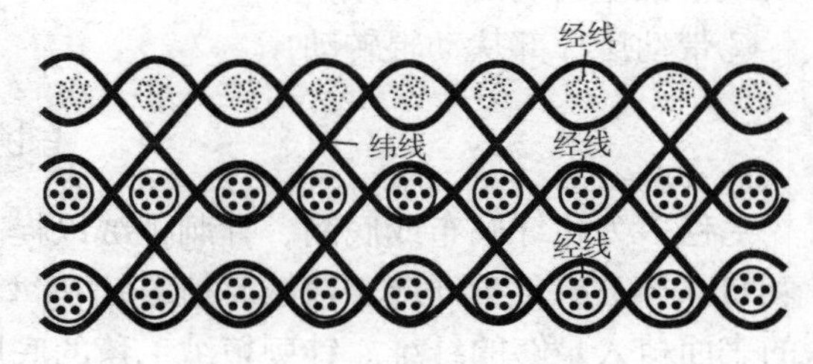

图6-40　三层复合底网

这种毛毯的底层通畅、挺实而又拥有较大孔隙容积，流体阻力很小，其空隙能够储存较多的水。底网中的空隙能够在很高的压榨线压下保持结构完整性。

使用多层复合植绒毛毯有利于提高压榨干度和改善纸幅的横幅水分均匀性。因此多层复合植绒毛毯不仅适应于普通平辊压榨及其他压榨形式，而且可用于真空揭纸或第一道真空压榨，同时有利于消除纸幅的影痕问题。

5. 无纺毛毯

无纺毛毯是完全取消底层织物的新型毛毯。由于没有底层织物，因此透水性很好。与其他毛毯相比，无纺毛毯的流体阻力最小。由于它不用底线，因此成纸没有毯印，也不存在外界脏物黏在经、纬线上的问题。无纺毛毯可以用在平辊、真空、沟纹、盲孔和套网等压榨上，大多用于平滑度高的纸和纸板生产。

二、压榨毛毯的参数

1. 强度

压榨毛毯具有一定的强度。压榨过程中周期性的应力和疲劳作用会造成毛毯的伸长、压缩和水平方向应变。毛毯使用时间过长，上述变形会降低毛毯品质、降低毛毯的使用寿命。

2. 空隙容积

毛毯应具有一定容积的空隙以吸收湿纸中压榨出来的水。孔隙分数 ε 指的是材料内部孔隙容积与其总体积之比。

3. 透过性

干毛毯的透气度指在127 Pa压力下，每平方米面积每分钟所能透过的空气量（m^3）。新型毛毯不仅比旧式毛毯吸水能力大，而且毛毯中的水也比较容易被真空吸水箱吸除，同时更容易透过空气。

透过性表示水或空气在一定压力或真空度条件下透过毛毯的性能。压榨毛毯必须具有良好的透过性。压区中流体压力太高会造成湿纸"压花"。填料、胶料、细小纤维及其他杂质会堵塞毛毯孔隙，减少毛毯的透过性。因此毛毯必须经常或定期加以清洗以保持毛毯清洁。应尽量避免杂质填塞毛毯孔隙、保持它的组织畅通、透水和有足够大的孔隙容积以充分发挥毛毯的辅助脱水作用。

4. 可压缩性

毛毯必须保持一定的可压缩性。毛毯使用后，其孔隙容积逐渐减小，毛毯中的毛细管管径也渐渐变小。结果使流体流动的通道和毛毯的透过性减小，同时增加压区的流体压力。

5. 耐磨性

毛毯起到传送动力、带动压榨部从动辊运行的作用。由于毛毯与压榨部的部分固定元件表面如毛毯吸水箱或吸水管等会产生摩擦作用，因此毛毯必须具有较好的耐磨性。

6. 饱和水分

饱和水分是指静态下毛毯所能吸收的水量，单位为g水/g毛毯。毛毯的饱和水分用于表征毛毯在压区内从湿纸中吸水的能力。

7. 流动阻力

表6－2比较了各种毛毯的透过水量。使用透水试验器测定通过毛毯纵向、横向和竖向的水流阻力。结果可见普通编织毛毯的流动阻力最大。提高压榨脱水效率可以减小压区中的

流体压力。新式毛毯的流动阻力和压区流体压力均较小，所以压榨脱水效率较高。

表 6-2　各类毛毯的重要参数比较表

毛毯类型	饱和水分/（g 水/g 毛毯）	标准状态下真空脱水/（g 水/g 毛毯）	透气度/[m^3/（m^2·min）]	水的流动阻力顺序		
				L（纵向）	*X*（横向）	*Z*（竖向）
普通编织毛毯	0.80	0.26	6.1	100	100	100
底布植绒毛毯	1.20	0.43	7.9	98	90	36
无纬毛毯	1.40	0.57	12.8	30	23	42
不纺织毛毯	1.50	0.80	15.8	25	29	44
底网植绒毛毯	1.60	0.78	21.3	13	15	37
多层复合底网植绒毛毯	1.65	0.82	22.8	18	12	16

三、压榨毛毯的选择

（一）选择压榨毛毯所包含的内容

1. 压榨毛毯品种、克重、尺寸的选择

品种的选择：是指在众多不同的造纸毛毯品种中，选择适合本机台、不同部位的毛毯。

克重的选择：当所选择的毛毯类型确定以后，必须根据造纸机的诸多因素合理选择毛毯的平方米克重。

尺寸的选择：尺寸的选择包含造纸毛毯长度和宽度的选择。

长度的确定：是指造纸毛毯在造纸机上张紧状态下能满足正常运行时的实际长度，应充分考虑到所选择毛毯的伸长率变化状态。

宽度的确定：是指造纸毛毯在造纸机上张紧状态下能满足正常运行时的实际宽度，也应充分考虑到所选择毛毯的收缩率变化状态。

2. 压榨毛毯透气度及密度的选择

透气度的选择：准确选择适合于本机台的毛毯透气度，是决定造纸机正常、高效运转和毛毯使用寿命的关键，同时应充分考虑到所选择毛毯的透气度在使用过程中的变化曲线。

密度的选择：是侧面衡量毛毯透气度的重要指标。

3. 选择压榨毛毯时的特殊要求

开发造纸毛毯的特殊性能来满足特殊造纸机和特殊纸种对毛毯的特殊要求。

（二）选择压榨毛毯的技术考虑

对于某一造纸机某个位置毛毯的选定，应根据毛毯厂商和造纸工作者的经验，通常这些经验来源于工艺试验和生产实践。对于一台新纸机，要在类似纸机的同样位置上进行压榨毛毯的模拟试验。压榨毛毯经运行后，要作检查和分析，必要时对原设计进行修改。更有效的湿压榨能节约蒸汽，增加车速和减少断头。

在设计和选择毛毯时，我们必须特别关注造纸机的有关生产技术参数，只有根据造纸机的实际使用条件，适当调整毛毯的相关工艺和技术参数，才能使造纸毛毯更有效地满足造纸机的实际需求。现在人们普遍认为，造纸毛毯是订制的，每条毛毯是针对某台确定纸机、部位的技术要求，根据车速、生产纸种、规格等而设计制造的，因此，在设计和选择压榨毛毯时，以下几个方面的因素必须关注。

1. 根据造纸机生产的技术条件选择

在选择压榨毛毯时，我们必须特别关注造纸机的有关技术参数，只有根据造纸机的实际使用条件，适当调整毛毯的相关工艺和技术参数，才能使造纸毛毯满足造纸机的实际需求。

（1）线压力与机械负荷对毛毯强力的要求

纸机压榨区的线压力、机械负荷与毛毯的强力要求呈正比关系。线压力越大，要求所选择的造纸毛毯在生命周期中所能承受抗压性能越高，同时要求造纸毛毯具有良好的弹性回复性能，这样才能使毛毯长时间保持良好的滤水性能和容水空间。机械负荷越大，要求造纸毛毯在传递动力时所具有的抗张（断裂）强力越大，同时要求其伸长、收缩率要小。

（2）真空度状态

造纸机系统真空度的高低以及真空系统的设置状态直接决定着造纸毛毯特别是底网造纸毛毯的含水量大小、洁净程度和脱水性能状态。真空度过小，将导致湿纸页脱水差、毛毯含水量大、压区压力加不上去、引纸困难以及毛毯洗不干净等问题。真空度过大，将导致造纸机传动负荷增大、网毯磨损加重、能源浪费等问题。关于真空系统的设置等有关知识，将在后面篇幅进行重点介绍。

（3）洗涤条件

洗涤条件包括洗涤装置的配置、洗涤水质的要求、洗涤水压和真空度的设定等方面，洗涤条件好坏与洗涤效果呈正比关系。选择造纸毛毯时，一定要关注造纸机的洗涤条件。正常情况下，我们要求每一台造纸机都应该有良好的洗涤条件来满足网、毯的要求，而实际情况是每台造纸机的情况各不相同，每台造纸机在不同时期的情况也不相同。因此，选择造纸毛毯时，在一定的范围之内，对造纸毛毯的品种调整、定量调整、结构比例和制作工艺调整、定型程度调整，以迎合造纸机的需要是完全有必要的。一般而言，小于0.3 MPa的低压冲水只能选用低定量和薄型毛毯，0.3~0.5 MPa的低压冲水可选用普通毛毯；既具备低压冲水又有高压冲水（0.6~3.0 MPa）的可选用高定量毛毯与底网毛毯。

（4）浆料情况

浆料的质量好坏不仅影响到所要抄造的纸张的质量，同时对毛毯的滤水状态、使用寿命也起到至关重要的作用。浆料的打浆度、填料的黏性和杂质的含量与毛毯的滤水性能成反比关系，另外化纤毛毯耐弱碱、忌酸，浆料pH的高低对毛毯也有一定影响。在选择所匹配的造纸毛毯时，一定要关注浆料的配比、浆料的叩解度和湿重、化工产品的使用、浆料的酸碱度等参数，这些将直接影响到造纸毛毯的滤水性能和使用寿命，同时也影响到造纸毛毯的表面黏浆状态。

（5）脱水方式

造纸机的压榨形式决定着湿纸页的脱水方式，不同的压榨形式所适应的造纸毛毯是不同的。必须根据压榨的线压力、真空度、毛毯的配合状态、真空系统的设置状态以及洗涤状态等参数来选择性能适宜的造纸毛毯。关于造纸毛毯的性能上面的章节也进行了介绍。一般情况，以水平脱水为主的纸机，宜选用压缩性较大、定量较小的毛毯；压榨脱水和真空抽吸并存的垂直脱水的造纸机，一般选用压缩性较小、弹性好、定量较大的毛毯。压榨毛毯底网层数的选择同样要根据上述造纸机压榨部的参数来确定，条件比较好的情况下，可以选择层数较多的毛毯使用，以便延长造纸毛毯的使用寿命、提高造纸机车速和纸张质量。

2. 参照过去使用造纸毛毯的情况选择

对于正常运转的造纸机，在重新选择造纸毛毯时，必须参考以前使用造纸毛毯时的情况加以改进，这样才能在毛毯的品种、克重、透气度、厚度以及其他方面的特殊要求做出正确的选择，使重新选择的造纸毛毯更加适应造纸机的需求，防止因毛毯选择不当而带来的生产不正常因素。

3. 密切与造纸毛毯供应商的技术人员交流

随着造纸技术和造纸机械装备水平的不断提高，对与之配套的造纸毛毯性能方面的要求也越来越高，因此造纸毛毯的性能更加细化，品种越来越多。目前，仅BOM造纸毛毯这一系列的品种就多达几十种，且在生产造纸毛毯的过程中需要调整的因素还很多，这些无疑给纸厂的工程技术人员在选择造纸毛毯时带来很多麻烦。与毛毯供应商技术人员进行经常的技术交流是一个很好的办法，真正做到造纸毛毯是在造纸机旁边设计出来的。

四、毛毯的维护和使用

毛毯是一种贵重的备用品，必须注意很好地维护和使用。毛毯应贮存在凉爽、干燥、通风和没有阳光直射的仓库中。库内要做好隔离工作，防止老鼠和各种蛀虫的侵袭。

每台造纸机应有5床以上的贮存量，以保证生产的需要。为使毛毯保存时间不致过长，通常要按毛毯进厂顺序，先进厂的先使用，并做好每床毛毯的使用记录，包括毛毯编号、毛毯的合成纤维含量、毛毯规格和定量、毛毯价格、上下机召期、使用天数、下机原因和该毛毯使用期间的产纸吨数等。

毛毯上机安装时，要注意周围地面是否清洁，所有压榨部内可能与毛毯接触的部位上的油污必须清除干净，以免沾污上机毛毯。毛毯起吊时要仔细，避免碰撞任何尖锐突出的部件。毛毯应仔细、平整地铺在辊面上，尽量不要皱褶，然后移动张紧辊，使毛毯平整地贴在辊面上，但不要张紧。接着慢速起动，要逐渐加速，同时湿润毛毯。湿润喷水的温度对100%合成纤维毛毯不超过82℃，对其他毛毯不超过49℃。当毛毯全部湿透后，就移动张紧辊，把毛毯伸展到运行长度。

当压榨部停机超过4 h以上时，最好松开毛毯。放松量约为运行长度的3%～4%，以免毛毯承受过度的张力。在重新开机前要仔细检查毛毯，确信无任何异物时方可开机。

五、压榨毛毯的清洁

毛毯是造纸机的主要备品，如何使其经常保持干净清洁，是保证造纸机（特别是高速造纸机）正常运行的重要条件。

一床新毛毯在其运行过程中不断有细小纤维、填料等杂质进入毛毯的毛细孔中，逐渐积累，从而导致脱水效率的逐渐降低。随着全化纤毛毯的推广使用，毛毯织物的本身潜在寿命延长，更增加了经常清除杂质的必要性，否则虽然毛毯尚未磨损，但杂质堵孔却迫使毛毯提前下机。因此，了解毛毯孔眼堵塞的原因和形式，采用各种洗涤方法消除堵塞，保持毛毯在运行期间的清洁极为重要。

（一）毛毯堵孔的原因和形式

毛毯堵孔的原因是，在运行过程中细小纤维、填料和化学添加剂等堵塞在毛毯组织中，减少了毛毯的空隙和透气性。通常这些杂质混合在一起黏附在毛毯上。通过测定毛毯的水流阻力（用流量试验仪）、透气度和压缩弹性等方法确定其堵塞程度。毛毯的堵塞过程，首先是黏性物质黏在毛毯纤维上，而后填料以及细小纤维又黏在这些黏性物质上，从而引起毛细管堵塞。因此，毛毯上先是出现少量脏点，然后逐渐积累造成大面积堵塞。

普通编织毛毯比较紧密，而且是用密度较大的经线和纬线织成，因而容易积累污物。而针刺毛毯两面覆有大量毛网，可以防止污物进入底布，而且污物在毛毯表面也易于除去。

不同的毛毯，不同的污物，需用不同的清洗方法。通常用清水喷淋、机械洗涤和化学洗涤法处理毛毯的堵塞。

（二）清洗毛毯的形式

1. 清水喷淋

置于全幅宽毛毯洗涤器前的清水喷淋装置有 3 种形式：低压大水量扇形喷淋器、高压小水量扇形喷淋器和高压移动式水针。前两种都是固定式的全幅宽喷淋器，一般用于毛毯内侧，喷淋的清水穿过毛毯层，将毛毯中的污物强制冲出。高压小水量喷淋器也可用于毛毯面层，将面层污物直接冲掉。高压、移动式水针利用往复移动的高压水喷嘴，除去毛毯上的污物。这种高压水针的水压力在连续清洗时为（1.47～2.45）$\times 10^6$ Pa。间断清洗时为（2.94～4.9）$\times 10^6$ Pa。移动水针的优点是用水量少，利用水针的强制冲击作用可少用或不用化学清洗剂，缺点是对毛毯的磨损较大。一般用于毛毯内侧，如果毛毯面层污垢严重，也可在面层一侧喷洗，但应将压力降到（4.9～6.87）$\times 10^5$ Pa，以免将面层针刺毛网冲坏。

洗涤水应采用温水以加强洗涤除垢作用。一般推荐 50℃左右，羊毛毯不应超过 70℃，以免损伤纤维，合成纤维根据其材质耐热性确定其温度。高压喷淋水均采用清水，每米毛毯宽的用水量约为 20～40 L/min，低压喷水也可使用白水，每米毛毯的用水量为 100～300 L/min。不管哪种喷淋装置，在喷水后毛毯被水分所饱和，如不及时将水分除去，就会降低对纸页的脱水能力。因此在喷淋装置后必须有真空抽吸箱以抽吸多余水分。

2. 机械毛毯洗涤法

（1）挤水辊（洗涤压榨）

平面的、沟纹的或真空的挤水辊均可用于洗涤毛毯。挤水辊由被毛毯各包绕 180°的两个辊筒组成，装设在毛毯回程上，压区线压为（1.46～2.45）$\times 10^4$ N/m。挤水辊有两根喷水管，从两面以大量清水洗涤毛毯，当毛毯通过挤水辊时，水就被挤出来。在造纸机抄造速度低于 200～300m/min 时，挤水辊可将毛毯洗得很干净。但真空挤水辊的孔眼易被污物堵死，降低毛毯洗涤效率，对抄造影响很大，必须定期在机上或将辊子卸下进行清洗。

（2）匣式洗涤器

匣式洗涤器又称维克利洗涤器（见图 6-41），它由 1～4 个金属洗涤匣组成（幅宽超过 3 m 的造纸机一般安装 3～4 个）。洗涤匣安装在毛毯的回程上，并与毛毯接触纸页的一面密合贴接。洗涤匣利用螺杆装置作横向往复移动。温度 50～65℃，压力 2.4 kPa 的温水进入洗涤匣。从洗涤匣的小缝喷出，穿过毛毯，将毛毯中的污垢部分溶解，同时通过另一个真空抽吸管，将空气和水抽出来，洗涤匣每往复一次就将毛毯洗涤一次。这种洗涤器可以有效地清洗毛毯，但要特别注意维护其移动机构和水、汽及真空连接软管。

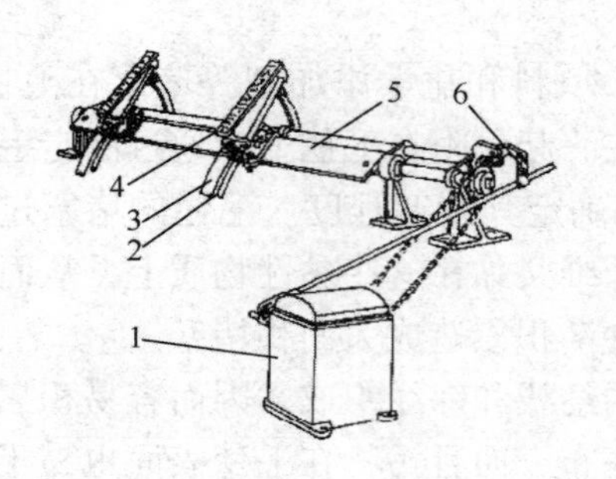

图6-41　匣式洗涤器

1—洗涤匣传动机构　2—洗涤温水管道　3—真空管道　4—移动的洗涤匣　5—导轨　6—洗涤匣的移动限位和换向杠杆

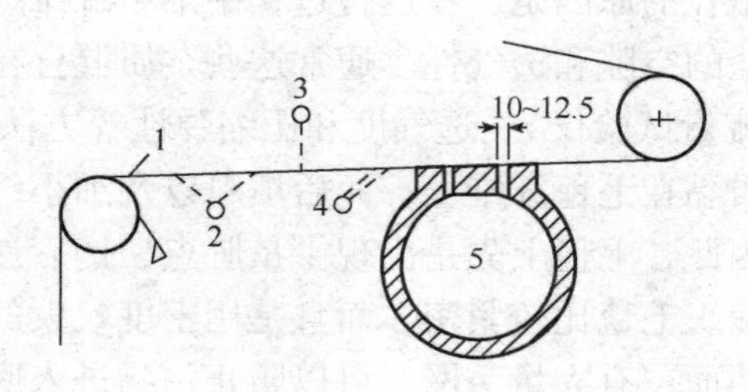

图6-42　管式真空洗涤器

1—毛毯　2—扇形喷水管　3—高压水针［(4.9~5.8)$\times 10^6$Pa］　4—润滑喷水管　5—管式洗涤器

（3）管式真空洗涤器

管式真空洗涤器如图6-42所示，洗涤器的铜管直径100~150 mm，管上开有吸水缝，缝的形式有单缝、双缝和人字缝3种，门前广泛采用双缝形式。管内真空度为2.9~4.9×10^4 Pa，抽气量为380 m/min左右。通常管式洗涤器都是成对装设的，造纸机车速高于300~400 m/min时装设两对洗涤器。它们一般装在高压水针之后，以抽吸毛毯的多余水分，进吸水箱前还有低压喷水管起润滑毛毯作用。这种洗涤器的优点是，由于真空抽吸作用，毛毯部分地被抽进吸水箱缝口，把毛毯组织张开，让空气流通，从而除去毛毯中的多余水分和污垢，而且操作简单，维护容易，洗涤效率很高。因此，目前高速造纸机压榨部都推广应用这种毛毯洗涤器。这种洗涤器的缺点是毛毯易于磨损，使用寿命较短。

3. 化学毛毯洗涤法

近年来普遍用化学洗涤法除去毛毯中的污垢，以延长毛毯寿命。最普遍使用的方法有机外洗涤、停机机上洗涤、机上间断洗涤和机上连续洗涤4种。常用洗涤剂有盐酸、烧碱、纯碱和非离子型表面活性剂。

停机机上洗涤是目前在国内外普遍使用的方法，清洗时将毛毯运行速度降至50~100m/min，羊毛毯的洗涤步骤是：盐酸洗—热水洗—纯碱液洗—水洗。全化纤毛毯常用烧碱液或合成洗涤剂洗涤。

机上间断洗涤是化学洗涤的另一种方法。间断洗涤使用洗涤剂、盐酸或碱液，每班洗涤一次，每次洗涤10~30 m/min。清洗用的化学药品是在造纸机运行中加到全幅宽喷淋器中喷出的，在规定时间内用完化学药品溶液后，就打开清水阀门，用清水将残留在毛毯中的化学药品冲掉。

为使毛毯始终保持最佳状态，以达到最高的抄造效率，机上连续洗涤是最好的方法。连续洗涤特别适用于高速大型造纸机。它的目的不在于除去已经造成毛毯堵塞的污垢，而是力求在污物沾污于毛毯上或刚渗入毛毯时就将它除去。因为污物一旦在毛毯内积聚，就会像滚雪球一样越积越多，以至很难除去。连续清洗的合成洗涤剂浓度一般为0.01%~0.06%，洗涤剂喷洒量为每米宽毛毯10~25 L/min。连续清洗的洗涤剂费用较高，但优点是能够延长毛毯寿命，而且经常使毛毯处于最佳状态，有利于降低汽耗，减少断头损失，提高纸张的质量。

第五节　干燥的作用及原理

一、干燥的作用

纸机干燥装置的主要作用是脱去纸页中多余的水分。由于湿纸页经压榨部压榨后一般仍然含有60%~70%的水分，即使是用最新式的复合压榨，湿纸页也仍含有50%~60%的水分，而这些水分用机械压榨的办法已不易脱除，必须用加热干燥的办法进一步脱水，使成纸水分含量降到5%~8%。干燥同时还有一个辅助作用：提高成纸质量。在干燥过程中，湿纸页中水分蒸发的同时，在表面张力作用下，使纤维逐渐靠拢，纸页收缩，纤维之间形成更多的氢键结合，从而提高了成纸的物理强度，并通过干燥使纸页具有一定的平滑度和完成施胶过程。若干燥工艺条件控制不当也会降低纸页质量，如干燥温度过高或升温过急，会因纸页内水分急剧蒸发，妨碍纸页表面胶膜的形成和破坏纤维间氢键结合，从而降低施胶效果和纸页物理强度、纸页产生发毛、龟裂、发脆等纸病。另外，在纸页的生产过程中，纸机干燥部仍然是整个纸厂能耗最大的部位，其蒸汽消耗占纸的生产成本5%~15%。因此干燥装置在造纸机中仍居重要位置。

二、干燥对纸张性质的影响

（一）干燥对纸页物理性质的影响

进入干燥部的湿纸中含有3种不同形式的水分，即游离水、毛细管水和结合水。干燥时，首先去掉的是纤维间的游离水，其次是纤维微孔中的毛细管水，最后才是纤维细胞壁中部分结合水。

干燥时，纸的弹性、塑性和机械强度均发生变化，并且产生变形，如收缩、伸长等。干燥初期主要脱除游离水分。干燥初期纤维彼此间可以自由滑动，脱水时由于水的表面张力作用使纤维拉拢接近。纸的干度小于40%时，纤维结合不明显。干度达到某一临界数值，纸中纤维接近，开始产生氢键结合。当纸的干度达到了55%时，随着水分含量的减少，氢键数量迅速增加，纸的强度迅速增长，如图6-43所示。

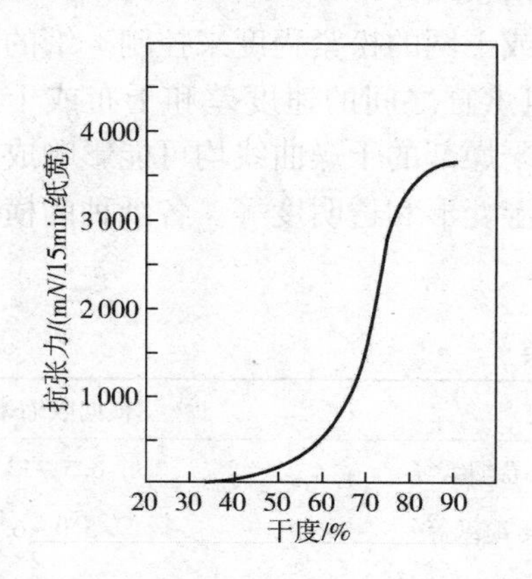

图6-43　纸的干度与抗张力的关系

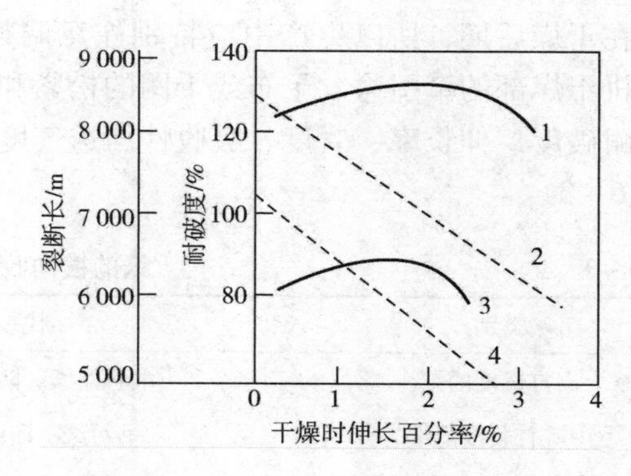

图6-44　干燥时伸长率对裂断长、耐破度的影响

1—裂断长（游离度225 mL）　2—耐破度（游离度225 mL）

3—裂断长（游离度670 mL）　4—耐破度（游离度670 mL）

湿纸在烘缸上干燥时，纸被干布或干网压在烘缸表面，横向收缩受到阻碍。但纸的纵向受着牵引力的作用，不仅无法自由收缩，相反受到拉伸。这种加在纸上的牵引力使纸的内部产生应力，增加了纸的刚性和作用力方向的抗张强度。增加纸的刚性对于书写纸和目录纸来说是有利的，但对于纸袋纸和新闻纸却不利，因为后两种纸要求有韧性。

干燥时纸的纵向伸长，成纸的可伸长率减小，耐破度下降，如图6－44所示。而耐折度则随着纵向伸长先是增加，随着纸的水分减小，纤维塑性下降，升到最高点以后转为下降。研究发现当纸的干度提高到75%左右时，撕裂度随伸长率的增加而大大降低。干燥时纸幅上的牵引力还会改变纸的尺寸稳定性。纸机抄造的纸页，其纵向伸长率不大，湿变形性也小于手抄片。

干燥时纸幅的收缩对透明度也有显著的影响。纸的收缩小，透明度下降。所以生产透明纸时应当让纸在干燥时尽量收缩。干燥不仅影响纸的机械强度，还影响纸的紧度、吸收性、透气度、平滑度和施胶度等。快速升温的高温强化干燥，能够增加纸的松软性、气孔率、吸收性和透气度；减少纸的紧度、透明度和机械强度。而缓慢升温的低温干燥，结果恰恰相反。真空干燥的纸，比较疏松，紧度小，透明度、施胶度和机械强度都比较低。

（二）干燥时纸页的收缩与纸页的性质关系

纸在干燥时的收缩状况取决于纤维种类、化学组成、半纤维素和木素含量、浆料的打浆度和纸机抄造情况。后者尤指纸机湿部和干燥部的牵引力大小和干毯的松紧状况。纸机干燥的纸在厚度方向上的收缩可达50%以上。横向和纵向的收缩则因纸机牵引力和干布压纸的关系，远不如厚度的变化大，同时纸的纵向收缩又不如横向收缩大。

纸在纸机上收缩越大，则成纸的伸长率愈高，吸湿变形性也愈大。纸的收缩与浆种有密切关系。破布浆和机木浆含量高的纸，收缩性最小，化学浆次之，高黏状打浆的硫酸盐浆收缩最大。纸机宽窄对纸的收缩也有影响。当其他条件相同时，宽纸机干燥的纸，横向收缩大于窄纸机生产的纸。纸机中，纸的横向收缩以干部最大，占总收缩量的80%左右。

纸的横向收缩在整个纸机宽度上也不一致，一般是两边收缩大，中间部分收缩较小。原因是润胀和细纤维化的纸浆抄成的纸，具有典型的凝胶性质，干燥时外部收缩大而中央收缩小。可以在第一组烘缸上使用展纸辊，减少湿纸的横向收缩。

干燥时纸的收缩主要依靠改变牵引力大小和干布或干网的松紧程度来控制。纸的收缩主要发生在干燥后期，所以生产中应特别注意调整各组烘缸之间的速度差和干布或干网的松紧。纸机干燥部的牵引力、干布或干网的松紧和整个干燥部的干燥曲线均可能影响成纸的裂断长、耐破度、伸长率、紧度、吸收性、透气度、吸湿变形和透明度等。各纸种的横向收缩率见表6－3。

表6－3　纸的横向收缩分类

类号	类别	代表性纸种	横向收缩率/%
1	高打浆度的纸	电容器纸、防油纸、卷烟纸等	6.5～13.0
2	中等打浆度的纸	书写纸、印刷纸、电缆纸等	5.0～6.5
3	低打浆度的纸	新闻纸、水泥袋纸、胶版印刷纸等	2.0～5.0
4	纸板和浆板	纸板、浆板	1.5～2.0

（三）纸的收缩与分组传动

纸在干燥时厚度收缩最大，纵横向收缩较小。因为受到压光机和卷纸机的牵引力作用，纸产生纵向伸长，伸长率一般为0.5%～1.0%。纸的横向收缩与纸浆种类、纸料打浆度有密切关系。

干燥时，干布或干网张得越紧，纸的横向收缩越小。为了提高纸的强度如裂断长、耐破度等，应保证每个烘缸的圆周速度与干燥收缩相适应。为此有两个办法，一种是逐步减小最后几个烘缸的直径。另一种就是将烘缸部采取分组传动的方式，依次降低后面烘缸的转速。

理论上来讲，每个烘缸都应当单独传动，各自配备一床干布或干网。但这势必会使纸机传动过分复杂，大大增加设备投资，所以仅在生产超薄型纸如电容器纸等采用。目前绝大多数纸机都采用烘缸分组传动。每条干布或干网包覆的烘缸数目，即所谓的每组烘缸个数，取决于纸的收缩率。

纸页在干燥过程会发生收缩现象，而收缩又将改变纸页内在的物理性质，甚至造成断头。为了使不同纸张获得应有的物理性质，在烘缸运转速度上应加以控制，使其圆周速度能够与纸的干燥收缩相适应。严格的做法是每一烘缸单独传动并各自备有一床干毯，这种方法使得造纸机传动过于复杂，设备造价也增多，所以只有在生产超薄型纸（如电容器纸）时才使用。目前采用的供缸分组传动，每条干毯包覆的烘缸数目（即每组烘缸数目），对于不同纸种要求也不相同。如用高打浆度的浆抄造时为1～3个，用中等打浆度的浆抄造时为4～6个，用低打浆度的浆抄造时为6～12个，而抄造纸板或浆板时则为12～18个或多于18个。

三、干燥部脱水原理

（一）烘缸干燥区

每一个烘缸都有4个不同的干燥区，如图6－45所示。在*a*—*b*贴缸干燥区，湿纸从烘缸表面吸取热量来提高湿纸的温度和蒸发水分。在*b*—*c*压纸干燥区，湿纸被干布或干网压在烘缸表面上。在这个干燥区中传热量最多。在*c*—*d*贴缸干燥区，湿纸在恒温下进行单面自由蒸发。*d*—*e*为双面自由蒸发干燥区。在这个区域，纸已离开烘缸，仅依靠本身的热量蒸发水分。同时纸的本身温度下降，需要在下一个烘缸重新升高温度。在高速纸机中，双面自由蒸发干燥区纸的温度下降4～5℃，普通低速纸机下降约12～15℃。由此可见，每个烘缸在各个干燥区的传热效率是不相同的。

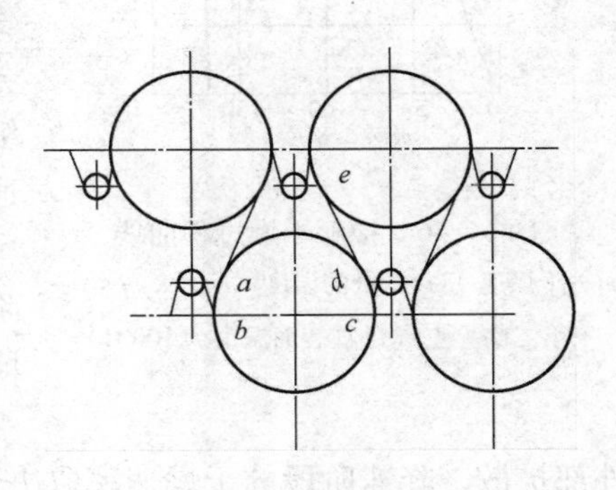

图6－45　烘缸干燥区

在*d*点，纸页与烘缸分离，水分在纸页两面发生闪急蒸发，消耗纸页中的热含量，纸页温度迅速下降。

由于*a*—*b*和*c*—*d*两个干燥区不仅很短，而且和烘缸表面贴合不太紧密，故蒸发水量较少，只占干燥部脱水量的5%～10%。*b*—*c*区蒸发水量最多，低速纸机达到80%～85%，高速纸机也有60%～65%。*d*—*e*区的蒸发量随车速而增加，可达总蒸发量的20%～30%或者更多。双面自由蒸发干燥区的干燥能力，随干燥的进行，纸的含水量逐渐减少，湿度也逐步降低。所以，愈在干燥部末端，蒸发水的能力愈小。

蒸汽分压的下降远远大于温度的降低，因此在干燥部的各个烘缸上，纸都经历升温、降温、再升温的循环过程。也正是由于蒸汽分压的下降远远大于温度的降低，而纸中水分的蒸发速度又与湿纸和外界的蒸汽分压差成正比，所以双面自由蒸发干燥区的温度下降将会降低纸机的生产能力。

双面自由蒸发干燥区中纸的温度下降，在干燥部前端最大，后端较小。另外，纸的温度下降还与纸机车速有关。单烘缸干燥，或只用一个大直径烘缸干燥时，湿纸没有降温过程，所以其干燥效率一般大于多烘缸干燥。

（二）干燥方式和干燥过程的阶段性

在干燥部纸幅受到两种干燥方式，即对流干燥与接触干燥。在烘缸间的双面自由蒸发干燥区和低温烘缸上，纸幅受到对流干燥作用。干燥过程分为恒速和降速两个阶段。湿纸经烘缸加热到外界空气的湿球温度以后，开始进入恒速干燥阶段。在恒速干燥阶段，水从纸的内部扩散到纸面的速度，大于纸面蒸发水分的速度，湿纸的温度接近于空气的湿球温度。

当湿纸水分降低到一定数值，水从内部扩散到纸面的速度小于纸面水分蒸发的速度时，降速阶段开始，这时干燥速率下降而纸的温度上升。

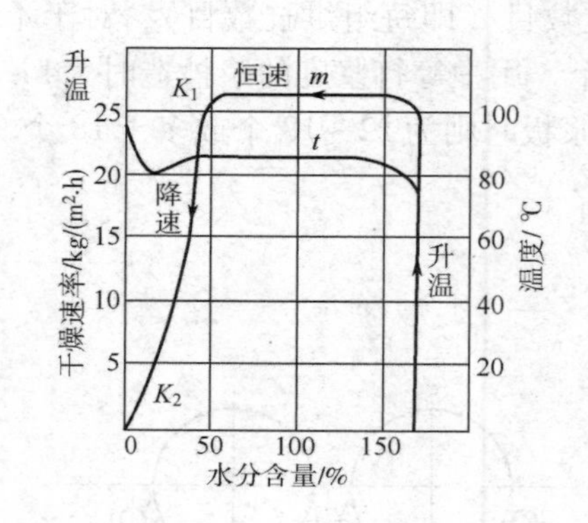

图 6－46 接触干燥过程曲线

m—干燥速率 t—纸的温度 K_1，K_2—第一、第二临界点（烘缸表面温度为100℃）

干燥时纸幅不断与烘缸接触、分离。纸机干燥部的主要干燥方式仍是接触干燥。纸的接触干燥过程可以分为升温、恒速和降速 3 个阶段。升温阶段时间很短，纸的水分变化不大，但湿纸的温度和干燥速率增长很快，如图 6－46 所示。恒速阶段通常占纸的全部干燥时间的 50%～65%。在这一阶段，纸的温度和干燥速率基本不变。在第一临界点 K_1 转入降速阶段。降速阶段又分两个分段，第一分段即 K_2 以前的干燥速率几乎呈直线下降，纸的温度降低。到了降速阶段的第二分段 K_2 以后，干燥速率锐减，纸的温度又再回升，纸的内外温差接近零。

一般认为在恒速阶段，干燥去掉的是游离水，降速阶段第一分段除去的是毛细管水和结合水，而在第二分段中则除去的全部为结合水。

接触干燥各阶段的机理：恒速阶段的干燥速率决于外部扩散，降速阶段的干燥速率取决于内部扩散。有人研究认为在恒速阶段，湿纸接触烘缸一面首先吸热产生水的蒸发。其蒸汽压力大于纸中其他部位的平衡蒸汽压力。由于存在蒸汽压力差，因而蒸汽向湿纸的表面转移。蒸汽在转移过程中又在纸中发生冷凝。蒸汽冷凝释放出来的热量传给纸，然后通过传导作用向低温方面流动。在纸的表面，一部分热量由对流作用传入空气，其余的则用于蒸发纸面水分。

纸页两面同时蒸发，因此两面的水分随之减少，纸中出现水分梯度，导致水分别向纸的两面转移。干燥速率决定于传质和传热的复杂平衡。纸的干燥继续进行，当湿纸接触烘缸的一面变得太干，不能保证稳定的蒸发状态时，该区域内的温度降加大，传热速率降低。纸中其他部分的温度也随之下降。湿纸表面的蒸汽压力因而减小，结果造成干燥速率下降，使干燥进入降速阶段。

当湿纸接触烘缸一面的水分降到临界水分含量以下时，蒸发面开始内移，于是纸页内部的温度又重新调整。在降速阶段，水分蒸发面内移到最大含水区域为止。这时纸的含水量已经很低，不可能再有液体水的网络。剩下的水不可能依靠蒸发除掉，而需要借助蒸汽从纸内向外部扩散除去。

纸幅干燥时，既有接触干燥，又有对流干燥。每个烘缸不仅有4个不同特性的干燥区，而且整个干燥部各个烘缸的温度也不相同。另外，干燥时纸幅的两面分别与烘缸接触。这些因素使纸的干燥过程愈加复杂化。

第六节　干燥部的结构及布置

干燥部主要由烘缸、烘毯缸、冷缸、导毯辊、刮刀、引纸绳、帆毯校正器和张紧器、汽罩或热风罩，以及机架和传动装置等组成的。对于生产一般纸和纸板的纸机都采用多烘缸干燥部，烘缸的排列传统上均采用双列排列形式，如图6－47所示。上下两层烘缸均配置有帆毯（或干网），帆毯领引着纸幅绕烘缸运行，并将纸幅压紧在烘缸表面。

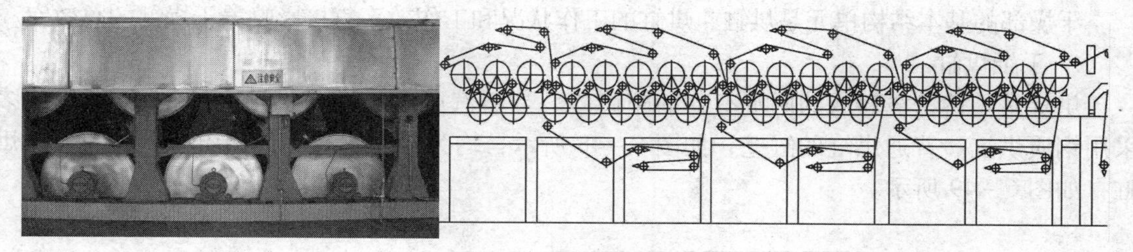

图6－47　上下两层烘缸的配置

根据不同纸种在干燥过程中的收缩，干燥部的烘缸对一般的纸种可分2～4组，并据此配用干毯（网）的数量。每组烘缸有上下干毯（网）各一张。每张干毯（网）设置有相应的导毯辊，校正辊和张紧辊。为降低干毯中的水分含量，设有烘毯缸。中、低速造纸机上，通常是每张帆毯配置一个烘毯缸；高速造纸机上则每张帆毯配置两个烘毯缸。在近十多年来，在生产新闻纸、胶印书刊纸、纸袋纸和纸板等的造纸机干燥装置中，多采用透气性良好的干网代替帆毯。用干网不仅可提高干燥效率，且可节省蒸汽用量。

在干燥装置的末端通常设置1～2个冷缸。冷缸内通入流动的冷却水，用来冷却进入压光机之前的纸幅，使水蒸气在纸幅表面冷凝，提高含水量和塑性，以提高压光效果。在干燥部的最后一个烘缸和压光机之间，一般装置一弹簧辊（轴承壳四周是用弹簧支承的辊）。它能适应纸幅张力的变化而产生相应的位移以降低纸幅的张力波动，减少纸幅断头。

一、结　构

纸机的干燥部结构，随生产纸种和车速的不同而不同。为了节省安装位置，供纸缸被分作上下两排或上下多排（用于纸板机）。纸和纸板在干燥过程中存在收缩现象，所以又将所有的烘缸分成几组传动，使其在速度上便于调整，以减轻纸张因收缩而产生的应力（在这一问题上，电容器纸特别要求单缸传动）。每组上、下排各用一床干毯或干网（近年出现第一组供缸仅用一床干毯），每床干毯应有不少于一个烘毯缸（也有不同供毯缸，而将导辊换成吹热风的干燥辊－热风导辊），若干个导毯辊，一套校正装置和一套张紧装置。传动装置可分主轴分部变速式和多电机独立传动式。抄造紧度大及平滑度高的纸时，在纸张干度达到60%～70%的部位上装有半干压光机。有的纸机则在此部位装置表面施胶设备。

在供纸缸之后，通常装有一个或两个冷缸、一根弹簧辊，借以增加纸张表面水分含量，达到压光后提高平滑度之目的。弹簧辊还能起到调整纸幅张力的作用。靠湿端的若干个烘缸及最后的冷缸表面装有刮刀，以便清除缸面的纸末。刮刀最好附有摆动装置，这样可以避免局部缸面损伤。车速较高的纸机，要求在楼下装设蒸汽分配管道、各蒸汽段的疏水器、汽水分离器及泵类。

干燥部的通风有自然风的进入，下干毯的热风干燥，纸幅干燥过程的横吹风或袋通风，全封闭或半封闭气罩的排风等。为了控制纸张干燥过程的有关参数，配备有仪表控制机构。有的纸机还装设了水分、定量监测或反馈控制机构。干燥部的引纸，在中低速纸机里是由人工完成的。随着车速的提高，引纸的困难增大。现在广泛采用的引纸方法是用4.9×10^5Pa的压缩空气吹送，或由烘缸操作侧沟槽带动的引纸绳传送。

（一）烘缸

干燥部的基本结构单元是烘缸，烘缸的工作状况和工作效率直接影响着干燥部的总效率。

1. 干纸烘缸

烘缸是用铸铁浇铸成的两端有盖的圆筒体。当蒸汽压力超过0.49 MPa时，干纸烘箱多采用钢质烘缸。普通烘缸的缸壁，如图6－48所示，均为单层。有一种钢质的烘缸为夹层烘缸，如图6－49所示。

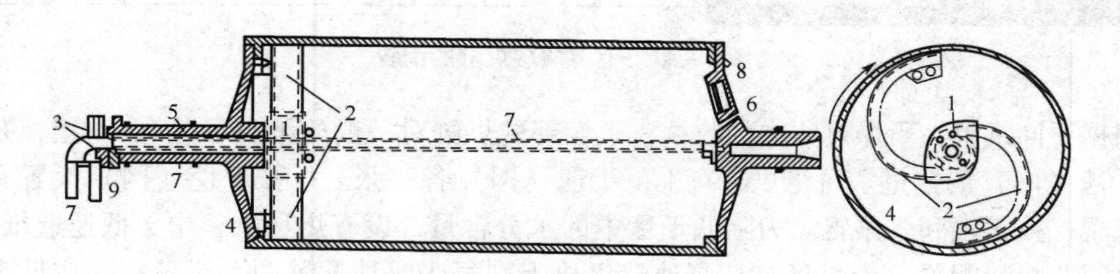

图6－48　普通烘缸

1—集水室　2—汲管　3—接头　4—烘缸头　5—轴颈　6—人孔　7—进蒸汽管及口　8—排气口　9—冷凝水排出管

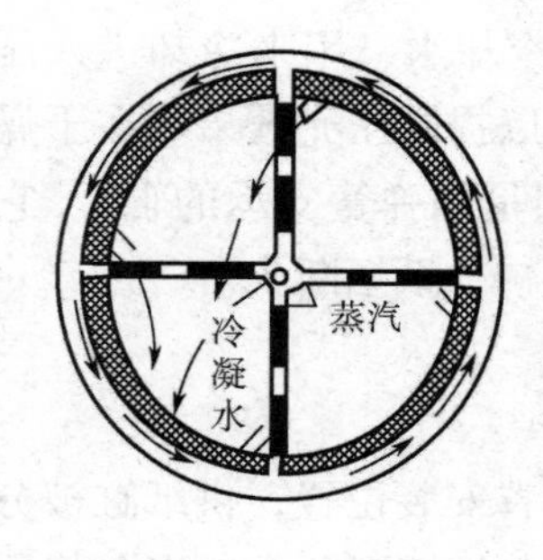

图6－49　夹层烘缸

铸造烘缸时，铸件不许有裂缝、砂眼和其他缺陷。烘缸铸成后，内外镟光，使其厚度均匀一致，保证均匀传热。烘缸表面硬度为170～220布氏硬度。磨光后缸面有很高的平滑度，表面呈镜面。烘缸直径有多种，我国规定系列有：0.8 m、1.0 m、1.25 m和1.5 m 4种，国外纸机尚有1.8 m等规格。单面光纸机和自动揭纸纸机的烘缸直径较大，通常为2～5 m。国外某些厂家的烘缸直径已超过5 m，面宽达10 m。通常烘缸宽度比进入干燥部的湿纸宽70～130 mm。

烘缸进汽管伸入缸内，距离缸盖0.8～1.0 m，周围和顶端均钻有眼孔，以便均匀分布蒸汽加热烘缸。干纸烘缸通常按上下两层交错排列。生产薄型纸，如电容器纸、卷烟纸等的纸机，前面两个烘缸通常同时装在下层，其余烘缸仍然分为上、下两层排列。这种排列的目的是便于传递强度较低的湿纸，避免断头。

2. 大烘缸

大直径烘缸主要用于高速单面光薄页纸机上，国内 2500 mm、3000 mm，国外 4500 mm、6000 mm，结构如图 6－50 所示。使用大直径烘缸的纸机多数只用一、两个烘缸，为提高干燥能力，一般要通入 0.5～1.2 MPa 的高压蒸汽，配用高效高速热风罩。满足使用的强度、刚度和良好蒸汽循环。送入大烘缸的蒸汽量比一般的直径 1.5 m 烘缸多 14～19 倍，一般采用如图 6－51 所示的循环供汽系统。为改善大烘缸内蒸汽循环，减少轴头内径，蒸汽管和凝结水管分别在两端引出。一般从操作侧通入蒸汽，从传动侧排出凝结水，凝结水温度较低，传热少，使传动机构和减速器受热较少。该系统允许一部分蒸汽随凝结水排出，以便将烘缸内不凝性气体带出来和有利于凝结水的排出，提高传热效率。进入汽水分离器的蒸汽和闪蒸汽一起经热泵提高压力后再送人烘缸内。这种系统要求来的新蒸汽压力应为 0.6～0.8 MPa。一部分闪蒸汽经压力控制后进人冷凝器，再经真空泵排出。汽水分离器下部的凝结水送回锅炉房。这种系统充分利用了蒸汽的热量，热效率高，在新型配用大直径烘缸中得到广泛应用。

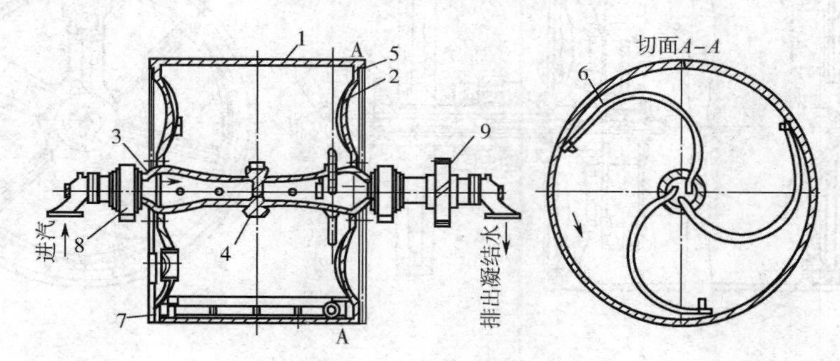

图 6－50　大直径烘缸的结构

1—缸体　2—缸盖　3—缸内的拉管　4—补偿件　5—缸盖固定螺栓　6—螺旋虹吸管　7—凝结水槽　8—轴承　9—传动齿轮

3. 冷凝水的排出

(1) 水环的形成

烘缸里的冷凝水是热传递的主要障碍。随着干燥速度的提高，有效地排除冷凝水变得尤为重要，因此，连续、均匀地排出烘缸内的冷凝水成为保证纸机干燥部正常生产的重要条件之一。研究证明，随着纸机车速的增加，冷凝水向烘缸转动的方向上移。当车速超过某一临界速度时，冷凝水在缸内形成水环并随着烘缸回转；随烘缸内冷凝水的增多，水环愈积愈厚；到了临界厚度，水环破裂；冷凝水运动状态如图 6－52 所示。图 (1)：对于烘缸直径为 1.5 m 的纸机，当车速在 200 m/min 以下时，凝结水受重力作用而集聚于缸的底部，略偏向于旋转一侧；图 (2)：当车速在

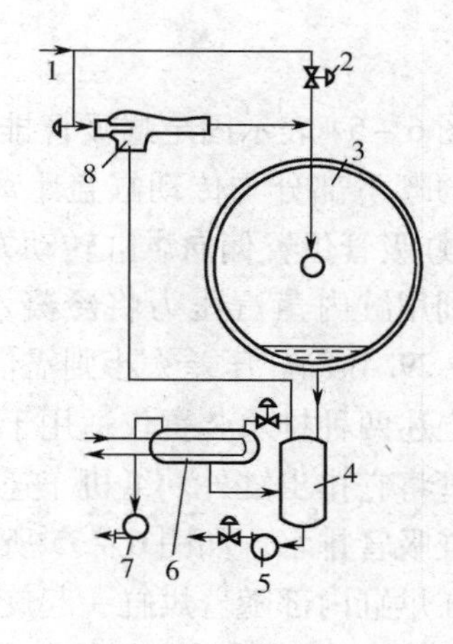

图 6－51　大烘缸循环供汽排水系统

1—高压新蒸汽　2—调压阀　3—大直径烘缸　4—汽水分离器　5—凝结水泵　6—冷凝器　7—真空泵　8—热泵

200～300 m/min 时，由于凝结水和缸壁之间摩擦力增大，使聚集于下方的凝结水被带起，呈月牙状翻动；图（3）：当车速接近于 300 m/min 时，摩擦力进一步增大，使凝结水被扬起，还不能形成足够的离心力，被提升到 45°～90°时又降落下来；图（4）：当车速达到 300 m/min 以上时，凝结水会受到足够大的离心力作用，而在缸内壁形成一个完整的水环，并随烘缸一起旋转，但转速略低于缸速。

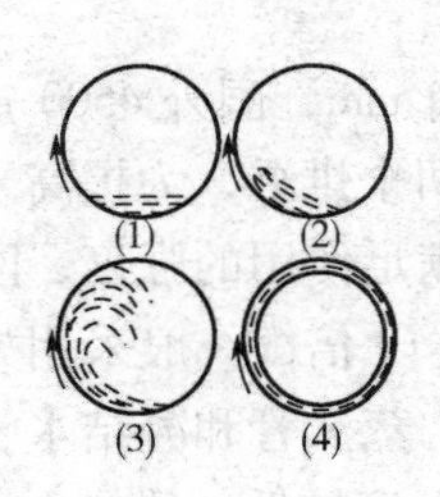

图 6－52　冷凝水运动状态

（2）冷凝水的排除

排除烘缸冷凝水主要有汲管和虹吸管两种方法。

图 6－53 配备了汲管排水装置。排水汲管装在烘缸内部，随着烘缸转动将缸内水舀出并经过轴头和进汽管之间的环隙排出缸外。烘缸通常采用双汲管，每转一周排水两次。

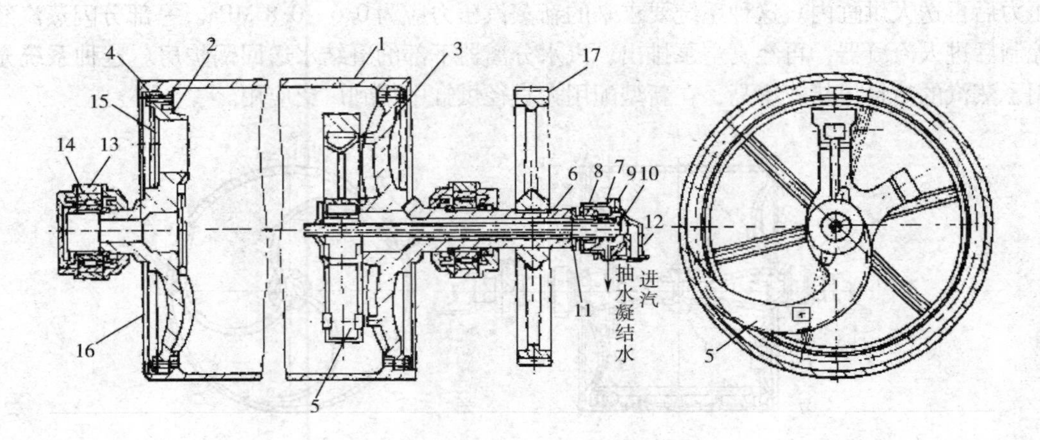

图 6－53　戽斗式排水装置

1—缸体　2—工作侧烘盖　3—传动侧烘盖　4—紧固螺栓　5—戽斗　6—进汽管　7—进汽头外壳
8—大石墨密封环　9—弹簧　10—小石墨密封环　11—汽头接头　12—进汽头盖　13—轴承壳
14—轴承　15—大孔　16—罩板　17—齿轮

图 6－54 表示固定虹吸管排水装置。虹吸管一端固定在壳体上，另一端伸入烘缸内。虹吸管的弯下部分与传动缸盖距离为 300 mm，管口装有平头管帽，管帽与缸壁距离为 2～3 mm。虹吸管位置偏向烘缸转动方向一侧约 15°～20°，偏角大小决定于缸内冷凝水数量。虹吸管利用缸内蒸汽压力将冷凝水压入管内排出，因此缸内和冷凝水管的压力差不得小于 19. 6～29. 4kPa。压差太小则需借助真空泵排水。

上述两种排水装置仅适用于低速纸机。缸内冷凝水尚未形成水环的冷凝水，利用汲管和虹吸管将它排出缸外。纸机车速超过 300～400 m/min 时，缸内冷凝水形成水环，则须使用活动虹吸管排水，如图 6－55 所示。这种排水装置基本与固定式结构相同，不同的是虹吸管固定在烘缸内部随着烘缸一起旋转。

烘缸内冷凝水无论呈水环状或聚积在下部，活动虹吸管都可以排出。前一种情况，利用虹吸和喷射原理排水。后一种情况的排水与汲管相同。采用活动虹吸管，缸内冷凝水层厚度不超过 0. 8 mm。为了排除缸内冷凝水，烘缸和冷凝水管内必须保持一定压差，压差大小决

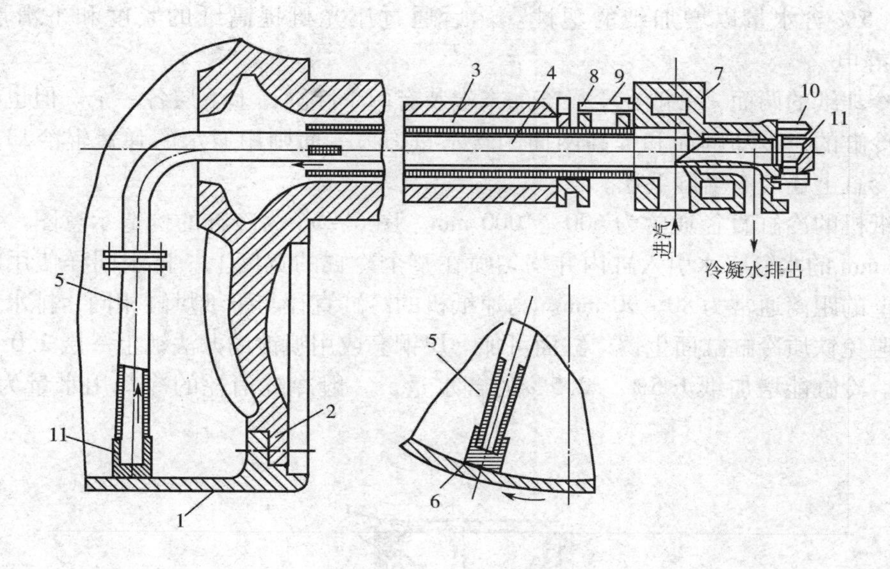

图 6-54　固定虹吸管

1—烘缸　2—传动边烘缸盖　3—进汽管　4—虹吸管弯曲部　5—虹吸管垂直部　6—管帽　7—填料函　8—石墨圈　9—弹簧　10—固定虹吸管的螺帽　11—调节虹吸管位置的方头

定于排水装置形式、纸机车速、缸内冷凝水状态，即冷凝水是水环状态还是集中在烘缸下部。

排水装置为活动虹吸管，车速较高、冷凝水在缸内形成水环时，虹吸管与冷凝水环均随烘缸旋转，两者之间的相对速度为零。旋转冷凝水的动能不能产生排除冷凝水的速度压头。与固定虹吸管相比，活动虹吸管必须克服冷凝水的重力和离心力，因此排除冷凝水需要的压差要高于固定虹吸管。

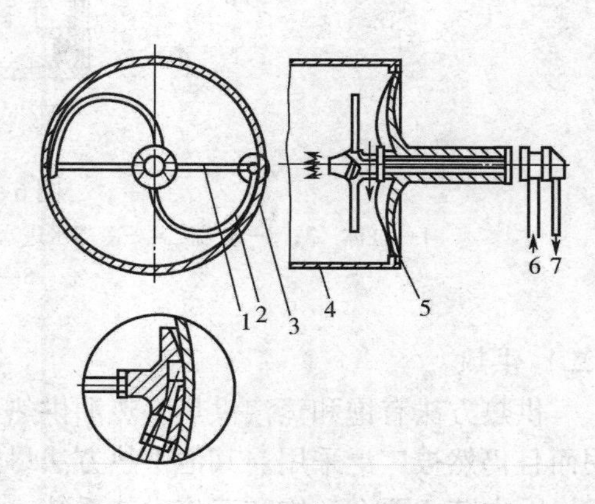

图 6-55　活动虹吸管

1—支杆　2—旋转虹吸管　3—吸头　4—缸体　5—传动侧缸盖　6—蒸汽进入管　7—凝结水排出管

当纸机车速超过 750 m/min 时，旋转虹吸管系统会造成不必要的能量消耗、影响纸机的运转适性。新型固定虹吸管系统已在 200 多台高速纸机上运行。该系统可以安全、有效、易维护地排空冷凝水并使烘缸系统最佳化。新型固定虹吸管系统可以保证冷凝水与虹吸管协调一致地工作，2 ~4 Pa 的压差即可保证冷凝水在离心力作用下有效排除。

4. 冷缸

干燥后的纸幅含水量为 4% ~6%，温度为 70 ~90℃，需要先经过冷缸降温，然后才能进入压光机压光。冷缸的作用一方面降低纸的温度，如使纸幅温度从 70 ~90℃ 降到 50 ~55℃。同时依靠外界空气冷凝在缸面上的水，提高纸的含水量，即增加约

1.5% ~2.5%含水量以增加纸的塑性。然后通过压光机提高纸的紧度和平滑度，并且减少纸的静电。

为了冷却纸的两面，一般在干燥部的末端装有两个冷缸，上下层各一个。但也有只在上层装一个冷缸的，冷却网面和提高网面的含水量，另一面则用通水的弹簧辊冷却。为了增湿，有时冷缸上还装有增湿毛毯。

低速纸机的冷缸直径通常为600 ~1000 mm。图6 -56为冷缸的构造示意图。一根直径为35 ~40 mm的水管将水引入缸内并均匀喷在整个冷缸的宽度上。排水同样使用汲管。汲管与烘缸壁的距离通常为80 ~90 mm。高速纸机的冷缸直径与干纸烘缸相同，排水则用虹吸管。为了避免铁质冷缸缸面生锈，缸面可加一层铜套或用喷镀的办法镀上一层2.0 ~2.5 mm的不锈钢。冷缸能增加纸1.5% ~2.5%的含水量，一般冷缸消耗的冷却用水量为3 ~5 kg水/kg纸。

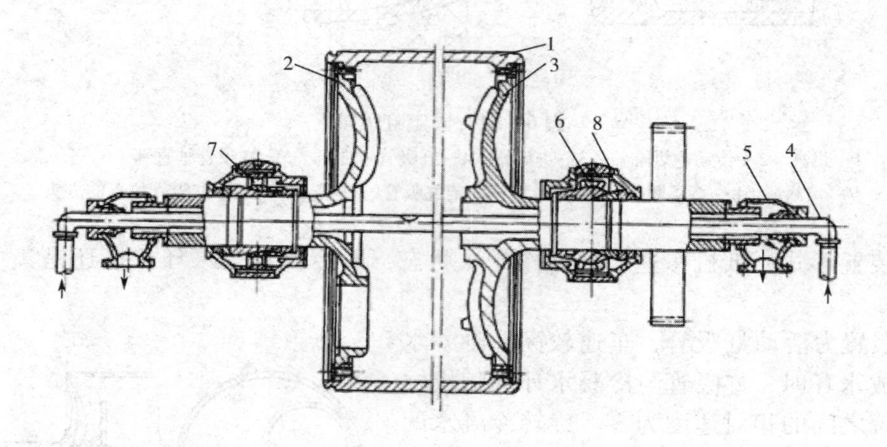

图6 -56　冷缸结构

1—缸体　2，3—缸盖　4—冷却水进水管　5—进水头　6—双列球面滚珠轴承　7—轴承　8—固定轴承螺母

（二）供热

供热方法有饱和蒸汽供热、热油供热、红外线供热、电磁供热等，饱和蒸汽供热最先使用而且仍然被广泛采用。其他供热方法尽管都有很多优点，但因运行费用大而只能作为辅助干燥。本节主要介绍饱和蒸汽供热系统。

1. 单缸调压并联直通供汽系统

这种供汽系统多用于老式的多缸或单、双缸造纸机中，由锅炉房送来的高压蒸汽经减压阀减压到0.35 MPa以下，由蒸汽总管直接通到每个烘缸内，每个烘缸的管线上均设有压力调节阀和流量计，以调节进入烘缸内蒸汽的压力，从而调节烘缸表面干燥温度，满足纸的干燥温度曲线的要求。

烘缸内的凝结水是通过缸内蒸汽压力和排水装置排出的。凝结水管线上装有疏水器以防止蒸汽逸出，凝结水送回锅炉房。这种系统调节烘缸温度比较方便，系统简单，对纸种适应性强，但由于无蒸汽循环，不凝气体无法排出，热效率低，且疏水器大多不能正常工作，使缸内积水严重，能耗高，维修工作量大，为解决这个问题可在原系统中增设热泵和闪蒸罐，可节汽约30%，如图6－57所示。

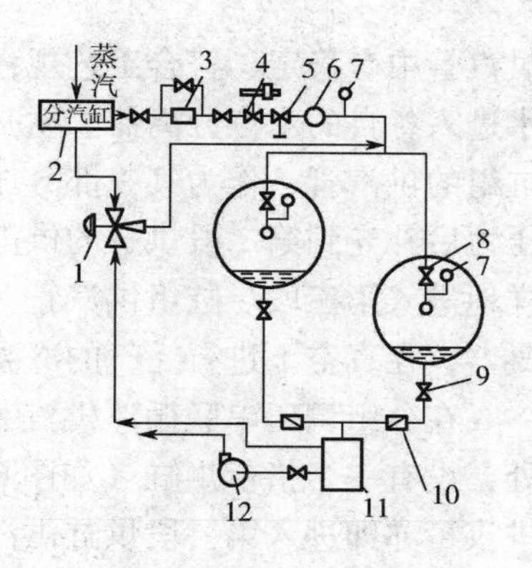

图6－57　带热泵的单缸调压并联直通供汽系统

1—热泵　2—分气缸　3—供汽总管减压阀　4—安全阀　5—总汽阀　6—流量计　7—减压表　8—进缸气压调节阀　9—凝水阀　10—破水阀　11—闪蒸阀　12—凝结水泵

2. 分组调压串联循环供汽系统

为了排除烘缸内的不凝性气体，提高传热效率和充分利用热能，满足纸页质量要求及降低凝结水排除故障和维修量，现代多缸纸机一般都采用分组调压串联循环供汽系统。在这个系统中把干燥部的全部烘缸分为3～5个通气段，第一段烘缸为靠近压光机处，是整个干燥部烘缸缸面温度最高的那些烘缸，也是干燥率曲线上处于恒干燥率和降干燥率曲线段下的那些烘缸，其供汽压力为最高。最后一段烘缸为靠压榨部处的几个烘缸，即纸幅升温阶段，缸面温度在较低范围内递升的那些烘缸。烘毯缸通常被连成为一个供汽组，用与第一段烘缸同样压力的蒸汽供热，全组共用凝结水管和水汽分离器。

在各段烘缸间依靠闪蒸压力及冷凝水系统的压差推动蒸汽冷凝水闪蒸所产生的二次蒸汽作为低温段的热源，蒸汽的能量利用比较充分。

图6－58为这种系统传统供汽的一例。进汽总管的高压蒸汽经压力调节阀后分别进入一段烘缸和烘毯缸组供汽管。通常压力调节阀是受各供汽管的压力变送器来控制，借以保证各

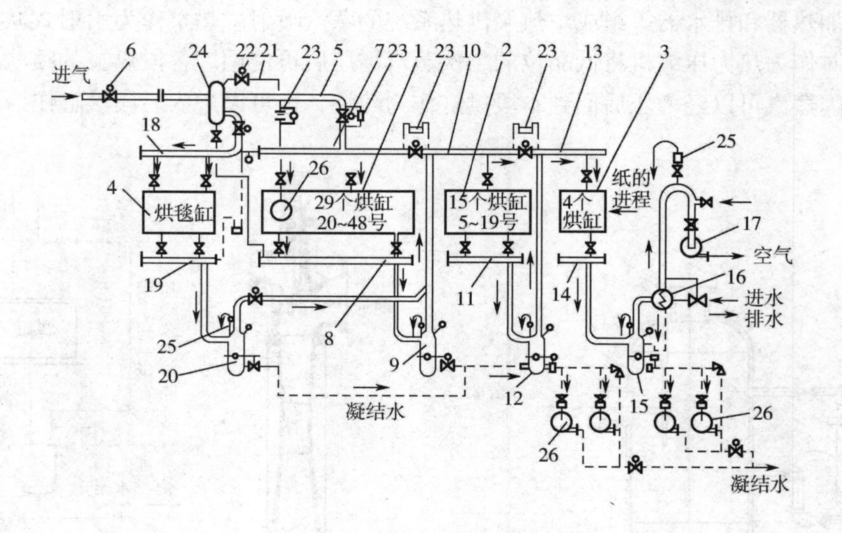

图6－58　传统分组调压串联循环供汽排水系统

1，2，3—分别为第一、二、三烘缸　4—烘毯缸组　5—进汽总管　6—总裁止阀　7，8—第一段供汽和凝水管　9，12，15—分别为第一、二、三段汽水分离器　10，11—第二段供汽和凝水管　13，14—第三段供汽和凝水管　16—冷凝器　17—真空泵　18，19—干毯缸组供汽管和凝水管　20—烘毯缸组汽水分离器　21—指示烘缸供汽管　22—压力调节阀　23—压差变送器　24—进汽总管汽水分离器　25—恒温排汽管　26—凝结水泵

供汽管中有稳定、符合工艺规程要求的压力。通过第一烘缸段和烘毯缸段的喷吹蒸汽和凝结水进入各自的水汽分离器。喷吹蒸汽和闪蒸汽由汽水分离器进入第二段即供汽压力稍低的烘缸组的供汽管，作为其一部分加热汽源，不足部分则从生蒸汽管来的蒸汽经压力变送器控制压力后补充到第二段烘缸的供汽管中。第二段烘缸组的喷吹蒸汽和汽水分离器中的闪蒸汽同样地进入第三段烘缸组供汽管。第三段烘缸的供汽压力通常都较低，其汽水分离器接真空冷凝器，在真空下进行乏气的冷凝。各汽水分离器中的凝结水则送回热电站。

在分组调压串联循环供汽系统中，往往在烘缸干燥部的最后处，即第一段烘缸的起始处，设有一个指示烘缸（如图 6－58 中的 46 号缸）来按该处的纸幅湿度自动调节干燥部的进汽量亦即进入第一段烘缸供汽管的汽量。如图 6－58 中的序号 21 管上有序号 23 压差变送器，该管即单独向指示烘缸供汽，它从进汽总管汽水分离器引出时经压力调节阀保持了稳定的供汽压力，在压差变送器 23 的管段上有节流孔板，压差变送器的两头即接在孔板两侧。当指示烘缸上的纸幅湿度有变化时，缸内因传热量变化而凝水量也变化，使孔板近缸一侧压力变化，导致孔板两侧压差变化。这一压差变化信号即送到第一段烘缸供汽管之前进汽总管上的压力调节器去控制进汽量，使纸幅湿度重新恢复到原来的调定值。

3. 热泵供热系统

如前所述，传统的热力系统中采用阀门节流减压以满足纸机烘缸用汽品位的要求。蒸汽节流减压会因摩擦、涡流而导致熵的增加，造成能量的浪费和贬值。进入 20 世纪 80 年代以来，热泵开始在新型纸机的多段通气中普遍使用，使干燥效率进一步提高，各段压差和温度更易控制，凝结水更易排出。

纸机干燥部的热泵系统通常由热泵、汽水分离罐（如图 6－59 所示）、冷凝水贮罐、冷凝水泵、空气加热器和排水器等组成。热泵供热系统的蒸汽喷射式热泵作为引射式减压器用于热力系统，同时作为热力压缩机将低品位的二次蒸汽增压后再使用。各段烘缸的喷吹蒸汽和水汽分离器中的闪蒸汽可以经增压后回到本段烘缸作为热源，也可以进入后段烘缸作为热源。

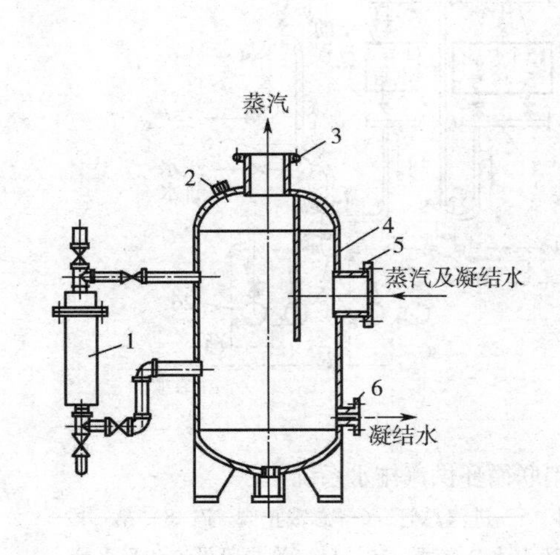

图 6－59　汽水分离器的结构图

1—液位指示调节器　2—压力器接管　3—蒸汽排出接管　4—筒体　5—凝水与蒸汽混合物进入的接管　6—凝水排出接管

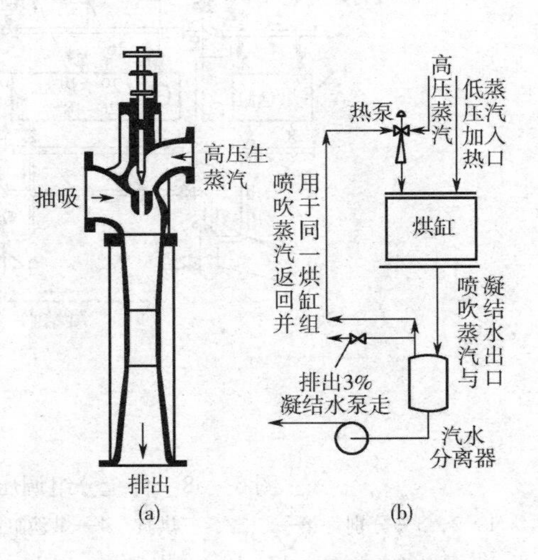

图 6－60　热泵的结构和工作原理

（a）热泵的结构　（b）热泵的工作原理

蒸汽喷射式热泵工作原理：如图 6－60 所示，蒸汽喷射器是一种没有运动部件的热力压缩器，由喷嘴、接受室、混合室和扩散室组成。高压蒸汽通过喷嘴减压增速形成一股高速低压气流，带动低压蒸汽运动进入接受室。混合室和扩散室，两股共轴蒸汽的速度得到均衡，同时混合蒸汽的速度降低，压力提高，得到中压蒸汽。蒸汽引射器可以代替阀门的节流式减压，利用蒸汽减压前后能量差使工作蒸汽在减压过程中将冷凝水闪蒸罐中的闪蒸汽的压力提高，形成中间压力的蒸汽供给纸机使用。同时，闪蒸罐的压力也因为蒸汽引射器的抽吸得到降低。增大了纸机的排水压差。

采用蒸汽喷射式热泵代替蒸汽节流式减压向各段烘缸供汽，同时以蒸汽通过热泵前后的能量差为动力，将蒸汽冷凝水系统产生的二次蒸汽增压后同新鲜蒸汽混合作为烘缸用汽既可提高此蒸汽的品位，又可降低各段烘缸汽水分离罐的压力，使烘缸具有可靠的排水压差。

采用热泵可以使闪蒸罐内形成较低的闪蒸汽化压力，从而使冷凝水可以进行有效的闪蒸、汽化、分离。闪蒸罐内布有多层钻孔的跌落式塔板，塔板有盘状和环状两种，交错排列，如图 6－61 所示。蒸汽冷凝水在塔板上跌落时形成细小的液滴，因此具有较大的传热传质面积并可形成较长的流动路线和汽化时间。

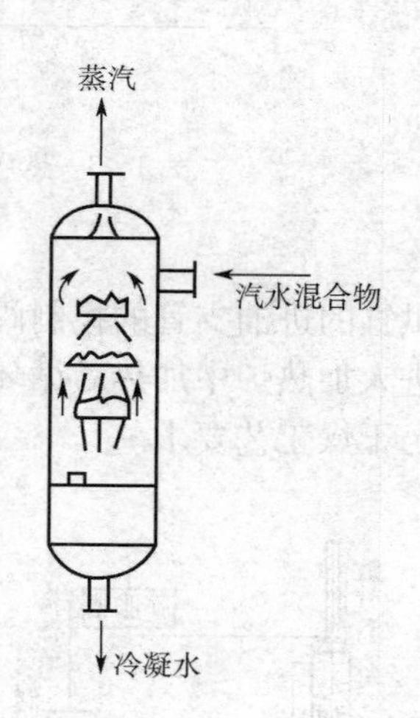

图 6－61　闪蒸罐

热泵系统还设置了不凝性气体排出系统用于排出不凝气体，以提高烘缸中蒸汽冷凝速度和提高烘缸传热及纸幅干燥速率。热泵系统还采用了并联的蒸汽供热工艺，利用相对独立的控制环路，采用热泵对各段烘缸进汽进行质和量的调节。利用热泵将干燥段烘缸出来的二次蒸汽增压后再供给本段和下一用汽压力较低的干燥段烘缸用汽。系统主要利用压力调节和压差控制进行热力系统的控制和调节。利用热泵出口的压力控制本段热泵新蒸汽调节阀的开度以调节蒸汽压和供汽量。当工厂供汽压力较低、产品定量较大、烘缸用汽压力较高时，采用压差控制。当纸机运行中本段烘缸排水压差低于给定值时，可将其少量二次蒸汽送至用蒸汽压力较低的烘缸段。

纸幅断纸或负荷发生变化时热泵系统有利于防止低温段烘缸积水和高温段烘缸过热的问题。热泵供热为并联供热系统，各段烘缸用汽压力、用汽量可采用直接控制入口的蒸汽压力及流量的方法加以控制，使热泵消耗较少的新蒸汽、较小的二次蒸汽压缩比。

纸机干燥部热泵供热系统在国内已经广泛用于新闻纸、胶版印刷纸、水松纸、无碳复写原纸、复印纸、晒图原纸及牛皮箱纸板等纸机生产。无论采用双层布置还是单层布置，自动控制或手动控制，纸机均可正常稳定运行。一种日产 150t 机内涂布纸机的干燥部热泵供热系统如图 6－62 所示。某厂采用热泵供热系统替代传统的三段通气供热系统后，产品质量和经济效益明显提高。可以向各段烘缸提供不同压力等级的蒸汽、烘缸干燥曲线更加合理、提高了车速、吨纸汽耗降低了 30%、有效地减小了纸幅的两面差。

4、采用其他热源的干燥系统

（1）热油加热烘缸的供热干燥系统

热油加热烘缸是以被加热的热油作为热载体，将其热量传递给烘缸表面来干燥纸页的。其供热系统如图 6－63 所示，既可用于单缸纸机，也可用于多缸纸机。导热油由加热炉加热到要求的温度后，从加热炉上部流出经过滤后由热油泵输送到进油总管中，然后再由进入各

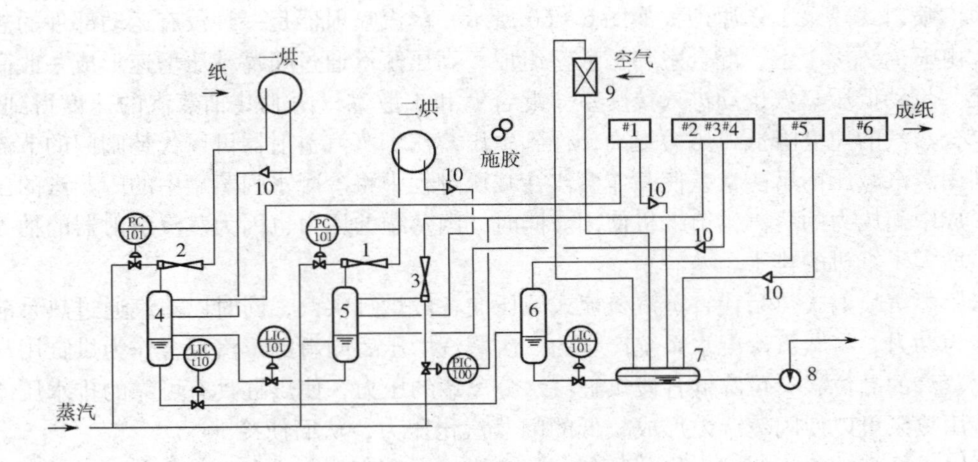

图 6－62　长网八缸同干燥部热泵供热系统流程

1～3—热泵　4～6—一、二、三级汽水分离罐　7—冷凝水储罐　8—冷凝水泵

9—空气加热器　10—排水管

烘缸的进油支管的控制阀控制流量后进人烘缸内，与烘缸壁热交换后的低温油由回油管道再进人加热炉中加热后循环使用。可以通过调节进出烘缸热油的流量来调节烘缸表面温度，满足干燥工艺要求。

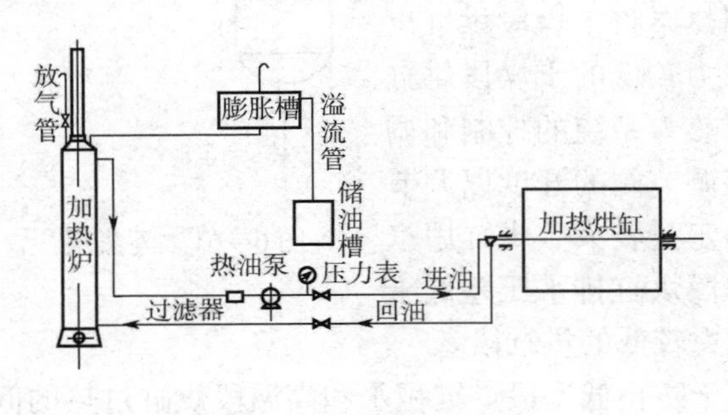

图 6－63　热油供热系统

据介绍，这种供热系统与蒸汽供热系统相比有如下优点：a. 运行系统简单，不需要水处理设备、凝结水排出和回收装置；b. 安全性好，导热油在 300℃ 时基本不汽化。如要获得 250℃ 的温度，油缸内只有 0.1 MPa 的压力，而用蒸汽则要达到 4 MPa 压力。c. 投资少，由于热油系统简单，且在低压下运行，所以比蒸汽供热系统造价低，投资少，可比蒸汽系统节约投资 1/3 左右。热油供热系统 10～15 年不需大修，10 年内不用更换导热油；d. 节约能源，热油供热系统进出烘缸油温差一般为 5～15℃，回油只需在油炉内升温 5～15℃ 又可循环使用，每次补充热量很少。而蒸汽供热系统需要把凝结水重新加热成蒸汽，且要不断补充冷水，就需要大量的热能将凝结水和冷水加热为饱和蒸汽。能耗大，效率低。

（2）红外线供热系统

红外线供热干燥具有蒸发速度快，成纸水分均匀等优点。但受设备结构的限制，主要是对流干燥，纸页不能像在烘缸干燥中受干毯的挤压作用而紧贴烘缸表面，所以其干燥的纸页必然有平滑度、紧度低，平整性差，松厚度大，成纸稳定性差等缺点，所以，无法使纸页全部用红外线干燥，只能作为辅助干燥系统。由于厚水膜对短波长的红外线有较强的吸收性，而薄水膜则对长波长的红外线有强吸收性，所以在压榨部或干燥的初期用红外线干燥时，一般应选用镍铬合金石英管辐射器，它的辐射源温度为 760～980℃，有效波长范围 2.6～2.8

μm，能量分布辐射占55%～45%，对流占45%～55%。干燥末期，纸页中水分含量低，水膜薄，应选用辐射温度低，波长长的远红外线，可选用埋入镍铬合金丝碳化硅板辐射器，电阻丝板面温度540℃，辐射源温度200℃，有效波长6 μm，能量分布辐射占50%～20%，对流占50%～80%。红外辐射的最大穿透深度约0.6 mm，所以对于高定量和厚纸板应采用双面辐射。

红外干燥加热器可用煤气或电来加热，一般多用电红外干燥器，便于控制。红外供热干燥若用在压榨部，则是横向与纸页同宽，纵向间隔一定的距离布置若干条红外加热干燥器，接通电源即可。若安在干燥部的末端调节纸页的水分，一般为成片安装。图6－64是某厂在生产纸板的干燥末端安置红外干燥器一例，本例的红外线辐射器选用BYDⅢ型碳化硅板，其规格为320 mm×140 mm×30 mm，1.0 kW；200 mm×150 mm×30 mm，0.6 kW。按照纸幅宽度及需要的辐射面积和有效功率，排列布置形式如图6－64所示。排布的原则是两边功率密度低、中间高，因为进入辐射器的纸页水分是两边低、中间高。其次要能满足局部调整纸页水分的要求。

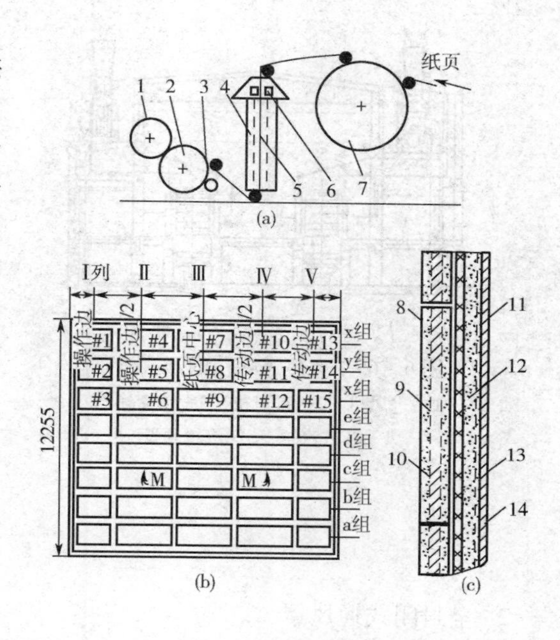

图6－64　红外线辐射干燥图

（a）流程图　（b）远红外线辐射器装配图

（c）碳化硅板结构图

1—纸卷　2—卷纸机　3—冷风机　4—远红外线辐射器（2片）　5—温度计　6—抽风机风孔　7—烘缸　8—远红外线涂料　9—碳化硅基体　10—电热丝　11—石棉板　12—硅酸铝纤维毡　13—角钢框架　14—镀锌板

（3）电磁供热干燥系统

电磁供热干燥系统是在烘缸内或外沿烘缸宽度方向上靠近烘缸壁排列若干排电磁铁，烘缸旋转时切割磁力线而产生电流，使缸体发热而干燥纸页。在烘缸内安装电磁铁的烘缸见上面的电磁感应烘缸一节。在烘缸外部安放电磁铁的加热烘缸主要用于纸页水分调整用。这时每个电磁铁的感应宽度为150 mm，与缸面的距离为13 mm，电磁铁应交错排列。每个磁铁的励磁线圈要求的输入功率很小，通常为100 W，但可以在150 mm宽的缸面内感应产生10 kW的涡流加热缸面。能量是由纸机传动供给的，每个线圈分别励磁，可由人工或计算机控制调节。用成纸的湿度作为反馈信号，可以准确地控制横幅水分分布。这种供热系统主要是搞好电器线路的正确连接。

（三）干燥装置的通风罩

通风罩是干燥装置的重要组成部分。因为通风和热回收装置的组织设计和经济效果，均取决于通风罩的形式及其热工性能。多缸纸机的通风罩主要有两种形式，开敞式和全封闭式。

1. 开敞式通风罩

开敞式通风罩的结构如图6－65所示，它主要适用于低中速、窄幅造纸机。

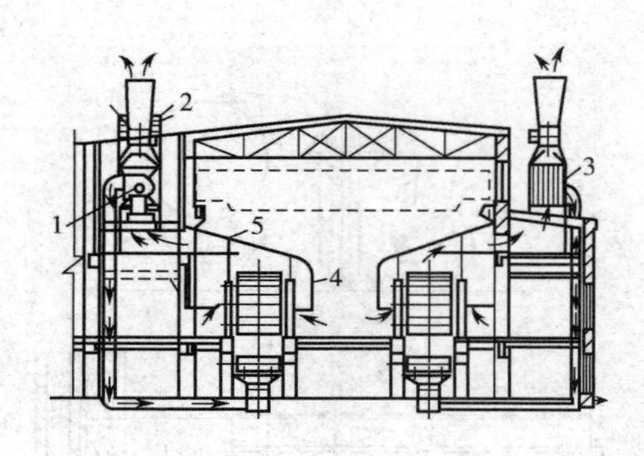

图6-65　有热风吹毯的开式汽罩

1—进风机　2—排风机　3—热交换器　4—开式汽罩　5—汽罩顶壁

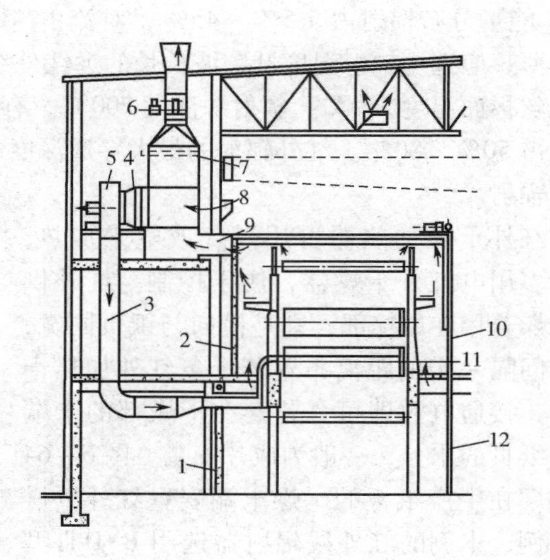

图6-66　全封闭式通风罩

1—底层壁板　2—传动侧罩壁滑动门　3—进风总管　4—空气加热装置　5—离心式风机　6—抽流式风机　7—水冷装置　8—车间顶部空气入口　9—热湿空气排出风道　10—操作侧升降门　11—袋区通风装置　12—底层罩壁滑动门

2. 全封闭式通风罩

全封闭式通风罩的基本结构如图6-66所示，这种气罩作为现代纸机纸幅干燥的新型节能设备在国外已被广泛应用。据介绍，这种全封闭式通汽罩可以比开敞式通风节约蒸汽15%~20%，干燥部提高干燥能力15%~20%，且可以改善操作条件，降低设备腐蚀。近几年来，国内一些从国外引进的纸机和大型纸机改造中也都采用全封闭通风罩。目前国内的机械厂也可以生产。在设计全封闭通风罩时要注意必须具有灵活的调节性能；保证在纸机横幅方向操作、传动侧的空气流量和流动状态的相等和平衡；保证在纸机干燥部的纵向各部位的排风量和该部位的蒸发强度相适应；防止通风罩上开口处结露，尽量减少通过开口处渗入车间空气，尤其是高露点全封闭式通风罩更应减少开口数量；还要注意要有坚固的结构和良好的保温性及气密性；要有良好的防火设施，防止引起火灾，保证纸机安全生产，罩内应设有消防水系统和测温、测烟雾装置及均匀喷水装置。

3. 袋区通风装置

在双排烘缸双干网组成的干燥装置中，由烘缸、干毯和纸幅所组成的一个相对封闭的边区域称为“袋区”。如图6-67所示。袋区内气流与外界交换很慢，通风的空气必须从两边进入同时再从两边排出，才能与湿汽进行交换，并将袋区内蒸发出来的水汽带走。这样必然造成两边气流大中间小，从而使中间部位的空气相对湿度较高，纸机越宽越严重。不仅影响纸幅干燥速度，且造成纸幅两边水分少，中间水分多。为了避免中间水分过大，常常是被迫使纸边过干燥，从而使干燥装置的干燥能力下降约20%，汽耗增加约10%，且纸边的弹性差，发生卷曲、表面纤维发脆和呈颗粒状等现象。为了解决这个问题，世界上通行的办法是在袋区设置通风装置。袋区通风装置有以下几种。

（1）横吹风装置

横吹风装置的结构如图6－68所示。在这种装置里，热风通过间隔交错排列布置于纸机两侧的风口，横向吹过气袋。经验表明，横吹风装置只适于网宽3.8 m以下的低速窄幅纸机，且应与帆毯等透气性小的干毯配合使用，才能发挥作用。要求喷嘴直径9～12 mm，热风温度70℃以上，喷速为100～120 m/s。这种吹风装置的吹风口后部呈现负压会将车间内的低温空气带入气袋内，使袋区温度降低。

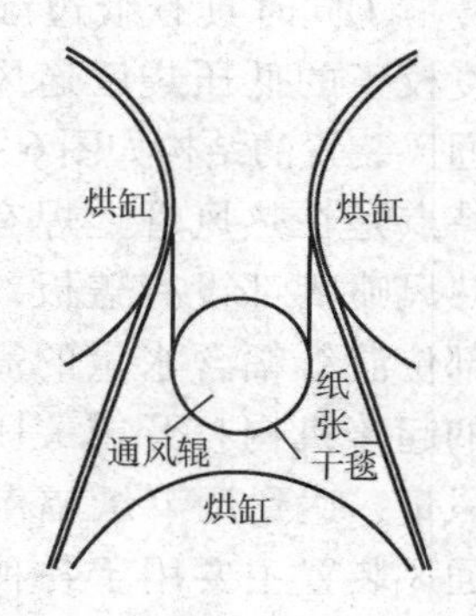

图6－67　烘缸袋区

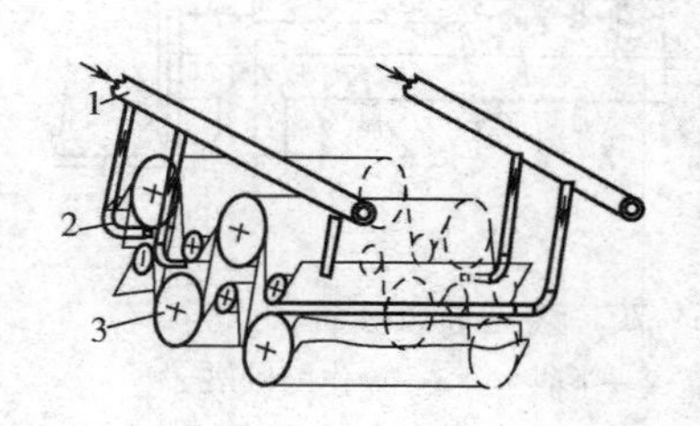

图6－68　纸机袋区横向吹风装置

1—热风总管　2—热风喷嘴　3—烘缸

（2）干网热风导辊装置

干网热风导辊是安装在烘缸之间的导网辊位置上，即起导网辊作用，又起通风辊作用。从热风辊吹出的热风直接穿透干网而进入气袋内。由于干网的透气度大，穿透的热风所遇阻力小，因而热风压力较大，使气袋得以较好的通风。这种热风辊在国外被广泛使用，作为袋区通风装置。它有单室和双室两种类型，单室的又称压力袋区热风辊。向接触的干网吹出热风。其缺点是袋区两端的空气溢流量无法控制和调节。最新改进的是一种双室热风辊，又称压力/真空热风辊，如图6－69所示。第一室是提供可调节的压力热风；第二室产生真空，以便从袋区吸走湿空气。使用这种热风辊，既可调节所需的热空气量，又可分别调节排出的气流，使在袋区的气流达到平衡，消除了两端进出口处的流量变化。不仅使全幅纸页水分均匀，而且减少两侧纸边的抖动，改善了干燥部的运行性能。

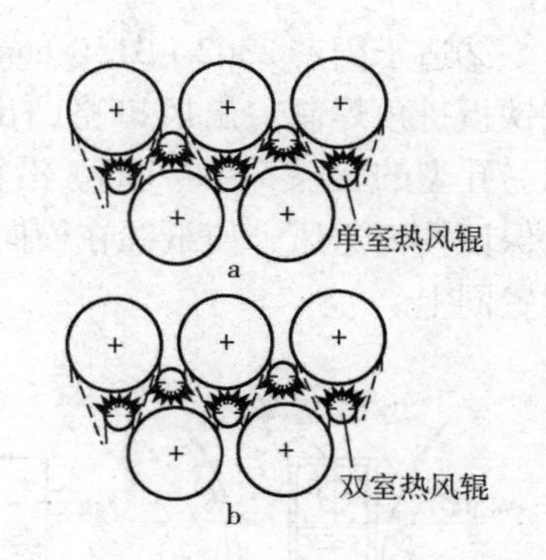

图6－69　烘缸袋区吹风辊通风装置

a—单室热风辊　b—双室热风辊

（3）安装在气袋外面的通风装置

由于大透气度的干网的应用，便产生了安装在气袋外面的气袋通风装置，这样设置的袋通风装置被广泛采用，其主要特点是可以使袋区宽敞，且对于双干网的干燥部，通过通风装置向袋区的负压楔形区送入热风，使纸幅贴缸而加强蒸发和传质。对于单挂和单层干燥部，可以通过一特殊设计的吹风箱喷嘴喷出两股热风，其中一股在上方贴箱面诱导网后负压以平衡扩展楔形区负压，使纸幅贴网运行，另一股在下方由收敛楔形区吹入袋区。安装在气袋外面的通风装置主要是通风箱。它是利用诱导原理进行通风的。通风箱一般应满足下列要求：①足以使干网以均匀的干度和温度抵达下一烘缸；②具有可调节的横向风量分配装置，而不是在全幅宽上均匀地分配热风；③喷嘴的结构要能满足使用条件下的吹风方向要求。为此，热风被分成两部分。一是较少的一部分热风，在整个吹风箱宽度上以均匀的低风速吹出；二是较多的一部分热风，在吹风箱宽度上以短距离的分格加以调节。干网的透气度不能低于 60 m^3/（m^2·h），所需的风量一般不大于 50m^3/（m^2·h）。

通风箱的生产厂家很多，但其基本结构相似，下面举几个在不同纸机上应用的实例。

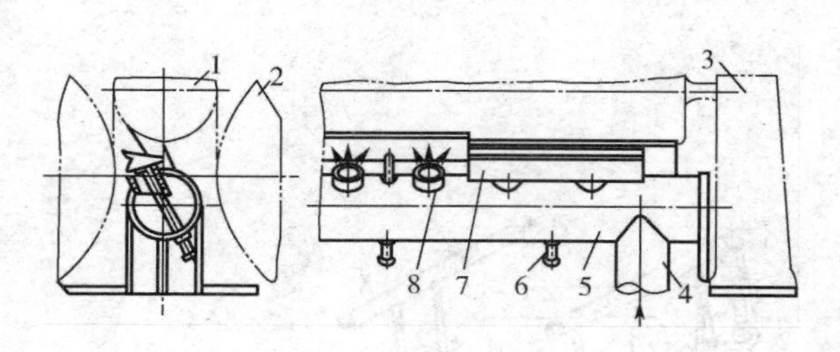

图 6－70　袋区通风装置
1—导毯辊　2—下烘缸　3—操作侧机架
4—热风进口管　5—热风管　6—热风喷嘴盖的起落机构　7—热风喷嘴盖板　8—热风喷嘴

①同时具有纸边湿度控制和横向湿度校正的低压袋区通风装置。这种袋区通风装置的结构如图 6－70 所示。其结构特点是在热风管上焊有一排喷嘴，每个热风喷嘴都设有盖板，可根据袋区不同部位湿纸幅含水量的需要，由喷嘴盖板的起落机构打开或关闭喷嘴，以控制喷风量，达到调节纸幅湿度的目的。这种通风装置主要用于各种双层烘缸双干网的多缸纸机的干燥部。安装在纸、网、缸分离处，向袋区内吹热风，风温 90～95℃，风压 0.98～2.94 kPa。

②适于国产 2362～3150 mm 纸机的低压通风箱。截面呈矩形，一般用 2～3mm 厚的铝板或铁板折角焊制。出风口略凸出，分长缝和多孔型两种。缝宽 5 mm 左右，长度与纸宽相同。孔型的孔径 5～20 mm。沿箱体长度方向上分成若干格进风道，每格可分别调节进风量，以保证均匀送风，使纸幅在横向上均匀干燥。风温 90～100℃，风压 0.49～0.98 kPa。安装位置同上。

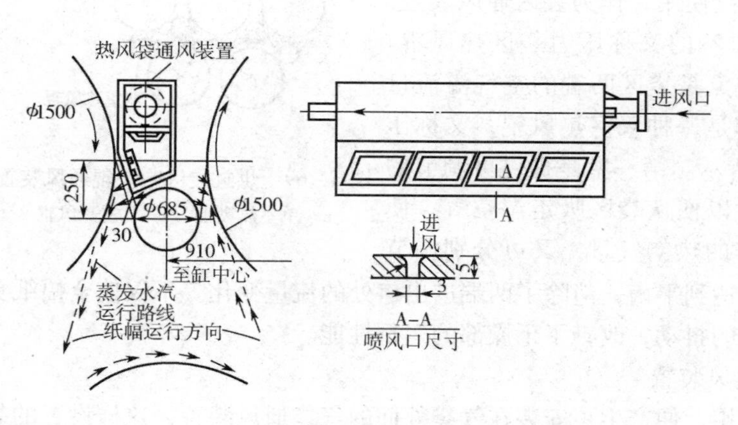

图 6－71　热风带通风装置的位置和结构

③适用于纸板的袋区通风箱。这种通风箱的结构如图 6－71 所示。喷风口采用缝式结构，缝的内侧制成圆角过渡式以减小阻力损失，缝口宽度可同纸种和所需风压有关，一般为 2～3.5 mm，喷口风速在 30～45 m/s。在通风箱沿纸幅横向分成几个独立的通风室，在每个风室入口设有风量调节风门，风门采用机械或气动控制。通风箱在袋区内的精确位置要根据纸机车速等因素而定，一般高车速喷风方向应垂直于干网网面，低车速喷风方向可向干网运行方向倾斜一些，其倾角一般不大于 10°。根据纸机干燥部

具体情况，通风箱可设计成单面或双面喷风等结构形式。一般采用单面喷风结构，但在纸幅预热阶段采用双面喷风结构；对于高速纸机应采用双面喷风结构。

④适于单排或单挂式干燥部的通风箱。这种通风箱是芬兰维美德公司设计的最新式适于单排烘缸干燥的通风箱。从这种通风箱喷出的热风由于气流的诱导作用，便在吹风箱和干网之间形成一个负压区，这种负压将纸幅紧紧地吸附在干网上，从而避免了纸幅的抖动、起皱和断纸，且可降低纸幅的纵、横向伸长和收缩，解决了高速纸机在运行中的难题。

二、布　　置

一般长网造纸机的干燥部，其烘缸是分成上下两列错开安装的。但是，薄页纸机的烘缸排列则要求前面两个烘缸（有时还多一些）同时装在下列，其余烘缸仍然分为上下两列。其目的在于便于引过强度还不够大的湿纸，避免断头。但也有成排排列的，即一二两个烘缸排在下列，三四两个烘缸排在上列……纸板机的烘缸数很多，有采取多列（5~6列）排列的，其目的是缩短干操部的长度，减少厂房的占地面积，但存在增加高度和生产上引纸不便的缺点。

（一）双排多烘缸系统

双排多烘缸系统是最常见的传统干燥部。纸机的主要要求是提高纸机的速度、蒸发效率、降低能耗。双排烘缸的排放可以有效地减少干燥部的长度，降低生产成本。双排烘缸系统中的烘缸一般交错上下排放，上下排烘缸分别使用不同的干毯。近年来也有开始使用单网作为干毯以提高干燥效率的。双排烘缸系统的优点是操作方便、引纸简单、干燥效率较高。传统多缸纸机示意图见图6-72。

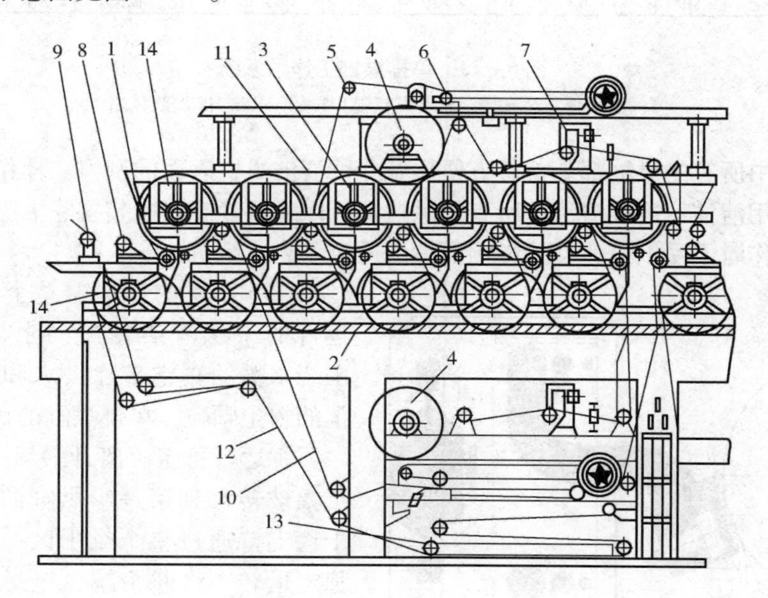

图6-72　传统多缸纸机

1—机架　2—下排烘缸　3—上排烘缸　4—烘毯缸　5—导毯辊　6—自动张紧器　7—自动校正器　8—刮刀　9—引纸辊　10—下帆毯　11—上帆毯　12—引纸绳　13—引纸绳自动张紧器　14—裸露（不包毯）烘缸

（二）单排多烘缸系统

单排烘缸系统的优点是纸幅在整个干燥部被支撑、断头时落到传送带上直接送到水力碎浆机中去，由于干燥部的开始和末尾部分的烘缸数量较少，纸页在纸机方向上的伸长和皱折能够得到充分地补偿和消除。无绳尾部传送系统可以确保纸页安全可靠地传过干燥部。单排烘缸系统的清洁器可保证干毯干净以确保纸页水分的高速蒸发和纸页洁净。

在烘缸部的发展过程中，干燥部的下部烘缸被开槽辊所取代。这是单排烘缸的开始。在开槽辊运转的头部需要安装一个稳定器以防止纸幅由于陷入空气而分离。但在纸幅的边缘部分，由于流入的空气阻碍纸幅被固定在干毯上，这个问题仍然存在。操作速度较高时，开槽辊被吸入空气辊所取代。这些装置将纸幅在全幅宽范围内整体固定在干毯上并抵消离心力。抽吸空气的辊取代纸幅稳定器。

单排烘缸既可单独使用，亦可与双排烘缸组合使用。对文化用纸的生产，单排烘缸纸机的车速可达 2000 m/min。

图 6－73 是一个典型的单排烘缸工作示意图。该干燥系统是由顶毯单排烘缸组构成。烘缸的下面是带有稳定器的开槽辊。紧密排列的短干燥组安装在干燥部的前部和尾部。顶毯干燥组的底部有空间，可用于其他目的。

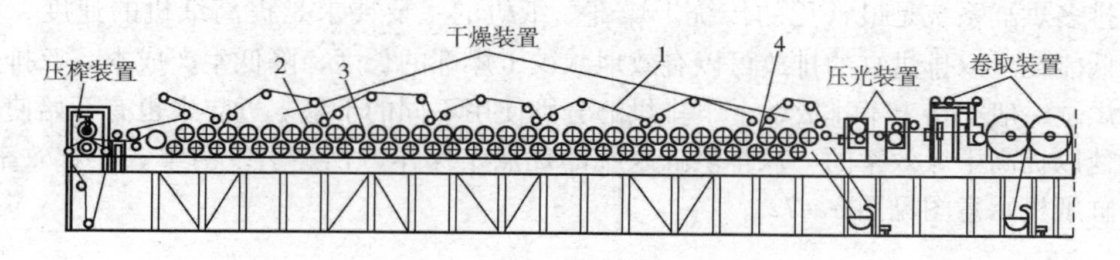

图 6－73　单排烘缸工作示意图

1—上干毯　2—烘缸　3—真空辊　4—SymRun HS 型吹风箱

单排烘缸中所有的烘缸都装备有方便抬升并可清洁烘缸表面的刮刀。操作时，第一组烘缸的干毯能使用清洁器连续清洁。所有的烘缸都可以通过静态虹吸装置除去冷凝水。这种虹吸装置由于工作时不受纸机速度的影响而特别适应于高速纸机。

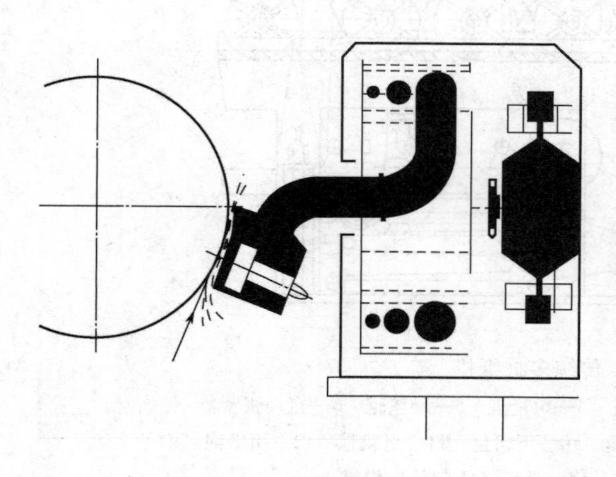

图 6－74　干毯清洁装置

图 6－74 的清洁器是个用水在高压下运行的干毯清洁装置。粉尘被机械除去，围绕水嘴的真空带除去水和再聚集在干毯上的粉尘颗粒。单排烘缸的优点如下：

①运行稳定。离开最后一道压区之后，纸幅被转移到第一组烘缸的干毯上，并被干毯支持通过整个烘干区。这保证纸机的稳定运转，将断头减少至最少。稳定器和干毯钻孔辊的结合将纸幅稳定而可靠地从一个烘缸传递到另一个烘缸。在纸幅离开干燥器的部位，稳定器通过真空将纸幅固定到干毯上。真空起着平衡围绕钻孔辊的

离心力的作用并保持纸幅紧贴在干毯上。

②高的蒸发速率、干燥部较短、投资较低。为了增加热在纸幅中的传递，所有的烘缸均被安装了挡流棒。热空气吹管能够吹到纸机的中心、使湿空气相等地朝着机器的驱动侧和操作侧流动，两面脱水以保证均匀的横向水分分布。

③本系统可保证稳定的运转特性，最大幅度地减少纸幅的断头。这种烘缸排布的另一个显著优点是减少处理断头的时间。损纸直接落到下面的传送带上并自动被送到水力碎浆机。

④稳定器通过真空将离开烘缸的纸幅固定在干毯上，仅需要很小的力以将纸幅从烘缸表面移走，因此纵向伸长和横向皱折都很低。单排烘缸干燥时，湿纸幅的伸长能够被速度调节所补偿，从而防止皱折现象。

⑤单面烘缸可以减少纸页的卷曲趋势。

（三）气浮干燥系统

除了烘缸干燥部之外，还有其他的干燥系统，如红外干燥系统、微波干燥系统等。气浮干燥系统也是一种广泛使用的干燥系统。气浮干燥系统主要用在涂布加工纸、浆板和纸板的生产上。作为代表，下面介绍一种由瑞典 Flakt 公司引进的 FCLC 型气垫干燥器，该系统主要用于干燥浆板。

1. 系统的结构

气垫干燥器主要由机架、循环风机、加热蛇管、吹箱、传动及引绳系统、真空清洗系统、热回收系统、蒸汽及冷凝水系统组成。其主体结构如图 6－75 所示。

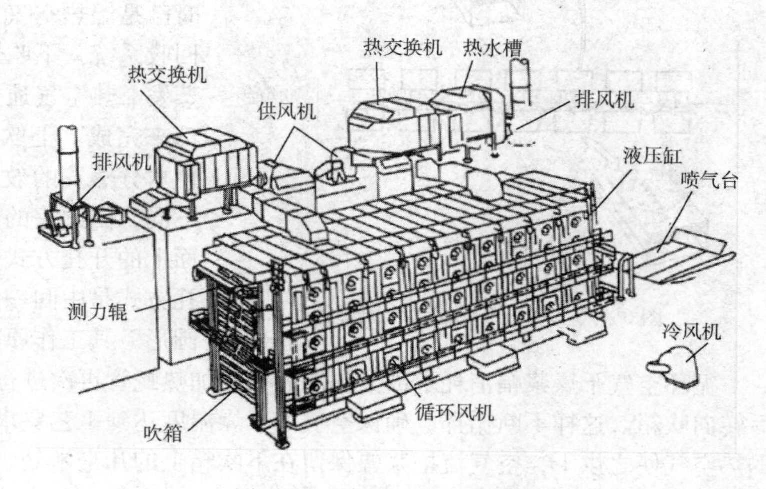

图 6－75　气垫干燥主体结构

机架由 91 台风机塔架组成。风机塔架分段装在基础上，其纵向间隔为 1500 mm，风机塔架与纵梁和横梁相接，整个机架包在干燥器罩里，其间有一层厚 100 mm 的非吸湿性隔热层。风机塔架上专门设计了 91 台循环风机，以硅铝合金铸造而成。风机安装在干燥部两侧的垂直塔架上，在干燥部隔热墙外，由电机直接耦合。每台风机设计成一个独立整体，并成为整个干燥部的一部分，必要时可以拆卸下来。

钢质加热蛇管，铝质翅片，钢质蒸汽箱，不锈钢冷凝水箱用以传热和散热。蛇管沿干燥部两侧垂直放置于每组风机的两侧，每台加热蛇管前有一个过滤网，以滤去空气中的纸毛、灰尘等杂质。吹箱是干燥室内的布气通道。用镀锌钢板制造，下吹箱面上有开孔，浆幅能在下吹箱上方定位。上吹箱在运行时位于下吹箱上方，清扫上下吹箱形成的“气垫悬浮区”。上吹箱的一端可提升，提升装置由一系列气压缸组成，每段一个。每次检查时，可把吹箱提升后锁定。整个干燥器共有 23 层吹箱，每层吹箱均由上、下吹箱组成。

蒸汽及冷凝水系统由蒸汽、冷凝水管道和一根位于干燥部顶端的蒸汽总管构成。干燥部的蒸汽、冷凝水管和置于干燥部两侧底部的冷凝水总管均为普通钢管。约占总蛇管数 1/3 的蒸汽蛇管与冷凝水总管间装有截止阀。送往 108 个型号为 QLBF 蒸汽蛇管内的蒸汽保持一定的剩余量，以获得最大的热效率。蛇管分成几部分，以保证良好的加热效果。冷凝水收集后，经水封送往冷凝水槽。系统还配有张力控制及设备。在浆幅进入端装有 1 根张力感应辊，该辊两端各有一个测力元件，以控制浆糊的张力。系统还设有 2 台空气热交换机，OGB 型管式，铝质热交换表面，铝质外壳。1 台水加热器。

2. 气垫干燥器的主要技术参数

生产能力：540 t/d；进干燥部干度：44%；出干燥部干度：90%；蒸发水量：23523 kg/h；生产车速：50～150 m，min；蒸汽压力：0. 26 MPa；干燥器净长 30. 3 m，净高 11. 63 m，净宽 8. 8 m；循环风机段数为 17 段，共 91 台。

3. 气垫干燥层的工作原理及特点

热交换机预热的空气送入干燥层底层，经加热蛇管加热后由循环风机送入各吹箱的开口端，并经吹箱的面孔吹向浆幅，再进入上层循环风机的各压力室，依次循环逐级向上通过干燥层。在这些热空气到达干燥层的顶部时已是湿热空气，由顶棚开孔抽出，进入热回收系统。下吹箱将浆板吹悬浮起来，水分蒸发靠热空气通过吹箱面上孔眼吹向浆幅底部来完成。上吹箱把热空气吹向浆幅上部，使水分蒸发的效果更好。上、下吹箱的作用不同，因此它的开孔方式也不一样。上吹箱面上的开孔方式是圆形，而下吹箱面上的开孔方式是中间一线为三角形，而其两侧则是圆形。其工作原理如图 6－76 所示。

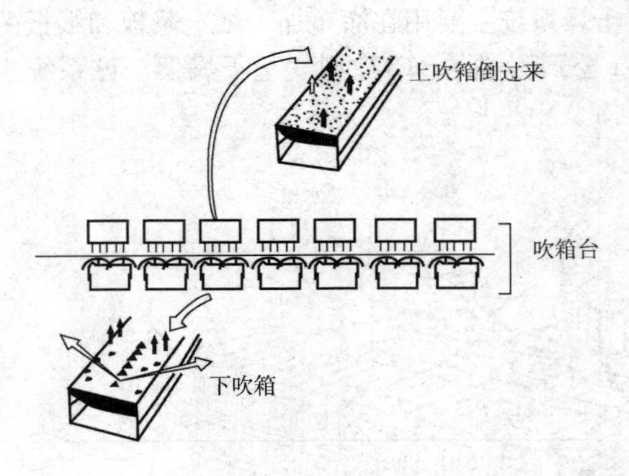

图 6－76　气垫干燥层工作原理图

循环空气干燥浆幅消耗了部分热能后，由加热蛇管再次进行加热，继而由循环风机吸入后转向吹箱。这样不断循环，确保空气的干燥温度达到工艺要求。浆幅通过干燥室时，吹进的热空气使之烘干，空气流把浆幅保留在下吹箱上的几毫米处，即浆幅通过干燥器时悬在气垫层之上，浆幅由上而下运行，牵引浆幅的拉力由曳拉辊及夹持辊提供。

生产操作时，干燥机室内温度一般是恒定的，但在开始引纸阶段要注意控制好干燥机内的温度，使其随浆幅逐层进入和扩宽而逐渐提高，直至引出全幅后逐渐调温至正常。过高的温度会造成浆幅急剧干燥，导致浆幅急剧收缩，使浆幅断头。但干燥机室内的温度也不宜过低，过低会造成浆幅干燥速率低，浆幅的湿强度不能满足引纸要求，也易产生断头。因此，在引纸时，干燥室内温度一般控制在 80～90℃左右。

第七节　干燥部的操作

一、纸页的传递

影响纸机运行的重要因素包括湿纸横幅定量均匀性、湿纸本身强度和湿纸被支撑状况。

特别是后一个因素，对湿纸从压榨部引进干燥部至关重要。从最后一道压榨将湿纸引进干燥部，中间有一段长开放地带。湿纸在这一地段完全是无支撑的开放引纸，容易产生断头。湿纸的定量和横幅水分稍有变化，都会带来压辊上揭纸的不稳定，这种不稳定的揭纸方式，会使湿纸受到过大的应力。湿纸的两边在这一开放地段也会产生很大的颤动。加大压榨部和干燥部之间的引纸张力，局部可以起到稳定开放引纸的作用。增加引纸张力可以减小湿纸边的振幅，这是好的一面。但增加引纸张力，又不可避免地会加大湿纸的应力，使湿纸两边产生损伤破坏，造成断头。

压榨部纸页传递时需要提供张力的原因有 2 个：一是便于揭下压辊上的湿纸，二是开放引纸时稳定湿纸。如果在开放引纸区域提供湿纸支撑方式，就可以降低湿纸张力。

第一种支撑湿纸的方法是将干网延伸到引纸辊。这样，湿纸经过极短的开放区域后即被干网支撑，如图 6－77 所示。这种布局中，干网保护湿纸使之不受外界空气扰动的影响，消除了长距离开放区域湿纸的颤动。这种传递方式虽然能够改善压榨部传递纸的效率，但随着纸机车速的提高，又会产生新的问题。

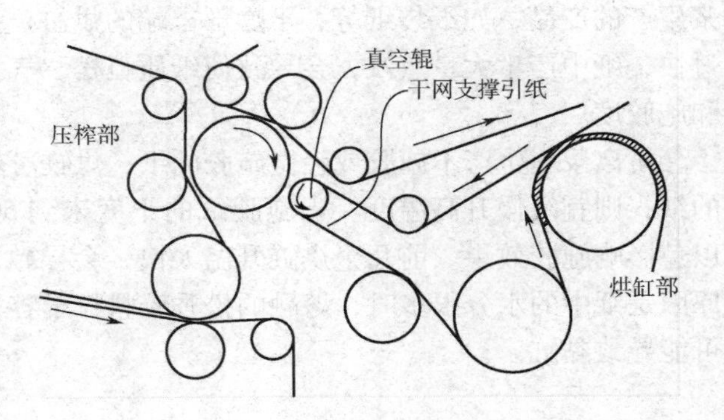

图 6－77　干网延伸到引纸辊支撑引纸

高速纸机的干网界面气流会冲击这个短距离开放区域的湿纸。气流由干网和湿纸的夹缝顺着轴向流动，使湿纸在颤动的同时发生伸长。部分空气还可能夹在湿纸和干网中间，使得湿纸与干网分离。这时当湿纸被干网压在第一烘缸上干燥时，常常会出现皱褶。对此，减少干网的透气度以减小流入空隙的空气量，或在网面植绒以改善纸的附着能力并改变网面的平滑度都收效甚微。

将毯辊或网辊改为真空辊，让真空辊直接抽吸除去干网携带的空气，保证湿纸与干网良好接触，也仅能取得有限的效果。原因是湿纸进入干网和烘缸楔形区之前，经干网仍可能带入空气。用干网代替传递真空箱，压榨部来的湿纸由两床干网夹着传递到干燥部，这样既可缩短牵引长度，也可减少纸边破损和湿纸打折，如图 6－78 所示。

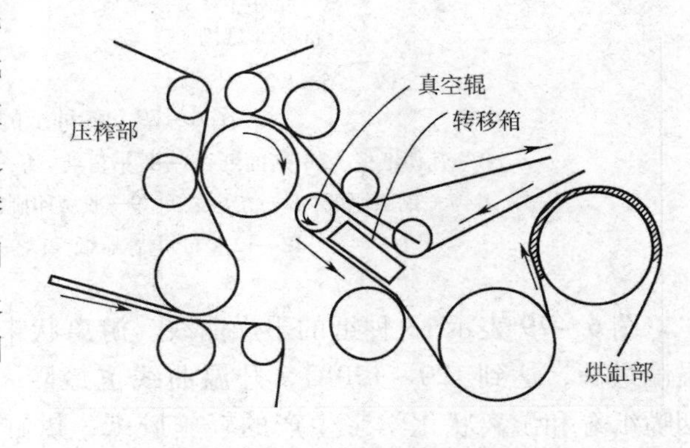

图 6－78　双干网夹式传递引纸

二、干燥部的干燥曲线

烘缸干燥曲线：所有烘缸包括冷缸表面温度绘制成的曲线。间接的评价纸机干燥部的使用性能，通过烘缸表面温度和温度趋势，可以直接反映单个烘缸的传热效率以及纸页通过每组烘缸带走的热量和蒸发效率，以保证在纸页要求的干度下以最小的能耗将纸页干燥。合理利用每组烘缸的传热作用，将纸页通过干燥部干燥效率（升速阶段、恒速阶段、降速阶段）根据不同定量合理调节布置，以达到节省能耗提高干燥效率的同时使纸机的产能达到最大化。根据干燥曲线表现出的每个烘缸的表面温度和进气压力对每个烘缸的传热效率进行评估，根据烘缸的使用时间以及结垢情况适当调节每个烘缸的进气手阀开度以抵消结垢对传热效率的影响。

干燥温度曲线的形状通常为开始逐渐上升，然后平直，最后稍有下降，如图 6－79 所示。最初 1～4 个烘缸的温度，根据纸种不同，温度逐渐从 40～60℃升高到 80～110℃。对于大多数纸种，烘缸最高表面温度为 110～115℃。高级纸和技术用纸，最高干燥温度应稍低一些，为 80～110℃。然后保持最高温度，直至干燥部末端的二三个烘缸，温度下降 10～20℃左右。因为最后纸的水分已经很低，烘缸温度高，会影响纸的质量。但对 100%硫酸盐浆生产的产品，如纸袋纸等，干燥部末端的烘缸温度也可以不下降。干燥初期如升温过高、过快，纸中产生大量蒸汽，会导致使纸质疏松，气孔率高，皱缩加大，并且会降低纸的强度和施胶度。

游离浆料生产不施胶或轻微施胶的纸，烘缸可较快地升温。反之，如生产施胶、紧度大的纸，则宜缓慢升高温度。当施胶纸的干度未到 50%以前，烘缸温度不宜超过 85～95℃，以免影响施胶效果。前几个烘缸升温太快，会导致施胶效果降低，而且还会产生黏缸现象。原因是纸中的水分很多时，熔融的松香胶料粒子容易凝聚，既可能造成纸的憎水性下降，又可能导致黏缸。

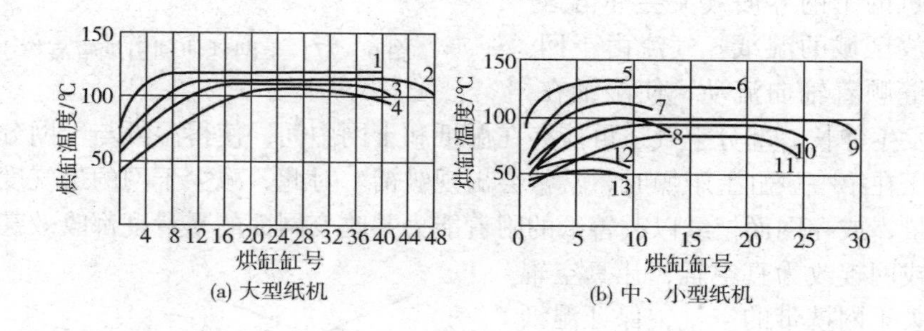

图 6－79 各种纸的干燥曲线

1—瓦楞纸板 2—新闻纸 3—1#书写纸 4—2#印刷纸 5—纸袋纸 6—烟嘴纸
7—铜版原纸 8—仿羊皮纸 9—胶版印刷纸 10—电缆纸 11—电话线纸
12—12 g/m² 电容器纸 13—10 g/m² 电容器纸

图 6－79 表示 13 种纸的干燥曲线。游离状未漂白硫酸盐浆生产的纸如纸袋纸，烘缸温度最高，达到 120～130℃，升温曲线也最陡。含大量机械木浆的新闻纸、2#印刷纸、烟嘴纸等和游离状化学浆生产的轻施胶纸，烘缸温度次之。烘缸温度最低的是高级书写纸、透明纸，特别是薄型电容器纸等。这类纸不但干燥温度低，升温曲线也相应比较平缓。

三、影响干燥的主要因素

1. 纸机车速

不同的纸机车速，烘缸的干燥效率不同。普通干毯在车速为 305 m/min 时，仅 20% 的蒸发在烘缸表面完成，其余 80% 的蒸发则是在上、下烘缸之间的双面自由蒸发干燥区完成。眼孔畅通的干网，烘缸蒸发百分率与车速的关系和普通干毯相似。干网的曲线在干毯曲线的上方说明接触烘缸表面的蒸发百分率比干毯的大。

纸机车速低时，干网能让蒸发水汽自由通过网眼，从湿纸上脱除。纸机车速高时，在双面自由蒸发干燥区蒸发大部分的水分，受烘缸气袋中空气绝对湿度的制约。开敞干网的“泵气”能力可将气袋中的潮湿空气吹走。因此，如与气袋通风设计结合，在纸的两面均匀地引入空气，既可减小纸的抖动，又可降低气袋中空气的绝对湿度，所以特别适合高速纸机。一般大直径烘缸的纸机或车速较低的纸机，其干燥效率较高。

表 6-4　　不同纸种的烘缸单位出力　　单位：kg 水/（$m^2 \cdot h$）

纸种	电容器纸	卷烟纸	透明纸	新闻纸	水泥袋纸	单面光
单位出力	3 ~ 7	10 ~ 12	8 ~ 10	20 ~ 22	22 ~ 32	20 ~ 40

2. 干网、干毯的种类和张力

不同种类的干网或干毯，其组织疏密各异，导致各自的透气度也不同。为了保持干网或干毯原有的透气度，生产过程必须防止污染和过分的张紧。由于干网或干毯能将纸紧压在供缸面上，热传递也较好，所以加大干网张力可以强化烘缸表面对湿纸的传热过程。干网张力的主要作用是降低湿纸和烘缸表面间的空气膜厚度，提高热传导效率。某新闻纸纸机车速为 732 m/min，干网张力超过 11 ~ 14 N/cm 时，纸机的干燥速率增长明显变缓。张力太大会缩短干网的使用寿命，同时会增加网子的湿热降解作用，加快经线的损坏速度。

干毯烘缸的作用在于干燥含有水或水汽的干毯，使干毯到达烘纸缸时能更有利于纸张的水分蒸发。为此，一定要有足够数目的干毯烘缸。一般要求干毯烘缸的总面积为烘纸缸总面积的 20% ~25%。此外，还应注意到靠湿端的干毯有含水量较大的现象，而在湿端相应地需要较多烘毯缸。

3. 蒸汽压力

提高蒸汽压力，可以强化干燥过程。所以，在不影响成纸质量的前提下，应尽可能提高蒸汽压力。如压力从（1.96 ~ 2.45）$\times 10^5$ Pa 提高到 7.85×10^5 Pa，而如果纸的平均温度仍为 80℃，则传热量增长 1.8 倍，即提高 80% 左右。

4. 烘缸的分组、冷凝水排出和传热状况

为促使烘缸的冷凝水顺利排出，烘缸通汽必须分组，使各组间的蒸汽压差约为 2.94×10^4。否则传热系数较小的冷凝水会妨碍有效的热传递。烘缸本身的传热系数很大。但是，如果烘缸外表面不洁净，将会使得热传递减慢而降低干燥效率。另外，在烘缸内表面衬挂树脂或用铸铁合金（K6）来制造烘缸，均可增加导热系数。

5. 通风

干燥部的通风很重要。纸张经干燥蒸发出来的水汽应及时排走。否则，会因水蒸气含量增大而抑制纸页中的水分蒸发，结果降低了干燥效率。为了及时排走水蒸气，一般应采用强制通风加速空气流动。

四、干燥部的维护及故障处理

（一）机械维护

干燥部是纸机转动部件最多、润滑点最多、温度最高的一个部分。要保证干燥部的稳定运行，提高设备的运转效率，必须做好以下几点：

①开机前必须提前 2 h 进行暖管，冬天应提前 4 h 暖管。

②总汽管尾端应有排冷凝水阀门和疏水阀，暖管时应将管内冷凝水排完。

③暖管完毕后，才能在烘缸运转情况下进行暖缸，夏天暖缸时间为 2 h，冬天为 4 h。

④烘缸运转前应良好润滑其传动齿轮，若使用稀油集中润滑，则应等待润滑系统工作正常后才能把烘缸投入运转。

⑤设备空运转后，应检查冷凝水系统工作是否正常。

⑥烘缸汽头不应漏汽、漏水。

⑦经常检查稀油、轴承等温度是否正常。

⑧巡视各电流表所指的负载是否正常。

⑨通风系统是否调节合理。

⑩干毯的张力是否适当，张紧机构是否失灵。

⑪各通汽分段间的压差是否符合要求。

⑫蒸汽管道不容许在通汽时松紧螺栓。

⑬要定期更换干毯及引纸绳。

⑭对不紧贴缸面的刮刀要及时调整，磨损不匀的刮刀应及时更换。刮刀最好能摆动。

（二）操作故障与处理

在生产过程中，纸机的干燥部难免会出现一些意料不到的事故。由于事故的出现，正常生产的秩序被打乱，纸机的作业时间减少，产量下降；如果事故造成干毯、引纸绳或设备损伤，修补后进行生产，也可能会影响到纸页的质量或干燥效率。因此，对于干燥部的安全运行必须给予十分重视。常见的干燥部事故有以下几个方面。

1. 损坏干毯

运行的干毯碰压到机件或其他东西时，它将被划破、顶破或起褶，甚至造成裂断，造成这类事故的主要原因是操作不当。

（1）顶破干毯

这是由于干毯和烘缸表面之间有体积或厚度较大的坚硬杂物或损纸，它们会将干毯局部顶起，使得这部位的干毯承受整床干毯的张力。如果干毯允许的极限张力大于此时的外力，干毯的该部位会因受到较大的张力后而松弛；如果干毯允许的极限张力小于此时的外力，干毯的该部位则会被顶破，严重时会引起整幅干毯裂断。顶破干毯的现象有：

①清理缸面损纸用的棍棒顶破干毯。最常见的是利用竹篙去清理缸面的损纸时，竹篙被损纸缠卷住带进干毯与烘缸之间，有时是由于操作者不注意把竹篙插进干毯与烘缸之间。竹篙一旦被干毯与烘缸夹持，人力就无法把它拉出来。如果当时的干毯较新，强度较大，竹篙受挤压爆裂，干毯受损不明显。如果当时的干毯较旧，强度较低，竹篙有可能将干毯戳穿，轻的可以修补再用，重则干毯受损不能使用。有些操作者使用铁棍清理缸面损纸，如果铁棍被干毯与烘缸夹持带走，产生的后果肯定会更严重。

②有横吹风装置的干燥部，吹风嘴落到干毯与烘缸之间，也会损坏干毯。吹风嘴脱落的原因主要是安装不牢固，经过长时间使用受到震动造成；有时也因受到外力（如断了的引纸绳缠绕其上产生的拉力）的作用被扭断掉下来。为了避免这种事故的发生，除了把风嘴安装牢固外，还应经常进行检查、加固，遇到引纸绳绷断时，应尽快停机，以免断了的引纸绳把风嘴拉断。

③停机检修或更换干毯后，将工作时用的工具遗留在缸面或干毯上。当干燥部运转起来时，这些工具就可能把干毯损伤。所以，在干燥部内工作后，一定要彻底清理现场。

④缸面的损纸太多。有3种情况，第一种情况是干燥部发生断头后，没有及时将断纸部位稍前处的纸幅打断，纸幅仍源源不断地过来堆积在缸面，当纸堆达到一定高度后，便会倒下进入干毯与烘缸之间，将干毯顶起。第二种情况是在纸页干度较高、断头发生在某一温度过高的烘缸时，纸张以缠绕方式包覆在缸面上。由于烘缸不停地运转使缸面缠纸脱落不均匀，造成干毯的局部被顶起。第三种情况，清理缸面损纸方法不正确，即把大量损纸推成一大堆，随后用棍捧将损纸送入干毯与烘缸之间，欲求自行将损纸带到干燥出口，结果将干毯顶起，严重时将干毯顶破。

（2）划破干布

运行的于毯碰到边角锋利的物件时，干毯将被划破。如果干毯边缘碰到这类东西，毯边就会被割烂；如果毯边被尖利的东西挂住，干毯就会被撕裂。干毯的中幅部分有时也会被干毯回程附近的机件划伤或划破。所以，干毯运行路线附近不转动的机件，一定要和干毯保持足够大的距离，尤其应防止有锋利边角的东西触及运行的干毯。如果运行的干毯长时间碰到表面粗糙而不锋利的东西时，干毯也会被摩擦损伤，降低强度。

（3）干毯裂断

裂断现象大多发生在接头部位，因为干毯接头的强度比其他部位要低些。干毯接头强度较低的原因是，采用人工缝接的干毯，缝线毕竟要比机织的布稀疏得多，并且缝线的松紧程度也无法一致；采用穿扣式接头的干毯，贴边布的缝线也是稀疏的。当干毯经过较长时间的运行后，缝线受到热湿水汽潮解降低强度的情况下，干毯受到骤然变大的张力时，干毯的接头便会被拉裂造成干毯裂断。另一种情况是干毯裂断现象发生在非接头部位，发生这一现象的先决条件是，干毯的强度较低，又突然受到厚度很大的东西（如上干毯断后堆积到下干毯与烘缸之间或大堆损纸进入干毯与供缸之间）顶鼓干毯而造成其裂断。

（4）干毯起褶

产生褶子的原因很多，有设备上的、操作上的，还有干毯本身质量上的原因。但是，最根本的一条是在干毯上个别部位比邻近部位要紧一些或松一些。而干毯松的部位在张力作用下折叠起来便形成褶子。通常所见的干毯起褶，是由于严重的干毯跑偏和干毯局部松弛造成的。因此，在生产过程中必须十分注意防止这两种现象的发生。

（5）干毯跑偏

在造纸机运行中，由于温度的变化会使干毯的张力增加或降低；湿纸全幅水分不均匀会使干毯全幅松紧不一；轴瓦发热会使干毯辊转动发涩以及干毯本身的毛病都会使干毯两侧松紧不一，从而引起干毯跑偏。

发现干毯跑偏，应立即调整。一般调整干毯跑偏的方法是采用导辊校正机构。这个校正机构与压榨部的毛毯校正机构相同，所产生的调整效果也一样。当校正机构失灵或调到尽头时，也可以用别的方法来校正干毯跑偏，即对干毯的单边张紧或放松，一般采用放松较好。调整方法是顺着干毯运行大方向移动张紧辊一端，干毯往另一端跑去；反之相反。当使用这一办法仍未能把干毯跑偏校正过来时，应该考虑调整这条干毯进、出烘缸的干毯换向辊。

使用这两种方法时，一定要注意调整效果，切勿把调整辊方向搞反。否则，不但得不到预期的效果，反而会使干毯跑偏得更厉害。调整换向辊的方法最好不用，因为这样调整后的干毯运行不稳定，很容易因干毯来回窜动过大而使干毯边缘受到不必要的磨损。

（6）干毯局部松弛

前面已经提到，厚层损纸或粗硬杂物进入干毯与烘缸之间会使干毯局部松弛。另外，运行的干毯某一部位经常触及固定物件时，也会使干毯这一环带松弛。

干毯起褶后，要想展开褶子，是十分困难的，有时甚至会在处理过程中又产生新的褶子。所以，对接近原定计划下的干毯，一般不作展平褶子处理而更新干毯。如果干毯在较新时发生打褶。可以在某一导辊上加绷纸垫使干毯展平，切不可用调整干毯跑偏的方法来展平褶子，因为这种做法不但不能展平干毯，而相反地会使干毯又出现新褶子。

2. 引纸绳绷断或脱落

在生产过程中，引纸绳会因长期运行磨损降低强度，又没有及时更换，当受到突然增大的外力作用时就会绷断。这种外力来自于绳子脱落绳槽而套在能滑动的物件上产生较大的摩擦力。如果当时的绳子较新，强度较大，绳子不会绷断，但将缩短其寿命或将引纸绳的轮轴扭歪。如果脱落的绳子缠烧到静止的物件上时，则不论绳子新旧程度，都将损坏绳轮、轮轴和绳子本身。

绳子脱轨的主要原因是，在处理缸面损纸时被损纸顶出烘缸沟槽，还可能被进入轮槽的损纸顶出来。绳子的强度降低，很多时候是因为运行的绳子碰到机架、梁柱或墙壁产生强烈的摩擦；也有因为在更换新绳时，让两根引纸绳缠在一起，引纸绳运行起来就会彼此摩擦。

3. 汽管上的法兰垫片和波纹管的损坏

有些纸机的蒸汽管的尾端没有安装排除冷凝水的管道。当纸机停止运行后，管内蒸汽慢慢冷凝成水。如果在这种情况下，把蒸汽急速通到管子里，蒸汽就会冲击冷水产生沸腾现象引起强烈震动，结果把密封垫片或有薄弱部位的波纹管破坏，大量的蒸汽也就从破口处漏出。

大量的蒸汽泄漏，最大的害处是造成了干燥用汽不稳定；而带有水蒸气的空气进入干燥部时又会抑制纸页水分的蒸发，降低干燥效率；蒸汽大量进入气罩内时，会使纸页水分不均匀，还可能凝结成水珠滴到干毯或纸页上，使成纸存在缺陷（这种现象在靠近漏气部位特别明显）。除上述害处外，还会由于蒸汽的浪费而增加产品的成本。

为了避免汽管上的法兰垫片和波纹管的损坏，汽管尾端一定要装有排水管供通汽时排除冷凝水；对汽管通汽时，一定要缓慢进行；汽管上补偿温度变化引起热胀冷缩所需用波纹管的长度要合适。

第八节　干　　网

一、概　　述

近10年来，许多造纸厂以干网（塑料网）代替干毯。干网是采用100%合成纤维单丝或加捻纺成的复丝纱线织成。常用的织法是两层简单织法。这种干网具有高透气度［485～1130m^3/（m^2. min）］和耐热性。以往干网全部使用复丝纱线织成，表面涂树脂以提高其稳定性，现在已有单丝织成的干网。

干网用塑料单丝或复丝织成。单丝网的网线为直径0.3～1.0 mm的单丝，复丝网的网线则用若干根纤细的单丝合股而成。现在发展使用第三代的干网——螺旋干网。干网的合成材料有聚酯、聚胺酯、聚丙烯和聚丙烯酸纤维等。影响干网寿命的主要因素除机械磨损外，还包括湿热空气、酸或其他化学药品引起的湿热或化学降解。聚酯干网的优点是价格便宜、耐磨、耐酸、耐碱。但其缺点是对湿、热较为敏感，容易降解。

干网最简单的织法是平织。为了保证干网的尺寸稳定性，宜采用较粗的网线。干网的编织现在较多采用多层织法，并由单层发展到两层、两层半和三层以及多层。多层网不但能够改善干网的稳定性，并且能获得比较平滑的网面。现在广泛采用的干网多为双层织法。

1. 干网的作用

干网是干燥部的重要部分，干网有如下几个作用：

①将纸传递过干燥部。

②带动干网烘缸和干燥部的干网辊、调布辊、紧布辊等转动。

③将纸压在烘缸上，增强纸与缸面的接触，提高传热效率。同时干毯还能避免纸在干燥时起皱和产生褶子。

2. 干网的要求

具有良好的耐久性、尺寸稳定性、透气性、平滑性和柔软性。耐久性包括耐热、耐磨损、耐折性和耐化学腐蚀性。尺寸稳定性好的干毯，很少发生经线伸长和纬线收缩的现象。平滑性和柔软性良好的干网既不会在纸上留下布纹，又能均匀地将湿纸紧密地压在烘缸表面，提高传热和干燥效率。

3. 干网的主要优点

①提高干操效率。由于水汽可以自由地穿过干网，纸页背面更易蒸发和冷却，这就降低了纸页温度，造成较大的温度梯度。纸页与烘缸表面之间温差的增大使热传递增加，纸页热含量增加而使干燥效率提高。

②提高纸张横幅的干燥均匀性。

③节省蒸汽。由于水汽可以自由通过干网，避免了冷凝和再蒸发的低热效率过程，可免用烘毯缸。空气能更有效地在纸机干燥部内部和周围流动，有助于将湿空气迅速排除。

④干网的突出优点是它的透气性，干网的透气性比帆布大数倍，远非帆布和干毯所能比拟。干网的使用寿命是帆布的1.5～2.0倍，大型高速纸机的干网使用寿命长达600～700天之多。

使用干网应有充分的通风能力以及提高导网辊的刚度。这是因为干网需要的张力

(2.65×10^3N/m) 比帆布的张力 (1.28×10^3N/m) 大1倍，比干毯略高。由于干网强度高，张力大，因此网辊必须设计得粗壮一些，以免紧网时折断。应配备干网张力自控装置。必须特别引起注意的是，干网的摩擦因数比普通帆布小，要使校正辊起到应有的作用，就必须把校正辊安装到符合一定的要求。当然，在干网经过特殊处理，或采用摩擦因数较大的材料时，对于校正辊的包角也可小些。使用干网不像干毯和帆布那样运行时蒸发出来的水蒸汽会凝结在网上，因此不需装置干网烘缸。通常用高压水和压缩空气喷嘴来维持干网的干燥和它的清洁。目前干网多用在普通纸，如新闻纸、牛皮纸等，特别是纸板的生产中。

二、干毯（网）的选择

1. 烘缸干毯（网）各干燥区品质选择要点

(1) 湿区

本区为含高水分的区域，对纸张表面影响最大，应特别注意干毯的表面及接头状态，使用废纸作原料抄造纸张的纸板机，应注意干毯（网）的污染问题；对于生产新闻纸、文化用纸等高车速造纸机，应注意干燥区域纸页的煽动问题。

(2) 主干燥区

本区为水分蒸发最多的区域，为提高干燥效率，本区应使用高透气度的干毯（网），通常使用透气度在1 000~20 000cc·min^{-1}·cm^{-2}范围的干毯（网），使用中应特别注意纸页横向水分的均一程度。

(3) 后段区（表面施胶后）

此处应当使用施胶液或涂布液不易黏附且易脱落的干毯（网），还应考虑到纸页的翘边以及横向水分分布的均一性能，选择适当透气度的干毯（网）是很有必要的。

2. 干毯尺寸的选择

(1) 宽度的选择

干毯（网）的宽度一般应该比烘缸面的宽度窄5~10 cm，缸面带有引纸绳沟槽的，应该根据实际生产需要，适当添加或除去引纸绳沟槽所占的宽度。选择干毯的宽度时，还应考虑不同品种的干毯（网）收缩量不同，一般情况下，普通干毯的收缩量较大，一般在6~10 cm，而BOM干毯和植绒干毯的横向收缩量却较小，一般不超过5 cm，特别是基网为多层结构的干毯，其横向收缩量就更小了，所以在选择干毯的宽度时应考虑得当。

(2) 长度的选择

干毯的长度设定原则与压榨毛毯的长度设定原则基本相同，即张紧器置于紧向的2/5~1/2处时的实际绕行长度。选择干毯的长度时，同样要考虑不同品种干毯的伸长率不同，一般来讲，普通干毯的伸长率较大，为3%~5%；BOM干毯和植绒干毯的伸长率较小，一般在0.6%~2%范围，干毯的基网层数越多，其伸长率越小。

三、清洗及维护

1. 干毯的清洗

(1) 喷淋管

纸机各组烘缸的上、下干毯的反面处设置喷淋管（上、下毯喷淋管安装位置见图6-80）。横跨纸机的喷淋管钻有一排若干小孔，高压水从小孔喷出。喷淋管两端的固定支架上装有滑轮，喷淋管装在滑轮上，喷淋管进水端以软管连接，喷淋时可由岗位工来回推拉喷淋管，以保证喷淋时不留死角。每组烘缸的喷淋管均装有阀门，可同时对各组烘缸干毯进行喷淋，也可单独对某组烘缸干毯进行喷淋。

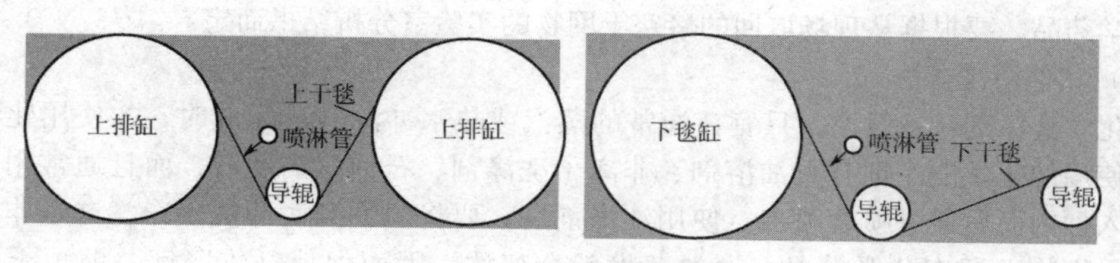

图 6－80　上、下干毯喷淋管安装位置

（2）清洗器

清洗器是由清洗喷头横向往复清洗系统、高压水泵供水系统、污物抽吸系统和电控系统集合而成。清洗喷头的转动是通过传感器调节的，喷头下面装有数个清除污物的喷嘴，喷头可随时方便地进行更换。横向往复清洗系统装配有上述喷头。高压水泵系统可自动调节水压和流量，以维持最佳清洗技术参数喷淋水的过滤和处理，都是根据供水水质进行设计并做出保证。为了防止清洗掉的污物重新落入织物环路中根据不同情况可在织物底面设置污物抽吸系统，清除污物，防止再污染。清洗喷头的转动部件由切线方向进入的高压水驱动旋转，使喷头的数个喷嘴喷出的水流形成脉冲喷射水流，由于旋转使该脉冲水以不同的方向和角度冲射在干毯上，可有效地清洗掉黏附污物。

2. 干网的清洗

烘缸干网常被不同的物质所污染，不仅会被固体物质所堵塞，且会被水溶性物质所覆盖，而当水分蒸发后，留下残渣而污染干网，阻止空气及水蒸气通过干网，影响烘缸的热交换，不仅增加蒸汽的耗用，甚至造成纸张（板）水分分布不均，干网上的污染物还会黏附纸张（板）纤维，造成破孔、断纸，或干网上的污染物黏附在纸张（板）上，形成污点，影响纸张（板）质量。因此需要定期停车清洗，保持干网干净。清洗干网喷管的安装位置见图 6－81。

（1）不同杂质的清洗

①纸屑：可用空气喷管清除。在纸机断头或停机时，干网用喷管很容易清洗。若用天然软鬃毛刷，可以帮助清洗。

②树脂和焦油：这些填充物对干网的黏附力很强，为了清洗彻底，须从纸机上卸下干网进行之。

③水溶性胶料：停机期间，可用蒸汽压力为 5.3kg/cm^2 的蒸汽软管、蒸汽喷管或热水直接对干网进行清洗。污染速率决定清洗次数。

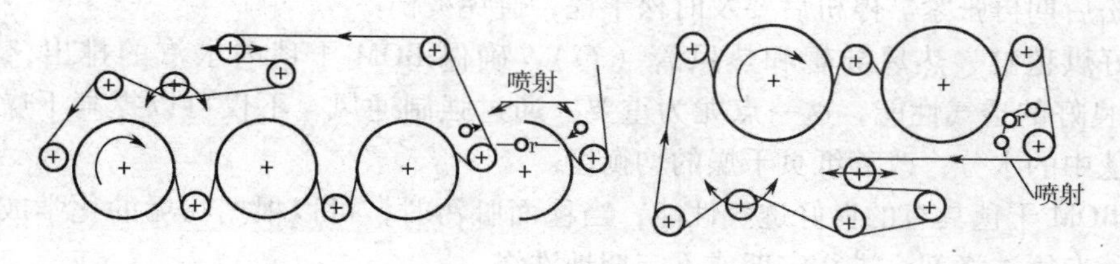

图 6－81　清洗干网喷管的安装位置

碱性溶剂或热定型涂料：必须在覆盖层形成之前清除，有效方法是在干网回程内侧，用高压热水或蒸汽喷管冲洗。覆盖层一经出现，即应开始喷射，这样就能保持织物的开孔度。如果织物堵塞，建议对每种覆盖层要用特殊化学药品清洗，而且通常需要在机外进行，清洗用的化学药品，要根据从现场取回的堵塞干网物的实验室分析结果而定。

（2）其他清洗方法

①化学洗涤剂：一般说，只有在通常的蒸汽或热水冲洗方法无效时，才使用化学洗涤剂。已使用的化学洗涤剂有石油溶剂、非离子洗涤剂、石油溶剂乳液，而且通常用其稀释液，装入桶内而后通过喷管喷出。使用洗涤剂后，要将织物彻底冲洗干净，这是非常重要的。如果织物上留有化学药品，通过蒸发就会变浓，因而促使纤维降解，缩短干网使用寿命。

②清洗次数：各工厂的清洗间隔时间不同，要视污染问题大小而定，不能尽求一致。

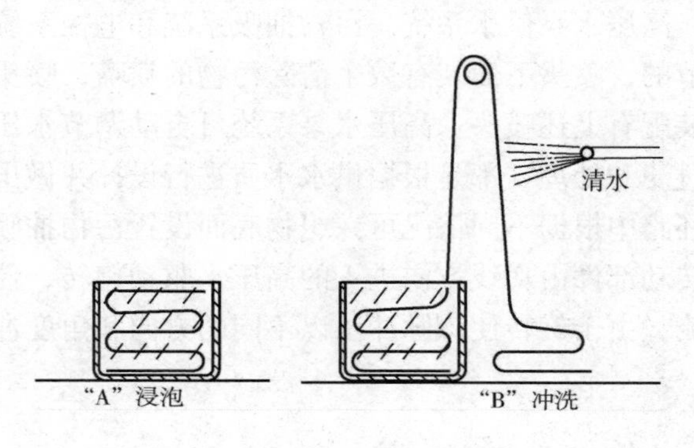

图 6－82　干网机外清洗装置

③机外清洗：树脂、焦油、沥青和胶乳一般需要下机清洗。图 6－82 表示完成这项工作的清洗装置。需要一个长度至少与干网宽度相等的木箱或木槽，内衬 0.13mm 聚乙烯片，其费用低廉。干网在箱内平折叠，浸没于所推荐的浸液之中（见图 6－82）。在浸液松开填充物后，把干网从箱内拖出通过悬挂的导管，导管长度必须等于干网宽度，然后用清水彻底冲洗，以清除浸液和填充物，冲洗干净之后，在上机使用前应用一根管子把干网卷成辊筒，以便储存。

对于树脂、焦油、沥青和胶乳一般建议采用 5%～10%（按容积计）焦油脱除剂水溶液，浸泡时间为一夜。为了高效及机外清洗，每一部位应备两张干网，规格相同，可以通用的部位只要比部位数目多一张干网就满足替换的需要了。这样可使一张干网经常下机清洗，因而可以建立循环清洗制度。

3. BOM 干毯的维护

使用前要清洁各缸面、辊面，校正各导毯辊，使其清洁、光滑并相互平行，运转正常，避免跑偏打折。一旦打折，则无法清除 BOM 干毯折叠的痕迹，表面不平整，使纸页和缸面贴复不紧，干度不一。

BOM 干毯上机后一定要调整好标准线，使其平直，运行的张力要适中，且要一步到位，无需前期松后期再张紧。停机后要及时松干毯，避免烫伤。

使用好烘毯缸、热风导辊和热风管（箱），确保 BOM 干毯内水汽的排出，充分发挥 BOM 干毯良好的透气性能，这一点尤为重要。通过强制通风，不仅可以提高干燥效率，还能均匀干毯中的水分，改善纸页干燥的均衡度。

保持 BOM 干毯具有的良好透气性能，当毯面脏污时，可以根据污垢的化学成分，选择适当的干毯专用洗涤剂，进行定期或不定期地洗涤。

第九节　干燥节能技术

一、强化烘缸脱水的措施

决定干燥效率的参数很多，包括蒸汽压力、通风状况、传热传质效率等。影响干燥的主要因素也有很多。

1. 提高蒸汽压力

提高蒸汽压力可以强化纸的干燥，所以在不影响成纸质量的前提下，应尽可能提高蒸汽压力。纸幅干燥时烘缸使用的蒸汽压力一般为 196 ~ 204 kPa，对应的饱和蒸汽温度为 132.9 ~ 139.2℃。如果蒸汽压力提高到 784 kPa，饱和蒸汽温度则提高到 174.53℃。如果保持纸幅的平均温度为 80℃，则传热量可增加 80% 左右。

2. 树脂挂里

滴状冷凝的传热系数大于膜状冷凝。蒸汽在烘缸内壁通常呈膜状冷凝。让蒸汽变成滴状冷凝，办法之一是对烘缸内壁进行树脂挂里，即涂上一层辛癸胺树脂膜，既防止烘缸内壁不受 CO_2 和 O_2 的腐蚀，又能使蒸汽由膜状变成滴状冷凝，因而提高传热能力，强化干燥。

3. 合金烘缸

铸铁的传热系数 λ 为 226 kJ/（m^2·h·℃）。采用导热系数更大的材料制造烘缸能提高总传热系数，进而增加烘缸的总传热量。铸铁合金 K_6 的极限抗张强度比普通铸铁高 10% ~ 18%，延伸性高 25%，同时热传导系数比较高。因此使用高传热系数的合金烘缸可大大增加传热效率。

4. 扰流杆

烘缸内形成水环时，冷凝水层相对烘缸内壁有晃动，冷凝水水环内的质点对烘缸壁的相对运动。这种扰动有利于提高传热效率，据此可在烘缸内安设扰流杆以改善传热。1984 年 Mr. K. Clark 研究取得将扰流杆栓紧在烘缸内壁上的美国专利。此后，Beloit 公司开始将扰流杆应用在大烘缸中。现在，美国所有的扬克大烘缸几乎都装有扰流杆。扰流杆的安装方法有磁铁法和弹簧箍圈法。

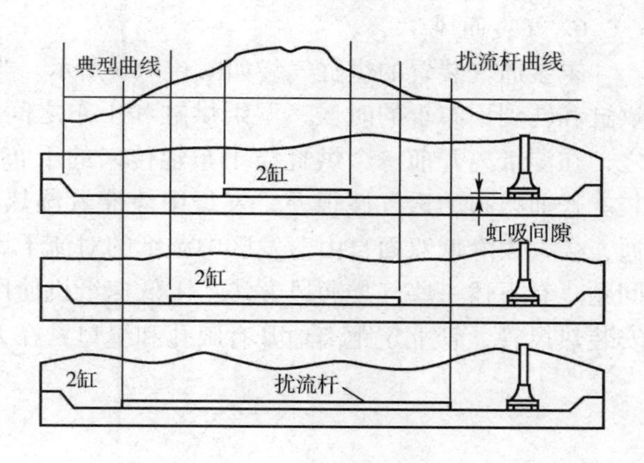

图 6－83　短扰流杆

磁铁法的扰流杆用磁铁制作，扰流杆依靠磁性吸附在缸内。车速达到 1220 m/min、缸内一半充满水的情况下磁铁扰流杆仍能牢固地吸附在烘缸壁上。弹簧箍圈法使用箍圈压住纵向扰流杆，然后用弹簧使之压紧到烘缸内壁上。安装上述两种方法的扰流杆仅需 3 ~ 4h，功能相同。使用短扰流杆可改善成纸横向水分均匀性，如图 6－83 所示。短扰流杆安装在对应于成纸水分最高的部位，干燥纸时起着均匀纸中水分的作用。

5. 异型剖面烘缸

纸机车速的不断提高，使得烘缸内冷凝水层的传热问题显得更加重要。为了增加冷凝水层的导热能力，需要减少冷凝水膜的厚度并产生扰动，下述异型剖面烘缸有助于解决上述问题。

（1）肋条烘缸

肋条烘缸是在普通平壳烘缸内壁上加工出若干肋条，或加工若干沟纹，如图 6－84 所示。纸机运行时，冷凝水积聚在沟内，用一系列小虹吸管将之排出缸外，热量则沿着停滞不动的冷凝水周围的肋条传递。但因烘缸排水系统的复杂性，该系统仅用在单烘缸纸机的大烘缸上。

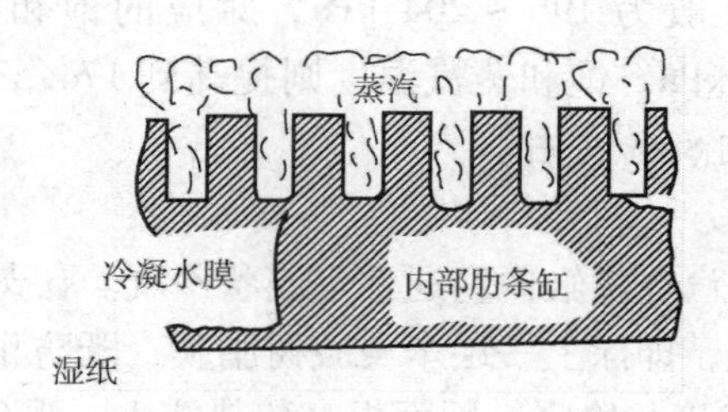

图 6－84　肋条烘缸

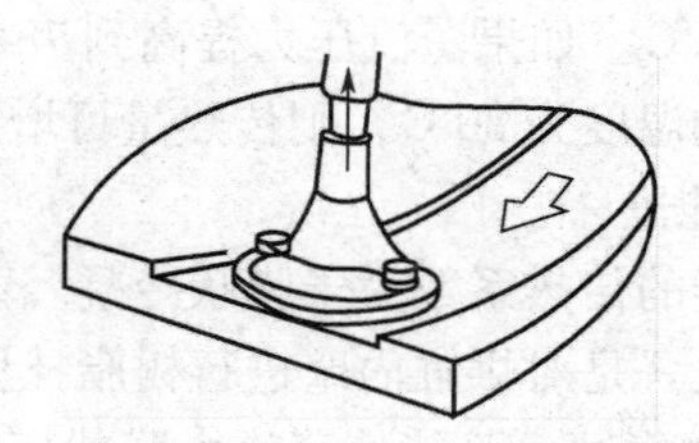
图 6－85　带沟烘缸

（2）带沟烘缸

为了减少烘缸内冷凝水的厚度，可以在烘缸内壁圆周上加工出一条或一条以上的沟槽，如图 6－85 所示。沟槽的设计必须保证沟槽内冷凝水高度低于缸内冷凝水的水平，以便增强整个烘缸的传热效率。

6. 气袋通风

未装通气装置的烘缸气袋如图 6－86 所示。当纸和干布离开前一个烘缸分别进到后一个烘缸和转到干布辊的时候，湿纸烘缸和干布之间出现一个负压气袋，如图 6－87 所示。反之，在湿纸离开前一个烘缸与干布辊传来的干布汇合到下一个烘缸时，则出现一个正压气袋。普通帆布的透气性很差，气袋中停滞着湿热的空气。气袋中的空气湿度既大，又不流通，会大大降低双面自由蒸发区中湿纸的对流干燥效率。使用气袋通风的方法可以解决这个问题。有下述一些气袋通风方法：①低速纸机使用热空气对着气袋进行横吹风。②横跨气袋安装热风管，管上定距离地开有眼孔和缝口，在 20～25 m/s 范围内控制风速吹送热风。

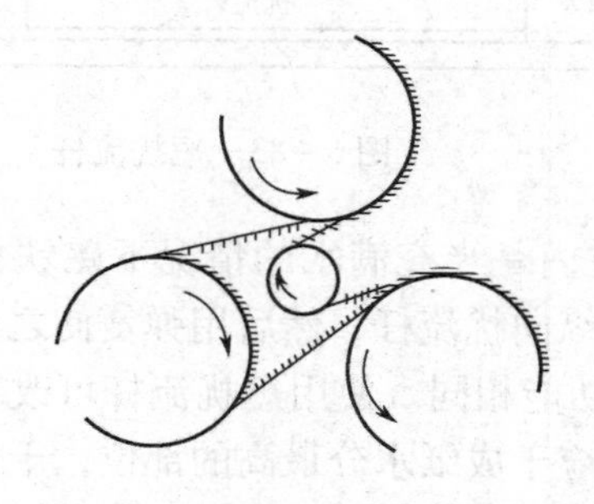
图 6－86　未装通汽装置的烘缸气袋

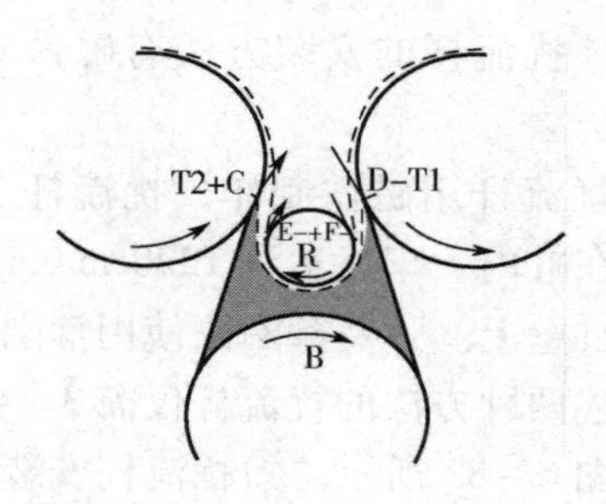

图 6－87　烘缸气袋中生成的正负压

近期开发了许多机械通风装置，基本上有下列几种：

①通风箱缝口高速吹风，如图 6－88 所示，A1－A5 为通风箱。

②用热风辊代替干布辊高速吹风。

③通风管缝口低压吹风，如图 6－89 所示。

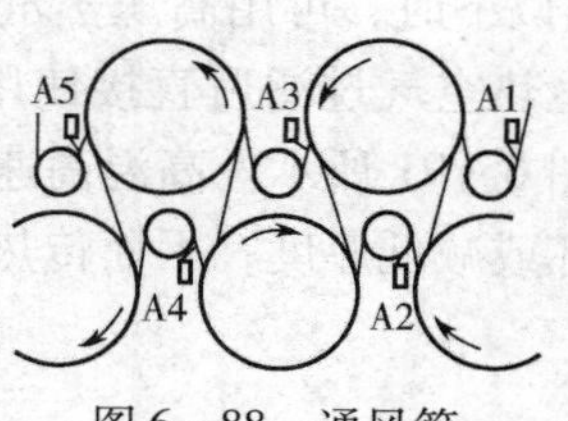

图 6－88　通风箱

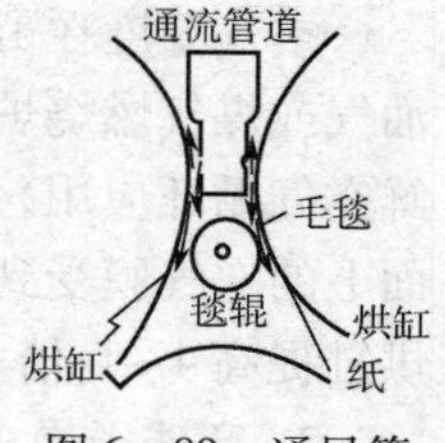

图 6－89　通风管

应用气袋通风可以提高烘缸的干燥效率，并且使成纸横幅水分均匀一致。气袋通风必须与透气性大的干布相配合。热风透不过干布，则达不到气袋通风的作用，特别是在低压通风管的情况下。低风压高流量吹风，最好使用透气性大的干网。干网虽然也存在气袋的正、负压问题，但不像干布那样严重。干网也不用热风辊来通汽和干燥。

二、新式干燥形式

1. 高速热风干燥

高温高速热风干燥综合运用了接触干燥和对流干燥的原理来强化干燥。高温高速热风干燥的烘缸罩包住了 110～120°烘缸，如图 6－90 所示。利用高压鼓风机将 150～400℃高温热风通过嘴宽 0.4～0.6 mm，嘴距 18～25 mm 的喷嘴以高速垂直地吹到烘缸表面的湿纸上。喷嘴与纸之间的距离，根据需要可在 3～13 mm 范围内调节。

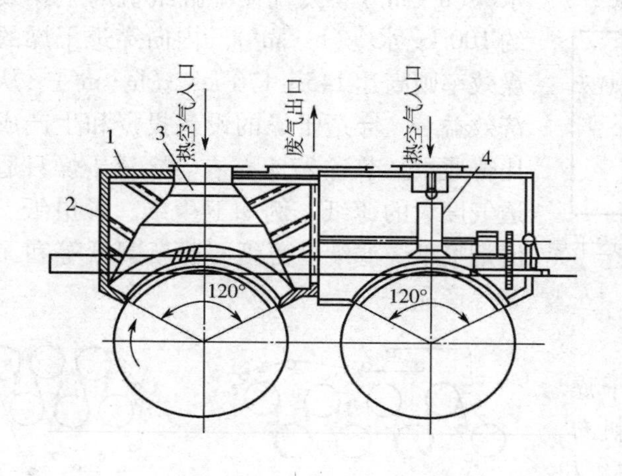

图 6－90　热风罩

1—骨架　2—壁板　3—压力室　4—供断头和引纸时用的升降热风罩气动机构

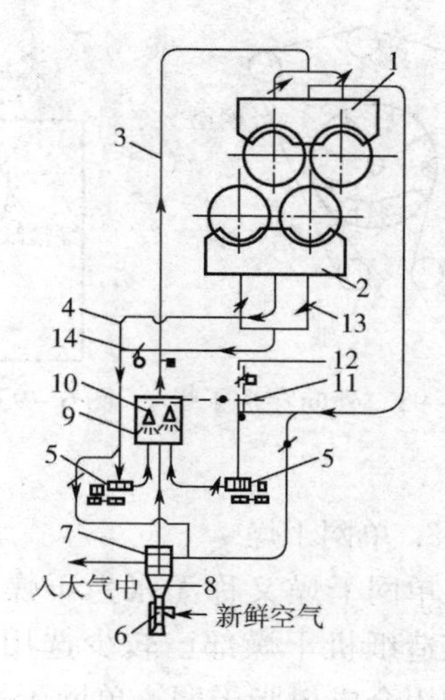

图 6－91　高温高速热风干燥的空气循环

1—上热风罩　2—下热风罩　3—进气管　4—抽气管　5—鼓风机　6—新鲜空气鼓风机　7—热交换器　8—加热器　9—混合室　10—燃烧嘴　11—燃烧管　12—支管　13—节流阀　14—带伺服电机的节流阀

空气温度在 180℃以下时，可用高压蒸汽在加热器中加热空气。超过 180℃，则多用石油气或煤气燃烧炉产生热空气过滤后直接使用。从烘缸罩喷嘴间抽回的废气，可加 10% 新鲜空气循环应用，如图 6－91 所示。高温高速热风干燥时，高速高温空气垂直吹向纸面，界面上的空气膜受到破坏或减低厚度，因而传热和传质系数均可大幅度增加，干燥速率比普通烘缸提高 4～6 倍。

2. 穿透干燥

穿透干燥指在正压或负压下，热风穿透整个湿纸层进行干燥，它是 20 世纪 80 年来在纸的干燥上的一项重大的变革。穿透干燥本质上是一个绝热过程，热空气透过湿纸时，纸中的水分被热空气带走，而热空气同时损失其显热。穿透干燥最重要的设备是一个穿透缸。穿透干燥分两类，一类是热空气在压力作用下穿透湿纸进行干燥，如图 6－92 所示，称外向穿透干燥。外向穿透干燥使用高透气性的干网包在穿透缸外围，包角达穿透缸圆周的 2/3 左右以避免纸被热风吹走。干燥使用热风温度最高为 250℃，风压可达 8.5 kPa。一般外向穿透干燥的干燥效率为 80～100 kg/（h·m^2）。

另一类称内向穿透干燥，即热空气在真空作用下，透过湿纸进到穿透烘缸内，如图 6－92 所示。由于热空气是由外向内将湿纸压在穿透缸缸面上，因此不需要透气干网包住穿透缸。图 6－93 所示的是一种与高速热风干燥相结合的内向穿透干燥，高温热空气通过烘缸罩喷嘴，以极高的速度垂直吹到湿纸面上，再在穿透缸 20.0～26.7 kPa 的真空作用下穿过湿纸层。所以干燥效率特别高，可以达到 145～170 kg 水/（h·m^2）。干燥效率的大小决定于高温高速热风干燥的喷嘴风速、热空气温度和穿透风量。

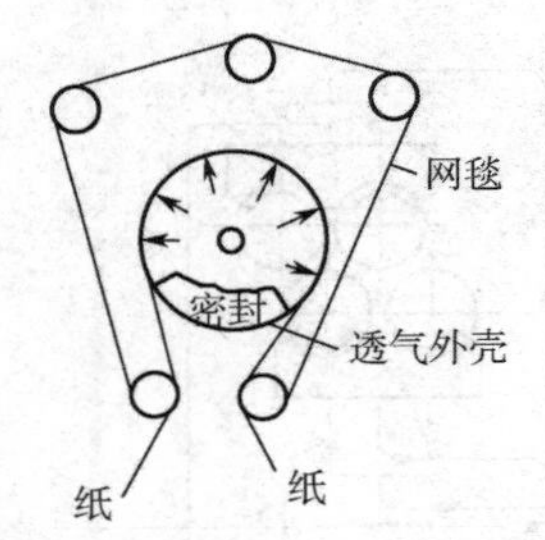

图 6－92　外向穿透干燥

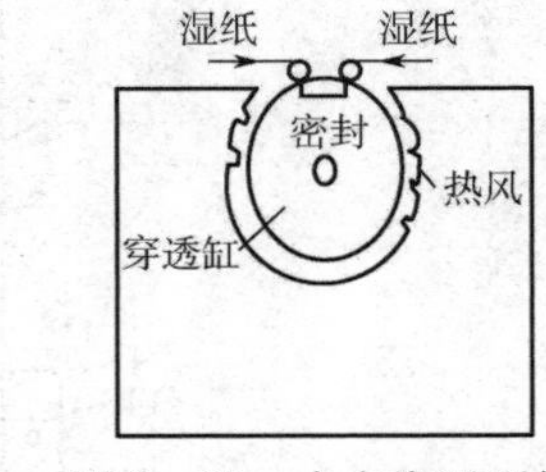

图 6－93　内向穿透干燥

普通多烘缸的干燥效率只有 10～30 kg 水/（h·m^2）。大直径单缸纸机的干燥效率约 100 kg 水/（h·m^2）。内向穿透干燥的干燥效率则高达 145～170 kg/（h·m^2）。从经济效益看，穿透干燥的设备投资和生产成本比普通烘缸节省 27% 左右。穿透干燥只适用透气度大的薄纸，例如卫生纸、餐巾纸、过滤烟嘴纸、滤纸、薄纸、薄新闻纸等和无纺布等产品。

3. 单网干燥

单网干燥又称无张力干燥或过渡干燥。现在造纸机干燥部已较少选用干毯或帆布，而选用合成树脂干网。单网干燥是在造纸机的第一组烘缸，只用一床上网或一床下网，如图 6－94 和图 6－95 所示。

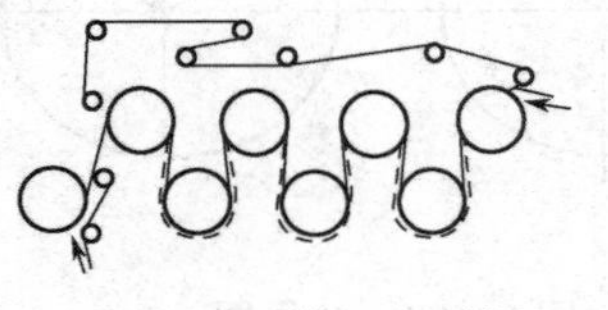
图 6－94　单上网干燥

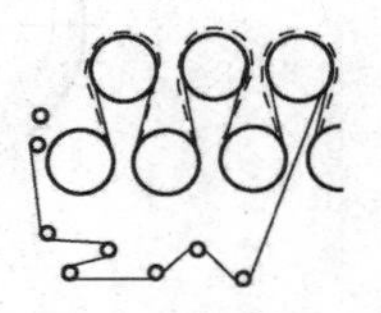
图 6－95　单下网干燥

从烘缸断头损纸的处理难易来看，上网式优于下网式。单网干燥具有下列优点：

①上、下烘缸之间的一段湿纸贴着干网，因此抖动现象基本消失，减少干燥部纸幅的断头。

②湿纸随同干网通过烘缸气袋，气流比双网干燥更为均匀，卷纸机上的纸卷的横向水分

更加均匀。

③纸从最后一道压榨到干燥部的牵引力减小一半。

④单上网干燥的纸机，减免了干燥部下辊子和导毯装置。

⑤由于干燥部所需的辊子数大大减少，干网运行时，接头比较正。

⑥单网干燥不需要干网烘缸，减少了网辊数目，干网面积只有干毯或帆布的70%左右，因此生产成本相应较低。

⑦烘缸气袋处没有毯辊，干网对烘缸的包角同时增大约37%，因此增加湿纸在烘缸上的干燥时间，改善了烘缸的传热效率。

⑧单网干燥生产纸板，可以改善纸板表面的平整度。

⑨单上网干燥产生湿纸断头时，损纸可直接落到纸机的底层，处理起来比较简便。

三、干燥过程的优化

最优化的操作可在干燥工段实现完善的产品质量及高效的过程管理。优化技术的问世可大幅度地提高干燥效率。并保证干燥部使纸机车速突破2000 m/min大关。优化技术包括高效的靴型压榨技术、高效的干燥方式和具有优良性能的多压区压光设备及技术。纸张优化干燥技术重要的操作原则是保证纸幅处于无扰动状态以提高纸幅在高速纸机上的稳定性及可运行性。因此需要如下几个技术平台支持：

1. 湿纸幅的支撑

湿纸幅通过一个吸移辊封闭性地由压榨部毛毯转移到干燥部的干网或其他类型的织物上，防止对运行中的湿纸幅产生破坏力而造成断纸。

2. 湿纸幅的张力

纸幅因引纸在干燥部受到一定的张力。这种张紧作用由干燥部的牵引力提供。松弛的纸幅必然带来不稳定状态。另一方面，进干燥部时，湿纸幅的干度较小，这时纸的强度也仅为成纸干强度的10%左右。这时的纸幅如果绷得太紧势必断头，因此纸幅的张力非常重要。必须充分调整好湿纸幅的张力以保证干燥部操作的顺利进行。

3. 高效通风箱

高效通风箱与高速纸机的烘缸干燥部十分重要。应保证袋区负压化、保证通风箱由喷嘴向袋区两侧同时高效通风除去湿热空气。通风箱边缘的固定喷嘴位于干网与烘缸切线的上方，送风的方向与干网和烘缸运行方向相反，这样可以有效地防止干网将其表面的湿热空气带入袋区。与此同时，为了使湿纸幅获得干网足够的支撑作用，应造成足够的负压将纸幅牢牢地吸附在干网表面。

在干网与烘缸的下行方向一侧，可通过喷嘴来调节最高负压值所出现的准确位置。在干网与烘缸的上行方向一侧，除了送风外，随干网表面一起运动的空气边界层也能起到“通风”作用。在此位置上，干网本身也能将部分空气带出袋区。

通风箱的这种通风系统对高速纸机十分实用。当纸机车速提高时，干网的运行速度也随之加快，而干网将湿热空气移出袋区的速度也跟着加快了。这样即使是在车速提高的情况下，负压值也容易保持在一定的水平上。而且，适度调整通风箱，负压值还可以随车速的提高而增大。

第十节　纸机压榨部和干燥部案例

一、压榨部配置

（一）实例1：产能30万t/d的涂布白纸板机压榨部配置

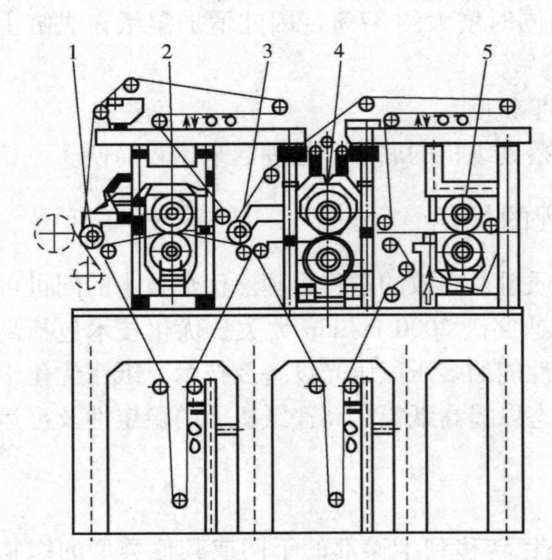

图6-96　四叠网涂布白纸板机压榨部
1，3—真空吸移　2—真空压榨　4—靴式压榨　5—光压

抄造定量150～450 g/m²，产量970 t/d，4800/600四叠网，生产高档涂布白纸板。压榨部配置如图6-96所示，其组成：真空吸移—真空压榨—真空吸移—靴式压榨—光压。

1. 压辊技术参数

真空吸移辊直径750 mm，不锈钢辊壳。真空压榨上辊为1250 mm盲孔胶辊，真空压辊辊径1300 mm，不锈钢辊壳。

光泽压榨由一对铸铁包胶辊组成，上辊1250 mm，下辊1240 mm，设计包胶层厚20 mm。盲孔辊面钻有深浅不同且呈螺旋形交错排列的盲孔。

2. 靴式压榨

上辊为1500 mm铸铁辊体包胶并车沟纹，厚度为20 mm，压辊循环冷却水由操作侧进入，传动侧排出。底辊靴形辊的名义靴套直径1500 mm，靴长5900 mm，靴宽250 mm。靴套表面为沟纹型，沟纹宽度为0.7 mm，沟纹间距为每英寸10个沟纹，深1.0 mm。沟纹容水空间可达270～300 cm³/m²，液压缸加压（卸压），位于靴的横幅的下面。

靴式压榨相对于传统压榨具有较高的线压（500～1000 kN/m）和较宽的压区（150～300 mm），湿纸页在压区内有较长的滞留时间，一般为传统压榨的5～10倍，纸页出压榨的干度大大提高。

3. 大辊径压榨辊水冷却装置

由于车速高达600 m/min，若排水结构仍采用虹吸式，为克服辊体内水环的离心力，排水压差将大大增加，这无疑会使辊体的生产加工难度加大。

排水装置采用溢流式结构，在操作侧轴端安有进水旋转接头，上有一个进水口，通过轴头内通孔及进溢流式水冷却装置水管向辊内通冷却水。

冷却水在辊体内形成水环，由于冷却水在辊体内轴向不受其他外力，在水位差的作用下，当水环的厚度高于30 mm通孔的底面时，冷却水通过这些小孔流入接水斗中，并由接水斗集中排出。

4. 加压系统

第一道真空吸移辊的升降和真空压榨辊、光压辊的加压方式为液压油缸加压，液压缸直径依次为80 mm、160 mm、125 mm。辊间线压力可通过调节减压阀，改变液压缸内油压值进行调节。

（二）实例2：4600/500瓦楞原纸机压榨部的配置选型与设计

年产10万t90～125 g/m²A级高强瓦楞原纸，该纸机以100%废纸浆生产，工作车速450 m/min。压榨部工作流程如下：

真空吸移引纸→第一道压榨→真空吸移引纸→第二道压榨→吹风引纸

1. 真空吸移引纸装置

湿纸页从网部到压榨部以及两道压榨之间的转移采用了真空吸移引纸方式，湿纸页由包绕真空吸移辊的湿毛毯所吸引，从而实现了封闭引纸。

真空吸移辊参数：ϕ700 mm×5300 mm，单真空室，辊面钻双螺旋排列孔，钻孔直径4 mm，辊面开孔率约12.2%，钻孔面宽5100 mm，最大吸宽5000 mm，最小吸宽3650 mm，辊体材料为不锈钢。吸移辊设计真空度34～44 kPa。吸移辊起落装置：起落装置由压臂、支架及油缸组成。油缸规格：活塞直径80 mm，额定油压16 MPa。

2. 盲孔大辊径压榨

根据Wahlstorln等人对压榨机理的研究，对于高定量纸张，压榨应为流量控制性压区。湿纸页纸幅厚且含水量大，如果单纯是线压大而压区小，脱水量会急剧增加，而脱水通路在大的压力下受到很大的流水阻力，容易使纸页压溃，因此除了需要较高的线压外，更重要的是需要足够长的时间，使水分转移到纸页表面，因此对于瓦楞原纸等纸张，提高压区停留时间即延长压榨压区长度最重要。决定压榨压区长度的因素有两个：压辊直径、橡胶表面与毛毯的形变。所以必须使用大直径压辊，较软的橡胶包覆层，以增加压区长度，并配置双毛毯，实现两面对称脱水。

盲孔压辊结构参数：辊体尺寸小1500 mm×150 mm，辊体材料为铸铁包胶，辊面钻双螺旋排列盲孔，孔径Φ3 mm，孔深9 mm、12 mm交替排列，开孔率约24%，辊面磨有中高。由于压区工作压力非常高，所以对辊体和端盖的材料及制造加工精度均提出了严格的要求，并提高了端盖螺栓的规格和材料等级，制造完毕对压辊作严格的动平衡校验，以保证大辊径压榨部的安全使用。

盲孔压辊包胶层：福伊特（voith）橡胶包覆材料，该材料具有优良的耐磨性、较小的热聚性、胶层内产生热量少，能够在长时间、高负荷运转环境下保持盲孔的尺寸，减少孔边缘杯形化现象，胶层稳定性高。设计包胶层厚20 mm，橡胶硬度P&J20°，相对于沟纹压辊，盲孔辊的包胶硬度低，可以在相同线压下形成的压区宽而比压小，压区较均匀，使纸页横幅脱水均匀，因此适当提高线压力也不会造成纸页压溃。

3. 压区线压和加压曲线

压榨部共设2个压区，均由一对盲孔压榨辊组成、上下压辊中心位于同一垂线上，无偏心距。经验表明：压辊间线压力每增加52 kN/m，对瓦楞原纸出压榨部干度提高1%～1.2%，因此压区设计线压值较大，纸幅出压榨部干度可达42%～45%。第一压区设计线压为220 kN/m，工作线压为180～200 kN/m；第二压区设计线压为350 kN/m，工作线压为300 kN/m；采用液压油缸加压，油缸活塞直径Φ200 mm。辊间线压力可通过调节减压阀，改变液压缸内油压压力大小进行调节。

4. 压榨毛毯

瓦楞原纸定量大，含水量多，采用双毛毯结构，可以实现双面对称脱水，减少压榨脱水的水流流程，减小压花，提高脱水效果。要求毛毯既要能抵抗强大的机械压力，又要在通过压区时能够保留部分压缩余量，以便将纸页中挤出的水带走，所以此类毛毯应具有良好的可压缩性、回弹性、吸水性、透气性、耐磨性，并且要求毛毯的空隙容积大、携水能力强，一般是混合型底网（BOM）针刺毛毯，定量为1400～1800 g/m^2。

5. 吹风引纸装置

压榨部进干燥部烘缸为吹风引纸，因为第二道压榨出纸位置较高，所以纸页在与下毛毯分离后直接进入上排烘缸，以避免纸幅产生严重回湿。

液压系统

采用液压系统，充分利用其结构紧凑、压力传递平稳可靠、自润性好、能频繁换向、容易实现自动化控制等优势。液压系统为盲孔压榨大辊加压缸、真空吸移装置提升油缸提供压力油，压力油的额定压力为16 MPa，工作设定压力为14 MPa。配有液压泵站，液压泵站由两套恒压变量柱塞泵实现液压系统的油循环，其中一油泵处于工作状态，另一油泵备用。

二、干燥部配置

（一）实例1：4400 mm瓦楞原纸机

干燥部由44只直径1830 mm的烘缸和3只直径1500 mm的UNO辊组成。分成5个烘缸组传动，第一组为单干网传动组，其余各组为双干网传动组。第一只烘缸配有传动轴头，单独传动，3只UNO辊由干网带动。

烘缸直径1830 mm，设计压力0.5 MPa，是轴与盖分开的维美德公司结构形式。烘缸配固定虹吸管和蒸气冷凝水接头。在带有蒸气冷凝水接头管的烘缸轴颈内设置有绝缘套筒，也叫隔热套，可阻隔进汽管内蒸气热量向烘缸轴承的传递，有效降低了烘缸轴承的温度。

在烘缸的内侧安装烘缸破水棒，用以破除烘缸内壁形成的水环。该破水棒用弹簧压紧固定在烘缸的内表面，固定方式可以允许烘缸棒的热膨胀。UNO辊直径1500 mm，辊面车有沟槽。干燥部还配有干网导辊、气马达式干网张紧器、干网自动校正器、干网超跑偏警报器、烘缸刮刀、三绳引纸绳系统（气动式引纸绳张紧器、气动式纸尾割刀和气动式纸尾引纸装置）、气动横幅断纸装置、纸幅断纸检测器、换辊装置和干网更换装置等设备。

空气系统包括干燥部的密闭气罩与通风设备，运行性能部件和热回收系统等部分，为控制造纸机干燥部的运行性能和能量消耗提供了全面的保证。

（1）密闭气罩

密闭气罩将干燥部严实地包围起来，可以使气罩内和厂房内的空气得到独立控制。

排气通过可调开口汇聚到活动顶板中，干燥部不同地方的排气量可由活动顶板上的可调开口进行调节。气罩的壁板，操作侧的提升门，传动侧的滑动门，端部的合页门等均为铝型材框架结构。内外侧镶铝板，中间置保温棉。在气罩操作侧上部壁板开有维护门，通过该维护门和气罩内上方的提升装置可以很方便地更换干燥部上部的辊子和干网。

（2）热回收及气罩供气系统

从密闭气罩排出的湿热气体通过位于纸机外面的热回收系统排到厂房外。供风来自于厂房内，先经过热回收系统中的热交换器，然后用蒸气加热到所需温度，通过管道送入袋通风箱和纸幅进出口吹风箱。

（3）运行性能部件

运行性能部件包括：PRESSRUN 吹风箱、UNO RUN 吹风箱、UNO RUN 通风箱和袋通风箱。经过加热的空气通过 PRESSRUN 吹风箱吹出，在吹风箱和干网之间形成低真空以保证纸幅从压榨部顺利传递到干燥部。为了使单干网运行中的纸页不与干网分离，在每一只 UNO 辊的前上方部位设置 UNo RUN 吹风箱，当热空气通过 UNORUN 吹风箱吹出时，在吹风箱和干网之间形成低真空以保证纸幅贴紧干网而顺利传递。UNO RUN 通风箱用于单干网烘缸组的袋区通风。所有的袋通风箱则用于双干网烘缸组的袋区通风。

（二）实例 2：国产 4920 mm 文化纸机

干燥部由 40 只直径 1830 mm 的烘缸和 28 只直径 1500 mm 的 VAC 辊组成。分成 7 个烘缸传动组。预干燥部均为单干网传动组；后干燥部的第一组烘缸为单干网传动，最后一组烘缸为双干网传动。在预干燥部的所有单干网传动组中，每一组的最后 2 只烘缸配有带一个传动点的齿箱；后干燥部单干网组的最后一只烘缸配有独立的齿箱。在双干网烘缸组，最后 4 只烘缸配有带一个传动点的齿箱。第 1、27 号烘缸有一个传动轴头，单独传动。VAC 辊由安装在辊子轴头上的一个独立的减速器来传动。

烘缸直径 1830 mm，设计压力 0.5 MPa，是轴与盖分开的维美德公司结构形式。烘缸配固定虹吸管和蒸气冷凝水接头。在带有蒸气冷凝水接头管的烘缸轴颈内设置有绝缘套筒，也叫隔热套，可阻隔进汽管内蒸气热量向烘缸轴承的传递，有效降低了烘缸轴承的温度。在烘缸的内侧安装烘缸破水棒，用以破除烘缸内壁形成的水环。该破水棒用弹簧压紧固定在烘缸的内表面，固定方式可以允许烘缸棒的热膨胀。

VAC 辊直径 1500 mm，辊面车沟槽并钻孔。在 VAC 辊传动侧的轴颈端部配有真空抽气连接接头。开车时高压离心引风机通过该抽气连接接头和抽气管道向外抽气，VAC 辊内便形成低真空。运行中的纸幅便被吸附在包围 VAC 辊的干网外。传递给下一只烘缸，乃至传递通过整个干燥部所有前干燥部。在整个前干燥部中不需使用引纸绳设备，而只是在纸幅通过干燥部的双干网组时和从前干燥部末尾到后干燥部的第一组烘缸，以及从干燥部后部向卷纸机的传递中才使用引纸绳设备，干燥部还配有干网导辊，气马达式干网张紧器，干网自动校正器，干网超跑偏警报器，烘缸刮刀，二绳引纸绳系统（气动式引纸绳张紧器，气动式纸尾割刀和气动式纸尾引纸装置，引纸绳传动装置），烘干干网调整清洗设备，损纸输送设备，气动横幅断纸装置，纸幅断纸检测器，换辊装置和干网更换装置等设备。

①密闭汽罩：将干燥部严实地包围起来，这样，汽罩内和厂房内的空气就可以独立进行控制。排汽通过可调开口汇聚到活动顶板中，干燥部不同地方的排气量可由活动顶板上的可调开口进行调节。汽罩的壁板，操作侧的提升门，传动侧的滑动门，端部的合页门等均为型铝框架结构。内外侧镶铝板，中间置保温棉。在汽罩操作侧上部壁板开有维护门，通过该维护门和汽罩内上方的提升装置可以很方便地更换烘干部上部的辊子和干网。

②热回收及汽罩供气系统：从密闭汽罩排出的湿热气体通过位于纸机外面的热回收系统排到厂房外。供风来自于厂房内，先经过热回收系统中的热交换器，然后用蒸气加热到最终温度。供风通过管道送入袋通风箱和纸幅进出口吹风箱。

课内实验四：纸页的压榨和干燥实验

考察不同的压榨参数如时间和压力，不同干燥方式如自然风干、烘缸干燥和红外干燥等方式对纸张进行处理，并检测相关物理性能。实验可设计成不同纸种、不同压榨工艺和干燥方式，在教师指导下，由学生分组完成实验方案、实验操作和实验报告等。

项目式讨论教学四：纸页的压榨和干燥形式

教师设计不同纸种的压榨和干燥形式讨论的要求，并以小项目形式布置给学生，学生在课外以小组形式，通过收资、小组内部讨论、PPT 制作等工作，对一些典型纸种的压榨和干燥形式在课堂上进行展示及讨论。

思考题

1. 压榨毛毯有哪些种类和构造？毛毯对压榨起什么作用？
2. 什么是宽压区压榨和靴式压榨，它们比普通压榨有什么先进之处？
3. 压榨脱水对纸张结构及其性质有何影响？
4. 评价干燥部性能的两个指标是什么？画出纸页的干燥曲线，并说明之。
5. 纸页干燥过程有哪两个阶段？烘缸袋区的作用是什么？
6. 纸机干燥部有哪几种不同的通汽方式？具体情况如何？各有什么优缺点？
7. 干燥部的通风有哪几种方式？什么是气袋通风？
8. 干纸烘缸的冷凝水排除有哪几种方式？

主要参考文献

[1] 曹邦威，张周宏．长网纸机抄造［M］．北京：中国轻工业出版社，1998.
[2] 曹邦威．制浆造纸工程大全［M］．北京：中国轻工业出版社，2005.
[3] 曹邦威．最新纸机抄造工艺［M］．北京：中国轻工业出版社，1999.
[4] 张恒．轻化工机械与设备［M］．北京：科学出版社，2013.
[5] 王道文，史晓冬，贺兰海．几种叠网纸板机压榨部的配置与设计［J］．中华纸业，2007，28（8）：55.
[6] 李洪军，陈海峰，高永光，等．薄页纸机压榨的几种形式［J］．中国造纸，2005，24（11）：61.
[7] 江毅．压榨毛布的运行监测及其对纸机节能降耗的意义［J］．江苏造纸，2007，2：23－28.
[8] 孙斌，刘超锋．纸机压榨毛布延长使用寿命的技术［J］．中华纸业，2010，31（6）：69－72.
[9] 张宏，翟庆资．辊子中高对线压力的影响及应用［J］．中国造纸，2009，28（3）：73－74.
[10] Arvubd Sagah. 压榨毛布的生产、设计和应用［J］．国际造纸，2007，26（6）：35－37.
[11] 苏雄波，杨军，侯顺利．现代纸机干燥部新型节能干燥技术［J］．黑龙江造纸，2011，2：18－22.
[12] 孙京丹，王正顺．纸张干燥系统发展现状［J］．纸和造纸，2009，28（4）：47－49.

[13] 侯顺利，苏雄波．纸机干燥部结构形式探讨［J］．中华纸业，2010，31（10）：74－76.
[14] 董继先，张震，鲁剑啸，等．节能型多通道烘缸结构与传热机理［J］．纸和造纸，2010，30（2）：4－7.

第七章　纸页的表面处理与卷取和完成

第一节　表 面 施 胶

一、表面施胶的作用及其影响

大部分纸张和纸板需要进行表面处理，用以提高或改善一些质量性能，如光学性能，印刷性能，纸页的空隙结构，吸收性能和表面性能或减少纸页的两面差和变形性等。纸页的表面处理包括物理化学和机械方法，主要有颜料涂布、表面施胶、压光、纸塑复合和喷涂金属等等。在纸机的干燥部最后一组烘缸前进行的机内表面施胶是对纸页表面处理的最常用方法，是施胶技术和涂布技术的重要发展方向，对现代造纸技术具有十分重要的意义。

表面施胶是湿纸幅经干燥部脱除一定水分后，在纸页表面均匀施涂适当胶料的工艺过程。一般施涂量为0.3～2 g/m^2。

表面施胶的方法分机内施胶和机外施胶两种，表面施胶也叫纸面施胶。机内施胶在造纸机（纸板机）内进行，一般施胶机设置在干燥部最后一组烘缸前，设备简单，操作方便，因此使用最为普遍。机外施胶是对下机的纸卷在造纸机外专门的施胶设备上进行的施胶，操作复杂，设备贵，该方法多用于需要施胶量较高的纸张和特种纸、功能纸。本节内容主要针对机内施胶。

表面施胶对纸页的性质有很多影响，主要体现在提高其表面强度，减少印刷和使用过程中的掉毛掉粉现象，提高平滑度，减少纸页的孔隙率，增加纸页抗拒液体渗透的能力，提高物理强度等等。具体的讲，经过表面施胶的纸张可以实现如下主要目的和作用：

①提高纸和纸板的表面强度，改善表面性能和印刷性能。表面施胶在纸面施涂一层胶料，由于胶料的黏合力和氢键作用，可以提高纸页表面强度，减少纸页印刷时的掉毛掉粉现象。并且表面施涂还可以填平纸页表面的空隙，增加纸面平滑度、吸墨性、耐久性和耐磨性等。提高纸页表面强度和印刷性能是表面施胶最主要的目的和作用。

②改善纸页的外观、结构性质和吸收性。在纸面施涂一层胶料可以封闭纸页的空隙，改善纸页外观和手感性，使纸页更加细腻、光滑，降低纸页吸收性和透气性，减小空隙率。

③提高纸页抗拒液体的渗透能力。通过选用适当的胶料进行表面施胶可以提高纸页憎水性和抗油性的施胶效果，提高憎液性能，提高施胶度。

④提高纸和纸板的物理强度。施涂的胶料可以提高纸页的物理强度，如耐折度、耐破度、抗张强度和挺度等。

⑤减少纸页的两面性和变形性。通过双面施胶对纸页两面对称处理减少纸页两面性、增加纸页湿强度、减少湿变形。

大部分纸张需要经过表面施胶处理，特别是文化、印刷和包装类的纸和纸板，如加工原纸、证券纸、钞票纸、胶版纸、印刷纸、白纸板、牛皮纸、书写纸、包装纸等等，但有些纸张不需要表面施胶，如高吸收性和高透气的纸张（如卫生纸、面巾纸、滤纸等）、一些特种纸（如绝缘纸和纸板，电容器纸，装饰原纸等）。

二、表面施胶剂及施胶方法

（一）常用表面施胶剂

表面施胶剂都属于水溶性高分子（也叫水溶性聚合物）。现在的胶料常用两种表面施胶剂混合复配。常用表面施胶剂简介如下。

1. 天然水溶性高分子

以植物和动物为原料，经物理或物化过程提取而得。主要有：淀粉类，海藻类（藻蛋白酸钠），植物胶（阿拉伯胶），动物胶（明胶，骨胶，皮胶，干酪素），微生物胶（胍胶，黄原胶）。

（1）原淀粉

原淀粉是常用施胶剂，价格低廉，资源丰富，种类很多，主要来自玉米、马铃薯、小麦、木薯等。淀粉是由葡萄糖组成的多糖高分子化合物，有直链状和枝叉状两种分子，分别称为直链淀粉和支链淀粉，这与纤维素不同，纤维素只有直链分子。自然界中还没有发现完全由直链淀粉组成的淀粉。直链是导致淀粉凝沉（老化）的原因。聚合度高的直链淀粉（如马铃薯淀粉和木薯淀粉），凝沉性弱，黏结力高，并且薯类淀粉糊化温度低、凝沉性弱，糊化液淀粉丝长、黏稠、清澈透明。因此，如用原淀粉作为表面施胶剂，薯类淀粉优于玉米、小麦淀粉。

（2）动物胶

动物胶是用动物的骨头、皮或筋提炼出来的一种蛋白质。上等的皮胶、骨胶色泽浅、透明，又称明胶。明胶的主要成分为氨基酸组成相同而分子质量分布很宽的多肽分子混合物。明胶不溶于有机溶剂，不溶于冷水，在冷水中吸水膨胀至自身的5～10倍，易溶于温水，冷却形成凝胶。各种动物胶都适合用于表面施胶，以皮胶为最佳。但是动物胶价格昂贵，仅限用于高级纸张的表面处理，且多与淀粉等价格低廉的胶料混合使用。

动物胶大多用于机外槽式施胶，如用于机内施胶则应特别注意干燥速率不能太快，否则可能会由于纸张发生收缩而导致纸面出现龟裂现象。

（3）干酪素

又称酪蛋白、酪蛋白酸钠、酪朊、乳酪素、奶酪素，是奶液遇酸后所生成的一种蛋白聚合体。干酪素约占牛奶中蛋白总量的80％，约占其质量的3％，也是奶酪的主要成分。干燥的干酪素是一种无味、白色或淡黄色的无定型的粉末。干酪素微溶于水，溶于碱液及酸液中。干酪素能吸收水分，浸于水中，则迅速膨胀。干酪素价格贵，仅用于高级纸张的表面处理。

（4）瓜尔胶

为大分子天然亲水胶体，主要由半乳糖和甘露糖聚合而成，属于天然半乳甘露聚糖，能溶于冷水或热水，遇水后形成胶状物质。瓜尔胶具有大的氢键结合面积，当与纤维结合时，形成的氢键结合距离短，结合力大。

为赋予瓜尔胶更好的使用性能，通常对瓜尔胶原粉进行化学改性。瓜尔胶的改性主要有两个方向：一是在分子链上引入阳离子基团，从而获得一定的正电性。这种带正电的改性瓜尔胶便可以与带负电的纤维、填料粒子相互作用从而提高原有的助留、助滤、增强和表面施胶效果。另一改性方向便是设法增加瓜尔胶分子链的长度，增大其分子质量，从而增强其架桥连接能力。阳离子瓜尔胶在冷水中可溶，这与阳离子淀粉相比是一个很大优势。许多淀粉分子形成螺旋状结构，而瓜尔胶分子则形成直链结构。所以瓜尔胶的活性基团比阳离子淀粉更容易与纤维接近，从而少量的阳离子瓜尔胶便可能达到较多量阳离子淀粉才能达到的使用效果。因此，现在很多造纸企业用淀粉或改性淀粉进行表面施胶时添加少量瓜尔胶或阳离子瓜尔胶复配作为表面施胶剂。

（5）黄原胶

黄原胶是一种糖类（葡萄糖、蔗糖、乳糖）经由野油菜黄单孢菌发酵产生的复合多糖体，通常是经由玉米淀粉所制造，广泛用于食品行业，不常用作表面施胶剂。

2. 半合成水溶性高分子

由天然物质化学改性而得，主要有两大类：改性纤维素类（如羧甲基纤维素 CMC，甲基纤维素，乙基纤维素，羟乙基纤维素，羟丙基纤维素等）和改性淀粉类（如氧化淀粉，阴离子淀粉，阳离子淀粉，羧甲基淀粉，聚合淀粉等）。改性淀粉和 CMC 是常用施胶剂。

（1）改性淀粉（淀粉衍生物）

原淀粉黏度高、流动性差、容易产生凝沉现象，因此需要对原淀粉进行改性。淀粉改性的目的主要是降低凝沉性，使其在较高的浓度下具有较低的黏度，并保持良好黏合力和成膜性。

改性淀粉也叫淀粉衍生物、变性淀粉。天然淀粉的许多性质可以通过降解、酯化、醚化、交联等方法进行改性，制成各种各样的淀粉衍生物。但天然淀粉间的相对差异或多或少地会保留在相应的改性淀粉中，如玉米淀粉与马铃薯淀粉制成的阳离子淀粉，在同一取代度下，后者对造纸的增强、助留、助滤性能和作为表面施胶剂的性能明显地优于前者。

淀粉改性方法有很多，包括：物理改性：如预糊化淀粉、电子辐射处理淀粉、热降解淀粉等。化学变性：如酸变性淀粉、氧化淀粉、酯化淀粉、醚化淀粉、交联淀粉、接枝共聚淀粉。生物变性：如酶转化淀粉。

下面简述几种常用的改性淀粉：

①氧化淀粉

A. 氧化淀粉是最普通的变性淀粉之一，其特点是它与原淀粉比较颜色洁白，糊化容易，糊液黏度低且稳定性高，透明性和成膜性好，胶黏力强，且价格便宜。

B. 采用不同的氧化工艺、氧化剂和原淀粉可以制成性能各异、牌号不同的氧化淀粉。如采用高碘酸氧化可制得对纸张既有增干强又有增湿强作用的双醛淀粉。而采用双氧水、过醋酸、高锰酸钾、过硫酸及次氯酸钠等氧化剂，则可制得价格比较低的普通型氧化淀粉。目前多数生产厂采用次氯酸钠作为氧化剂。淀粉经氧化作用引起解聚，结果产生低黏度分散体并引进羰基和羧基，使其链淀粉的凝沉趋向减少而糊液黏度稳定性增加。

C. 在造纸工业上，氧化淀粉主要用作涂布胶黏剂和表面施胶剂。氧化淀粉可以单独使用，也可与 PVA、CMC 或胶乳等化工原料配合进行表面施胶，增加成膜性，提高纸张表面的平滑度和强度，减少掉毛掉粉，提高纸页的适印性，改善纸页外观。

D. 氧化淀粉带有碳基和羧基，电性呈阴性，故使用氧化淀粉的纸，损纸回用时，淀粉在纸浆中的留着率低，还会使纸浆负电位增加，从而影响填料和细小纤维的留着，并增加白水浓度。因此在高档纸的表面施胶中，氧化淀粉已逐步为阳离子淀粉及其他本身留着率高的淀粉所代替。

②阳离子淀粉

A. 阳离子淀粉是淀粉和阳离子试剂反应制得的，其实用性的关键在于它的阳电荷对阴电荷物质的亲和性。阳离子淀粉分为4类：叔胺烷基醚，季胺烷基醚，伯胺或仲胺烷基醚和杂类（如亚胺烷基醚）。季胺淀粉醚阳离子性较强，且在广泛的pH范围内均可使用。尤其是随着中性造纸的发展，季胺淀粉醚有了迅速发展，其中特别是由带环氧基的阳离子醚化剂制备的阳离子淀粉，由于其工艺简单，成本较低，发展更为普遍和迅速。

B. 造纸上所用的阳离子淀粉，其取代度一般为0.01～0.07。与原淀粉比较，胶化温度下降，黏度、糊液清澈透明性和稳定性都有改善。取代度达0.07的产品，冷水几乎可溶。

C. 阳离子淀粉在造纸业主要用作湿部添加的助留、助滤和增强剂，还能用作表面施胶剂和涂布胶黏剂。阳离子淀粉由于本身带有阳电荷，可直接和带阴电荷的纤维和填料作用，起助留、助滤和增强的效果。阳离子淀粉能降低造纸成本，减少三废污染，且在比较广泛的pH范围均能适用，因此是目前所有变性淀粉系列中使用范围最广，使用量最大的一种变性淀粉。

③阴离子淀粉。阴离子淀粉通常指磷酸酯淀粉，是淀粉与磷酸盐反应制得的，即使很低的取代度也能明显地改变原淀粉的性质。在造纸上所用的磷酸酯淀粉一般为磷酸单酯淀粉，取代度约为0.01。磷酸酯淀粉常用作酸性抄纸的湿部添加剂和涂布胶黏剂。

④羟烷基淀粉

A. 羟烷基淀粉是一种醚化淀粉，实用的主要是羟乙基淀粉和羟丙基淀粉。是淀粉在碱催化下与环氧乙烷或环氧丙烷反应制得的。属于非离子淀粉，取代醚键的稳定性高，在水解、氧化、糊精化、交联等化学反应过程中，醚键不会断裂，取代基不会脱落，并受电解质和pH影响小，能在较宽pH下应用。

B. 随取代度提高，糊化温度降低，并最终溶于冷水。并且糊化容易，糊液透明度高，流动性好，凝沉性弱，糊的成膜性好、膜透明、柔韧平滑、耐折性好，膜没有微孔，抗油脂性好。

C. 羟烷基淀粉是理想的表面施胶剂和涂布胶黏剂。能有效改善纸张表面强度如耐磨性、手感、平滑度、掉毛掉粉，并能抑止印刷油墨渗透，使纸张油墨鲜艳、均匀、墨膜平滑。作涂布黏合剂，可使涂料保水性、成膜性和黏合强度变好。也可用于纸袋、纸盒、标签、信封、瓦楞原纸等的黏合剂。

D. 由于是非离子型，与纤维结合不如阳离子或阴离子型淀粉，因此不大适合用于浆内施胶。

⑤羧甲基淀粉。羧甲基淀粉是在碱性条件下与一氯醋酸或其钠盐醚化反应制得的，为阴离子高分子电解质，化学结构、性质和应用与CMC相当。

（2）改性纤维素（纤维素衍生物）

改性纤维素也称纤维素衍生物或纤维素醚，是以天然纤维素为原料，纤维素分子链上的羟基在碱性条件下与醚化剂反应进行醚化而制得的半合成类高分子聚合物。其性质、种类和溶解性取决于取代基的种类、数量和分布。造纸业最常用的纤维素醚是羧甲基纤维素

（CMC），其次是甲基纤维素（MC）和羟乙基纤维素（HEC）。造纸业常用的改性纤维素都是水溶性的，可以用于表面施胶、内部施胶和涂布纸涂料。用于表面施胶，可以提高纸张施胶效果、表面强度和物理性能。

羧甲基纤维素简称 CMC，有酸型和盐型两种。其中酸型不溶于水，我们常用的产品为盐型，有良好的水溶性，完整的名称为羧甲基纤维素钠（Na－CMC）。

CMC 具有增稠、黏结、成膜、保水、分散稳定性和保护胶体等特性，商品 CMC 有不同黏度、取代度和纯度等规格。取代度不同，CMC 溶解度不同。CMC 水溶性取代度（DS）较低，DS 在 0.2～0.6 就可溶于水，一般商品 DS 在 0.7～1.2。聚合度是 CMC 的一个重要指标，它表示纤维链的长度，常用黏度来表示。一般黏度分为高黏度（>0.2Pa. s）、中黏度（0.3～0.6 Pa. s）和低黏度（0.025～0.05 Pa·s）三种。低黏度的增强效果较好，价格也最便宜。CMC 用作表面施胶剂时，浓度为 0.25%，pH7～8。CMC 能与很多施胶剂混合复配使用，如 PVA、淀粉、合成类的水溶性高聚物如羧基丁苯胶乳、聚醋酸乙烯酯、聚丙烯酰胺等，进一步改善纸页的施胶、增强或涂布效果。

（3）合成水溶性高分子

有聚合类树脂和缩合类树脂两大类。常用于造纸业的聚合类树脂主要有聚乙烯醇，聚丙烯酰胺，聚氧化乙烯等。缩合类树脂主要有水溶性的环氧乙烯、氨基树脂（三聚氰胺甲醛树脂，脲醛树脂）、聚氨酯树脂等。

①聚乙烯醇

A. 聚乙烯醇简称 PVA，是白色、粉末状树脂，由聚醋酸乙烯水解得到。它对多孔、亲水的表面有很强的黏合力和成膜性，对颜料或其他固体颗粒也有很好的黏合力，可形成透明、柔韧和有黏着力的涂膜，其连续的膜对气体有高度的不透气性（除了氨气和水蒸气）。造纸业常用 17－99 型 PVA，有良好的抗水和抗有机溶剂性。PVA 用作表面施胶剂和涂料胶粘剂，是常用水溶性高分子中黏合能力最强的。

B. 用 PVA 作表面施胶剂可以大大提高纸张的耐油、耐有机溶剂性、撕裂强度、耐折强度等性能。作表面施胶剂，PVA 可以单独使用，也可以和氧化淀粉配合使用，加入淀粉可以大大降低生产成本。特别是在生产优质纸时，常常将 PVA 和氧化淀粉合用。这种合用可使施胶剂具有触变性能，因而减少了施胶剂向纸张内部的渗透，并使纸张具有更大的压缩性和印刷时的网点再现性。

②其他合成水溶性高分子。目前造纸业的表面施胶剂大都是复配的混合胶料，如聚乙烯醇与淀粉复配、氧化淀粉与羧基丁苯胶乳复配等，合成类水溶性高分子越来越得到重视。常用于复配的合成类水溶性高分子主要有羧基丁苯胶乳、丙烯酸胶乳、聚醋酸乙烯胶乳、三聚氰胺甲醛树脂、聚氧化乙烯、苯乙烯－马来酸酐聚合物（SMA），聚氨酯水分散液等。这些合成类的聚合物均为水溶性的或水分散的水包油乳液。

（二）表面施胶方法

表面施胶就是在纸页表面均匀施涂适当胶料的工艺过程。表面施胶的方法有很多，主要有辊式表面施胶（水平辊式表面施胶、垂直辊式表面施胶、倾斜辊式表面施胶、传递辊式表面施胶），槽式表面施胶，刮刀表面施胶，计量施胶压榨（Metering size press，MSP）设备如 Filmpress 薄膜压榨设备和 Wrap－Sizer 缠绕辊式薄膜转移施涂器，以及其他表面施胶法（烘缸表面施胶、压光机表面施胶、压辊表面施胶）等。现将常用的几种方法和施胶机结构简介如下。机内进行的表面施胶机一般安装在最后一组烘缸前。

三、表面施胶机的结构

（一）辊式表面施胶

辊式表面施胶设备分为垂直、水平、倾斜和传递四种，是中低速纸机最常用的一类施胶方式。下面简介它们的结构、原理和工艺。

1. 垂直辊式表面施胶

垂直辊式表面施胶机由一对垂直布置的上下辊组成。上辊通常为主动辊，由硬材质制成，多为不锈钢辊、硬质胶辊或花岗石辊。下辊通常是从动辊，多为软胶辊，其硬度25－30勃氏硬度。沿上辊和下辊全宽各设一根喷胶管，直接向辊面喷淋胶液。下辊底部设有一个胶槽用于接受上下辊挤压出来的多余胶料，多余胶料由纸页两边向下流入胶槽，上辊安装有刮刀装置。结构示意如图7－1所示。

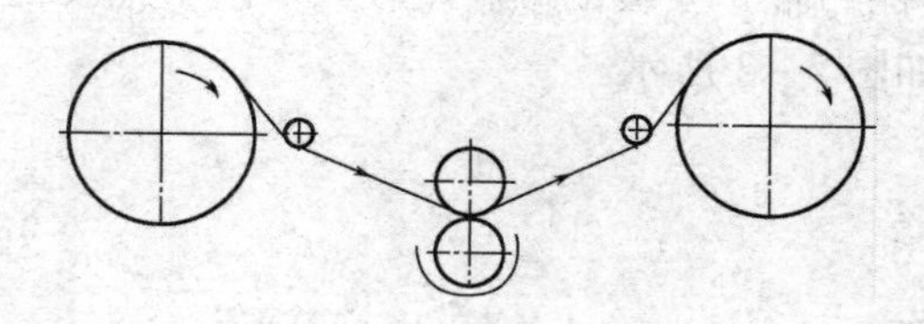

图7－1 垂直辊式表面施胶机结构示意图

垂直辊式表面施胶机有以下特点和工艺要求：

①上下两个施胶辊安装在垂直中心线上，并带有加压机构，加压机构用以升起上辊便于维修、检修和断头时引纸，或调整上辊的压力以控制施胶量。

②供给胶液的量必须略大于施胶量，保证有一定的回流和循环量，供胶量要根据施胶量、产量、车速等进行调整，以防止胶液间断和施胶不均匀。

③上辊加压要全幅一致，以防止纸面产生条纹。纸页离开施胶辊后，需要配备一个展纸辊以便将纸页上产生的皱纹除去。

④进行双面施胶时，纸页上下都有胶液，纸页上面承托了一定量的胶液，胶液对纸张有浸湿作用，因此纸页进入施胶机的水分含量不能大，要控制在8%～12%，以保证纸页具有足够的强度防止断头。

⑤纸页在施胶机承受张力较大，容易断头且两面施胶量不易保持一致。

2. 水平辊式表面施胶

水平辊式表面施胶机由水平排列的一对胶辊所组成，其中一个是主动辊，另一个是从动辊。胶液注入两辊之间，在施胶机两端设置挡胶板以使两辊之间形成一个胶槽，挡胶板上开有溢流口以控制胶槽中胶液液位的高度，形成一定高度的胶液液面，溢流的胶液过滤后重新使用。结构示意图如图7－2所示。

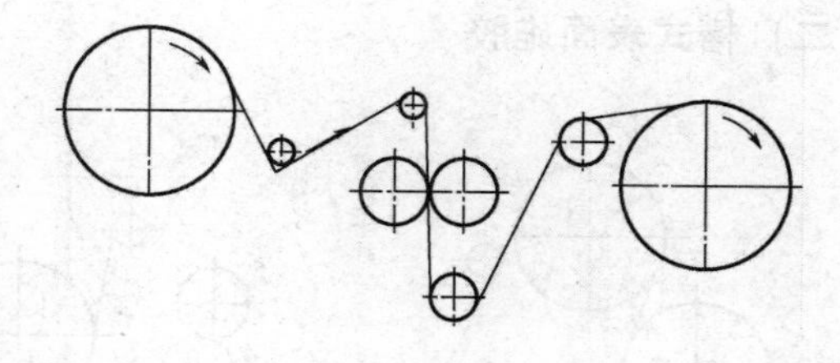

图7－2　水平辊式表面施胶机结构示意图

水平辊式表面施胶机有以下特点和工艺要求：

①左右两个施胶辊安装在水平中心线上，并带有加压机构，加压机构用以使两辊离开便于维修、检修和断头时引纸，或调整两辊的压力以控制施胶量。

②两辊之间的胶槽内保持一定高度的胶液液位，并保证有一定的回流和循环量，供胶量

要根据施胶量、产量、车速等进行调整。

③纸页从上向下经过辊间的胶槽使纸面和胶液接触，可通过调节液面高度、纸页含水量、胶液浓度和辊间压力等参数来控制纸页的施胶量。

④纸页在施胶机承受的张力较小，断头少。

3. 倾斜辊式表面施胶机

倾斜辊式表面施胶机即倾斜辊式涂布器，由涂布辊、分布辊和计量辊组成，两个施胶辊（涂布辊）安装的倾斜度较大。两个施胶辊的中心线与水平线的夹角约为60°，以方便引纸。如图7－3所示。

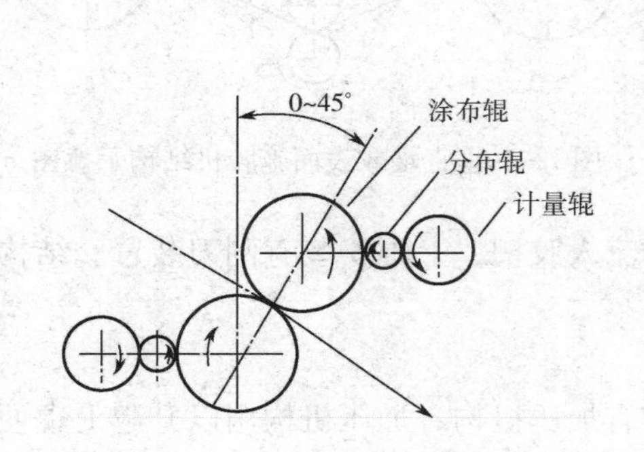

图7－3　倾斜辊式表面施胶机结构示意图

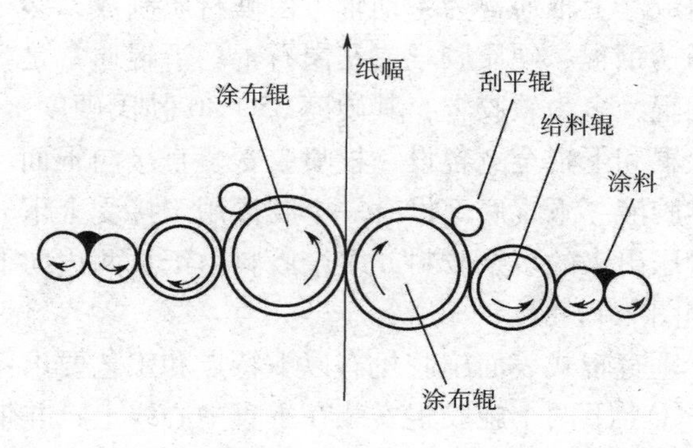

图7－4　Virginia传递辊式涂布头结构示意图

倾斜辊式表面施胶机特点和施胶工艺与水平和垂直式不同，主要有：a. 施胶辊倾斜安装，利于引纸。b. 施胶前纸页水分宜控制在10%～12%。c. 适用于车速较高的纸机。

4. 传递辊式表面施胶机

传递辊式表面施胶机结构和工作原理如图7－4所示。该设备最早用于机内涂布，已发展成多种形式，可用于表面施胶，现在更多用于低定量机内涂布和底涂。常见的传递辊式有Virginia，Massey、Champion和KCM式涂布头等。其特点是：可单面或双面施胶，两面施胶量和所用胶料可以相同也可以不同；可以精确地控制施胶量；可用于机内涂布；可在较高车速下工作（550 m/min）；适应的固含量和黏度范围广。

（二）槽式表面施胶

槽式表面施胶是在施胶槽内盛放胶液，浸胶辊压纸进入施胶槽内，使纸幅在槽内浸胶。纸页浸胶后设置施胶压榨，施胶压榨的压力挤出多余的胶液，然后经伸展辊展平纸面，再进入后面的烘缸进行干燥。如图7－5所示。

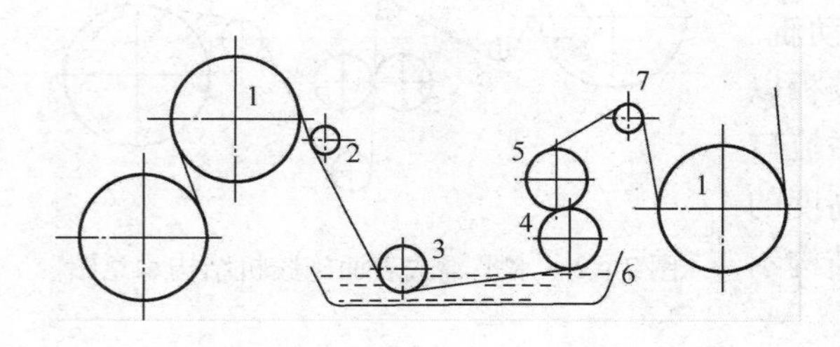

图7－5　槽式表面施胶装置示意图

1—烘缸　2—导辊　3—浸胶辊　4—下压辊

5—上压辊　6—施胶槽　7—导辊

施胶槽内通常设有夹套以便蒸汽加热胶液，并保持胶液所需温度。浸胶辊外包硬橡胶，装在机架上，可以通过滑道前后移动以调节纸页浸胶时间，达到所需施胶要求。

槽式表面施胶即可用于机内表面施胶，也可用于机外表面施胶，适合低速纸机、施胶量要求较高的纸张或需要浸渍特殊药液的特种纸或功能纸。

（三）刮刀表面施胶

刮刀主要用于纸和纸板的涂布，如图 7-6 所示，在涂布机上早已广泛使用，用于表面施胶其原理和涂布相同，能适应高速纸机和纸板机的要求，可以用于单面和双面施胶，用于双面施胶时两面可用相同胶料也可用不同胶料，具有精确控制施胶量的优点。

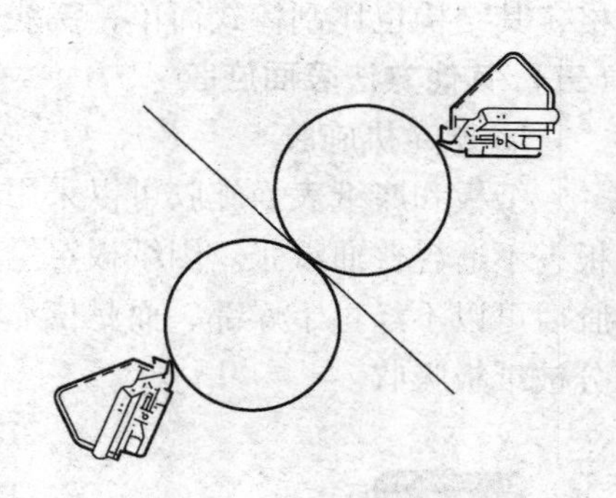

图 7-6　Bill 刮刀示意图

（四）计量施胶压榨（Metering size press，MSP）设备

最近十几年来，由于纸机速度的不断提高，普通施胶方式在车速过快时容易产生胶液喷溅问题，阻碍了纸机车速的进一步提高，计量施胶压榨（MSP）受到了重视，并且成为了一种标准的机内表面处理方式，在新式和中高速纸机上已被广泛采用。

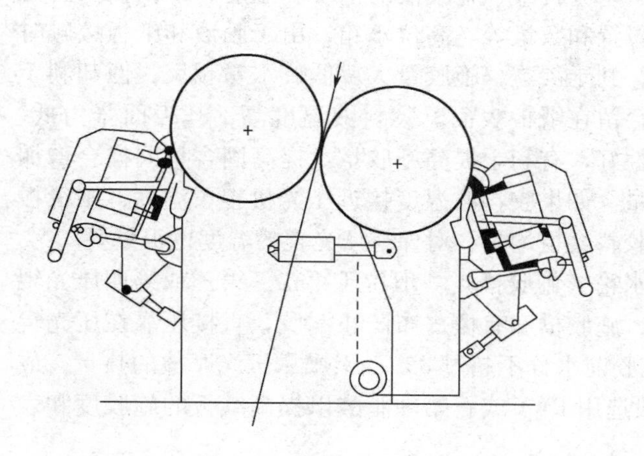

图 7-7　Filmpress 薄膜压榨设备结构示意图

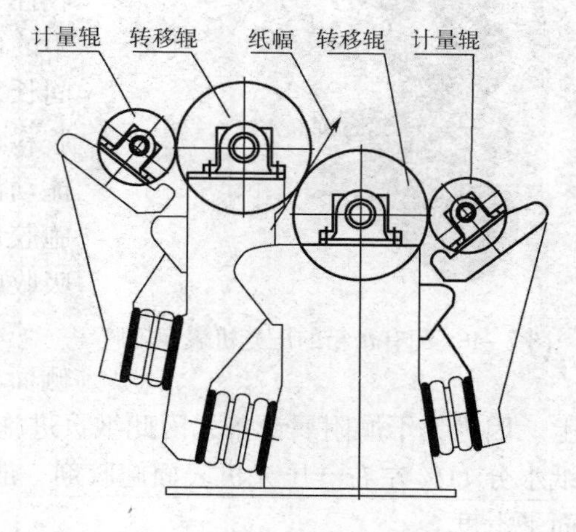

图 7-8　Wrap-Sizer 缠绕辊式薄膜转移施涂器结构示意图

Filmpress 薄膜压榨设备，如图 7-7 所示，由两个施胶辊构成，施胶辊包覆橡胶或聚氨酯或其他材料，以解决压区出口处的薄膜分裂和溅雾，两辊为纸张每面提供预计量的胶料或涂料薄膜。辅助设备是计量系统，可以选择弯刮刀计量系统，或选用与短停留涂布头相似的喷料辊代替计量棒，也可使用各种直径的刮棒或齿型棒来计量涂到转移辊上的胶料或涂料膜。这种设备在造纸机上已被广泛用作表面施胶机，也可作为机内涂布头使用，对于纸板机主要是用于涂布预涂和表面施胶。预涂布可用低级涂料涂平纸面，降低纸面的粗糙度，防止以后刮刀涂布挂起纸毛，节约后续涂布的涂布量和成本。Filmpress 薄膜压榨设备涂布量可达 12 g/m^2。

Wrap-Sizer 缠绕辊式薄膜转移施涂器，如图 7-8 所示，施胶量和涂布量的调节通过更换缠绕不同直径钢丝的钢丝辊、涂料固含量、辊间压力和速比来实现，是施胶和机内涂布的良好设备，单面施胶量0.5 ~2 g/m²，胶料固含量3% ~15%。

还可采用Rod - Sizer刮棒式薄膜转移施涂器进行表面施胶。Wrap - Sizer缠绕辊式薄膜转移施涂器的大直径绕线计量辊没有刮棒的剪切力大，所以对胶料的流变性要求不那么严格，其结构也比刮棒式简单，绕线成本也比刮棒低，易操作。

（五）其他方法表面施胶

1. 压光机施胶

纸板和厚纸表面施胶可以采用压光机施胶方法。压光机表面施胶，一般仅用于厚纸或纸板，不适合普通纸张。因纸板定量大、厚度大，且其下机后的水分含量要求比纸张略大，施胶后可以不经过干燥部，而是依靠纸板内的潜热和压光辊的增热进行水分蒸发，所余下的水分被纸板吸收。

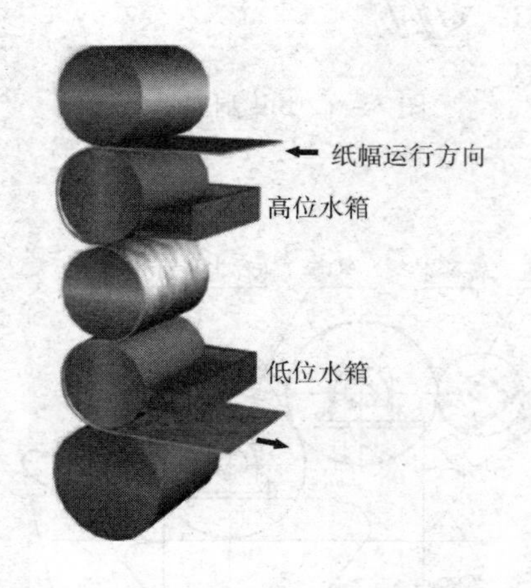

图7-9　配有水箱的压光机表面施胶

压光机施胶如图7-9所示，采用水箱（施胶槽）供给胶料，胶料施加到辊子上，再从辊子上传送到纸页表面。水箱一般会采用一个以上用以调整施胶量。施胶量的多少主要取决于纸板表面的平滑度（粗糙度）、吸收性、水分含量、施胶液的浓度和温度、水箱在压光机中的位置和数量等。高位水箱，由于胶液和纸板接触时间长，利于渗透，施胶量大。低位水箱相反，但却利于胶料存留在纸板表面。胶料液温度高，其表面张力低、流动性好，有利于提高施胶量。提高固含量同样会增加施胶量。如果胶料液温度接近压光机辊子温度，则纸板吸收胶料会更均匀，对保持压光辊的温度也很重要。

水箱（施胶槽）一般位于第二、第三或第四压光辊侧面，施胶槽底有橡皮布防止漏胶，直接压靠在压光辊上。因为无干燥附属设备，因此纸页进施胶前水分不超过8%，干燥靠压光摩擦的热量，成纸水分11%左右。压光机表面施胶剂一般选用PVA或石蜡硬脂酸以提高纸板的施胶度和表面平滑度。

如果需要双面施胶，可把水箱安置在压光辊的两侧。

压光机表面施胶存在的问题是施胶液对压光辊的腐蚀，需要经常研磨压光辊保持光泽度以便不降低压光效果。

2. 烘缸表面施胶和压榨辊表面施胶

这两种施胶主要用于单烘缸造纸机，用以增加纸页的表面强度和单面光泽度。如图7-10和图7-11所示。

烘缸表面施胶的施胶辊安装在烘缸的刮刀下，与烘缸垂直中心称49°夹角，在施胶辊下方设有胶液槽，施胶辊浸入胶液的深度为10 mm，胶液由高位槽供给。从胶液槽溢流处来的胶液经过滤后泵送回高位槽。施胶辊由烘缸带动，并将胶液涂在烘缸表面，湿纸页与烘缸表面接触并经托辊挤压，在纸面上形成胶膜薄层，在烘缸上干燥，取得施胶效果并提高纸面光泽度。施胶辊上方设有橡胶刮刀用以除去多余胶料。施胶辊直径一般随烘缸配套，辊上包胶硬度约为84肖氏硬度。

压榨辊表面施胶的施胶辊由较软的橡胶（硬度45肖氏硬度）制成，紧靠上压辊，辊直径一般为250~350 mm，辊长应超过纸宽约160 mm，支撑在支架上可以前后移动，便于开停机或断头时施胶辊离开上压辊。

压榨辊表面施胶已成功地应用于某些光泽度要求较高的单面光纸，如条纹牛皮纸和一些强度要求较高的薄纸。

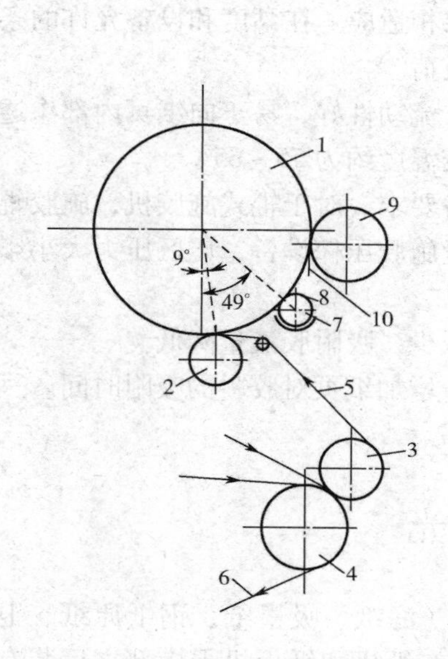

图7-10　单烘缸造纸机的表面施胶

1—大烘缸　2—托辊　3—上压辊　4—下压辊　5—上毛毯　6—下毛毯　7—施胶辊　8—橡胶刮刀　9—纸卷　10—烘缸刮刀

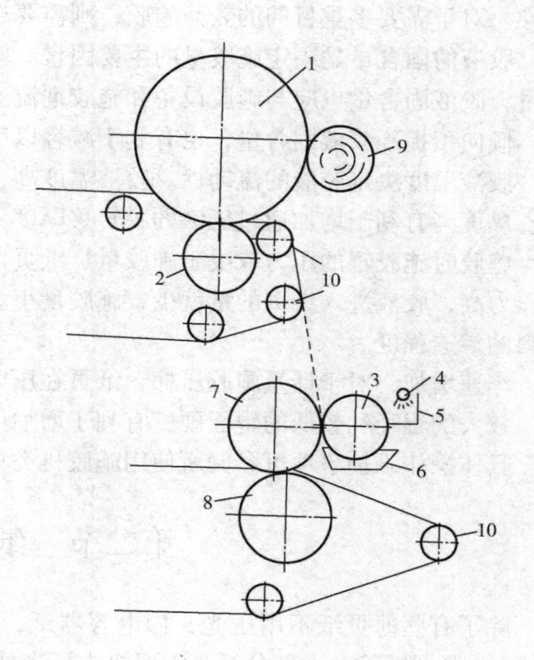

图7-11　压榨辊表面施胶

1—烘缸　2—托辊　3—施胶辊　4—喷胶管　5—塑料刮板　6—回收槽　7—上压辊　8—下压辊　9—纸　10—毯辊

四、表面施胶的操作要点

施胶操作影响施胶效果。影响施胶的主要因素是纸页干度、胶液的组成和温度、固含量以及施胶方法等。

纸页特性和进施胶机时的水分是一个重要注意事项。纸页特性包括纤维组成、原纸的结构、定量、紧度和孔隙大小等。定量大、干度高容易吸收胶液，紧度大、水分大不利于吸收胶液。纸页表面粗糙可相对提高施胶量，但表面太粗糙则纸页很难达到理想的整饰效果。因此原纸的均一性是表面施胶和涂布的首要条件。

原纸水分影响吸收胶液，是生产中需要控制的参数，而吸收胶液是表面施胶的重要步骤，易于吸收胶液意味着纸张容易施胶、施胶量大。一般进施胶机时的水分含量约为6%~12%。水分过低，会导致纸张过度吸收胶液，后干燥困难，甚至黏缸。施胶后不断纸、不黏缸是进施胶机时纸干度的最好状态。

内部施胶也影响辊式表面施胶和施胶压榨的施胶量。进施胶前的原纸未经施胶，在施胶压榨过程中由于吸收量大容易断头。在生产中要在控制好施胶量的同时，还要注意胶料的浓度。

胶液组成很重要，决定施胶目的。对于以提高表面强度改善掉毛掉粉为目的的表面施胶，应选用淀粉类、PVA、纤维素衍生物、合成胶乳作为施胶剂。对于以提高纸页抗拒液体渗透为目的的表面施胶，则应选用比表面能高或低的胶料，如有机氟施胶剂或CMC增加抗油性。对于需要多重目的的表面施胶，则需要选用多种胶料复配。

胶液的固含量是决定施胶量的主要因素。较大施胶量的表面施胶需要相对高的施胶液固含量，胶液固含量也应与施胶设备和施胶剂流变性的要求相适应。在黏度和设备允许的条件下，倾向于提高胶液固含量，也有利于减轻以后的干燥负荷。

胶液温度决定胶液的流动性。胶液温度高，黏度低，流动性好，易于向纸页内部渗透转移。黏度高有利于增加通过压区的膜转移厚度。一般施胶温度约为55～65℃。

施胶时施胶辊的压力取决于施胶量、纸页性质和设备要求。对于辊式施胶机，施胶辊压区压力高，胶液进入纸页的量就少，施胶量小。对于计量施胶压榨设备，压区压力大小影响胶料的渗透程度。

车速增加，对于计量施胶压榨，纸页在压区的时间减少，吸附胶液量降低。

较大的辊径和较低的辊面硬度有利于增加压区宽度，增加纸页对胶料的吸附时间。

具体操作维护事项可参阅所使用施胶机类型的说明书。

第二节　纸页的压光

除了有些薄页纸不用压光，如电容器纸，吸收性纸（滤纸、吸墨纸、钢纸原纸、卫生纸等），卷烟纸等，大部分纸张需要机内压光处理。一般在纸机和纸板机干燥部之后装有一台压光机，用以提高纸的平滑度、光泽度和厚度均匀性。

一、压光的作用和对纸页性质的影响

1. 压光的作用

下机后的原纸表面还存在大量细微的凹凸不平的地方，不能满足印刷所要求的平滑度，同时也不具有光泽度。因此必须进行表面压光处理。压光的作用就是提高纸张的平滑度、光泽度、厚度均匀性，改善纸张的印刷性能。

2. 对纸页性质的影响

纸幅受到压光机的作用，其性质发生一定的变化。性质的变化和变化幅度与压光机类型和结构有关。

压光后，纸页厚度减小，紧度增加，与紧度关联的强度指标均受到影响，如裂断长、撕裂度下降，吸收性下降。

压光后，纸页厚度均匀性增大，凹凸不平的纸面变得平整，使纸张的平滑度、光泽度提高，获得光滑的印刷表面，改善了纸张印刷性能。但白度和不透明度降低。

3. 压光水分

压光前纸的含水量为6%～8%，较为合适。增加纸的水分含量，纤维塑性增加，利于压光进行。但含水量过高的纸，不可过度压光，以免纸张变暗。反之，纸张含水量低，压光时容易卷曲。

4. 压光原理

压光机凭借压光辊辊间压力、辊间相对滑移，借助加热或润湿纤维，使纤维更柔韧，来完成压光作用。好比用熨斗熨平一件布衬衫。

压光辊辊间压力来自于压光辊自重和附加的压力。压光辊辊间的相对滑移来自于压区的变形和辊间的速差。

压光机高速运转时摩擦生热，使辊子温度上升。若纸的定量和水分分布不均匀，温度上升也不均匀，会影响压光辊间线压力的均匀性，导致压光后纸幅厚薄不匀，卷纸纸卷松紧不一，容易卷曲。

二、压光机的结构和形式

（一）压光机的结构

普通压光机的结构：普通压光机一般由 3 ~ 10 个压光辊组成，上下重叠垂直安装于压光机架上。底辊（最下辊）为主动辊，其他辊子靠相邻的辊子摩擦带动。低、中速纸机通常安装 3 ~ 6 辊的压光机，高速纸机多配用 8 ~ 10 辊的压光机。结构示意图如图 7 – 12 所示。

压光机的机架有单侧机架及双侧机架两种。压光辊的辊子提升装置由蜗杆蜗轮装置及提升螺杆组成。蜗杆由电机带动，由控制台上的按钮控制该电机的正反转，达到辊子提升与下降的目的。加压装置则由杠杆和气缸活塞构成。

压光辊：是表面极为光滑的冷铸铁辊，粗糙度容许偏差不超过 0. 5 μm，硬度不低于肖氏硬度 80 ~ 85 度。辊子直径由纸机宽度决定，底辊最大，顶辊次之，中间辊直径最小。普通运转时，下辊每 8 ~ 24 个月磨一次，其他辊的磨辊周期短一些，为 2 ~ 12 月。磨辊周期主要根据车速而定。

底辊和顶辊设有中高以抵消辊面挠度，有时也把底辊的中高分配 10% ~ 15% 给倒数第二个压光辊。新式压光机采用可控中高辊。

每个压光辊配置一副刮刀，刮刀片可以用软钢或紫铜制作，也可用高密度聚乙烯塑料板制作，应避免刮刀硬度过大划伤辊面。压光辊还设置了通风冷却装置，以调节纸幅横向的压光效果，保证纸幅横向厚度均一。

压光机的辊子数目：有奇数和偶数两种，主要取决于引纸方法。若是手工引纸，从干燥部来的纸绕过最上一个辊，然后顺序通过下面各个辊隙，最后从下面两个压光辊中间领出送到卷纸机，因此辊子数为奇数。若是压缩空气引纸，干燥部来的纸由上面第一、二两个压光辊之间进入，因此辊子数为偶数。

普通压光机辊子间的压力是由辊子本身重量产生。工作时压光辊摩擦会产生大量的热，温度过高时应设法冷却压光辊。

普通压光机属于硬压光，或称硬辊压光、硬压区压光。硬压光机的发展是倾向于使用较少的压光辊，并使用加热压光辊。

针对硬压光的缺点，近年来软压光（软辊压光、软压区压光）和宽压区压光得到了广泛采用和大力发展。

（二）压光机的形式

按照使用范围，压光机分为机内压光和机外压光两种。按照压光设备使用的压辊表面材料的性质，压光机又分为硬压光机和软压光机两大类。按照压光辊是否加热分为冷压光和热压光。

常见的普通多辊压光机属于硬压光机。软压光机包括：普通超级压光机、光泽压光机、纸机软压光机、新型超级压光机、宽压区压光机等。

机内压光包括普通压光机、机内软压光机、宽压区压光机等。机外压光是指纸机外作业的超级压光机。

出于成本和压光效果的原因，大多数压光作业都是在机内进行的。机外压光成本高，只有当机内压光满足不了纸张表面整饰要求时才使用。

20 世纪 70 年代以前，纸张的整饰主要靠机内硬压光机和机外的配备铁辊、纸粕辊交替进行的超级压光机。机内压光仍局限于传统的作业，即让纸张通过一系列铁辊组成的一个以上的压区，主要用来调整纸张厚度、紧度、平滑度和光泽度。超级压光机主要用以提高纸张紧度、平滑度、光泽度、透明度，减少掉毛掉粉等。超级压光机主要适用于高档纸张如铜版纸、美术纸等。这种传统的机内压光与超级压光的纸张之间，在印刷质量上差别很大。

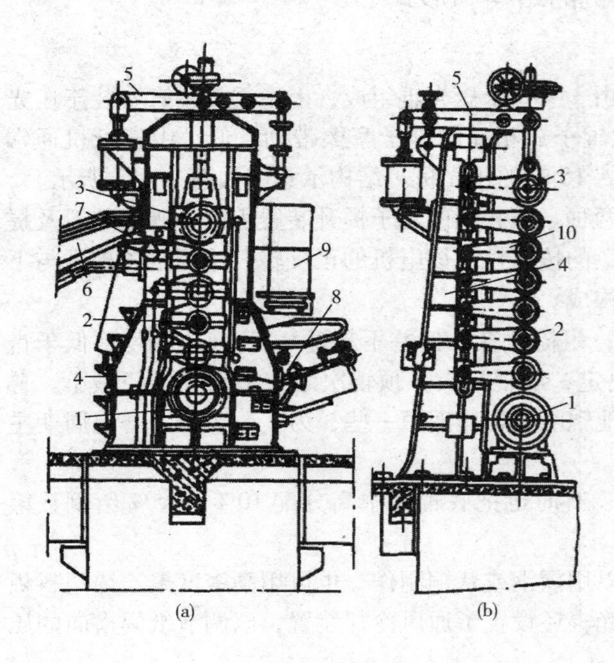

图 7－12　普通压光机
（a）双侧机架压光机　（b）单侧机架压光机
1—下辊　2—中辊　3—上辊　4—机架　5—加压提升机构　6—空气引纸装置　7—压光机前弧形展纸辊　8—压光机后弧形展纸轴　9—操作台　10—中辊和上辊轴承臂

但在 20 世纪 70 年代后期与 80 年代，由于采用了新型弹性辊面材料和改进的设备设计，机内和机外压光在纸张性能之间差别已很小。对大部分纸张和某些压光要求不太高的纸种，机内软压区压光机已足可取代机外的超级压光机。

1. 硬压区压光——普通压光机

普通压光机属于硬压区压光，其结构已经在上面做了介绍，如图 7－12 所示。

这种传统的多辊压光，容易使纸张紧度过大，并且在压光过程中，不管纸幅的定量和厚薄的不均匀性，纸幅都趋于被碾压至均一厚度，导致纸张紧度分布不均匀。这与软压光不同。图 7－13 是硬压区压光和软压区压光效果的比较。在硬压区压光中，定量的变化会变成紧度的变化，在软压区压光中，局部的高定量区域通过压区未被进一步压紧，变成了厚度的变化。

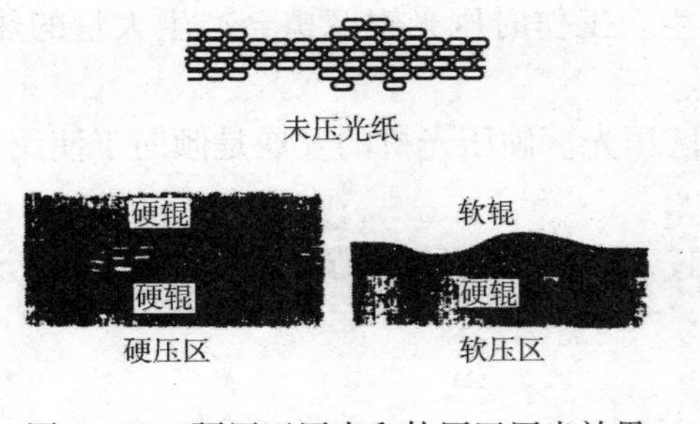

图 7－13　硬压区压光和软压区压光效果

大部分纸张特别是印刷纸不希望纸张有过大的紧度，多辊的硬压区压光向少用压光辊发展，出现了新型硬压区压光机，如图 7－14 所示。该压光机的特征是：少用压光辊，具有加热辊和可变中高辊。在高温下纸张变得比较柔韧，使得可以在较低的压力下碾压，而获得紧度变化小的理想效果。

压光机上面两个压光辊是可加热的，底辊必须是有可变中高，或某中间辊有可变中高（分区可调挠度或全幅可调挠度），以便保证压区线压分布。底辊上面的一个辊通常做传动辊。

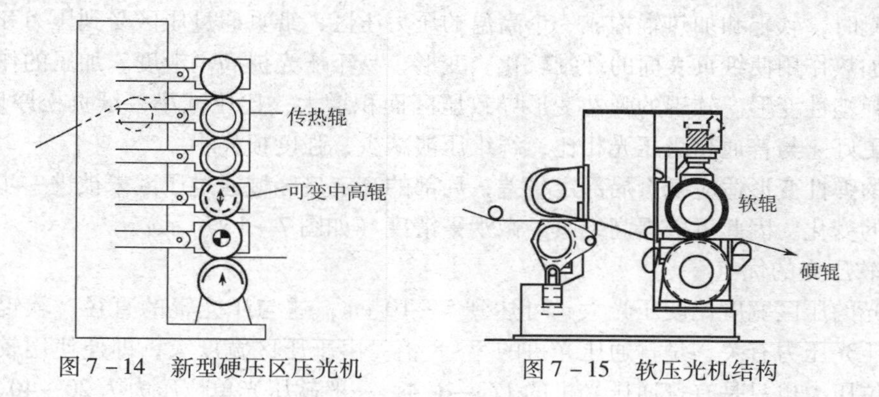

图7－14　新型硬压区压光机　　　　图7－15　软压光机结构

2. 软压区压光——软压光机

印刷纸类一般要求：有一定平滑度，使纸面有良好的油墨覆盖能力；不要求纸面光泽度太大；不希望纸的紧度很大。而纸张经多辊压光机压光容易紧度过大，现代压光机的一个发展趋势是开发使用双辊压光机：有两个压光辊，一个辊是弹性辊，聚酯包胶；另一个辊是硬辊，表面极光滑的冷铸铁辊；具有可调中高。

随着耐压、耐磨、耐热、不易损坏的聚氨酯材料的出现，可以代替传统的包胶辊包硬质橡胶，20世纪80年代初德国Kulsters公司推出了由大直径聚酯包胶可控挠度辊和热辊组成的纸机软压光机。

（1）软压光机的结构

软压光机由可加热的冷铸铁辊（硬辊）和可控中高弹性辊（软辊）构成，如图7－15所示。厚度通常为12～13 mm，软辊为可控中高辊（宽度在4 m以上采用分区可调挠度或全幅可调挠度，宽度在4 m以下多采用浮游辊）。

硬辊冷铸铁辊，可加热，加热热源可以是油、电、蒸汽，热辊辊面温度可高达200℃以上。当加热介质为水和油时，辊面温度应比压区温度高30℃左右。温度控制系统应保持压光时温度恒定。

软压光机的部件除了软辊和加热辊，还包括加压系统和一些辅助装置，如裁边器、辊边吹风口和辊面温度红外摄像监视仪等。加压是液压系统，可抬高底辊、紧急撤压、压力可调。

软压光机可以使用一台、两台或多台串联，图7－15和图7－16分别是单台和两台串联使用的软压光设备

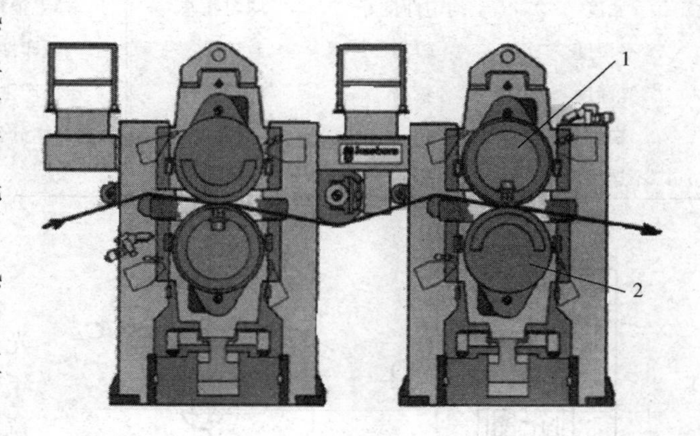

图7－16　两台串联使用的双压区软压光机

1—软辊：可控中高辊，包覆12～13 mm弹塑性材料

2—加热辊：冷硬铸铁辊，可加热使辊面达200℃以上

工作原理图，可单面或双面压光，贴热辊纸面得到整饰。

（2）软压光机的工作原理

软压光时，软辊和加热辊构成一个高温的压力压区，纸页通过压区受到压力和加热的双重作用。加热作用使纸页表面的纤维软化、变形，易于压光提高平滑度。加压的作用使纸和软辊受到弹塑性变形。软辊的弹性变形导致压区面积增大，比压减小，纸页松厚度损失小，整饰效果更好。与普通超级压光相比，纤维压溃减少，强度损失小。

软辊的弹性变形适应纸页局部定量差，局部的高定量区域通过压区未被进一步压紧，变成了厚度的变化，因此可以提高纸页的微观平滑度（如图 7-13 所示）。

（3）软压光的优点

软压光的压区宽度比硬压光大，可达到 5～10 cm，这与压光辊的直径、软辊包胶材料的硬度和压光压力有关，是普通压光机的 5～8 倍。由于压区宽度大，即便使用较高压光压力，其单位压力也只是有普通压光机的 1/3～1/4。一般软压光单位压力为 20～40 N/mm^2。

软压光的优点如下。表 7-1 是软、硬压区压光对纸张性能的影响对比。

①压区宽，压光时纸页所受局部单位面积的压力较小，压光后纸页紧度均匀，全幅平滑度、光泽度一致，两面差小，吸墨性一致，印刷适印性强。

②可以取代普通的多辊压光机，使纸页获得较高的压光性能。对平滑度和光泽度要求不是很高的纸张，软压光可以代替超级压光机，这样就节省了机外压光的投资，减少了机外压光的断纸损失。

③适用范围广，不但用于普通纸张也可用于涂布纸等。

④具有自我保护功能。软压光的各种保护措施有效地避免了因生产不正常或操作失误而导致的设备损坏，减少了设备维修费用。

表 7-1　软、硬压区对纸张压光性能的影响

纸张物理性能	软压区压光	硬压区压光	纸张物理性能	软压区压光	硬压区压光
紧度	均匀性良好	均匀性差	掉毛掉粉	较轻	较重
平滑度	较高	较低	适印性	好	合格
光泽度	较高	较低	压黑产生率	较低	较高
白度	相同	相同	允许水分含量	高	低
不透明度	相同	相同			

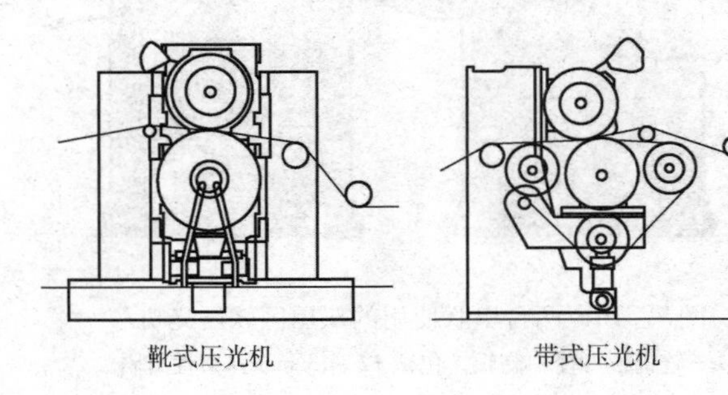

图 7-17　宽压区压光机示意图

3. 宽压区压光

宽压区压光是 Valmet 公司在软压光和靴型压榨的基础上，于 20 世纪 90 年代中期开发的压光新技术，是靴式和宽压区压榨技术在压光机上的应用，是为了进一步改善纸张的松厚度、挺度、表面性和印刷适印性而设计的。

宽压区压光有两种形式，一种是靴式压光机，主要由热辊和靴型辊组成，另一种是带式压光机，如图 7－17 所示。主要应用于各种纸板的压光如液体包装纸板、白纸板等，对其他纸张也有很大的开发潜力和应用前景。

靴式压光机的主要组成是热辊和靴型辊。热辊是金属辊，其作用、结构和加热与软压光的热辊相同，用作上辊。靴型辊由靴型加压部件、润滑油系统和靴型衬套组成，与靴型压榨类似，作为下辊。靴型压光机的靴型衬套辊利用液压加压靴将衬套辊压向上辊热辊，形成靴型压区，宽度可达 50～270 mm。在压区内纸页表面与软衬套和上辊热辊接触吻合并进行压光整饰，纸幅受压均匀，压光效果均匀一致。

靴式压光机的软衬套包覆层的材料弹性模数仅为软压光机的软辊包覆层的十分之一，这对于纸幅表面在压区内的完全吻合更为有利。生产液体包装纸板时，靴式压光机的软衬套硬度可选 91 肖氏硬度。

带式压光机是继靴式压光机之后开发出的又一种宽压区压光技术，也具有压区宽度大的特点。带式压光机主要有上辊、下辊和传递弹性带组成，上辊是热辊，下辊是硬棍或软辊。传递弹性带在压区中的变形与其弹性模量有关，对带式压光有着决定性的影响，因此必须正确确定弹性带的弹性模量，而相同的硬度可能具有不同的弹性模量。因为弹性带材料变形量大，即使有些轻微的不平，也会在压区中补偿消失，因此弹性带的表面粗糙度的要求不像软辊包覆层那样严格。

宽压区压光比软压光更能保持纸板的挺度和松厚度。

（三）压光机的操作要点

压光效果与压光操作有直接关系。影响压光效果的主要因素有压光水分、压光线压力、压光温度、进入压区前的纸页张力等。

进入压光机时纸页的水分含量是一个重要的因素。增加水分含量，纤维吸湿润张，提高柔软性和缩性，增进压光效果。一般文化用纸水分为 5%～8%，对于用黏状浆抄造透明纸，水分也有达 10% 以上的。水分控制过高会造成“压黑”，在纸页上出现许多半透明部分，俗称“玻璃花”；水分控制过低，则平滑度达不到要求，要增湿，否则容易卷曲。使用软压光和宽压区压光，进压光的纸水分可比普通压光时高些。

压光线压力是影响压光的又一因素。老式多辊压光机其线压力只由辊子自重决定，很少附加压力，一般 6 辊压光机最下两个辊子的压力为 500～600 N/cm，8 辊压光机最下两个辊子的压力约为 700～800 N/cm。而 4 辊以下的压光机，一般装备有附加压力的加压系统，可以调整线压力。辊间压力越高，压光作用越强，可以提高平滑度、紧度，降低厚度、透气度，进一步加压会损失物理强度。但线压力的变化也会带来辊面之间沿纸幅宽度方向接触不严密，会使固定中高度的压光辊压光后纸页横幅厚度不均匀。软压光压区宽度大，线压力可高，一般线压力为 2000～4000 N/cm。

压光操作的另一要点是压光温度。一般而言，温度高，纸页的可塑性增加，有利于压光操作。对普通压光机，温度升高，会使压光辊加热，由于辊子金属组织不完全均一，常造成辊子面宽方向不均匀膨胀，造成压光后纸页横幅厚度不一致。这一问题通常可以用压光辊吹风冷却的方法来解决。对于软压光，用油等加热热辊 100～200℃，要保证纸幅覆盖有效辊面，严禁软辊和硬棍直接接触，否则软辊辊面将被热辊的高温碳化而失去性能。若停机时间较长，热辊温度要缓降至 60℃ 才能停机运转，否则热辊因温度过高在重力作用下会发生变形。

进入压光机时如果纸幅张力太低，会造成压光褶子，应保持和纸机的张力一致。

压光机停止运转时，除下辊外的其他辊子必须通过升降装置提起，使辊子之间保持 3～5 mm 的间隙，以免辊子接触区域受压发生变形。

增大辊径可提高线压力和压区宽度，而车速决定在压区内的停留时间。

压光辊辊面状况对压光整饰非常关键，要保持辊面光洁，确保无污物，要配置刮刀以便在运行时刮走附在辊面的脏物。

各种纤维原料因为具有不同的组织结构和性能，压光时显示不同的效果。细长而又润胀能力强的纤维，容易压光。不管哪种纤维原料，经过润湿和打浆，紧度和平滑度在压光中都容易提高。而且大多数填料都能提高压光后的平滑度。

具体操作维护事项可参阅所使用类型压光机的说明书。

（四）超级压光

对于印刷纸，超级压光的目的主要是为了进一步提高平滑度、光泽度、紧度和厚度的均匀性；对一些特殊要求的品种，如透明纸，是为了提高其透明度；有的产品是为了提高其紧度，如电容器纸。

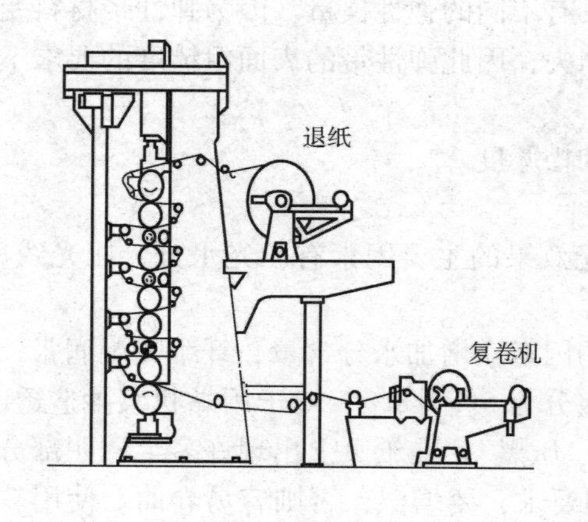

图 7－18　超级压光机

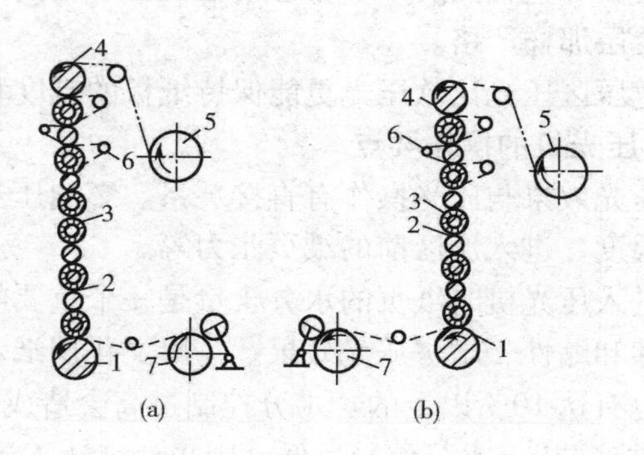

图 7－19　单双面超级压光示意图
（a）双面压光　（b）单面压光
1—下辊　2—中间铁辊　3—纸粕辊　4—上辊
5—退纸架　6—导纸辊　7—辊式卷纸机

超级压光机的构造与普通压光机相似，操作也基本相同，如图 7－18 所示。所不同的是压光辊的数量不同，压辊的材质也不同。超级压光机不但有钢辊，还有纸粕辊，辊子总数量一般为 12～16 个。由于辊子数量多，线压力也大。单面压光的纸，辊子数为奇数，双面压光的纸，辊子数为偶数，见图 7－19。压光时，纸页紧贴纸粕辊的一面受到超级压光整饰作用。

超级压光机属于机外整饰设备。除了起压光作用的主体设备以外，还有退纸架和卷纸机与之配套。卷纸机由变速电机传动，有的超级压光机退纸卷由制动电机带动，以便于自动控制纸幅的张力。引纸时操作人员立于两操作面的升降式操作台上，以爬行车速引纸，待纸卷到卷纸机上后，再逐渐将车速提高到运行速度。其运行速度一般在 600 m/min 以上。

纸粕辊是超级压光机非常关键的部件。它的直径一般为 350～500 mm，纸粕层的厚度一般为 80～130 mm。纸粕层的材质为羊毛、石棉或其混合物。根据整饰的纸的品种不同，应选用不同的纸粕材料。文化纸用的纸粕辊，羊毛含量 10%～25%，其余为棉、麻浆。提高辊子中羊毛含量，可以增加辊子弹性，但降低辊子的硬度和耐热能力。增加辊中石棉含量，可以提高纸粕辊硬度和耐热性能。在使用前纸粕辊必须经过8～16 h的压辊子运行，以便提高辊子的表面硬度。在压光过程中，纸粕辊容易被硌，应注意避免；在停机时应避免纸粕辊受压，以免变形。另外，还应经常对纸粕辊的辊面予以清洗。

超级压光的原理，是由于纸粕辊在转动过程中产生周期性的弹性变形，造成纸粕辊和钢辊间的相对滑动而对纸页产生“磨光”作用，这种作用可以显著提高纸页的光泽度和平滑度。相对滑动的速度与纸粕辊半径变化量ΔR和纸粕辊转动角速度ω成正比。当使用羊毛纸粕辊时，相对滑动为0.03%～0.08%，随着线压力提高，相对滑动增加。

超级压光的效果与纸的水分有很大关系，纸的水分大一些，纤维可塑性和柔软性好，超压效果好。但纸页水分也不宜过高，否则压光时压溃的纤维会黏在一起变黑、产生透明点。要根据不同品种的质量要求，控制不同的水分。一般的印刷纸水分控制在5%～7%，对于透明纸一般水分控制在10%～12%。压光温度也是一个重要因素，单从压光上考虑，温度高有利于超级压光，但在实际生产中由于纸粕辊的不断弹塑性变形，导致纸粕辊温度升高，如不进行降温，将会烧毁纸粕辊，因此在钢辊设计中钢辊制成中空的，通冷水以冷却降温。另外，压区的线压力、压光速度也是影响超级压光的重要因素。增大辊间压力，纸辊径向变形加大，和铁辊间的滑动增大，有利于超级压光。增加超级压光机车速，导致压光辊温度提升，有利于压光作用。如果压光辊温度保持不变，增加车速相当于减少了纸在压区的压光时间，会降低压光效果。此外，纤维原料不同时压光效果会不同。细长而又润胀能力强的纤维，容易压光。不管哪种纤维原料，经过良好润湿和打浆，紧度和平滑度、光泽度在超压中都容易提高。而且大多数软而分散度高的填料都能提高压光后的平滑度，粒子粗大的填料除外。

第三节　卷　　取

一、卷取的作用和卷纸机

纸张干燥与压光后，纸张成品必须为随后的机外加工集卷成一个适当的形式，这就需要纸张的卷取。纸机通常在压光机的后面配备辊式卷纸机，是造纸系统的最后一个设备。

卷纸的好坏直接影响产品质量，卷纸生产要求卷筒松紧均匀，避免两端松紧不一、卷芯起皱等缺点。

自从 Alexander Pore 发明第一代卷纸机以来，已应用了100多年。这种卷纸机按照卷曲原理分为轴式和辊式两种。

轴式卷纸机是中心卷纸机，属于中心卷取，如图7－20。纸在卷成卷

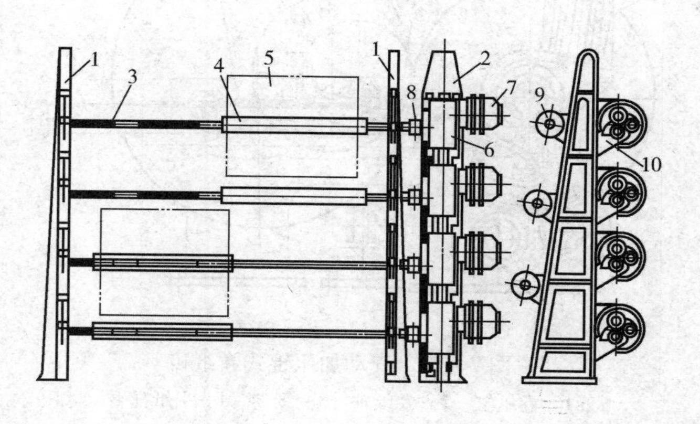

图7－20　卷纸机

1—机架　2—传动架　3—方轴　4—纸芯　5—纸卷
6—减速器　7—电动机　8—联轴器　9—纸辊
10—方轴支架

筒的过程中，卷筒直径不断增加，但其圆周速度却要固定不变，因此，随着卷筒直径不断增大需要不断降低卷筒的转速，并且若卷纸张力一定，容易越卷越松。这类卷纸机仅适用低速纸机，目前已很少见。

辊式卷纸机又称表面卷纸机，属于表面卷取，它适合各式纸机，且卷成的纸卷紧实，纸幅所受张力较小，卷纸过程中不易断头，操作简单，并且能卷成大直径纸卷，是目前广泛使用的卷纸设备。

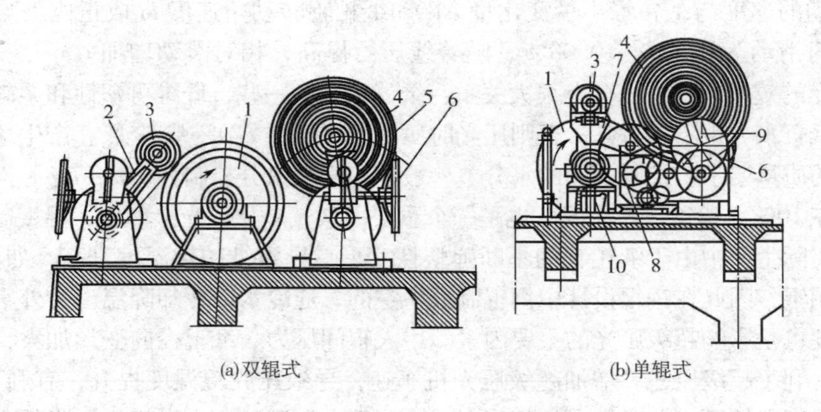

图 7－21　辊式卷纸机

1—冷缸　2，5，9—支杆　3—卷纸轴　4—纸卷　6，8—手轮　7—领纸支杆　10—冷水管

辊式卷纸机有单辊式和双辊式两种，适用于低速纸机，由卷纸缸和卷纸轴组成，卷纸轴上的纸卷压在卷纸缸上，被卷纸缸的运转带着回转而连续卷纸，如图7－21所示。双辊式卷纸机有两套放置卷纸轴的装置，方便换轴，利于连续生产。单辊式卷纸机只有一对支杆放卷纸轴，领纸时纸幅首先在杆上卷成50～70 cm 半径的卷筒，然后利用电动吊车将卷筒吊入卷纸位置。

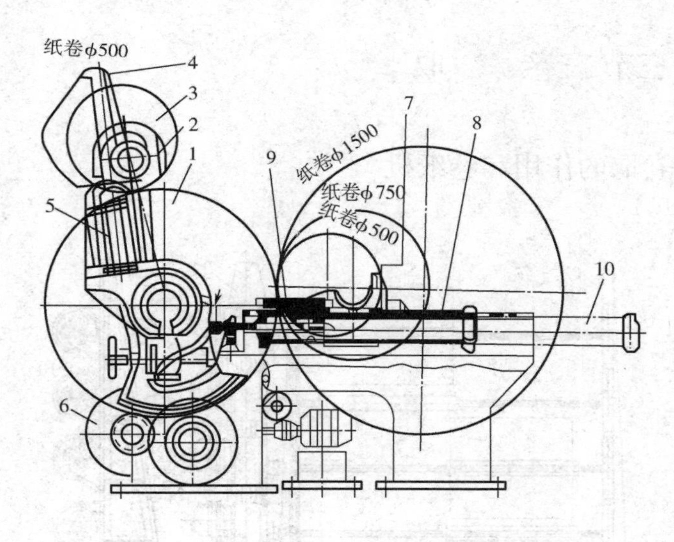

图 7－22　气动加压辊式卷纸机

1—卷纸缸　2—卷纸轴　3—纸卷　4—引纸摇臂　5—引纸臂气动缸　6—引纸摇臂回转机构　7—卷纸辊卷纸轴架　8—加压气缸　9—气压杠杆　10—最大纸卷直径时的气压缸位置

上述辊式卷纸机的缺点是随着卷纸进行，纸卷直径不断增大，压向卷纸缸的重力不断增大，容易越卷越紧。因为卷成纸卷的紧密度取决于纸卷与卷纸缸的线压力，对于老式的辊式卷取机，没有调节线压力的装置。为了使纸卷紧密均匀一致，后来增设了气动加压缸装置，可以调节线压力，改善卷纸质量，适合高速纸机，如图 7－22 所示。

当纸卷直径较小时，气动加压压向卷纸缸，当纸卷直径增大，气动加压逐步减小，避免了越卷越紧。

20世纪80年代前的100多年里，世界各国的造纸机主要使用上述传统的老式卷纸机，也称第一代卷纸机。近10多年来，各国都在努力研究改进卷纸技术和提高卷纸性能。在1992年，出现了第二代卷纸机，20世纪末又出现了第三代卷纸机——现代卷纸机，诸如Valmet公司的optiReel Plus卷纸机、Voith Sulzer公司的Sirius卷纸机和Beloit公司的TNT卷纸机等。在生产大直径纸卷、减少损纸量、提高生产效率、改善卷纸质量、优化纸卷结构、保护纸张表面性能等方面都优于传统的卷纸机。

二、卷取操作要点

经常检查纸的质量，卷纸操作中发现纸页上有纸病，禁止采用插页的方式作标记，应在侧面用机械装置标记。

开、停机时，应严格执行卷纸机操作手册及各项安全规章制度。

在将卷纸机启动至正常模式前，必须确认机架内没有人；在卷纸机操作期间，严禁在机架内工作，并禁止进行维修工作。卷纸机换卷时，卷纸臂及母卷经过区域，禁止站人。

及时检查卷纸情况，及时调节，保持纸卷松紧一致。做到没有破口、跑偏、起拱、卷边等现象。

卷纸缸缠纸时，要及时停机处理。

换纸卷时纸幅必须切断，或用供货商提供的喂纸装置，不许人工换卷，以免手伸入纸卷和卷纸缸压区入口中；换卷时确认母卷退送轨上无障碍物，在纸卷退送期间，远离该区。

第四节　完　　成

一、完成的作用和内容

卷纸机上的纸卷，其规格不一定适合用户的使用要求，还存在许多纸病，两边不齐，或卷纸松紧不一等，因此，必须进一步对纸进行完成整理工作。并且为适应进一步加工或轮转印刷机、平板印刷机的需要，由卷纸机卸下的纸卷或经超级压光的纸卷，必须经复卷机复卷后加工成卷筒纸，或经平板切纸机切成平板纸，才可满足使用要求。

纸产品有卷筒和平板之分，因此完成整理的具体内容不同，主要包括复卷、切纸、选纸、数纸、打包和贮存等过程。

二、复　　卷

复卷的目的是将纸幅分切成要求的宽度、切边、断纸处接头。复卷机的任务是将全幅宽、大直径的纸卷断开并卷绕成合适规格的纸辊。卷筒纸的主要规格是纸卷的宽度。一般是以重量计，也有的品种以长度计。

复卷用复卷机，也叫纵切机，是将纸卷在铁芯或纸芯上。纸芯规格一般是直径76.2 mm（3 in）和152.4 mm（6 in），常用76.2 mm（3 in）纸芯。

复卷机按引纸方式分为上引纸式和下引纸式，见图7－23所示。复卷机由退纸架和卷纸

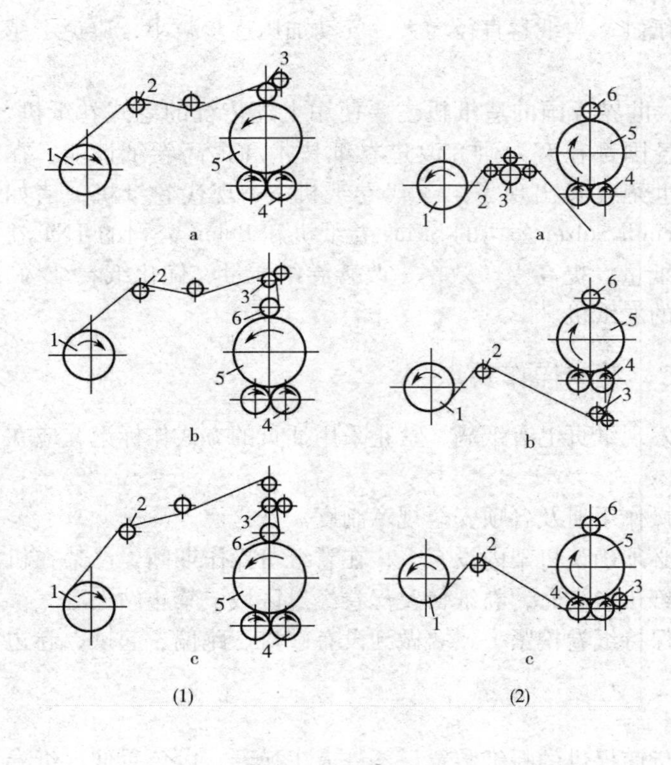

图 7－23　复卷机

（1）上领纸式：a—带刀辊　b—带刀辊及单独压纸辊　c—带刀辊及二个压纸辊

（2）下领纸式：a—带刀辊和自支持辊间引纸的　b—带刀辊和在前支持辊上引纸的　c—带刀辊和压缩空气引纸的

1—退纸卷　2—引纸辊　3—纵切装置　4—支持辊　5—复卷后卷筒　6—压纸辊

机构（张紧辊、纵切装置、压纸辊、支持辊、伸展辊等）组成。新型复卷机两支持辊用两台变速电机带动，可以根据复卷的不同阶段调整两支持辊间的合适速差。退纸卷用制动电机带动，以灵活调整纸页的张力。高速复卷机，其复卷速度可达2000～2500 m/min 以上。

复卷机的一个重要部件是纵切装置，有剪切式和压切式两种。剪切式纵切装置的上刀为盘形，下刀为碗形。下刀装在转轴上，上刀装在其上方的一短轴上，利用一弹簧压在下刀之上形成剪切。刀速通常比纸速快 10%～20%。压切法是上刀以弹簧紧紧地压在下辊上。压切装置的上下刀的硬度难以选择合适，所以较少采用。

复卷机操作时在 20～25 m/min 的速度下引纸，引至纸卷以后，逐渐提高至工作速度。纸卷的复卷质量与纸卷卷得松紧有密切关系，卷的过松在贮存时容易变形，卷的过紧则容易断头。一般要求筒芯卷得较紧，然后逐渐变松，以防止冒辊。

复卷松紧控制取决于支持辊的大小和排列的几何形状、压辊的线压、支撑辊的速度差、纸幅张力。卷纸松紧主要由支持辊大小决定，小支持辊卷出的卷筒比较紧。

影响复卷质量的因素有：纸卷对支持辊的线压力，该线压力由压纸辊调整，一般控制在 2～15 N/cm；复卷时纸幅的张力，过小易起复卷褶子，一般要求为 1～5 N/cm，张力用制动退纸架控制；两支持辊间的速差对复卷紧度也有重要影响。

卷筒纸可由人工包装封头，现代工厂都使用机械包装封头。包装新闻纸、印刷纸、地图纸等的包装纸层数不少于 4 层，其他卷筒纸不少于 2 层。封头贴上印有企业名称、产品名称、牌号、定量、等级、净重、毛重和接头个数的标签纸。

三、平　板　纸

对大多数纸，如书写纸、印刷纸、包装纸和多数纸板，根据使用和印刷的要求，均需切成一定规格的平板纸。印刷多使用轮转印刷机，需要卷筒纸，平版印刷纸的需求量相对少。

切平板纸用平板切纸机，也称平切机。目前广泛应用轮转式切纸机，又称圆刀切纸机。这种切纸机可同时切裁6～10个纸卷，如图7－24所示。纸幅通过导纸辊进入纵切装置，由圆刀沿纵向切成规定的宽度，然后进入牵引胶辊，再利用横切刀切成规定的长度，最后由传送带送入升降式接纸台。

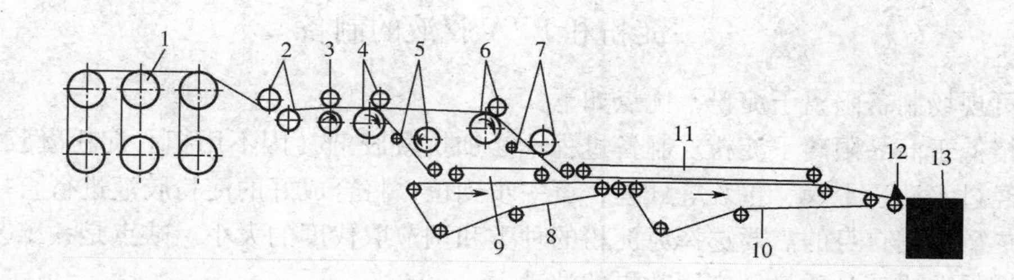

图7－24　双刀轮转平切机

1—退纸纸卷　2—引纸辊　3—纵切装置　4—第一道送纸辊　5—第一道横切装置　6—第二道送纸辊　7—第二道横切装置　8—第一送纸带　9—第一送纸带上的压纸带　10—第二送纸带　11—第二送纸带上的压纸带　12—纸张堆放台　13—纸堆

轮转切纸机有单刀切纸机和双刀切纸机之分，单刀切纸机只能同时切一种长度，双刀切纸机则在一台切纸机上，可同时切出两种长度。平切机中的纵切装置与纵切机相同，横切刀是由回转长刀和固定底刀组成。

平板切纸机的宽度应与纸机宽度相等，车速一般可达120～180 m/min。

切成平板的纸需要进行选纸和数纸。切纸机一般装有自动计数器，纸张数量达到一令（500张）时有自动声音提示，这时自动或人工在纸上放一个标签。

自动化程度不高的工厂需要人工选纸，挑选出有纸病和不合格的纸张。现代工厂都是自动选纸和切纸。有自动切纸和选纸装置的切纸机，与自动计数和自动码纸结合，实现切纸、选纸、数纸和码纸全部机械化自动化。

切纸、选纸和数纸后，可对平板纸进行包装。包装一般采用定量大于40 g/m^2的包装纸，每包纸张数按照纸张定量可为500张、250张或125张，每个包的重量不得超过25 kg。对普通文化用纸，每包为500张（一令）。

包装后要打件，需要若干小包重叠在一起成为一件，附上产品合格证，用木夹板在打包机上打件。纸定量在50 g/m^2以下的打件时每件重量不超过125 kg，纸定量在50 g/m^2 以上的打件时每件重量不超过175 kg。包装木板刷上企业名称、产品名称、号码、重量、等级、尺寸、纸件编号、净重、毛重等。

四、完成操作要点

做好开机前的各种检查和准备工作，如设备状况，仪表、气源、纸边风机和切纸刀等。

根据生产计划单的尺寸要求，安装分切机分切刀架到合适位置，紧固下刀，打开风机，把下刀边料送入风机桶内，然后开机，把材料切成所要求的规格。

及时检查分切纸卷和平板纸的情况，确保平板纸和复卷的尺寸、松紧无误。

按照要求包装和打件，完成后贴上标签，及时入库。

掌握正确的设备操作方法和操作规程。

第五节　纸页表面处理与卷取和完成案例

一、淀粉和 PVA 胶液的制备

工厂可现场制备阳离子淀粉，优点如下：

①价格低于商品阳离子淀粉。制备过程不必加抗凝胶剂（因不用担心淀粉凝胶化），产品也无须经过水洗、干燥、包装等处理，可一步到位，将合成好的淀粉胶液进行直接应用。

②用户可根据自身的需要选择原淀粉的种类和调节取代度的大小。缺点是：工艺不容易控制好，容易造成产品质量和应用效果的波动。

配方：原淀粉：100 份

季铵型阳离子醚化剂：5～6 份

NaOH：1～2 份

水：视使用浓度定

阳离子淀粉的制备操作：

放水至淀粉糊化罐内 1/2 处，将称好的氢氧化钠放入桶内。开搅拌溶解待完全溶解后，倒进玉米原淀粉或木薯原淀粉继续搅拌均匀，搅匀后，在搅拌下再加入阳离子醚化剂继续搅拌、直接开蒸汽，温度逐渐上升至 95℃，淀粉液逐渐成透明胶液，补足规定的水量，再保温 30 min，然后泵到贮存罐内备用。贮存罐内淀粉液保持在 60℃左右备用。

PVA 胶液制备：常用 17－99 型 PVA，水溶液制备如下：

①在夹套容器中加水，并开动搅拌。

②搅拌下把 PVA 直接撒入容器中，不要让 PVA 留在表面，因为留在表面的 PVA 可能结块或团而不易分散。

③用蒸汽加热至 93～95 ℃，在此温度下至少搅拌 0.5 h 直到 PVA 完全溶解，为透明黏稠溶液。

④边搅拌边冷却，如外夹套或蛇管通冷却水则可加快冷却。

⑤补加水至计算量。

氧化淀粉糊化，要注意不同原料和品牌有不同的糊化温度，糊化方法和 PVA 水溶液制备相似，糊化浓度一般在 15%，泵入贮存罐，保持温度，使用前稀释。糊化可用下面或类似的设备。淀粉糊化设备见图 7－25。

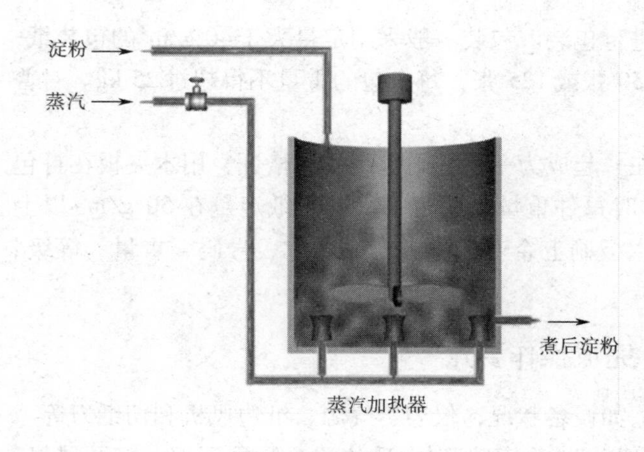

图 7－25　糊化设备

二、典型的表面施胶实例

普通文化用纸，常用氧化淀粉或阳离子淀粉进行表面施胶。条件如下：a. 进入表面施胶机的纸张水分：7%左右；b. 施胶浓度3% ~5%；c. 胶液温度55 ~60℃；d. 可以用辊式或计量压榨设备进行，双面施胶，单面施胶量0.5 ~0.8g/m²。

对于表面强度要求高的纸张，如静电复印纸或双面胶版纸，复合原纸等，在变性淀粉胶液中可加入PVA胶液，形成复配的施胶液：a. 施胶液：变性淀粉70% + PVA 30%；b. 双面施胶，单面施胶量为1 ~1.5g/m²；c. 其他条件不变，可以用辊式或计量压榨设备进行。

三、典型的软压光实例

对普通文化用纸，进入压光机的水分含量7%左右，通常把热辊温度控制在80 ~120℃，线压力控制在40 ~50N/mm。如普通双胶纸，线压力40N/mm，热辊温度100℃，平滑度可达20s。串联使用2台软压光机，平滑度远超国标标准。

对于需要平滑度和光泽度高的纸张，可以采用提高热辊温度和增加线压力的做法，热辊温度可达200℃，线压力可达250N/mm甚至更高。如LWC涂布纸，60g/m²，压光条件分别为：热辊温度120℃和175℃，线压力175N/mm，原纸水分7%左右，车速700m/min。压光后纸的光泽度能达到33%（120℃）和45%（175℃）以上，平滑度大于320s。

课内实验五：纸页的表面施胶实验

用表面施胶剂对纸张进行表面施胶，并检测相关物理性能。实验可设计成不同纸张、不同表面施胶剂的表面施胶方案，在教师指导下，由学生分组完成实验方案、实验操作和实验报告等。

项目讨论教学五：纸页的表面处理

教师设计不同纸种的表面处理讨论的要求，并以小项目形式布置给学生，学生在课外以小组形式，通过收资、小组内部讨论、PPT制作等工作，对一些典型纸种的表面施胶、压光等表面处理工艺和设备等在课堂上进行展示及讨论。

思考题

1. 为什么要进行表面施胶?
2. 简述常用的表面施胶剂和施胶方式。
3. 简述软压光机的结构特点和作用原理。
4. 软压光相比普通多辊压光有什么优点?
5. 结合工厂实习，说明纸机表面施胶或机内压光的主要影响因素和操作要点。

主要参考文献

[1] 严瑞瑄．水溶性高分子［M］．北京：化学工业出版社，1998.
[2] 谢来苏，詹怀宇．制浆原理与工程（第二版）［M］．北京：中国轻工业出版社，2006.

[3] 卢谦和．造纸原理与工程（第二版）[M]．北京：中国轻工业出版社，2007.
[4] 王忠厚．制浆造纸工艺 [M]．北京：中国轻工业出版社，2006.
[5] 何北海．造纸原理与工程（第三版）[M]．北京：中国轻工业出版社，2011.
[6] 曹邦威．制浆造纸工程大全 [M]．北京：中国轻工业出版社，2005.
[7] 曹邦威．最新纸机抄造工艺 [M]．北京：中国轻工业出版社，1999.
[8] 雷德华．高速薄膜转移式施涂器在文化纸机上的应用 [J]．中国造纸，2007，26（6）：53-54.
[9] 宋文．薄膜压榨涂布技术 [J]．国际造纸，2001，20（6）：1-10.
[10] 王成海．计量施胶压榨（MSP）涂布的探讨 [J]．湖北造纸，2007，3：5-8.
[11] 刘开营．软压光机原理及应用 [C]．泰安：2005 年涂布加工纸技术及造纸化学品应用国际技术交流会论文集，2005：244-246.
[12] 彭金平．宽压区压光新技术 [J]．中华纸业，2000，21（5）：36-37
[13] 徐建中，罗强．软压光机的使用及维护 [J]．中华纸业，2010，31（8）：65-66.
[14] 柯亨．现代涂布干燥技术 [M]．北京：中国轻工业出版社，2011.

第八章　常见纸病的处理

一般来讲，未包括在纸张质量技术要求内的各种纸张缺陷统称为纸病，包括两大类，一类与物理性能相关，如发脆、掉毛掉粉、透印等，称之为物理纸病，一类则与外观性能相关，如尘埃、脏点、孔洞、压花等，称之为外观纸病。

与物理纸病相比，纸张的外观纸病种类繁多，且成因复杂，有的来源于备料制浆过程，如硬质块、草节等，有的来源于造纸过程，如泡泡纱、云彩花、网毯痕、折子等，有的则可能在制浆造纸过程中都会产生，如腐浆。如果未能及时发现和处理这些纸病，将对纸机生产和产品品质造成严重影响。

第一节　纸病分析的基本原则

对纸病产生原因的正确分析，是解决纸病的首要条件。一般来说，要明确纸病成因首先需要确认一下三个问题：

①明确外形特征（孔洞、裂口等），是解决纸病的关键；

②明确出现位置：出现在纸页的两面，表明纸病出现在成形之后，出现在纸页内部，一般来源于浆料；如果在纸页上随机出现，可能来源于浆料，如果在纵向方向和横向方向上有规律出现，表明来源于纸机部位，此时可测量纸病重复产生的具体位置明确产生原因（纵向距离通常对应网辊周长、成形网、毛毯、干毯和干网的长度倍数，横向位置通常对应网辊、成形网、毛毯、干毯和干网的相应位置）。

③明确出现频率：偶然产生的纸病应检查改变的工艺参数、化工助剂牌号和用量等，天气发生明显变化时也会导致一些纸病的产生（如水滴、烂浆块等），从河流取水的要注意暴雨后水质的变化。

第二节　纸病检测系统概述

随着纸机运行车速的不断提高，以前在低速纸机上依靠检验员肉眼观察外观纸病的方法难以有效监控产品外观质量状况。此外，市场对纸品品质的要求也在不断提高，在此背景下，纸病检测系统得到了越来越广泛的运用，现已成为高速纸机的标准配置。纸病检测系统工作原理见图 8－1。

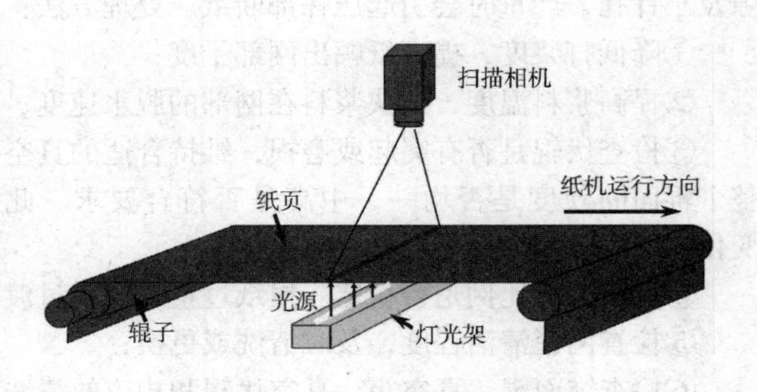

图 8－1　纸病检测系统工作原理

工作原理：采用相机对纸页进行扫

描，纸面如果存在外观纸病，就会在亮度上有所区别，可检测的缺陷包括孔洞、裂纹、水滴印、褶子、尘埃等，经计算机分析处理后分类统计以便处理，并可借助自动标签机进行纸病的自动标识，从而在复卷和分切时剔除部分纸病。

第三节 匀 度 差

迎光观察时纸张纤维组织分布不均的纸病被称为匀度差。

(1) 产生原因

①浆料打浆度偏低，脱水过快；

②纤维偏长，容易絮聚；

③浆料喷射角、着网点、浆网速比、网案摇振振次和振幅不适宜；

④上网浓度过高；

⑤湿部化学品引起絮凝；

⑥流浆箱液位控制器工作不稳定；

⑦损纸未被充分疏解。

(2) 处理方法

①适当提高浆料打浆度，避免纤维定位过早；

②调整纤维配比，提高阔叶木用量；

③调整浆网速比，降低上网浓度（在网案脱水能力许可的前提下）；

④尽量多用白水；

⑤调整浆料喷射角和着网点（以在胸辊中心线附近为宜），调整浆网速比、网案摇振振次和振幅；

⑥改进湿部化学品的添加工艺；

⑦稳定流浆箱液位；

⑧调整疏磨机动盘、定盘间隙，保证损纸充分疏解。

第四节 压花、印痕和气泡

(1) 压花

压榨过程中由于压力过大，湿纸幅被压溃，在纸面上产生形状不规则、透明度较高的缝隙及小针孔，严重时会引起压榨部断纸。处理方法：

①降低打浆度，提高纸幅出网部干度；

②提高浆料温度，加快浆料在网部的脱水速度；

③检查伏辊是否有突起或磨损，维持合适的真空度，尤其是新辊壳或新磨的辊子要检查整个辊面的硬度是否均一，中高是否符合要求。此外，化学品也可能会导致辊面硬度的变化；

④检查浆料比例是否稳定。损纸过量或白水过渡循环时会加重压花；

⑤检查网毯清洁程度，及时清洗或更换；

⑥检查饰面辊、真空箱、真空伏辊和相应的清洗水管孔眼是否存在堵塞情况，如有及时

疏通。

（2）印痕

纸张生产过程中，各种设备在纸张上形成的痕迹，如水印辊痕、真空辊痕、网痕、毯痕等。处理方法：

①降低压区压力，降低真空度；

②降低打浆度，检查水印辊位置；

③毛毯应保持清洁，不要超出其使用寿命；

④避免压榨压力过大；

⑤干燥初期烘缸温度逐渐升高；

⑥检查高压针形喷淋水的压力是否过大，检查摆动器是否正常工作。

（3）气泡

气泡的处理方法：

①避免系统中出现瀑布状喷流；

②检查高位箱液位是否过低；

③避免浆流在流浆箱喷嘴至胸辊处夹入空气；

④检查流浆箱内喷雾管是否堵塞；

⑤使用脱气剂、除气系统，或在网部加装蒸汽喷雾装置；

⑥检查浆池液位和离心泵密封情况，是否带入空气；

⑦一般来讲，流送系统浆料速度应控制在2～4.5 m/s，白水流速应小于0.3 m/s。

第五节　褶子、翘曲/起拱、鼓泡/泡泡纱

1. 褶子

纸页发生折叠或重叠而形成叠纹或者折痕，可分为死褶子和活褶子，前者无法再恢复平整，而后者在张力作用下可以伸展开来恢复平整。

（1）产生原因

主要是因为纸页在运行过程中所受张力不匀，导致横幅收缩不均，包括：

①纸机纵向或横向定量波动；

②纸幅两侧喷边水过大，水分较高造成边松，进压榨时起褶；

③纸页横幅水分不均，厚度相差较大，纸幅牵引不正，进入干燥后起褶子；

④新安装的压榨部毛毯未湿润透，正反面或运行方向错误，旧毛毯局部堵塞，有气泡，造成局部张力过大或不匀，纸页变形；

⑤干燥曲线不当，或者纸幅贴缸不紧；

⑥表面施胶机操作侧和传动侧加压程度不一；

⑦卷纸架不平，卷纸辊有弯曲现象，卷纸辊两边加压程度不一；

⑧纸机车速不稳定。

（2）处理方法

①检查纵向定量和横向定量温度情况，检查唇板、飘片及定边装置；

②避免进入压榨部纸幅过宽，避免过度润湿毛毯边缘，检查毛毯边缘是否磨损或被

堵塞；

③保证毛毯具有良好脱水性，正反面和运行方向正确；

④调整烘缸曲线，让纸幅贴缸紧密；

⑤有活褶子时，纸辊卷得越紧活褶就会越严重，因此在卷纸机与压光机（或烘缸）之间纸幅的张力不能过大，并充分利用卷纸机前的弧形辊的舒展作用，让纸幅包覆缸面的面积稍大一些；

⑥保证纸机的横幅水分和厚度的均一性；

⑦保证表面施胶机、卷纸辊等部位两侧压力均一；

⑧稳定纸机车速。

2. 翘曲

纸张两边卷筒或者四角翘起，中间凹下。

3. 起拱

纸张中部较大面积拱起，两边卷筒或者四角翘起凹下。

处理方法

①通常纸的起拱源于网的起拱，检查并更换成形网；

②降低饰面辊压力；

③检查压榨辊、压光辊等是否有变形现象，刮刀是否有缺陷。

4. 鼓泡

纸页出现局部收缩，导致纸面有凸出的泡，并且在泡周围的纸面上有细曲皱；泡泡纱指纸面有排列较密的细小泡点。

（1）产生原因

①浆料打浆度过高，脱水过慢，纸页进烘缸的水分过高，产生干燥过急或受热不匀；

②纸幅横向定量不匀，两边较薄时，易产生泡泡纱；

③成纸水分太低，而空气湿度较大，纸张吸收空气中的水分产生泡泡纱；

④干网或干毯张力过低，纸页与烘缸贴得不紧，产生收缩引起泡泡纱。

（2）处理方法

①适当降低打浆度，加快网部脱水速度（适当增加脱水板、提高湿吸箱真空度等），加强压榨部毛毯洗涤，提高纸幅进烘缸的干度；

②调整流浆箱唇口至横幅定量均匀一致；

③调整纸张成纸水分至与环境湿度相适应；

④调整干燥曲线，避免干燥过急，提高干毯或干网张力，让纸幅与烘缸紧密接触。

第六节　孔洞和透帘

1. 孔洞

纸面上完全穿透、没有纤维的孔眼，被称为孔洞。

较小的孔洞，也被称为针眼，在薄页纸的生产过程中较为常见。

（1）产生原因

湿纸幅里的填料颗粒在网部脱水过程中由于湿吸箱真空度过高而脱离湿纸幅，形成孔洞，也有可能来源于树脂、腐浆等。

（2）处理方法

①确定孔洞是否有规律，如与某个辊子或网毯的周长倍数一致时，可对辊子或网毯进行检查；

②降低湿吸箱真空度，检查填料粒径范围是否符合要求；

③更换毛毯、干毯、干网后产生孔洞的，要仔细检查网毯型号是否正确，是否存留有网毯编织过程中使用的金属针（可用金属探测器探测）。值得注意的是，断针造成的孔洞与填料造成的孔洞不同，在纸面会遗留被刺透的痕迹，仔细检查孔洞周围可发现残留的纤维，而填料在网部形成的孔洞通常周围较平滑；

④排除外来物的影响，检查浆料里是否有污染物，提高网毯清洗效果。可用蒸汽或溶剂去除成形网上的树脂点，用溶剂和刷子去除饰面辊上的树脂点，并及时清理压榨辊和刮刀上的树脂点。真空箱或毛布过脏，在使用喷淋淀粉时，还需要注意喷淋管上的聚集物掉落时也会在纸面形成孔洞；

⑤检查筛选设备筛鼓是否有破洞或泄露；

⑥检查流浆箱内是否有腐蚀或机械损伤，检查流浆箱液位和匀浆辊和喷淋水工作状况，检查真空伏辊处吸移时的牵引力；

⑦干燥初期前面几只烘缸的温度应逐渐升高避免黏缸；

⑧加强纸料脱气，避免浆流喷射上网时夹入空气，可以在最后1～2个案辊前面的浆面上安装塑料薄膜垫以消除浆面上的气泡；

⑨检查系统的温度和pH稳定性，如果两者发生剧烈变化时将导致盐的析出引起孔洞。

（3）腐浆孔洞处理方法

孔洞常与腐浆有关，因为腐浆造成孔洞（孔洞的周边会有腐浆颜色）的处理方法：

①排空并冲洗系统以去除腐浆，重新评估腐浆控制剂的用量和类型；

②采用一种或多种杀菌剂，在系统彻底清洗后，可以考虑换用另一种杀菌剂，避免细菌产生耐药性；

③检查水质情况；

④消除管路死角部分，拆除所有不必要的旁通。

2. 透帘

纸页上纤维层较薄但并未完全穿透的地方称之为透帘，其透光度较纸页其它部分较大。

（1）产生原因

网部成型网被浆料中的胶粘物堵塞，压榨毛毯使用时间太长一些地方被纤维、填料等堵死造成脱水能力下降。

（2）处理办法

①加强浆料拣选、筛选和净化；

②清洗或更换造纸网、毯。

第七节　浆　　块

浆块：纸张表面形成较硬的浆料硬块。

解决措施：

①流浆箱有凹处，引起脏物和浆料积累，应有计划定期停机清洗；

②纤维在堰板处积累，最后以浆块形式出现，应及时清理；

③检查并排除筛选设备故障，如筛鼓破损等；

④检查流浆箱、胸辊、伏辊、饰面辊等的喷淋水是否正常；

⑤检查匀浆辊工作状态；

⑥检查损纸疏解和淀粉蒸煮情况；

⑦尽量稳定浆池液位，避免池壁上积累的干浆块脱落进入浆中；

⑧确认损纸疏解充分，否则应调整疏磨机动盘、定盘间隙。

第八节　尘　埃

尘埃从性质上可分为3类：纤维性尘埃、非金属性尘埃和金属性尘埃。

(1) 纤维性尘埃

主要来源于纤维，如被染色或印刷过的纤维在再次回用中被分散成细小纤维，但仍带有颜色。

解决方法：

①加强废纸原料的分拣；

②重视生产环境的卫生管理，注意回用损纸的清洁状况；

③停机时应仔细清洗系统流程，在换网和毛毯时清洗水腿和真空箱内部。定期对造纸流程进行碱洗，避免沉积物积累在流浆箱里，注意碱洗后要再进行仔细清洗，以避免开机时脏物的脱落；

④检查蒸煮、漂白、筛选、除砂等工序的设备运行状况；

⑤检查烘缸罩清洁状况；

⑥检查杀菌剂及其他化学助剂是否按工艺要求添加。

(2) 非金属性尘埃

主要来源于浆料和填料、化工助剂。

解决方法：

①检查蒸煮、漂白、筛选、除砂等工序的设备运行状况；

②注意生产车间周围环境影响，如附近烟囱、煤场等；

③使用松香施胶时，注意控制松香胶质量控制；

④夏季时，注意防止蚊虫进入纸面和浆料，应注意车间密封，有条件的可设置纱窗、灭蚊灯；

⑤检查填料、化工助剂及其稀释用水品质是否达到要求。

(3) 金属性尘埃

主要来源于废纸中的金属，也有可能来源于制浆造纸过程中的设备磨损。

解决方法：

①加强原料拣选；

②提高高浓除渣器排渣频率，检查筛选、除砂设备运行状况（尤其是进出口压力差）、

检查磨浆设备磨片和废纸疏解设备转子及定子的磨损情况。

第九节　刮　刀　印

刮刀印是指涂布过程中纸面产生刮刀痕迹的现象。

（1）产生原因

①涂料固含量过高，涂布速度过快；

②涂料所用的颜料和黏合剂不适合涂布加工，如醋酸系黏合剂会影响部分颜料的性能，使得涂料流动性变差。

（2）解决方法

①适当降低涂布速度，并检查涂料固含量是否超过工艺范围；

②选用合适的黏合剂，如 PVA、淀粉和丁苯胶乳等。

第十节　掉毛掉粉

掉毛掉粉：在机械力作用下，细小纤维和填料粒子等从纸面或边缘脱落的现象。

（1）产生原因

施胶度不够，打浆度过低，纤维结合不好，短纤维用量过大，网部成形不好。

（2）解决方法

①提高打浆度，减少纤维切断，改善网部成形，避免成形初期阶段过量脱水，让纸页贴缸更紧；

②稳定流浆箱液位，使用较低的喷射角；

③降低短纤维用量，增加湿强剂或助留剂用量；

④加大施胶剂用量，或更换施胶剂；

⑤降低前面几个烘缸的温度，避免干燥过急，并除去烘缸上的脏物；

⑥降低纸张灰分；

⑦及时清理各刮刀处残留的填料和纤维，避免其掉落到纸面。

第十一节　定量波动

纸张定量的波动会影响纸张几乎所有的性能指标，因此定量的稳定显得尤为重要。当定量不稳时，不仅产品的质量难以保证，而且纸机的运行稳定性也将受到严重影响。

纸张的定量波动分为纵向定量波动和横向定量波动，两者在产生原因上大有不同，因此需要进行区分。

一、纵向定量波动

①抄前池浓度不稳。可设置浓度调节器，但需注意保持稀释水管的水压稳定，尤其是在使用白水作为稀释水时，还应注意白水浓度带来的影响；

②脉冲。有规律脉冲可能产生的地点：流浆箱前的旋翼筛或冲浆泵，流浆箱内的匀浆辊

等。无规律脉冲可能产生的地点：白水桶、抄前池等的液位不稳；

③检查流浆箱内喷雾水量是否过大，流浆箱液位是否稳定；

④检查定边装置是否与网子接触，是否存在密封问题；

⑤检查流浆箱内是否有沟槽，检查流量是否超过设计流量；

⑥注意白水液位，白水循环中的细小纤维和填料会造成浓度和冲浆泵静压头的波动；

⑦水线位置的变化通常意味着浆料流量、浓度、打浆度、含气量等的变化；

⑧温差：注意流浆箱内浆料和喷雾管用水温差，超过2.5℃就可能产生问题，超过10℃时会造成条痕；

⑨检查助留剂流量和浓度是否发生变化。

二、横向定量波动

①调整唇口开度；

②检查流浆箱内喷雾水量是否过大；

③检查定边装置是否与网子接触，是否存在密封问题；

④检查流浆箱内是否有沟槽，检查流量是否超过设计流量；

⑤温差：注意流浆箱内浆料和喷雾管用水温差，超过2.5℃就可能产生问题，超过10℃时会造成条痕。

⑥检查流浆箱回流管阀门开度是否发生变化，确保回流量合适。

主要参考文献

［1］梁实梅，张静娴．造纸技术问答［M］．北京：中国轻工业出版社，2002．

［2］陈智仁．常见纸病的分析处理［J］．江苏造纸，2009，1：23－26.

［3］李景哲，陈延江，朱秋娥．白板纸生产中网部几种常见纸病［J］．中国造纸，2003，22（5）：71－72.

［4］侯宝勤，余全德，张宏让．浅谈外观纸病的由来及解决方法［J］．西南造纸，2003，3：34－34.

［5］杨树忠．长网纸机生产中常见纸病及解决方法［J］．中国造纸，2002，21（2）：53－56.